“十三五”江苏省高等学校重点教材（编号：2017-2-023）

传感器与自动检测技术

张青春　纪剑祥　主编

本教材配有以下教学资源：
（1）电子课件、习题答案
（2）MOOC 课程，链接为
http://mooc1.chaoxing.com/course/88118619.html

机械工业出版社

本书针对应用型本科教育和新工科的特点，以信息的传感、转换、处理为核心，按检测技术基础（第1~2章）、传感器原理及应用（第3~8章）、自动检测系统（第9~11章）三大模块组织内容。检测技术基础模块介绍了传感器与检测技术基础、测量误差与数据处理。传感器原理及应用模块以被测量为主线，分别介绍温度、力学量、声波、磁敏、光电式、气敏与湿敏等各类传感器的原理、结构、性能及其应用电路，并针对不同类型的传感器给出多个应用实例。自动检测系统模块包含虚拟仪器、无线传感器网络与物联网和自动检测系统共三章内容，第9章介绍虚拟仪器的概念、开发环境和数据采集；第10章介绍无线传感器网络与物联网的概念、技术架构、无线通信及其应用；第11章介绍自动检测系统的组成、设计方法和设计案例。

本书编写体系有一定的创新，内容组织合理，内容安排符合学习规律，注重工程实践训练和创新能力的培养。本书可作为普通高校应用型本科中的测控技术与仪器、自动化类、电子信息类、电气类、物联网等专业的教材，也可供相关专业技术人员参考。

本书配有免费电子课件和习题答案，欢迎选用本书作为教材的教师登录 www.cmpedu.com 注册下载，或发邮件至 jinacmp@ .163.com 索取。

图书在版编目（CIP）数据

传感器与自动检测技术/张青春，纪剑祥主编. —北京：机械工业出版社，2018.5（2024.8重印）

“十三五”江苏省高等学校重点教材

ISBN 978-7-111-59353-9

Ⅰ.①传… Ⅱ.①张… ②纪… Ⅲ.①传感器-高等学校-教材②自动检测-高等学校-教材 Ⅳ.①TP212②TP274

中国版本图书馆 CIP 数据核字（2018）第 044311 号

机械工业出版社（北京市百万庄大街22号 邮政编码100037）

策划编辑：吉 玲 责任编辑：吉 玲 张利萍 刘丽敏

责任校对：刘 岚 封面设计：张 静

责任印制：邓 博

北京盛通数码印刷有限公司印刷

2024年8月第1版第9次印刷

184mm×260mm · 15.75印张 · 378千字

标准书号：ISBN 978-7-111-59353-9

定价：38.00元

电话服务

客服电话：010-88361066

010-88379833

010-68326294

网络服务

机 工 官 网：www.cmpbook.com

机 工 官 博：weibo.com/cmp1952

金 书 网：www.golden-book.com

机工教育服务网：www.cmpedu.com

前　言

本书是“十三五”江苏省高等学校重点教材，教材内容体系是编写团队教改研究和精品课程建设的成果。

传感器是实现对物理环境或人类社会信息获取的基本工具，是检测系统的首要环节，是信息技术和物联网的源头，是智能检测技术与应用的基础，在国民经济中具有“倍增器”作用。工信部、科技部、财政部、国家标准化管理委员会于2013年3月联合印发《加快推进传感器及智能化仪器仪表产业发展行动计划》，实施期为2013~2025年。“中国制造2025”中明确把研制智能传感器、高端仪表标准作为研究的重点项目。

教材在保证课程的基本理论、基本方法和基本技能训练等传统内容的基础上，在内容阐述上赋予新技术、新方法和新应用，注重最新科研成果在课程中的渗透，结合专业和学科特点，突出应用性，具有一定学术价值。本书的主要特色与创新体现在如下几个方面：

（1）精选教学内容，融入新技术。内容的选取根据我国当前工业生产及科研应用的实际，以信息的传感、转换、处理为核心，从基本概念入手，分别介绍温度、力学量、声波、磁敏、光电式、气敏和湿敏等各类传感器的原理、结构、性能及其应用电路。既介绍传统的传感器，也介绍新型传感器、集成传感器，还介绍了虚拟仪器、无线传感网与物联网等新技术。

（2）以掌握概念、强化应用为重点，实现理论知识和实际应用的有机统一。第3~8章介绍了传感器原理及应用，各章均安排了典型应用部分，针对不同类型的传感器给出应用实例；第9~11章介绍了自动检测系统，给出了编写团队近年来在自动检测技术、虚拟仪器和物联网方面的多个研究成果案例，供读者在进行相关自动检测系统设计时参考。

（3）采用模块化结构，思路清晰，易于理解。本书共分为三大模块。第1~2章为检测技术基础模块，介绍传感器与检测技术基础、误差理论和数据处理；第3~8章为传感器技术模块，介绍各类传感器的原理及应用；第9~11章为自动检测技术模块，介绍虚拟仪器、无线传感器网络与物联网、自动检测系统。本书编写体系有一定的创新，内容组织合理，符合学习规律，有利于教学。本书重点突出，难点得到分解，便于初学者理解和掌握，较好地处理了内容多、学时少的矛盾。

（4）传感器部分采用按被测量分章，实用性强。区别于传统教材按工作原理分章的方法，本书采用按被测量（输入量）分章，进行传感器原理及应用技术的讲解，有利于学生及使用者对传感器进行比较、选型，突出了教材的实用性，构建了全新的课程教材体系。

（5）以学生为本，建立立体化的教材体系。本书适用于“自动检测技术”“传感器技术”“传感器原理及应用”等课程的理论教学。本书编写组已制作完成本课程的PPT、课后习题参考答案和精品课程网络课堂，为学生的学习提供形式多样的立体化教材体系，尽量使学生的学习不受时间和空间的约束，培养学生的自学能力以及分析问题和解决问题的能力。

本书可作普通高校应用型本科中的测控技术与仪器、自动化类、电子信息类、电气类、物联网等专业的教材，也可供相关专业技术人员参考。

本书由张青春、纪剑祥主编，李洪海、李华、白秋产、段卫平、付丽辉参与了本书的部分章节编写和校对工作。江苏苏仪集团陈云副总经理、南京聚擎测控技术有限公司朱云云工程师、武汉创维特科技有限公司丁林副总经理分别对第3~4章、第9章、第10章提出了建议和意见，本书参考文献中所列出的各位作者以及众多未能一一列出的作者为编著者提供了宝贵而丰富的参考资料，在此表示诚挚的谢意。同时，对机械工业出版社的大力支持和帮助表示衷心的感谢！

由于编者水平有限，缺点和错误在所难免，恳请各位专家和读者不吝赐教，以利于不断完善。

编者邮箱：1524668968@qq.com。

编　者

目　录

前言
第 1 章　传感器与检测技术基础 …… 1
1.1　检测技术概论 …… 1
1.1.1　检测技术 …… 1
1.1.2　传感器与检测技术的作用与地位 … 1
1.2　传感器的定义及其分类 …… 2
1.2.1　传感器的定义与组成 …… 2
1.2.2　传感器的分类 …… 2
1.3　传感器的基本特性 …… 3
1.3.1　传感器的静态特性 …… 3
1.3.2　传感器的动态特性 …… 6
1.4　传感器技术的发展 …… 9
思考题与习题 …… 10
第 2 章　测量误差与数据处理 …… 11
2.1　测量误差的基本概念 …… 11
2.1.1　量值 …… 11
2.1.2　误差的表达方法 …… 11
2.2　误差的分类及其来源 …… 13
2.2.1　系统误差 …… 13
2.2.2　随机误差 …… 13
2.2.3　粗大误差 …… 13
2.3　测量误差的处理 …… 14
2.3.1　随机误差的处理 …… 14
2.3.2　系统误差的处理 …… 16
2.3.3　粗大误差的处理 …… 17
思考题与习题 …… 18
第 3 章　温度传感器 …… 19
3.1　热电偶 …… 19
3.1.1　热电偶传感器测温原理 …… 19
3.1.2　热电偶的基本定律 …… 22
3.1.3　热电偶的结构与种类 …… 23
3.1.4　热电偶的冷端温度补偿 …… 25
3.1.5　热电偶的实用测温电路 …… 26
3.2　热电阻 …… 27
3.2.1　铂热电阻 …… 27
3.2.2　铜热电阻 …… 28
3.2.3　热电阻的测量电路 …… 28
3.3　热敏电阻 …… 29
3.3.1　热敏电阻的结构与特点 …… 29
3.3.2　热敏电阻的类型及其温度特性 …… 30
3.4　辐射式温度传感器 …… 30
3.4.1　辐射测温的物理基础 …… 30
3.4.2　辐射式测温方法 …… 31
3.5　集成温度传感器 …… 32
3.5.1　集成温度传感器的工作原理及分类 …… 32
3.5.2　电压型集成温度传感器 μPC616A/C …… 32
3.5.3　电流型集成温度传感器 AD590 … 33
3.5.4　数字型温度传感器 DS18B20 …… 34
3.6　温度传感器的应用 …… 34
3.6.1　NTC 热敏电阻温度控制 …… 34
3.6.2　PTC 热敏电阻自动延时电路 …… 34
3.6.3　管道流量测量 …… 35
3.6.4　集成温度传感器温差测量 …… 35
思考题与习题 …… 35
第 4 章　力学量传感器 …… 37
4.1　应变式压力传感器 …… 37
4.1.1　电阻应变效应 …… 37
4.1.2　电阻应变片的种类和结构 …… 38
4.1.3　电阻应变式传感器的测量电路 …… 39
4.1.4　电阻应变片温度误差及其补偿 …… 42
4.2　压电式传感器 …… 44
4.2.1　压电效应 …… 44
4.2.2　压电材料 …… 46

4.2.3 测量电路 …… 47
4.3 电容式传感器 …… 51
4.3.1 电容式传感器的工作原理 …… 51
4.3.2 电容式传感器的测量电路 …… 55
4.3.3 电容式压力传感器 …… 57
4.4 电感式压力传感器 …… 57
4.4.1 自感式压力传感器 …… 58
4.4.2 互感式压力传感器 …… 62
4.5 力学量传感器的应用 …… 64
4.5.1 电阻式传感器测量力、重量和加速度 …… 64
4.5.2 压电式传感器测量力和加速度 …… 68
4.5.3 电容式传感器测量位移、加速度、厚度和液位 …… 68
4.5.4 电感式传感器测量压力和加速度 …… 70
思考题与习题 …… 72
第5章 波式传感器 …… 74
5.1 声波概述 …… 74
5.1.1 声波 …… 74
5.1.2 声波的物理特性 …… 74
5.2 微波传感器 …… 76
5.2.1 微波传感器的工作原理 …… 77
5.2.2 微波传感器的组成 …… 77
5.2.3 微波传感器的特点 …… 78
5.3 超声波传感器 …… 78
5.3.1 超声波及其特性 …… 78
5.3.2 超声波传感器的分类 …… 78
5.4 次声波传感器 …… 80
5.4.1 次声波及其特性 …… 80
5.4.2 次声波传感器的分类 …… 80
5.5 声波传感器的应用 …… 81
5.5.1 微波液位和湿度检测 …… 81
5.5.2 超声波物位、流量测量和无损探伤 …… 82
5.5.3 次声波管道泄漏定位和灾害预测 …… 85
思考题与习题 …… 86
第6章 磁敏传感器 …… 87
6.1 磁电感应式传感器 …… 87
6.1.1 磁电感应式传感器的工作原理 …… 87
6.1.2 磁电感应式传感器的测量电路 …… 89
6.2 电涡流传感器 …… 89
6.2.1 电涡流传感器的工作原理 …… 89
6.2.2 电涡流传感器的测量电路 …… 91
6.3 霍尔式传感器 …… 92
6.3.1 霍尔效应 …… 92
6.3.2 霍尔元件 …… 93
6.3.3 霍尔元件的误差及其补偿 …… 94
6.3.4 霍尔式传感器的基本测量电路 …… 96
6.4 半导体磁阻传感器 …… 96
6.4.1 磁阻效应 …… 96
6.4.2 磁敏电阻元件 …… 97
6.4.3 磁敏电阻的温度补偿 …… 97
6.5 结型磁敏器件 …… 98
6.5.1 磁敏二极管 …… 98
6.5.2 磁敏晶体管 …… 99
6.6 磁敏传感器的应用 …… 101
6.6.1 磁电感应式振动速度传感器和电磁流量计 …… 101
6.6.2 电涡流传感器振幅、转速测量和无损探伤 …… 101
6.6.3 霍尔式传感器位移、转速和功率测量 …… 102
6.6.4 交流电流监视器 …… 104
6.6.5 磁电式无触点开关 …… 104
思考题与习题 …… 105
第7章 光电式传感器 …… 106
7.1 光电式传感器的类型和基本形式 …… 106
7.1.1 光电式传感器的类型 …… 106
7.1.2 光电式传感器的基本形式 …… 107
7.2 光电效应与光电器件 …… 107
7.2.1 外光电效应及其典型器件 …… 108
7.2.2 内光电效应及其典型器件 …… 111
7.2.3 光生伏特效应及其典型器件 …… 114
7.3 光纤传感器 …… 120
7.3.1 光纤的传光原理及主要特性 …… 121
7.3.2 光纤传感器的组成和分类 …… 122
7.4 计量光栅传感器 …… 123
7.4.1 光栅的结构和分类 …… 123
7.4.2 光栅传感器的工作原理 …… 124
7.4.3 辨向与细分技术 …… 127
7.5 光电编码器 …… 128
7.5.1 工作原理 …… 128
7.5.2 光电码盘 …… 129
7.6 红外传感器 …… 131

7.6.1 红外辐射基本性质 …… 131
7.6.2 热探测器 …… 132
7.6.3 光子探测器 …… 133
7.7 CCD 图像传感器 …… 133
7.7.1 CCD 的基本结构和工作原理 …… 134
7.7.2 CCD 的特性参数 …… 136
7.7.3 CCD 图像传感器的分类 …… 137
7.8 光电式传感器的应用 …… 139
7.8.1 精密核辐射探测器 …… 139
7.8.2 光电式火灾探测报警器 …… 140
7.8.3 路灯自动控制器和楼道双光控延时开关 …… 141
7.8.4 光电式数字转速计 …… 141
7.8.5 光纤温度、图像和流量传感器 …… 142
思考题与习题 …… 144

第 8 章 气敏与湿敏传感器 …… 146
8.1 气敏传感器 …… 146
8.1.1 气敏传感器概述 …… 146
8.1.2 半导体电阻式气敏传感器 …… 147
8.1.3 接触燃烧式气敏传感器 …… 149
8.1.4 红外吸收式气敏传感器 …… 151
8.1.5 热导式气敏传感器 …… 153
8.1.6 热磁式气体分析传感器 …… 154
8.2 湿敏传感器 …… 155
8.2.1 湿敏传感器概述 …… 155
8.2.2 电阻式湿敏传感器 …… 156
8.2.3 电容式湿敏传感器 …… 160
8.2.4 集成电容式湿敏传感器 IH3605 …… 161
8.3 气敏与湿敏传感器的应用 …… 163
8.3.1 简易家用气体报警电路 …… 163
8.3.2 便携式矿井瓦斯超限报警器 …… 163
8.3.3 有害气体鉴别、报警与控制电路 …… 163
8.3.4 酒精检测报警器 …… 164
8.3.5 汽车后风窗玻璃自动去湿装置 …… 165
8.3.6 房间湿度控制器 …… 165
8.3.7 镜面水汽清除器 …… 166
8.3.8 土壤缺水告知器 …… 166
8.3.9 电容式谷物水分测量仪 …… 167
8.3.10 重油含水量测量 …… 168
思考题与习题 …… 170

第 9 章 虚拟仪器 …… 171
9.1 虚拟仪器概述 …… 171
9.1.1 虚拟仪器的组成 …… 171
9.1.2 虚拟仪器与传统仪器的比较 …… 171
9.1.3 虚拟仪器的优点 …… 173
9.2 LabVIEW 虚拟仪器开发环境 …… 173
9.2.1 LabVIEW 程序的基本构成 …… 173
9.2.2 LabVIEW 程序的特点 …… 174
9.3 虚拟仪器在工程中的应用 …… 176
9.4 虚拟仪器数据采集 …… 177
9.4.1 数据采集（DAQ）系统组成 …… 177
9.4.2 数据采集（DAQ）设备 …… 177
9.4.3 DAQ 系统中的计算机 …… 178
9.4.4 DAQ 系统中的软件组件 …… 178
9.4.5 使用 LabVIEW 连接测量硬件 …… 178
9.5 超越 PC 的虚拟仪器系统 …… 183
思考题与习题 …… 183

第 10 章 无线传感器网络与物联网 …… 185
10.1 无线传感器网络 …… 185
10.1.1 无线传感器网络概念 …… 185
10.1.2 无线传感器网络工作原理 …… 185
10.1.3 无线传感器节点构成 …… 186
10.2 物联网 …… 187
10.2.1 物联网的定义 …… 187
10.2.2 物联网的技术架构 …… 187
10.2.3 物联网的特点 …… 188
10.3 物联网的无线通信技术 …… 189
10.3.1 近距离无线通信 …… 189
10.3.2 远距离移动无线通信 …… 190
10.4 物联网的应用 …… 191
10.4.1 智能交通物联网 …… 191
10.4.2 智能家居物联网 …… 193
10.4.3 智能农业物联网 …… 195
10.4.4 智能医疗物联网 …… 195
思考题与习题 …… 197

第 11 章 自动检测系统 …… 198
11.1 自动检测系统的结构组成 …… 198
11.1.1 自动检测系统的基本结构 …… 198
11.1.2 自动检测系统的组成 …… 199
11.1.3 自动检测系统的软件 …… 202
11.2 自动检测系统的基本设计方法 …… 204
11.2.1 系统需求分析 …… 204

11.2.2 系统总体设计 …………………… 204
11.2.3 采样频率的确定 ………………… 205
11.2.4 标度变换 ………………………… 205
11.2.5 硬件设计 ………………………… 206
11.2.6 软件设计 ………………………… 208
11.2.7 系统集成与维护 ………………… 209
11.3 自动检测系统的设计案例 ……………… 209
11.3.1 智能人体电子秤 ………………… 209
11.3.2 基于虚拟仪器直流电动机性能的综合测试系统 ………………… 211
11.3.3 基于 ZigBee 建筑塔吊安全监测预警系统 ……………………… 216
11.3.4 基于 WSN 和 COMWAY 协议温室大棚参数远程监控系统 ………… 221
11.3.5 基于 GPRS 和 OneNet 水质远程监测预警系统 …………………… 227
思考题与习题 ………………………………… 241
参考文献 ………………………………… 242

第1章 传感器与检测技术基础

1.1 检测技术概论

1.1.1 检测技术

检测技术是以研究自动检测系统中的信息提取、信息转换、信息处理以及信息传输的理论和技术为主要内容的一门应用技术学科；具有参数测量功能、参数监测控制功能和测量数据分析判断功能。

广义地讲，检测技术是信息技术的四大支柱之一。信息技术包括检测技术、计算机技术、自动控制技术和通信技术。

信息提取是指从自然界诸多被测量（物理量、化学量、生物量、机械量、热工量等）中提取有用的信息，实现非电量与电量或电参数的转换。物理及化学量主要有浓度、湿度、密度、比重、成分、pH 值、PM2.5、VOC 等；生物量主要有血压、体温、心率、酶、微生物、细胞、DNA 等；机械量主要有位移、尺寸、振动、加速度等；热工量主要有温度、压力、流量、流速等。

信息转换是将提取的信息进行电量形式、幅值、功率的转换。如将 R、C、L 等电参数转换为电压信号，将电压进行放大，将电压信号转换为电流、频率等。信息转换一般通过硬件实现。

信息处理是根据输出环节的需要，将变换后的电信号进行数值运算、A-D 变换等处理。如加、减、乘、除、二次方、开方等数学运算，滤波、整形、相关运算、小波分析等信号处理。信息处理可以通过硬件或软件实现。

信息传输是指在排除干扰的情况下，经济地、准确无误地把信息进行远、近距离的传递，包括有线传输和无线传输。

传感器位于研究对象与测控系统之间的接口位置，是感知、获取与检测信息的窗口。一切科学实验和生产实践，特别是自动控制系统中要获取的信息，都要首先通过传感器获取并转换为容易传输和处理的电信号。传感器是实现对物理环境或人类社会信息获取的基本工具，是检测系统的首要环节，是信息技术的源头。

1.1.2 传感器与检测技术的作用与地位

传感器与检测技术在信息技术领域具有十分重要的基础性地位，推动了现代科学技术的进步，在国民经济中具有“倍增器”作用。

1）与人们日常生活密切相关。如家用电器温度设定、控制、显示；家居防火、防盗、防煤气泄漏；智能家居的灯光控制；居家老人的健康监护等。

2）推进信息化与工业化的深度融合。工业生产中，借助检测技术，提高自动化程度，提高产品质量，提高经济效益：对工艺参数、成分进行检测与控制；对工业设备运行状态进行监测；对产品质量进行自动测试；对产品数量进行自动计数等。

3）助推智能农业快速发展。气象预报，温室大棚的温湿度、光照、CO_2、pH 值、风力的测量与控制，水土成分的测量与分析；工厂化水产和牲畜养殖环境参数的测量与控制等。

4）是国防现代化的技术保障。雷达导航，卫星定位系统，航母战斗群及潜艇水下声呐系统测物、测距、测向，现代化战争中目标精确定位、精准打击等。

5）在智能交通中有广泛的应用。公路交通违章监控、测速、超载称重，轨道交通（高铁、动车、地铁、轻轨、云轨）运营设备在线监测，水运航向、水位、风力、荷载测量，机场危险品检查等。

1.2 传感器的定义及其分类

1.2.1 传感器的定义与组成

根据我国国家标准（GB/T 7665—2005），传感器（Transducer/Sensor）定义为：能够感受规定的被测量并按照一定规律转换成可用输出信号的器件或装置，通常由敏感元件和转换元件组成。其中，敏感元件是指传感器中能直接感受或响应被测量的部分；转换元件是指传感器中能将敏感元件的感受或响应的被测量转换成适于传输和处理的电信号部分。

传感器的共性就是利用物理定律或物质的物理、化学或生物特性，将非电量（如位移、速度、加速度、力等）输入转换成电量（电压、电流、电荷）或电参数（电阻、电容、电感、频率等）输出。

根据传感器的定义，传感器的基本组成分为敏感元件和转换元件两部分，分别完成检测和转换两个基本功能。传感器的典型组成如图 1.1 所示。

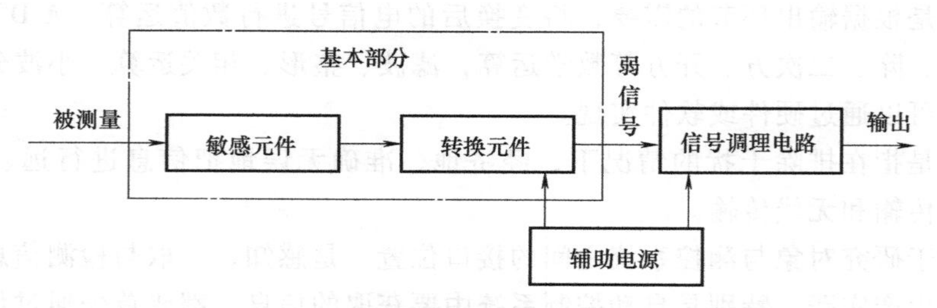

图 1.1　传感器的典型组成

1.2.2 传感器的分类

传感器可按输入量、输出量、工作原理、基本效应、能量变换关系以及所蕴含的技术特征等进行分类，见表 1.1。其中按输入量和工作原理的分类方法应用较为普遍。

表 1.1　传感器的分类表

传感器分类方法	传感器名称
输入量(被测参数)	位移传感器、速度传感器、加速度传感器、温度传感器、湿度传感器、流量传感器、压力传感器等
输出量(输出信号)	模拟式传感器、数字式传感器
工作原理	电阻式传感器、电容式传感器、电感式传感器、压电式传感器、热电式传感器、磁电式传感器、光电式传感器等
基本效应	物理传感器:力学量、光学量、温度、物位、流量、尺寸等传感器 化学传感器:成分、湿度、酸碱度、反应速度等传感器 生物传感器:酶、生物组织、微生物、免疫、细胞、DNA 等传感器
能量变换关系	能量变换型(发电型、有源型)传感器、能量控制型(参量型、无源型)传感器
技术特征	普通传感器、集成传感器、智能传感器、无线传感器

1.3　传感器的基本特性

传感器的基本特性包括静态特性和动态特性。

1.3.1　传感器的静态特性

1. 精确度

传感器的精确度简称精度，与精密度和准确度有关。

（1）精密度　说明传感器输出值的分散性，是随机误差大小的标志。精密度高，意味着随机误差小，但不一定准确度高。

（2）准确度　说明传感器输出值与真值的偏离程度，是系统误差大小的标志。准确度高意味着系统误差小；准确度高不一定精密度高。

（3）精确度（精度）　它是精密度和准确度两者的总和，精确度高表示精密度、准确度都比较高。可用公式表示为

$$A=\frac{\Delta A}{y_{FS}}\times 100\% \tag{1.1}$$

式中　ΔA 为测量范围内允许的最大误差；y_{FS}为传感器满量程输出。

以射击为例，加深对三个概念的理解。图 1.2a 准确度高，精密度低；图 1.2b 准确度低，精密度高；图 1.2c 准确度、精密度都高，精确度高。

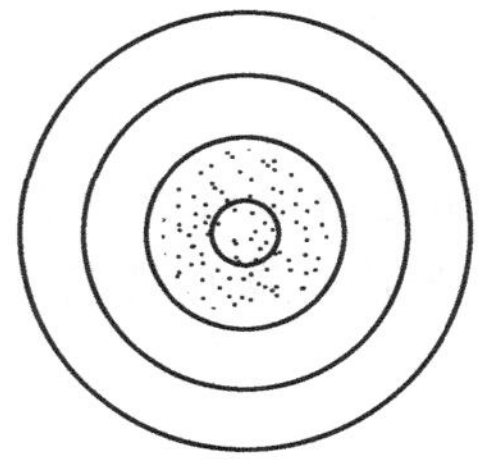
a) 准确度高

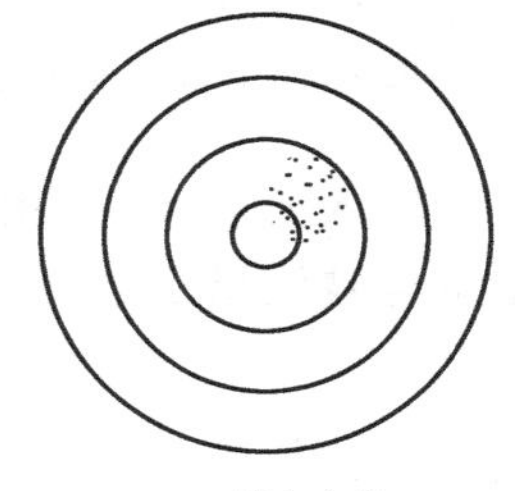
b) 精密度高

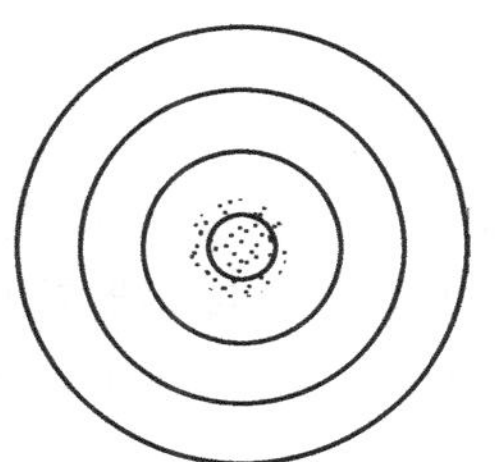
c) 精确度高

图 1.2　精度的划分及其意义

2. 稳定性

传感器的稳定性可用稳定度和影响量两个指标来表示。

(1) 稳定度　在测量条件不变时，在规定时间内，传感器中随机变动、周期性变动和漂移等引起传感器输出的变化量，称为稳定度，一般可用精密度和观测时间来表示。例如，传感器输出电压值每小时变化 1.2mV，则其稳定度可表示为 1.2mV/h。

(2) 影响量　外界环境条件变化引起传感器输出的变化量，称为影响量，环境条件主要指温度、湿度、电源电压、频率、振动等。例如，某传感器由于工作电源电压变化 10%而引起其输出值变化 0.01mA，则其影响量可表示为 $0.01\text{mA}/(U\pm10\%U)$。

3. 传感器的静态输入-输出特性

静态特性是指输入的被测参数不随时间而变化或随时间变化很缓慢时，传感器的输出量与输入量的关系。

(1) 线性度　线性度是指传感器输出与输入之间实际曲线偏离其拟合直线的程度。设传感器实际输入-输出关系曲线用下列多项式代数方程表示为

$$y=a_0+a_1x+a_2x^2+\cdots+a_nx^n \tag{1.2}$$

式中　y 为输出量；x 为输入量；a_0 为零点输出；a_1 为理论灵敏度；a_2、a_3、…、a_n 为非线性系数。通常用相对误差 δ_L 来表示为

$$\delta_L=\pm\frac{\Delta L_{max}}{Y_{FS}}\times100\% \tag{1.3}$$

式中，ΔL_{max}为最大非线性误差；Y_{FS}为满量程输出。

图 1.3 为传感器输入-输出特性线性化图。实际拟合直线的方法有理论拟合、端点拟合、过零旋转拟合、端点平移拟合、最小二乘拟合等。其中拟合精度最高的是最小二乘拟合，拟合精度最低的是理论拟合。

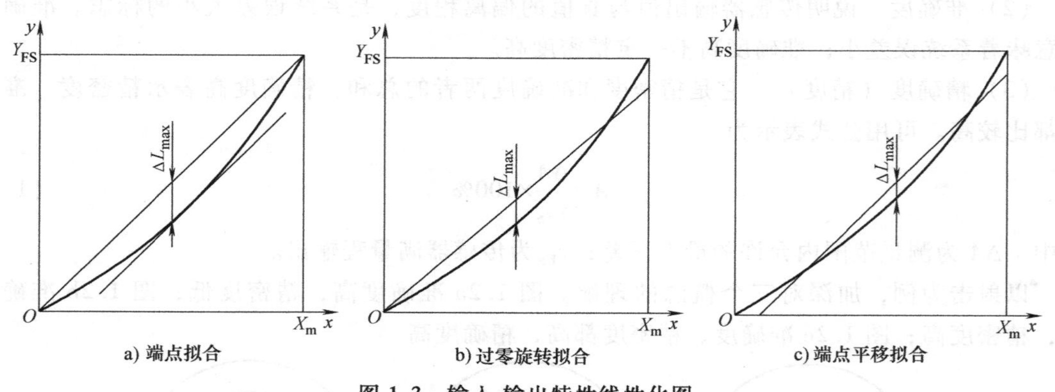

图 1.3　输入-输出特性线性化图

(2) 灵敏度　灵敏度表示传感器的输入增量 Δx 与由它引起的输出增量 Δy 之间的函数关系。即灵敏度 S 等于传感器输出增量与被测增量之比，它是传感器在稳态输入-输出特性曲线上各点的斜率，用公式可表示为

$$S=\frac{\mathrm{d}y}{\mathrm{d}x}=\frac{\mathrm{d}f(x)}{\mathrm{d}x}=f'(x) \tag{1.4}$$

灵敏度表示单位被测量的变化所引起传感器输出值的变化量。S 值越高表示传感器越

灵敏。

（3）灵敏度阈与分辨力　灵敏度阈是指传感器最小所能够区别的读数变化量，是零点附近的分辨力。分辨力是指数字式仪表指示数字值的最后一位数字所代表的值，当被测量的变化量小于分辨力时，仪表的最后一位数不变，仍指示原值。灵敏度阈或分辨力都是有单位的量，它的单位与被测量的单位相同。

对于一般传感器的要求是，灵敏度应该大，而灵敏度阈应该小。但也不是灵敏度阈越小越好，因为灵敏度阈越小，干扰的影响越显著，会给测量的平衡过程造成困难，而且不经济。

因此，选择的灵敏度阈只要小于允许测量绝对误差的三分之一即可。灵敏度是广义的增益，而灵敏度阈则是死区或不灵敏区。

（4）迟滞　迟滞，也叫回程误差，是指在相同测量条件下，对应于同一大小的输入信号，传感器正（输入量由小增大）、反（输入量由大减小）行程输出信号大小不相等的现象。

产生迟滞的原因：传感器机械部分存在不可避免的摩擦、间隙、松动、积尘等，引起能量吸收和消耗。

迟滞特性表明传感器正、反行程期间输入-输出特性曲线不重合的程度，如图 1.4 所示。迟滞的大小一般由实验方法来确定。用正反行程间的最大输出差值 ΔH_{max} 对满量程输出 Y_{FS} 的百分比来表示，即

$$\delta_H = \pm\frac{\Delta H_{max}}{Y_{FS}}\times 100\% \tag{1.5}$$

（5）重复性　重复性表示传感器在输入量按同一方向做全量程多次测试时所得输入-输出特性曲线一致的程度。实际特性曲线不重复的原因与迟滞的产生原因相同。重复特性曲线如图 1.5 所示。

重复性指标一般采用输出最大不重复误差 ΔR_{max} 与满量程输出 Y_{FS} 的百分比表示，即

$$\delta_R = \pm\frac{\Delta R_{max}}{Y_{FS}}\times 100\% \tag{1.6}$$

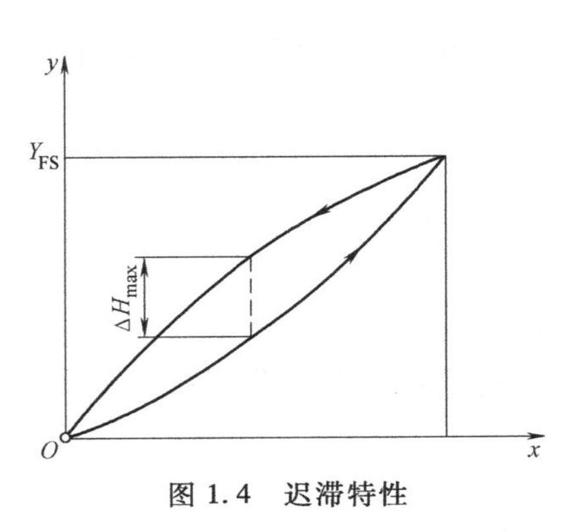

图 1.4　迟滞特性

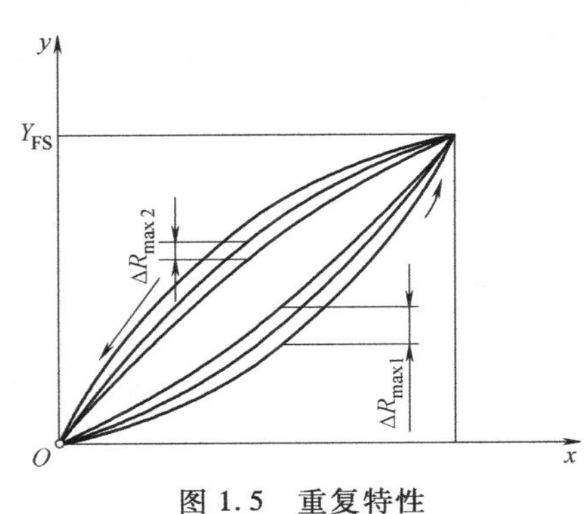

图 1.5　重复特性

（6）漂移　漂移是指传感器在输入量不变的情况下，输出量随时间变化的现象；漂移将影响传感器的稳定性或可靠性（Stability or Reliability）。产生漂移的原因主要有两个：一是传感器自身结构参数发生老化，如零点漂移（简称零漂）；二是在测试过程中周围环境（如温度、湿度、压力等）发生变化，这种情况最常见的是温度漂移（简称温漂）。

1.3.2 传感器的动态特性

传感器的动态特性是指传感器对动态激励（输入）的响应（输出）特性，即其输出对随时间变化的输入量的响应特性。

一个动态特性好的传感器，其输出随时间变化的规律（输出变化曲线），将能再现输入随时间变化的规律（输入变化曲线），即输出与输入具有相同的时间函数。但实际上由于制作传感器的敏感材料对不同的变化会表现出一定程度的惯性（如温度测量中的热惯性），因此输出信号与输入信号并不具有完全相同的时间函数，这种输入与输出间的差异称为动态误差，动态误差反映的是惯性延迟所引起的附加误差。

传感器的动态特性可以从时域和频域两个方面分别采用瞬态响应法和频率响应法来分析。在时域内研究传感器的响应特性时，一般采用阶跃函数；在频域内研究动态特性一般采用正弦函数。对应的传感器动态特性指标分为两类，即与阶跃响应有关的指标和与频率响应特性有关的指标。

1）在采用阶跃输入研究传感器的时域动态特性时，常用延迟时间、上升时间、响应时间、超调量等来表征传感器的动态特性。

2）在采用正弦输入信号研究传感器的频域动态特性时，常用幅频特性和相频特性来描述传感器的动态特性。

1. 传感器的数学模型

通常可以用线性时不变系统理论来描述传感器的动态特性。从数学上可以用常系数线性微分方程（线性定常系统）表示传感器输出量 $y(t)$ 与输入量 $x(t)$ 的关系为

$$a_n\frac{\mathrm{d}^n y}{\mathrm{d}t^n}+a_{n-1}\frac{\mathrm{d}^{n-1} y}{\mathrm{d}t^{n-1}}+\cdots+a_1\frac{\mathrm{d}y}{\mathrm{d}t}+a_0 y=b_m\frac{\mathrm{d}^m x}{\mathrm{d}t^m}+b_{m-1}\frac{\mathrm{d}^{m-1} x}{\mathrm{d}t^{m-1}}+\cdots+b_1\frac{\mathrm{d}x}{\mathrm{d}t}+b_0 x \tag{1.7}$$

式中，a_n，…，a_0 和 b_m，…，b_0 为与系统结构参数有关的常数。

线性时不变系统有两个重要的性质：叠加性和频率保持特性。

2. 传递函数

对式（1.7）做拉普拉斯变换，并认为输入 $x(t)$ 和输出 $y(t)$ 及它们的各阶时间导数的初始值（$t=0$ 时）为 0，则得

$$H(s)=\frac{L[y(t)]}{L[x(t)]}=\frac{Y(s)}{X(s)}=\frac{b_m s^m+b_{m-1}s^{m-1}+\cdots+b_1 s+b_0}{a_n s^n+a_{n-1}s^{n-1}+\cdots+a_1 s+a_0} \tag{1.8}$$

式中，$s=\beta+\mathrm{j}\omega$。

式（1.8）的右边是一个与输入 $x(t)$ 无关的表达式，它只与系统结构参数（a，b）有关，由此可见，传感器的输入-输出关系特性是传感器内部结构参数作用关系的外部特性表现。

3. 频率响应函数

对于稳定的常系数线性系统，可用傅里叶变换代替拉普拉斯变换，相应地有

$$H(\mathrm{j}\omega)=A(\omega)\mathrm{e}^{\mathrm{j}\varphi(\omega)} \tag{1.9}$$

模（称为传感器的幅频特性）：

$$A(\omega)=|H(\mathrm{j}\omega)|=\sqrt{[H_{\mathrm{R}}(\omega)]^2+[H_{\mathrm{I}}(\omega)]^2} \tag{1.10}$$

相角（称为传感器的相频特性）：

$$\varphi(\omega)=\arctan\frac{H_{\mathrm{I}}(\omega)}{H_{\mathrm{R}}(\omega)} \tag{1.11}$$

4. 传感器的动态特性分析

一般可以将大多数传感器简化为一阶或二阶系统。

（1）一阶传感器的频率响应　一阶传感器的微分方程为

$$a_1\frac{\mathrm{d}y(t)}{\mathrm{d}t}+a_0y(t)=b_0x(t) \tag{1.12}$$

它可改写为

$$\tau\frac{\mathrm{d}y(t)}{\mathrm{d}t}+y(t)=S_{\mathrm{n}}x(t) \tag{1.13}$$

式中，τ 为传感器的时间常数（具有时间量纲）；S_{n} 为传感器的灵敏度。

这类传感器的幅频特性、相频特性分别为

幅频特性
$$A(\omega)=1/\sqrt{1+(\omega\tau)^2} \tag{1.14}$$

相频特性
$$\varphi(\omega)=-\arctan(\omega\tau) \tag{1.15}$$

图 1.6 为一阶传感器的频率响应特性曲线。从式（1.14）、式（1.15）和图 1.6 看出，时间常数 τ 越小，此时 $A(\omega)$ 越接近于常数 1，$\varphi(\omega)$ 越接近于 0，因此，频率响应特性越好。当 $\omega\tau\ll1$ 时，$A(\omega)\approx1$，输出与输入的幅值几乎相等，它表明传感器输出与输入为线性关系。$\varphi(\omega)$ 很小，$\tan(\varphi)\approx\varphi$，$\varphi(\omega)\approx-\omega\tau$，相位差与频率 ω 呈线性关系。

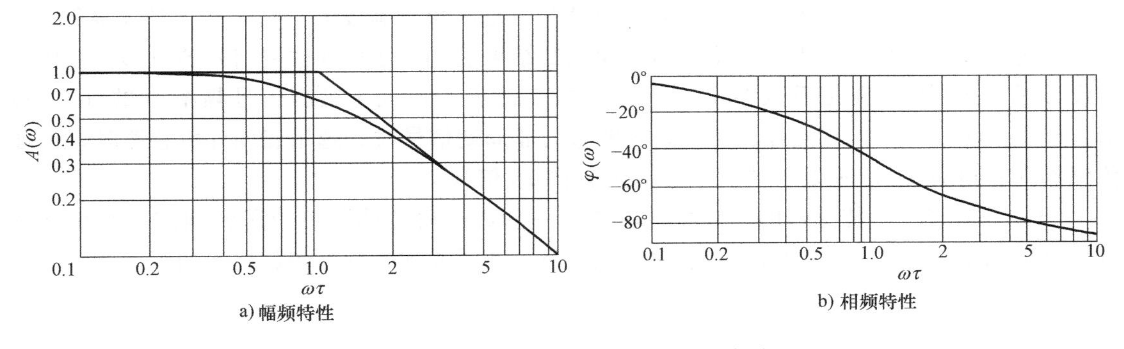

图 1.6　一阶传感器的频率响应特性曲线

（2）二阶传感器的频率响应　典型的二阶传感器的微分方程为

$$a_2\frac{\mathrm{d}^2y(t)}{\mathrm{d}t^2}+a_1\frac{\mathrm{d}y(t)}{\mathrm{d}t}+a_0y(t)=a_0x(t) \tag{1.16}$$

因此有

幅频特性
$$A(\omega)=\left\{\left[1-\left(\frac{w}{\omega_{\mathrm{n}}}\right)^2\right]^2+4\zeta^2\left(\frac{\omega}{\omega_{\mathrm{n}}}\right)^2\right\}^{-\frac{1}{2}} \tag{1.17}$$

相频特性
$$\varphi(\omega)=-\arctan\frac{2\zeta\left(\frac{\omega}{\omega_{\mathrm{n}}}\right)}{1-\left(\frac{\omega}{\omega_{\mathrm{n}}}\right)^2} \tag{1.18}$$

式中，ω_n 为传感器的固有角频率，$\omega_n=\sqrt{a_0/a_2}$；ζ 为传感器的阻尼系数，$\zeta=\dfrac{a_1}{2\sqrt{a_0a_2}}$。

图 1.7 为二阶传感器的频率响应特性曲线。从式（1.16）、式（1.17）和图 1.7 可见，传感器的频率响应特性好坏主要取决于传感器的固有角频率 ω_n 和阻尼系数 ζ。当 $0<\zeta<1$，$\omega_n \gg \omega$ 时，$A(\omega)\approx 1$（常数），$\varphi(\omega)$ 很小，$\varphi(\omega)\approx -2\zeta\dfrac{\omega}{\omega_n}$，即相位差与频率 ω 呈线性关系，此时，系统的输出 $y(t)$ 真实准确地再现输入 $x(t)$ 的波形。

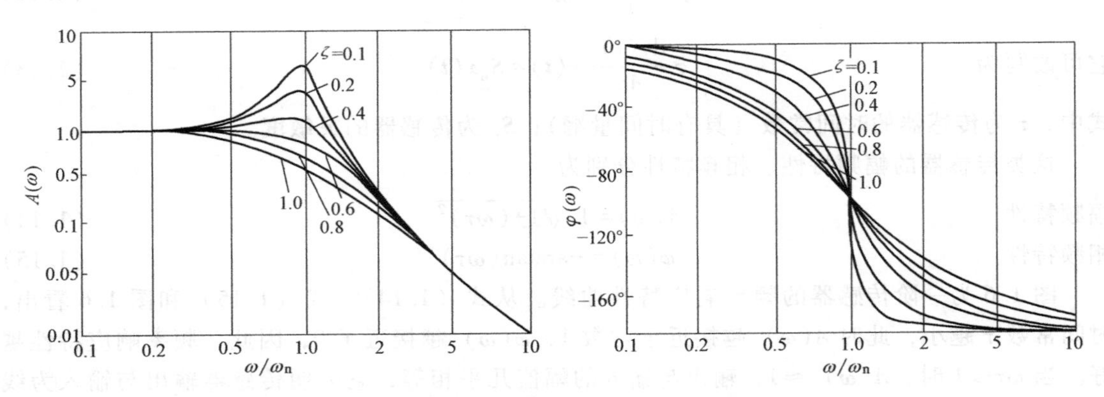

图 1.7　二阶传感器的频率响应特性曲线

在 $\omega=\omega_n$ 附近，系统发生共振，幅频特性受阻尼系数影响极大，实际测量时应避免。

通过上面的分析，可得出结论：为了使测试结果能精确地再现被测信号的波形，在传感器设计时，必须使其阻尼系数 $\zeta<1$，固有角频率 ω_n 至少应大于被测信号频率 ω 的（3~5）倍，即 $\omega_n \geq (3\sim5)\omega$。在实际测试中，被测量为非周期信号时，选用和设计传感器时，保证传感器固有角频率 ω_n 不低于被测信号基频 ω 的 10 倍即可。

（3）一阶或二阶传感器的动态特性参数　一阶或二阶传感器单位阶跃响应的时域动态特性分别如图 1.8、图 1.9 所示（$S_n=1$，$A_0=1$）。其时域动态特性参数描述如下。

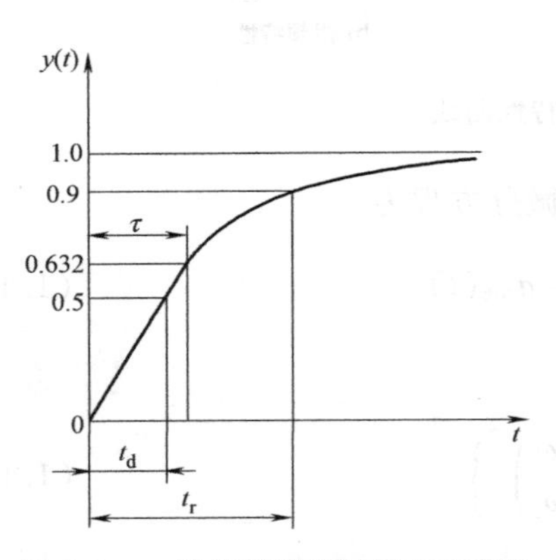

图 1.8　一阶传感器的时域动态特性

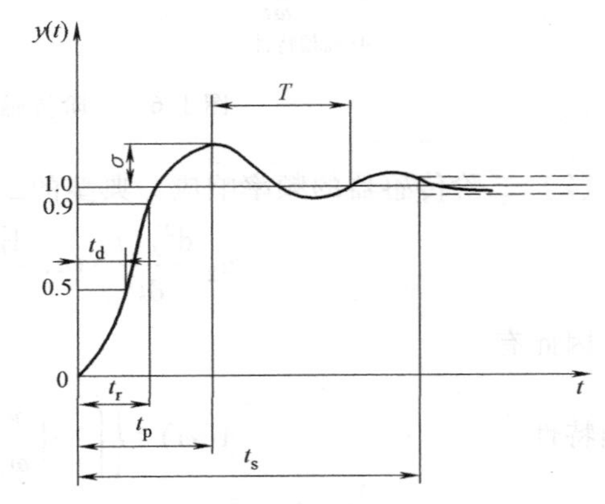

图 1.9　二阶传感器（$\zeta<1$）的时域动态特性

时间常数 τ：一阶传感器输出上升到稳态值的 63.2%所需的时间。

延迟时间 t_d：传感器输出达到稳态值的 50%所需的时间。

上升时间 t_r：传感器的输出达到稳态值的90%所需的时间。

峰值时间 t_p：二阶传感器输出响应曲线达到第一个峰值所需的时间。

响应时间 t_s：二阶传感器从输入量开始起作用到输出指示值进入稳态值所规定的范围内所需要的时间。

超调量 σ：二阶传感器输出第一次达到稳态值后又超出稳态值而出现的最大偏差，即二阶传感器输出超过稳态值的最大值。

1.4 传感器技术的发展

总体上说，传感器技术的发展趋势主要表现为以下六个方面：提高与改善传感器的技术性能；开展基础理论研究，寻找新原理、开发新材料、采用新工艺或探索新功能等；传感器的集成化；传感器的智能化；传感器的网络化；传感器的微型化。

1. 传感器性能的改善

改善传感器性能的技术途径主要有差动技术、平均技术、补偿与修正技术、屏蔽与隔离技术、稳定性处理技术。

2. 开展基础理论研究

发现新现象、新规律和新效应，寻找新的测量原理；开发新型的半导体敏感材料、陶瓷敏感材料、磁性材料和智能材料，制造高性能传感器；采用微细加工技术，发展新型传感器；探索新功能，发展多功能传感器。

3. 传感器的集成化

传感器的集成化主要有以下几种方式：一是具有相同功能的传感器集成化，使一个点的测量变成一个面和空间测量；二是不同功能的传感器集成化，使一个传感器可以同时测量不同类型的多个参数；三是传感器和相应的测量电路集成化，有利于减少干扰、提高灵敏度和稳定性。

4. 传感器的智能化

传感器与微处理器、模糊理论和知识集成等技术结合，使其不仅具有检测功能，还具有信息处理、逻辑判断、自诊断等人工智能，具有提高测量精度、增强功能、提高自动化程度三方面作用。

5. 传感器的网络化

随着现场总线技术和物联网技术的广泛应用，传感器的网络化得以快速发展，主要表现为两个方面：一是为了解决现场总线的多样性问题，IEEE1451.2 工作组建立了智能传感器接口模块（STIM）标准；二是以 IEEE 802.15.4（ZigBee）为基础的无线传感器网络技术迅速发展，它是物联网关键技术之一，具有以数据为中心、极低的功耗、组网方式灵活、低成本等诸多优点。

6. 传感器的微型化

随着 MEMS 技术的迅速发展，微传感器得以迅速发展。微传感器利用集成电路工艺和微组装工艺，基于各种物理效应将机械、电子元器件集成在一个芯片上。微传感器具有体积小、重量轻、功耗低和可靠性高等优点。

思考题与习题

1.1 什么叫传感器？它通常由哪几部分组成？

1.2 简述传感器的分类方法。

1.3 举例说明传感器与检测技术的作用与地位。

1.4 简述中高档汽车中所使用的各类传感器及其作用。

1.5 什么是传感器的静态特性？它有哪些性能指标？如何用公式表征这些性能指标？

1.6 试计算某压力传感器的迟滞误差和重复性误差，测试数据见表 1.2。

表 1.2 题 1.6 表

行程	输入压力 /($\times10^5$Pa)	输出电压/mV		
		(1)	(2)	(3)
正行程	2.0	190.9	191.1	191.3
	4.0	382.8	383.2	383.5
	6.0	575.8	576.1	576.6
	8.0	769.4	769.8	770.4
	10.0	963.9	964.6	965.2
反行程	10.0	964.4	965.1	965.7
	8.0	770.6	771.0	771.4
	6.0	577.3	577.4	578.4
	4.0	384.1	384.2	384.7
	2.0	191.6	191.6	192.0

1.7 若一阶传感器的时间常数为 0.01s，传感器响应的幅值百分误差在 10% 范围内，此时，$\omega\tau$ 最高值达 0.5，试求此时输入信号的工作频率范围。

1.8 设一力传感器可以简化成典型的质量-弹簧-阻尼二阶系统，已知该传感器的固有频率为 $f_0=1000\text{Hz}$，若其阻尼比为 $\xi=0.7$，试问用它测量频率为 600Hz 的正弦交变力时，其输出与输入幅值比 $A(\omega)$ 和相位差 $\varphi(\omega)$ 各为多少。

1.9 简述传感器技术的发展。

第2章

测量误差与数据处理

任何测量的目的都是为了获得被测量的真实值。但是由于人的认识能力不足和科学水平的限制，测量环境、测量方法、测量仪器、测量人员等各种因素的影响，测量结果总是与被测量的真实值不完全一致，不可避免地存在测量误差。

在科技迅速发展的当今社会，人们对产品的精度要求越来越高，因此研究测量误差，了解误差的特性，熟悉相应的处理原则，有效地减少和消除测量误差的影响，从而做出相应的科学判断与决策具有重大的理论意义和实际应用价值。

2.1 测量误差的基本概念

2.1.1 量值

量是物体可以从数量上进行确定的一种属性。由一个数和合适的计量单位表示的量称为量值，如某压力为1N。量值有真值、实际值、标称值和指示值之分。

1. 真值和实际值

真值是指在一定的时间和空间条件下，能够准确反映被测量真实状态的数值。真值分为理论真值和约定真值两种情形。

理论真值是在理想情况下表征一个物理量真实状态或属性的值，它通常客观存在但不能实际测量得到，或者是根据一定的理论所定义的数值，如三角形三内角和为180°。

约定真值是为了达到某种目的按照约定的办法所确定的值，如光速被约定为3×10^8m/s，或以高准确度等级仪器的测量值约定为低准确度等级仪器测量值的真值。

实际值是在满足规定准确度时用以代替真值使用的值。

2. 标称值和指示值

标称值是计量或测量器具上标注的量值。

指示值（测量值）是测量仪表或量具给出或提供的量值。

2.1.2 误差的表达方法

根据不同的应用场合和需要，测量误差的表达方法常用以下几种。

1. 绝对误差 Δx

绝对误差 Δx 就是测量值 x 与真值 L 间的差值，可表示为

$$\Delta x = x - L \tag{2.1}$$

在实际测量中，还经常用到修正值概念，用符号 c 表示，$c=-\Delta x=L-x$。

2. 相对误差 δ

相对误差就是绝对误差与真值的百分比，可表示为

$$\delta=\frac{\Delta x}{L}\times 100\% \tag{2.2}$$

由于真值 L 无法知道，实际处理时用测量值 x 代替真值 L 来计算相对误差，即

$$\delta\approx\frac{\Delta x}{x}\times 100\% \tag{2.3}$$

3. 引用误差 γ

引用误差是相对于仪表满量程的一种误差，一般用绝对误差除以满量程（仪表的测量范围上限与测量范围下限之差）的百分数来表示，即

$$\gamma=\frac{\Delta x}{x_m}\times 100\% \tag{2.4}$$

式中，x_m 为仪表的满量程。

仪表的准确度等级就是根据引用误差来确定的。如 0.5 级表的引用误差不超过±0.5%（其满量程的相对误差为±0.5%），1.0 级则不超过±1.0%。根据国家标准规定，我国电工仪表共分为七个等级：0.1、0.2、0.5、1.0、1.5、2.5 和 5.0。

例 1： 检定一台满量程 $x_m=5\text{A}$，准确度等级为 1.5 的电流表，测得在 2.0A 处绝对误差 $\Delta x=0.1\text{A}$，请问该电流表是否合格？

解： 在没有修正值的情况下，通常认为在整个测量范围内各处的最大绝对误差是一个常数。因此，根据引用误差的定义可求得

$$\gamma=\frac{\Delta x}{x_m}\times 100\%=\frac{0.1}{5}\times 100\%=2.0\%$$

由于 2.0%>1.5%，因此，该电流表已不合格，但可作精度为 2.5 级表使用。

例 2： 要测量一个约 80V 的电压量，现有两块电压表供选用，一块量程为 300V，准确度等级为 0.5；一块量程为 100V，准确度等级为 1.0。请问选用哪一块电压表更好？

解： 根据最大示值相对误差的定义式，先求最大相对误差。

使用 300V、0.5 级表时

$$\delta_{m1}=\frac{\gamma x_m}{x}\times 100\%=\frac{0.5\%\times 300}{80}\times 100\%\approx 1.88\%$$

使用 100V、1.0 级表时

$$\delta_{m2}=\frac{\gamma x_m}{x}\times 100\%=\frac{1.0\%\times 100}{80}\times 100\%\approx 1.25\%$$

由于 $|\delta_{m1}|>|\delta_{m2}|$，因此，选用 100V、1.0 级表测量该电压时具有更小的相对误差，精度更高。由题目数据还可知，使用该表可保证测量示值落在仪表满刻度的三分之二以上。

2.2 误差的分类及其来源

2.2.1 系统误差

1. 定义

在相同的条件下多次测量同一量时，误差的绝对值和符号保持恒定或在条件改变时，与某一个或几个因素成函数关系的有规律的误差，称为系统误差（Systematic Error）。

系统误差的大小表明了测量结果的准确度。系统误差越小，则测量结果的准确度越高。

2. 主要来源

1）测量设备在标准条件下产生的基本误差。测量仪器在额定条件下（如电源电压、温度、湿度等）工作时所具有的误差，称为基本误差。

2）偏离额定工作条件所产生的附加误差。当使用条件偏离标准条件时，传感器和仪表必然在基本误差的基础上增加了新的系统误差，称为附加误差。如温度附加误差、电源电压波动附加误差等。

3）测量理论、方法不完善产生的方法误差。

4）试验人员主客观原因产生的人为误差。

2.2.2 随机误差

1. 定义

对同一被测量进行多次重复测量时，绝对误差的绝对值和符号不可预知地随机变化，但就误差的总体而言，具有一定的统计规律性，这类误差称为随机误差（Random Error）。

随机误差的大小表明测量结果重复一致的程度，即测量结果的分散性。通常，用精密度表示随机误差的大小。随机误差大，测量结果分散，精密度低。反之，测量结果的重复性好，精密度高。

2. 来源

随机误差是由多种偶然因素对测量值的综合影响造成的。如电磁场变化、热起伏、空气扰动、气压和湿度变化等。

3. 特性

1）对称性：绝对值相等、符号相反的随机误差出现的概率趋于相等。

2）有界性：随机误差绝对值不会超过某一限度。

3）单峰性：绝对值小的随机误差出现的概率大于绝对值大的随机误差出现的概率。

4）抵偿性：无限多次测量的随机误差平均值趋于零。

2.2.3 粗大误差

1. 定义

一种显然与实际值不相符的误差称为粗大误差（Spurious Error），也称疏忽误差或过失误差。

2. 来源

测量方法不当；使用有缺陷的计量器具；实验条件突变；测量人员粗心读数据。

粗大误差包括系统误差和随机误差，粗大误差必须避免，含有粗大误差的测量数据应从测量结果中剔除。

2.3 测量误差的处理

2.3.1 随机误差的处理

在等精度测量情况下，得到 n 个测量值 x_1，x_2，…，x_n，对应的随机误差分别为 δ_1，δ_2，…，δ_n。这组测量值和随机误差都是随机事件，可以用概率统计的方法来处理。

1. 随机误差的正态分布曲线

实践表明，随机误差有如下四个特性：单峰性、有界性、对称性和抵偿性。

上述四个特性使得当测量次数足够多时，随机误差将呈现出正态分布规律，正态分布曲线如图 2.1 所示。由图可见，随机变量在 $x=L$ 或 $\delta=0$ 处附近区域有最大概率。

$$y=f(x)=\frac{1}{\sigma\sqrt{2\pi}}e^{-\frac{(x-L)^2}{2\sigma^2}} \tag{2.5}$$

$$y=f(\delta)=\frac{1}{\sigma\sqrt{2\pi}}e^{-\frac{\delta^2}{2\sigma^2}} \tag{2.6}$$

式中，y 为概率密度；x 为测量值：σ 为标准差：L 为真值：δ 为随机误差，$\delta=x-L$。

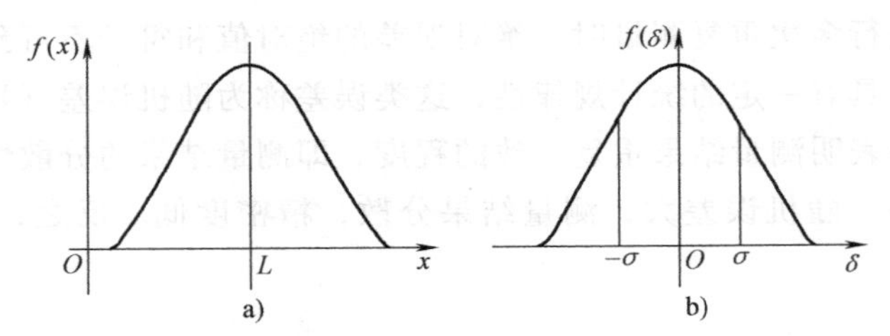

图 2.1 正态分布曲线

2. 正态分布随机误差的数字特征

在实际测量中，由于真值 L 不可能得到。根据随机变量的正态分布特征，可以用其算术平均值来代替。算术平均值反映了随机变量的分布中心。

算术平均值
$$\bar{x}=\frac{1}{n}(x_1+x_2+\cdots+x_n)=\frac{1}{n}\sum_{i=1}^{n}x_i \tag{2.7}$$

标准差（也称均方根偏差）

$$\sigma=\sqrt{\frac{\sum_{i=1}^{n}(x_i-L)^2}{n}}=\sqrt{\frac{\sum_{i=1}^{n}\delta_i^2}{n}} \tag{2.8}$$

式中，n 为测量次数；x_i 为第 i 次测量值。

标准差反映了随机误差的分布范围。标准差越大，测量数据的分布范围就越大。图 2.2

显示了不同标准差下的正态分布曲线。由图可见，σ 越小，分布曲线就越陡峭，说明随机变量的分散性小，接近真值 L，精度高。反之，σ 越大，分布曲线越平坦，随机变量的分散性就越大，精度低。

在实际测量中，由于真值 L 无法知道，就用测量值的算术平均值代替。各测量值与算术平均值的差值称为残余误差 v_i，即

$$v_i = x_i - \bar{x} \tag{2.9}$$

由残余误差可计算标准差的估计值 σ_s，即贝塞尔公式

$$\sigma_s = \sqrt{\frac{\sum_{i=1}^{n}(x_i - \bar{x})^2}{n-1}} = \sqrt{\frac{\sum_{i=1}^{n} v_i^2}{n-1}} \tag{2.10}$$

为了求得标准差，设在相同条件下对被测量进行了 m 组的多次测量，即分别对每一组做 n 次测量，各组所得的算术平均值为 $\bar{x}_1$，$\bar{x}_2$，…，$\bar{x}_m$，由于存在随机误差，每组的算术平均值并不完全相同，它们本身也是围绕真值 L 波动的，但波动的范围比单次测量的范围要小，即测量的精度高。算术平均值的精度可由算术平均值的标准差 $\sigma_{\bar{x}}$来表示，由误差理论可以证明，它与 σ_s 的关系为

$$\sigma_{\bar{x}} = \frac{\sigma_s}{\sqrt{n}} \tag{2.11}$$

在 σ_s 不变的情况下，可以画出 $\sigma_{\bar{x}}$与 n 的关系曲线如图 2.3 所示。曲线表明，当 n 增大时，测量精度相应提高，但测量次数达到一定数目之后（如 $n>10$），$\sigma_{\bar{x}}$下降很慢。所以要提高测量结果的精度，不能单靠无限地增加测量次数，而需要从采用适当的测量方法、选择仪器的精度及确定适当的测量次数几个方面考虑。一般情况下取 $n=5\sim10$ 范围内较适宜。

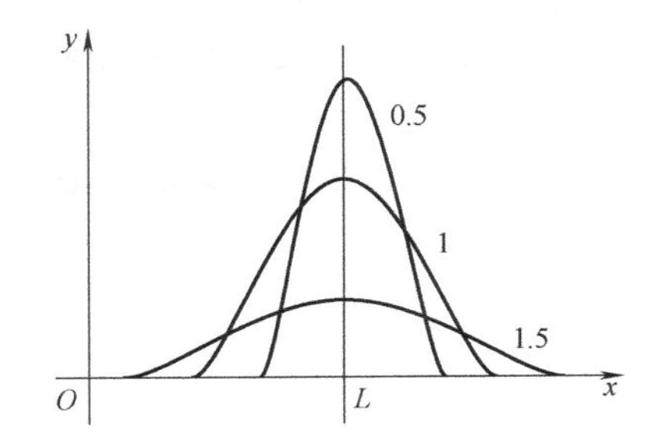

图 2.2　不同均方根偏差下的正态分布曲线

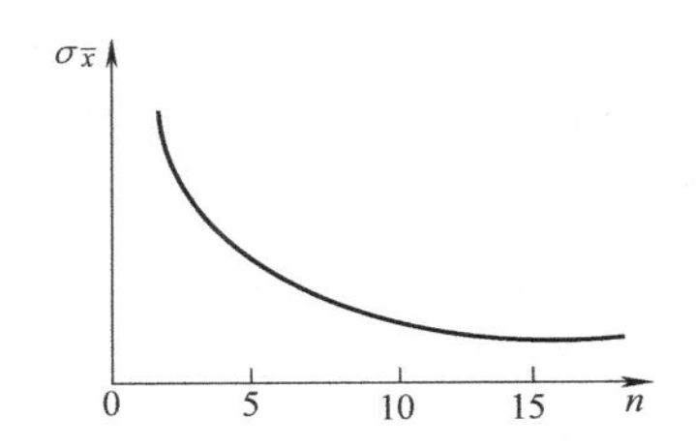

图 2.3　标准差与测量次数的关系

3. 正态分布的概率计算

为了确定测量的可靠性，需要计算正态分布在不同区间的概率。

由于残余误差表示的正态分布密度函数为

$$y = f(v) = \frac{1}{\sigma\sqrt{2\pi}} e^{-\frac{v^2}{2\sigma^2}} \tag{2.12}$$

有

$$\int_{-\infty}^{+\infty} y \mathrm{d}v = 100\%$$

在任意区间 $[a,\ b]$ 出现的概率为

$$P(a \leqslant v \leqslant b)=\frac{1}{\sigma\sqrt{2\pi}}\int_{a}^{b}e^{-\frac{v^2}{2\sigma^2}}dv \tag{2.13}$$

由于标准差 σ 是正态分布的特征参数，误差区间通常表示成 σ 的倍数，如 $t\sigma$。由于正态分布的对称性特点，计算概率通常取成对称区间的概率，即

$$P(-t\sigma \leqslant v \leqslant t\sigma)=\frac{1}{\sigma\sqrt{2\pi}}\int_{-t\sigma}^{+t\sigma}e^{-\frac{v^2}{2\sigma^2}}dv \tag{2.14}$$

式中，t 为置信系数；P 为置信概率。

表 2.1 给出几个典型的 t 值及其对应的概率。

表 2.1　t 值及其对应的概率

t	0.6745	1	1.96	2	2.58	3	4
P	0.5	0.6827	0.95	0.9545	0.99	0.9973	0.99994

由表 2.1 可知，当 $t=1$ 时，$P=0.6827$，即测量结果中随机误差出现在 $-\sigma\sim+\sigma$ 间的概率为 68.27%；当 $t=3$ 时，出现在 $-3\sigma\sim+3\sigma$ 间的概率为 99.73%，相应地，$|v|>3\sigma$ 的概率为 0.27%，因此一般认为绝对值大于 3σ 的误差是不可能出现的，通常把这个误差称为极限误差 $\sigma_{\lim}$。

按照上述分析，测量结果常表示为

$$x=\bar{x}\pm\sigma_{\bar{x}}(P=0.6827) \tag{2.15}$$

或

$$x=\bar{x}\pm3\sigma_{\bar{x}}(P=0.9973) \tag{2.16}$$

2.3.2　系统误差的处理

1. 从误差根源上消除系统误差

系统误差是由测量系统本身的缺陷或测量方法的不完善造成的，使得测量值中含有固定不变或按一定规律变化的误差。其特点是不具有抵偿性，也不能通过重复测量来消除，因此在处理方法上与随机误差完全不同。

系统误差处理原则是找出系统误差产生的根源，然后采取相应的措施尽量减小或消除系统误差。

分析系统误差的产生原因一般应考虑以下几个方面：

1）所用测量仪表或元件本身是否准确可靠。

2）测量方法是否完善。

3）传感器或仪表的安装、调整、放置等是否正确、合理。

4）测量仪表的工作环境条件是否符合规定条件。

5）测量者的操作是否正确。

2. 系统误差的发现与判别

（1）实验对比法　通过改变产生系统误差的条件从而进行不同条件下的测量，以发现系统误差。这种方法适用于发现固定的系统误差。

（2）残余误差观察法　根据测量值的残余误差的大小和符号的变化规律来判断有无变化的系统误差。

（3）准则检查法

1）马利科夫准则：将残余误差的前后各一半分成两个组，如果前、后两组残余误差的和明显不同，则可能含有线性系统误差。

2）阿贝准则：检查残余误差是否偏离正态分布，若偏离，则可能存在变化的系统误差。其做法是将测量值的残余误差按测量顺序排列，并计算，即

$$A=v_1^2+v_2^2+\cdots+v_n^2 \tag{2.17}$$

$$B=(v_1-v_2)^2+(v_2-v_3)^2+\cdots+(v_{n-1}-v_n)^2+(v_n-v_1)^2 \tag{2.18}$$

然后判断，若$\left|\frac{B}{2A}-1\right|>\frac{1}{\sqrt{n}}$，则可能存在变化的系统误差。

3. 系统误差的消除

（1）消除系统误差产生的根源　测量前，仔细检查仪表，正确调整和安装；防止外界干扰的影响；选择好观测位置消除视差；选择环境条件较稳定时进行测量和读数。

（2）在测量系统中采用补偿措施　找出系统误差的规律，选用适当的方法消除系统误差。对应恒定系统误差可用标准量替代法、反向补偿法等；对应周期性系统误差可选用半周期偶数测量法（按系统误差变化的半个周期测量一次，每个周期测量两次，取平均值）。

（3）实时反馈修正　当查明某种误差因素的变化对测量结果有明显的影响时，可尽量找出其影响测量结果的函数关系或近似函数关系，然后按照这种函数关系对测量结果进行实时的自动修正。

（4）在测量结果中进行修正　对于已知的系统误差，可以用修正值对测量结果进行修正；对于变值系统误差，设法找出误差的变化规律，用修正公式或修正曲线对测量结果进行修正；对未知的系统误差，则归入随机误差一起处理。

2.3.3 粗大误差的处理

粗大误差是由于测量人员的粗心大意导致测量结果明显偏离真值的误差，含有粗大误差的数据必须被剔除。在对测量数据进行误差处理时，首先要完成粗大误差的处理。

对粗大误差的判断一般基于以下几个准则。

1. 拉依达准则

也称为3σ准则，通常把3σ作为极限误差（σ为标准差）。如果一组测量数据中某个测量值的残余误差的绝对值$|v|>3\sigma$，则可认为该值含有粗大误差，应舍弃。

2. 肖维勒准则

该准则以正态分布为前提，假设多次重复测量得到的n个测量值中，某个测量值的残余误差$|v|>Z_c\sigma$，则舍弃该测量值。Z_c值的选取与测量列的测量值个数n有关，见表2.2。肖维勒准则较3σ准则更细化。

表2.2　肖维勒准则中的Z_c值

n	3	4	5	6	7	8	9	10	11	12
Z_c	1.38	1.54	1.65	1.73	1.80	1.86	1.92	1.96	2.00	2.03
n	13	14	15	16	18	20	25	30	40	50
Z_c	2.07	2.10	2.13	2.15	2.20	2.24	2.33	2.39	2.49	2.58

3. 格拉布斯（Grubbs）准则

若某个测量值的残余误差的绝对值$|v|>G\sigma$，该准则将判断此值中含有粗大误差，应剔除。G的确定与重复测量次数n和置信概率P_a有关，见表2.3。

表2.3 格拉布斯准则中的G值

测量次数n	置信概率P_a		测量次数n	置信概率P_a	
	0.99	0.95		0.99	0.95
	对应不同测量次数和置信概率G的取值			对应不同测量次数和置信概率G的取值	
3	1.16	1.15	11	2.48	2.23
4	1.49	1.46	12	2.55	2.28
5	1.75	1.67	13	2.61	2.33
6	1.94	1.82	14	2.66	2.37
7	2.10	1.94	15	2.70	2.41
8	2.22	2.03	16	2.74	2.44
9	2.32	2.11	18	2.82	2.50
10	2.41	2.18	20	2.88	2.56

格拉布斯准则的基本处理方法：设对某被测量做多次等精度独立测量，得到一组测量值，当这组测量值服从正态分布时，首先计算这组测量值的算术平均值$\bar{x}$和标准差的估计值σ_s；然后将这组测量值按从小到大的顺序排列：$x_1 \leqslant x_2 \leqslant \cdots \leqslant x_n$，计算$|v_1|$和$|v_n|$并比较两者的大小。根据置信概率$P_a$（一般为0.95或0.99）从表2.3中可查得临界值$G(n, P_a)$。取$|v_1|$和$|v_n|$中较大者做如下判断：如果$|v|>G\sigma_s$，则判别该测量值存在粗大误差，应予剔除，再对剩余测量值重复上述过程，直至确定测量值不存在粗大误差为止；如果$|v|\leqslant G\sigma_s$，则判断该组测量值不存在粗大误差。

思考题与习题

2.1 试分析系统误差的来源。

2.2 什么是随机误差？随机误差有何特性？随机误差的产生原因是什么？

2.3 误差的表达方法有哪几种？分别用公式表示。

2.4 我国的电工仪表分为哪几个等级？是用何种误差表示的？

2.5 测得某三角块的三个角度之和为179°058′40″，试求测量的绝对误差和相对误差。

2.6 某压力表准确度等级为2.5，量程为0~1.5MPa，求：

(1) 可能出现的最大满度相对误差；

(2) 可能出现的最大绝对误差；

(3) 测量结果显示为0.7MPa时，可能出现的最大示值相对误差。

2.7 现有准确度等级为0.5的0~300℃的和准确度等级为1.0的0~100℃的两只温度计，要测量80℃的温度，采用哪一只更好？

2.8 测量某物体质量共8次，测得数据（单位：g）为136.45、136.37、136.51、136.34、136.39、136.48、136.47、136.40。试求算术平均值及其标准差。

第3章

温度传感器

将温度（热量）变化转换为电学量变化的装置称为温度传感器或热电式传感器。

温度是人体最敏感的物理量之一，光、声强度增大10%对人的感觉影响不大，但温度却有较大影响；温度与人们生活密切相关，空调、冰箱、热水器、微波炉、电磁炉等家用电器都与温度有关；其他传感器测试环境与温度密切相关，温度是影响量，其变化将会产生系统误差（附加误差）；在工业、农业、商业、科研、国防、医学及环保等领域，都涉及温度检测与控制；工业自动化生产流程中，温度测量点占50%以上。

本章主要介绍热电偶、热电阻、热敏电阻、辐射式温度传感器、集成温度传感器的工作原理、特性及其应用。

3.1 热电偶

3.1.1 热电偶传感器测温原理

1. 热电偶的特点

1）结构简单，其敏感元件是由两种不同性质的导体或半导体互相绝缘并将一端焊接在一起而构成的。

2）具有较高的准确度。

3）测量范围宽，常用的热电偶，低温可测到-50℃，高温可以达到1600℃左右，配用特殊材料的热电极，最低可测到-180℃，最高可达到2800℃的温度。

4）具有良好的敏感度。

5）信号可以远传和记录。

2. 热电效应

如图3.1所示，两种不同的导体两端相互紧密地连接在一起，组成一个闭合回路。当两接点温度不等时（设 $t>t_0$），回路中就会产生大小和方向与导体材料及两接点的温度有关的电动势，从而形成电流，这种现象称为热电效应。该电动势称为热电动势；把这两种不同导体的组合称为热电偶，称A、B两导体为热电极。热电偶的两个接点中，置于温度为 t 的被测对象中的接点称为测量端，又称工作端或热端；而温度为 t_0

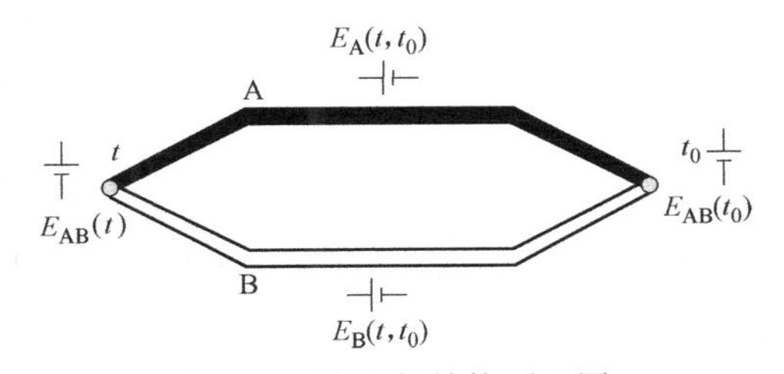

图3.1 热电偶结构原理图

的另一接点称为参考端，又称自由端或冷端，一般要求它恒定在某一温度。

实际上，热电动势来源于两个方面：一部分由两种导体的接触电动势构成；另一部分是单一导体的温差电动势。

3. 两种导体的接触电动势

不同导体的自由电子密度是不同的。当两种不同的导体 A、B 连接在一起时，由于两者内部单位体积的自由电子数目不同，因此，在 A、B 的接触处就会发生电子的扩散，且电子在两个方向上扩散的速率不相同。这种由于两种导体自由电子密度不同，而在其接触处形成的电动势称为接触电动势，如图 3.2 所示。接触电动势的大小与导体的材料、接点的温度有关，而与导体的直径、长度、几何形状等无关。两接点的接触电动势用符号 $E_{AB}(t)$ 表示为

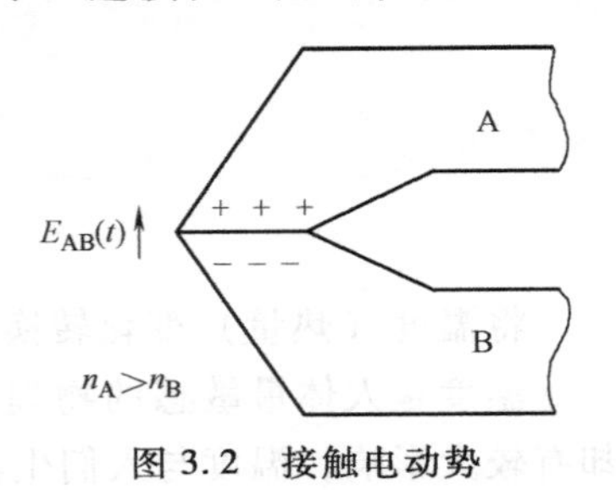

图 3.2 接触电动势

$$E_{AB}(t)=\frac{kt}{e}\ln\frac{n_A(t)}{n_B(t)} \tag{3.1}$$

式中，$E_{AB}(t)$ 为 A、B 两种材料在温度 t 时的接触电动势；k 为玻尔兹曼常数（$k=1.38\times10^{-23}$ J/K）；$n_A(t)$、$n_B(t)$ 为材料 A、B 分别在温度 t 下的自由电子密度；e 为单位电荷，$e=1.6\times10^{-19}$C。

4. 单一导体的温差电动势

对单一金属导体，如果将导体两端分别置于不同的温度场 t，t_0 中（$t>t_0$），在导体内部，热端的自由电子具有较大的动能，将更多地向冷端移动，导致热端失去电子带正电，冷端得到电子带负电，这样，导体两端将产生一个热端指向冷端的静电场。该电场阻止电子从热端继续向冷端转移，并使电子反方向移动，最终将达到动态平衡状态。这样，在导体两端产生电位差，称为温差电动势。温差电动势的大小取决于导体材料和两端的温度，可表示为

$$E_A(t,t_0)=\frac{k}{e}\int_{t_0}^{t}\frac{1}{n_A(t)}\mathrm{d}[n_A(t)t] \tag{3.2}$$

$$E_B(t,t_0)=\frac{k}{e}\int_{t_0}^{t}\frac{1}{n_B(t)}\mathrm{d}[n_B(t)t] \tag{3.3}$$

式中，$E_A(t,\ t_0)$、$E_B(t、t_0)$ 分别为导体 A、B 在两端温度为 t、t_0 时形成的温差电动势。

5. 热电偶回路的总电动势

实践证明，热电偶回路中所产生的热电动势主要是由接触电动势引起的，温差电动势所占比例极小，可以忽略不计；因为 $E_{AB}(t)$ 和 $E_{AB}(t_0)$ 的极性相反，假设导体 A 的电子密度大于导体 B 的电子密度，且 A 为正极、B 为负极，因此回路的总电动势为

$$\begin{aligned}E_{AB}(t,t_0)&=E_{AB}(t)-E_A(t,t_0)+E_B(t,t_0)-E_{AB}(t_0)\\&\approx E_{AB}(t)-E_{AB}(t_0)\\&=\frac{kt}{e}\ln\frac{n_A(t)}{n_B(t)}-\frac{kt_0}{e}\ln\frac{n_A(t_0)}{n_B(t_0)}\end{aligned} \tag{3.4}$$

由此可见，热电偶总电动势与两种材料的电子密度以及两接点的温度有关，可得出以下结论：

1）如果热电偶两电极相同，即 $n_A(t)=n_B(t)$、$n_A(t_0)=n_B(t_0)$，则无论两接点温度如

何，总热电动势始终为0。

2）如果热电偶两接点温度相同，尽管A、B材料不同，回路中总电动势为0。

3）热电偶产生的热电动势大小与材料（n_A，n_B）和接点温度（t，t_0）有关，与其尺寸、形状等无关。

4）热电偶在接点温度为t_1，t_3时的热电动势，等于此热电偶在接点温度为t_1，t_2与t_2，t_3两个不同状态下的热电动势之和，即

$$\begin{aligned}E_{AB}(t_1,t_3)&=E_{AB}(t_1,t_2)+E_{AB}(t_2,t_3)\\&=E_{AB}(t_1)-E_{AB}(t_2)+E_{AB}(t_2)-E_{AB}(t_3)=E_{AB}(t_1)-E_{AB}(t_3)\end{aligned}\quad(3.5)$$

5）电子密度取决于热电偶材料的特性和温度，当热电极A、B选定后，热电动势$E_{AB}(t,t_0)$就是两接点温度t和t_0的函数差，即

$$E_{AB}(t,t_0)=f(t)-f(t_0)\quad(3.6)$$

如果自由端的温度保持不变，即$f(t_0)=C$（常数），此时，$E_{AB}(t,t_0)$就成为t的单一函数，即

$$E_{AB}(t,t_0)=f(t)-f(t_0)=f(t)-C=\varphi(t)\quad(3.7)$$

式（3.7）在实际测温中得到了广泛应用。当保持热电偶自由端温度t_0不变时，只要用仪表测出总电动势，就可以求得工作端温度t。

对于不同金属组成的热电偶，温度与热电动势之间有不同的函数关系，一般通过实验方法来确定，并将不同温度下所测得的结果列成表格，编制出针对各种热电偶的热电动势与温度的对照表，称为分度表，供使用时查阅。如表3.1所示，表中温度按10℃分档，其中间值可按内插法计算，即

$$t_M=t_L+\frac{E_M-E_L}{E_H-E_L}(t_H-t_L)\quad(3.8)$$

式中，t_M、t_H、t_L分别为被测的温度值、较高的温度值和较低的温度值；E_M、E_H、E_L分别为温度t_M、t_H、t_L对应的热电动势。

表3.1　铂铑$_{10}$—铂热电偶分度表

分度号：S　　　　（参考端温度为0℃）

工作端温度/℃	0	10	20	30	40	50	60	70	80	90
	热电动势/mV									
0	0.000	0.055	0.113	0.173	0.235	0.229	0.365	0.432	0.502	0.573
100	0.645	0.719	0.795	0.872	0.950	1.029	1.109	1.190	1.273	1.356
200	1.440	1.525	1.611	1.698	1.785	1.873	1.962	2.051	2.141	2.232
300	2.323	2.414	2.506	2.599	2.692	2.786	2.880	2.974	3.069	3.164
400	3.260	3.356	3.452	3.549	3.654	3.743	3.840	3.938	4.036	4.135
500	4.234	4.333	4.432	4.532	4.632	4.732	4.832	4.933	5.034	5.136
600	5.237	5.339	5.442	5.544	5.648	5.751	5.855	5.960	6.064	6.169
700	6.274	6.380	6.486	6.592	6.699	6.805	6.913	7.020	4.128	7.236
800	7.345	7.454	7.563	7.672	7.782	7.892	8.003	8.114	8.225	8.336
900	8.448	8.560	8.673	8.786	8.899	9.012	9.126	9.240	9.355	9.470

（续）

工作端温度/℃	0	10	20	30	40	50	60	70	80	90
	热电动势/mV									
1000	9.585	9.700	9.816	9.932	10.048	10.165	10.282	10.400	10.517	10.635
1100	10.754	10.872	10.991	11.110	11.229	11.348	11.467	11.587	11.707	11.827
1200	11.947	12.067	12.188	12.308	12.429	12.550	12.671	12.792	12.913	13.037
1300	13.155	13.276	13.397	13.519	13.640	13.761	13.883	14.004	14.125	14.247
1400	14.368	14.489	14.610	14.731	14.852	14.973	15.094	15.215	15.336	15.456
1500	15.576	15.697	15.818	15.937	16.057	16.176	16.296	16.415	16.534	16.653
1600	16.771	16.890	17.008	17.125	17.245	17.360	17.477	17.594	17.711	17.826

3.1.2 热电偶的基本定律

1. 中间导体定律

如图3.3所示，在热电偶测温回路内接入第三种导体C，只要其两端温度相同，则对回路的总热电动势没有影响。

$$E_{ABC}(t,t_0)=E_{AB}(t)-E_{AB}(t_0)=E_{AB}(t,t_0) \tag{3.9}$$

在实际热电偶测温应用中，测量仪表（如动圈式毫伏表、电子电位差计等）和连接导线可以作为第三种导体对待。

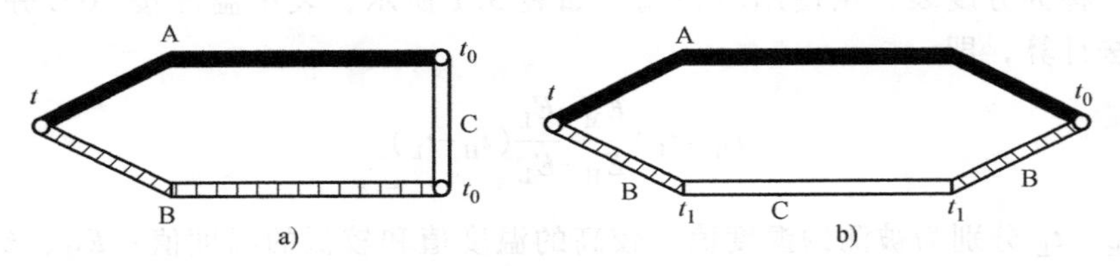

图3.3　中间导体定律结构图

2. 中间温度定律

如图3.4所示，热电偶AB在接点温度为t、t_0时的热电动势$E_{AB}(t,t_0)$等于它在接点温度t、t_c和t_c、t_0时的热电动势$E_{AB}(t,t_c)$和$E_{AB}(t_c,t_0)$的代数和，即

$$E_{AB}(t,t_0)=E_{AB}(t,t_c)+E_{AB}(t_c,t_0) \tag{3.10}$$

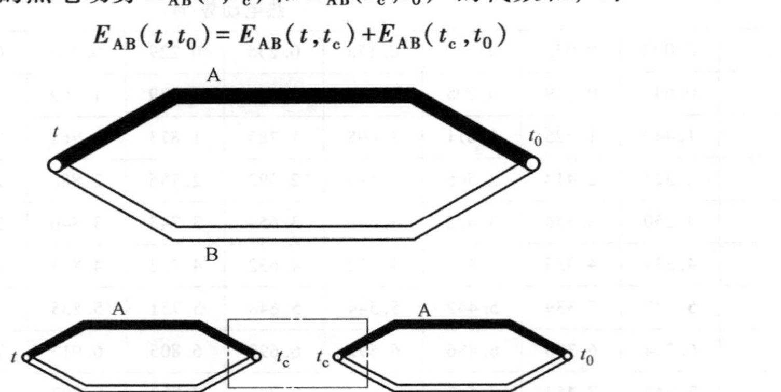

图3.4　中间温度定律结构图

中间温度定律为补偿导线的使用提供了理论依据。如果热电偶的两个电极通过连接两根导体的方式来延长，只要接入的两根导体的热电特性与被延长的两个电极的热电特性一致，且它们之间连接的两点间温度相同，则回路总的热电动势只与延长后的两端温度有关，与连接点温度无关。在实际测量中，利用该定律，还可以对参考端温度不为0℃的热电动势进行修正。

3. 标准电极定律

如图3.5所示，如果两种导体A、B分别与第三种导体C组成的热电偶所产生的热电动势已知，则由这两个导体A、B组成的热电偶产生的热电动势可由下式来确定，即

$$E_{AB}(t,t_0)=E_{AC}(t,t_0)+E_{CB}(t,t_0) \tag{3.11}$$

在实际处理中，由于铂的物理化学性质稳定，通常选用高纯铂丝作标准电极，只要测得它与各种金属组成的热电偶的热电动势，则各种金属间相互组合成热电偶的热电动势就可根据标准电极定律计算出来。

4. 均质导体定律

如果组成热电偶的两个热电极的材料相同，无论两接点的温度是否相同，热电偶回路中的总热电动势均为0。

均质导体定律有助于检验两个热电极材料成分是否相同及热电极材料的均匀性。

3.1.3　热电偶的结构与种类

1. 结构

为了适应不同测量对象的测温条件和要求，热电偶的结构形式有普通型热电偶、铠装型热电偶和薄膜型热电偶。

（1）普通型热电偶　普通型热电偶如图3.6所示。它一般由热电极、绝缘管、保护管和接线盒等几个主要部分组成，在工业上使用最为广泛。

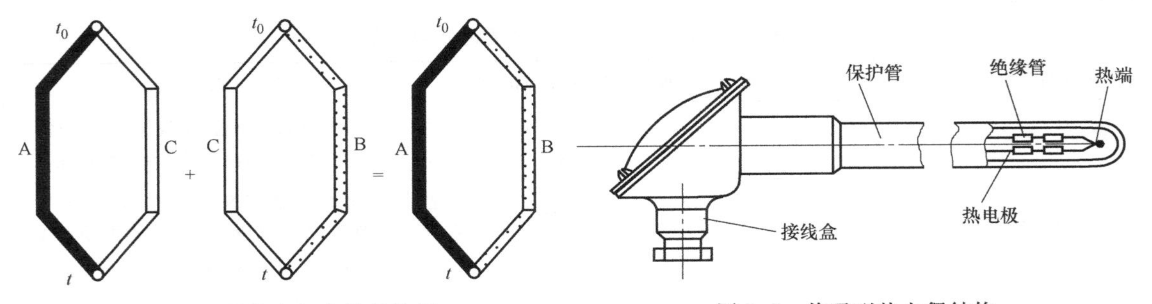

图3.5　标准电极定律结构图

图3.6　普通型热电偶结构

（2）铠装型（Sheath）热电偶　它是由热电极、绝缘材料和金属保护套管一起拉制加工而成的坚实缆状组合体，如图3.7所示。它可以做得很细很长，使用中可根据需要任意弯曲；测温范围通常在1100℃以下。优点：测温端热容量小，因此热惯性小、动态响应快；寿命长，机械强度高，弯曲性好，可安装在结构复杂的装置上。

（3）薄膜型热电偶　它是将两种薄膜热电极材料用真空蒸镀、化学涂层等办法蒸镀到绝缘基板（云母、陶瓷片、玻璃及酚醛塑料纸等）上制成的一种特殊热电偶，如图3.8所示。薄膜热电偶的接点可以做得很小、很薄（0.01~0.1μm），具有热容量小、响应速度快（ms级）等特点。它适用于微小面积上的表面温度以及快速变化的动态温度的测量，测温

范围在 300℃以下。

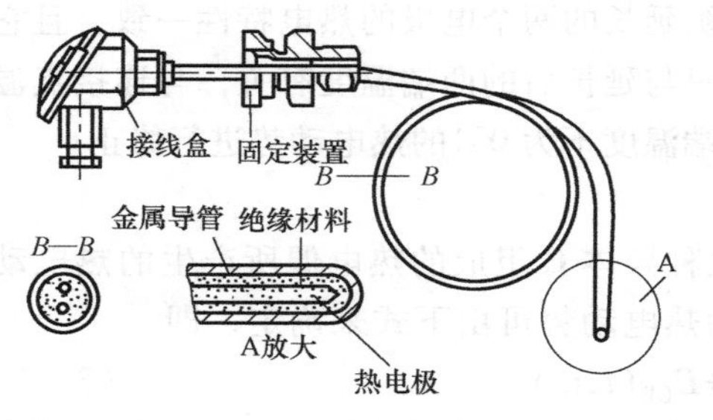

图 3.7 铠装型热电偶的结构

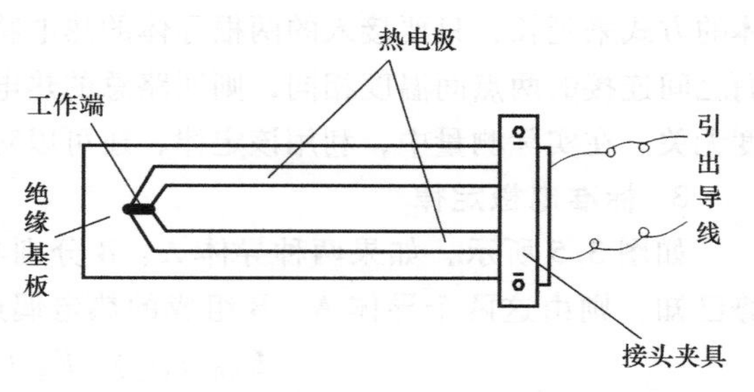

图 3.8 薄膜型热电偶的结构

2. 热电极材料的选取

根据金属的热电效应原理，理论上讲，任何两种不同材料的导体都可以组成热电偶，但为了准确可靠地测量温度，对组成热电偶的材料有严格的选择条件。在实际应用中，用作热电极的材料一般应具备以下条件：

1）性能稳定。

2）温度测量范围广。

3）物理、化学性能稳定。

4）电导率要高，并且电阻温度系数要小。

5）材料的机械强度要高，复制性好、复制工艺简单，价格便宜。

3. 热电偶的种类

目前，国际电工委员会（IEC）向世界各国推荐了 8 种标准化热电偶。表 3.2 是我国采用符合 IEC 标准的六种热电偶的主要性能和特点。工业上常用的四种标准化热电偶为 B 型、S 型、K 型和 E 型。

表 3.2 标准化热电偶的主要性能和特点

热电偶名称	正热电极	负热电极	分度号	测温范围	特 点
铂铑$_{30}$-铂铑$_{6}$	铂铑$_{30}$	铂铑$_{6}$	B	0~1700℃（超高温）	适用于氧化性气氛中测温，测温上限高，稳定性好。在冶金、钢水等高温领域得到广泛应用
铂铑$_{10}$-铂	铂铑$_{10}$	纯铂	S	0~1600℃（超高温）	适用于氧化性、惰性气氛中测温，热电性能稳定，抗氧化性强，精度高，但价格贵、热电动势较小。常用作标准热电偶或高温测量
镍铬-镍硅	镍铬合金	镍硅	K	-200~1200℃（高温）	适用于氧化和中性气氛中测温，测温范围很宽、热电动势与温度关系近似线性、热电动势大、价格低。稳定性不如 B、S 型热电偶，但是非贵金属热电偶中性能最稳定的一种
镍铬-康铜	镍铬合金	铜镍合金	E	-200~900℃（中温）	适用于还原性或惰性气氛中测温，热电动势较其他热电偶大，稳定性好，灵敏度高，价格低
铁-康铜	铁	铜镍合金	J	-200~750℃（中温）	适用于还原性气氛中测温，价格低，热电动势较大，仅次于 E 型热电偶。缺点是铁极易氧化
铜-康铜	铜	铜镍合金	T	-200~350℃（低温）	适用于还原性气氛中测温，精度高，价格低。在-200~0℃可制成标准热电偶。缺点是铜极易氧化

3.1.4　热电偶的冷端温度补偿

由热电偶的测温原理可以知道，热电偶产生的热电动势大小与两端温度有关，热电偶的输出电动势只有在冷端温度不变的条件下，才与工作端温度成单值函数关系。进行冷端温度补偿的方法有以下四种。

（1）补偿导线法　热电偶的长度一般只有1m左右，要保证热电偶的冷端温度不变，可以把热电极加长，使自由端远离工作端，放置到恒温或温度波动较小的地方，但这种方法对于由贵金属材料制成的热电偶来说将使投资增加，解决的办法是采用一种称为补偿导线的特殊导线，将热电偶的冷端延伸出来，如图3.9所示。补偿导线实际上是一对与热电极化学成分不同的导线，在0~150℃温度范围内与配接的热电偶具有相同的热电特性，但价格相对便宜。利用补偿导线将热电偶的冷端延伸到温度恒定的场所（如仪表室），且它们具有一致的热电特性，相当于将热电极延长，根据中间温度定律，只要热电偶和补偿导线的两个接触点温度一致，就不会影响热电动势的输出。

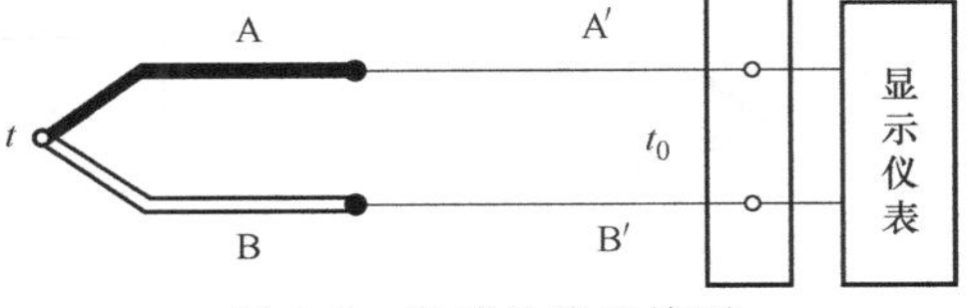

图3.9　补偿导线连接图

（2）冷端恒温法　将热电偶的冷端置于某些温度不变的装置中，以保证冷端温度不受热端测量温度的影响。恒温装置可以是电热恒温器或冰点槽（槽中装冰水混合物，温度保持在0℃），如图3.10所示。

若将恒温器温度调到0℃，则电压表读数对应的温度为实际温度，无误差。

（3）冷端温度校正法　如果热电偶的冷端温度偏离0℃，但稳定在t_0，则按中间温度定律对仪表指示值进行修正，即

$$E_{AB}(t,0)=E_{AB}(t,t_0)+E_{AB}(t_0,0) \tag{3.12}$$

（4）自动补偿法　自动补偿法也称电桥补偿法，它是在热电偶与仪表间加上一个补偿电桥，当热电偶冷端温度升高，导致回路总电动势降低时，这个电桥感受自由端温度的变化，产生一个电位差，其数值刚好与热电偶降低的电动势相同，两者互相补偿。这样，测量仪表上所测得的电动势将不随自由端温度而变化。自动补偿法解决了冷端温度校正法不适合连续测温的问题。如图3.11所示，在热电偶和仪表间接一个电桥补偿器，其中R_1、R_2、R_3固定，R_T随t_0变化。

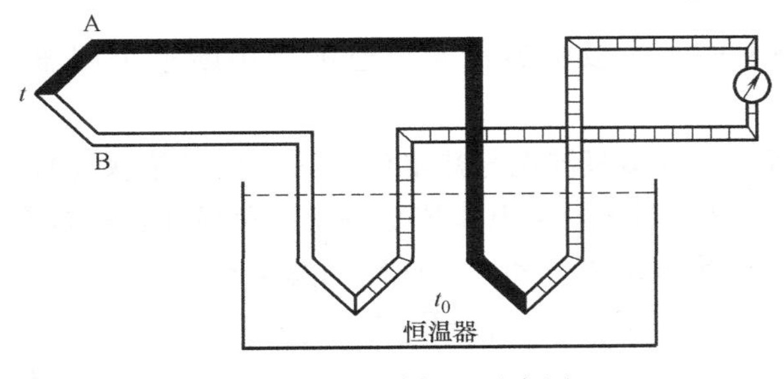

图3.10　冷端恒温示意图

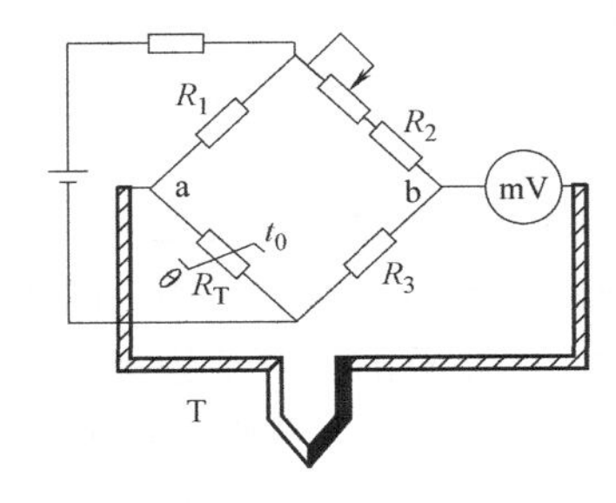

图3.11　补偿电桥原理图

当冷端t_0升高时，热电动势降低，而补偿器中R_T变化使ab间产生一个电位差，让其值正好补偿热电动势降低的量，达到自动补偿。

3.1.5 热电偶的实用测温电路

（1）测量单点的温度　图 3.12 是一个热电偶直接和仪表配用的测量单点温度的测量线路，图中 A、B 组成热电偶。热电偶在测温时，也可以与温度补偿器连接，转换成标准电流信号输出。

（2）测量两点间温度差（反极性串联）　图 3.13 是测量两点间温度差（t_1-t_2）的一种方法。将两个同型号的热电偶配用相同的补偿导线，其接线应使两热电偶反向串联（A 接 A、B 接 B），使得两热电动势方向相反，故输入仪表的是其差值，这一差值反映了两热电偶热端的温度差。

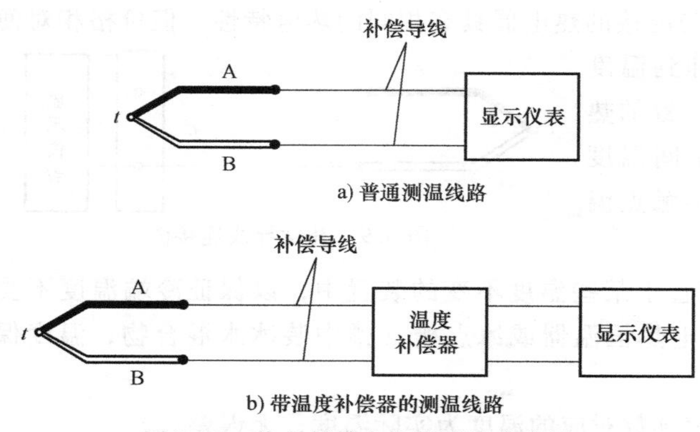

图 3.12　热电偶单点温度测量线路图

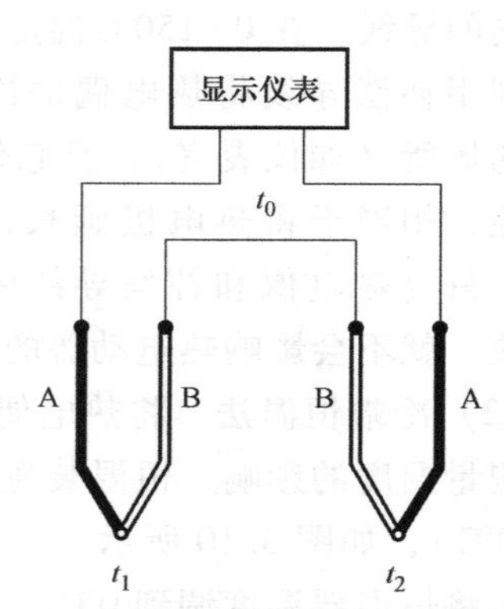

图 3.13　热电偶测量两点温度差线路图

（3）测量多点的平均温度　将多只同型号热电偶的正极和负极分别连接在一起的线路称为热电偶的并联。图 3.14 是测量三点的平均温度的热电偶并联连接线路，用三只同型号的热电偶并联在一起，在每一只热电偶线路中分别串联均衡电阻 R。根据电路理论，可得回路中总的电动势为

$$
\begin{aligned}
E_{\mathrm{T}} &= \frac{E_1+E_2+E_3}{3} = \frac{E_{\mathrm{AB}}(t_1,t_0)+E_{\mathrm{AB}}(t_2,t_0)+E_{\mathrm{AB}}(t_3,t_0)}{3} \\
&= \frac{E_{\mathrm{AB}}(t_1+t_2+t_3,3t_0)}{3} = E_{\mathrm{AB}}\left(\frac{t_1+t_2+t_3}{3},t_0\right)
\end{aligned} \tag{3.13}
$$

式中，E_1、E_2、E_3 分别为单只热电偶的热电动势。

并联电路的特点是有一只热电偶烧断时，难以觉察出来；但不会中断整个测温系统工作。

（4）测量多点温度之和（同极性串联）　将多只同型号热电偶的正、负极依次连接形成的线路称为热电偶的串联。图 3.15 是将三只同型号的热电偶依次将正、负极相连串接起来，此时，回路总的热电动势等于三只热电偶的热电动势之和，即回路的总电动势为

$$
\begin{aligned}
E_{\mathrm{T}} &= E_1+E_2+E_3 = E_{\mathrm{AB}}(t_1,t_0)+E_{\mathrm{AB}}(t_2,t_0)+E_{\mathrm{AB}}(t_3,t_0) \\
&= E_{\mathrm{AB}}(t_1+t_2+t_3,t_0)
\end{aligned} \tag{3.14}
$$

可见对应得到的是三点的温度之和。如果将结果再除以 3，就得到三点的平均温度。

串联线路的主要优点是热电动势大，仪表的灵敏度大大增加，且避免了热电偶并联线路存在的缺点，只要有一只热电偶断路，总的热电动势消失，立即可以发现有断路；缺点是只

要有一只热电偶断路，整个测温系统将停止工作。

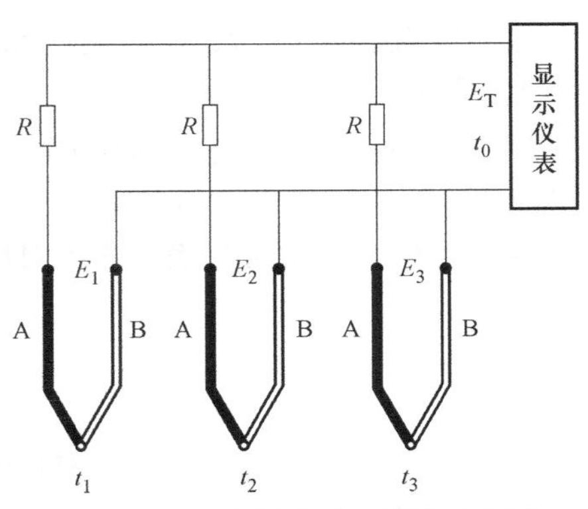

图 3.14 热电偶的并联测温线路图

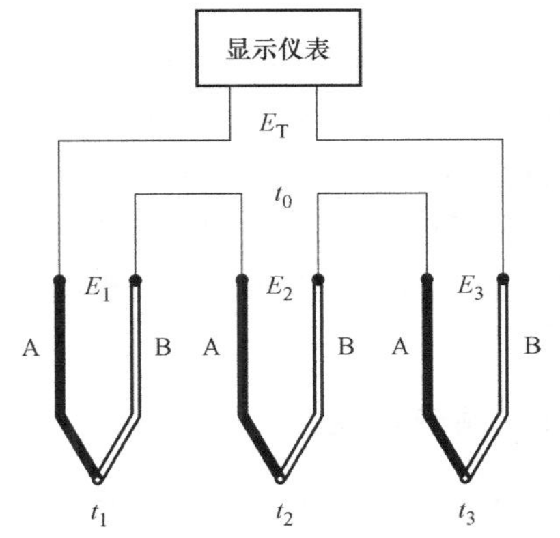

图 3.15 热电偶的串联测温线路图

3.2 热电阻

热电阻作为一种感温元件，利用导体的电阻值随温度变化而变化的特性来实现对温度的测量。最常用的材料是铂和铜。工业上它被广泛用来测量中低温区-200~500℃的温度。

热电阻由电阻体、保护套管和接线盒等部件组成，如图 3.16a 所示。热电阻丝是绕在骨架上的，骨架采用石英、云母、陶瓷或塑料等材料制成，可根据需要将骨架制成不同的外形。为了防止电阻体出现电感，热电阻丝通常采用双线并绕法，如图 3.16b 所示。

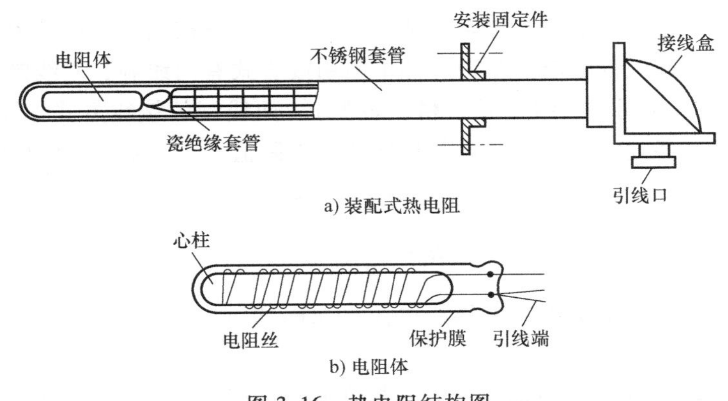

图 3.16 热电阻结构图

3.2.1 铂热电阻

铂热电阻在氧化性介质中，甚至在高温下，其物理、化学性能稳定，电阻率大，精确度高，能耐较高的温度，因此，国际温标 IPTS-68 规定，在-259.34~+630.74℃温度域内，以铂热电阻温度计作为基准器。

铂热电阻值与温度的关系在 0~850℃范围内为

$$R_t = R_0(1+At+Bt^2) \tag{3.15}$$

在$-200\sim0$℃范围内为

$$R_t=R_0[1+At+Bt^2+C(t-100)t^3] \tag{3.16}$$

式中，R_t为温度为t℃时的电阻值；R_0为温度为0℃时的电阻值；A、B、C为温度系数；$A=3.908\times10^{-3}/℃$，$B=-5.802\times10^{-7}/℃^2$，$C=-4.274\times10^{-12}/℃^4$。

从式（3.15）、式（3.16）可以看出，热电阻在温度t时的电阻值与R_0（标称电阻）有关。目前，我国规定工业用铂热电阻有$R_0=10\Omega$和$R_0=100\Omega$两种，它们的分度号分别为Pt_{10}和Pt_{100}，后者为常用。实际测量中，只要测得热电阻的阻值R_t，便可从表中查出对应的温度值。

3.2.2 铜热电阻

铂热电阻虽然优点多，但价格昂贵，在测量精度要求不高且温度较低的场合，铜热电阻得到广泛应用。在$-50\sim150$℃的温度范围内，铜热电阻与温度近似呈线性关系，可用公式表示为

$$R_t=R_0(1+\alpha t) \tag{3.17}$$

式中，α为0℃时铜热电阻温度系数（$\alpha=4.289\times10^{-3}/℃$）。

铜热电阻的电阻温度系数较大、线性度好、价格便宜；但缺点是电阻率较低，电阻体的体积较大，热惯性较大，稳定性较差，在100℃以上时容易氧化，因此只能用于低温及没有侵蚀性的介质中。

铜热电阻有两种分度号：Cu_{50}（$R_0=50\Omega$）和Cu_{100}（$R_0=100\Omega$），后者为常用。

3.2.3 热电阻的测量电路

热电阻的阻值不高，工业用热电阻安装在生产现场，离控制室较远，因此，热电阻的引线电阻对测量结果有较大的影响。目前，热电阻引线方式有两线制、三线制和四线制三种。

（1）两线制接法（用于引线不长，精度较低） 两线制的接线方式如图3.17所示，在热电阻感温体的两端各连一根导线。设每根导线的电阻值为r。则电桥平衡条件为

$$R_1R_3=R_2(R_t+2r) \tag{3.18}$$

因此有

$$R_t=\frac{R_1R_3}{R_2}-2r \tag{3.19}$$

显然，如果在实际测量中不考虑导线电阻，忽略式（3.18）中的$2r$，则测量结果就将引入误差。

（2）三线制接法（用于工业测量，一般精度） 为解决导线电阻的影响，工业热电阻大多采用三线制电桥连接法，如图3.18所示。图中R_t为热电阻，其三根引出导线相同，阻值都是r。其中一根与电桥电源相串联，它对电桥的平衡没有影响；另外两根分别与电桥的相邻两臂串联，当电桥平衡时，可得

$$(R_t+r)R_2=(R_3+r)R_1 \tag{3.20}$$

因此有

$$R_t=\frac{(R_3+r)R_1-rR_2}{R_2} \tag{3.21}$$

如果使$R_1=R_2$，则式（3.21）就和$r=0$时的电桥平衡公式完全相同，即说明此种接法导线电阻r对热电阻的测量毫无影响。以上结论只有在$R_1=R_2$，且只有在平衡状态下才成

立。为了消除从热电阻感温体到接线端子间的导线对测量结果的影响，一般要求从热电阻感温体的根部引出导线，且要求引出线一致，以保证它们的电阻值相等。

（3）四线制接法（实验室用，高精度测量） 三线制接法是工业测量中广泛采用的方法。在高精度测量中，可设计成四线制的测量电路，如图 3.19 所示。

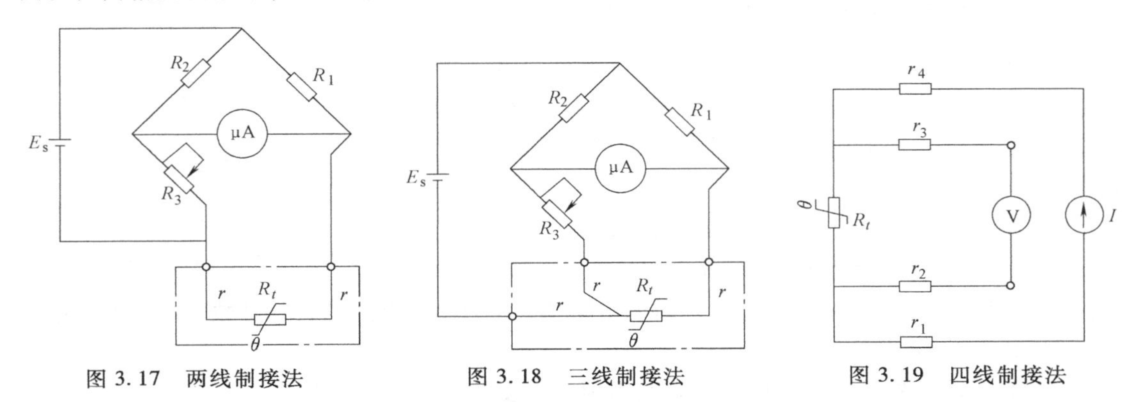

图 3.17 两线制接法　　图 3.18 三线制接法　　图 3.19 四线制接法

图中 I 为恒流源，测量仪表 V 一般用直流电位差计，热电阻上引出电阻值各为 r_1、r_4 和 r_2、r_3 的四根导线，分别接在电流和电压回路，电流导线上 r_1、r_4 引起的电压降，不在测量范围内，而电压导线上虽有电阻但无电流（认为内阻无穷大，测量时没有电流流过电位差计），所以四根导线的电阻对测量都没有影响。

3.3 热敏电阻

3.3.1 热敏电阻的结构与特点

热敏电阻是利用半导体的电阻值随温度显著变化这一特性制成的一种热敏元件，其特点是电阻率随温度而显著变化。它主要由敏感元件、引线和壳体组成。根据使用要求，可制成珠状、片状、杆状、垫圈状等各种形状，如图 3.20 所示。热敏电阻的符号如图 3.21 所示。

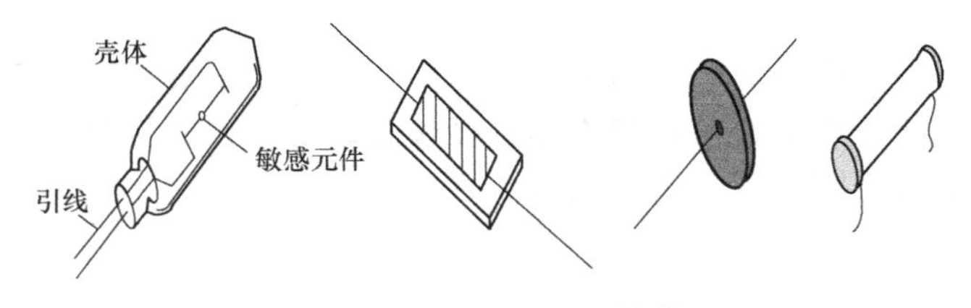

图 3.20 热敏电阻的结构

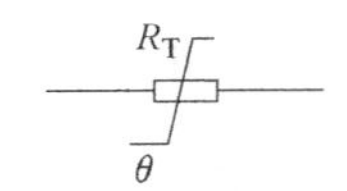

图 3.21 热敏电阻的符号

热敏电阻与热电阻相比，具有电阻值和电阻温度系数大、灵敏度高（比热电阻大 1~2 个数量级）；体积小（最小直径可达 0.1~0.2mm，可用来测量“点温”）、结构简单坚固（能承受较大的冲击、振动）；热惯性小、响应速度快（适用于快速变化的测量场合）；使用方便；寿命长；易于实现远距离测量等优点，得到了广泛的应用。主要缺点是互换性较差，同一型号的产品特性参数有较大差别；稳定性较差；非线性严重；不能在高温下使用。

热敏电阻的测温范围一般为-50~350℃，可用于液体、气体、固体、高空气象、深井等方面对温度测量精度要求不高的场合。

3.3.2 热敏电阻的类型及其温度特性

根据半导体的电阻-温度特性，热敏电阻可分为三类，即负温度系数（NTC）热敏电阻、正温度系数（PTC）热敏电阻和临界温度热敏电阻（CTR）。它们的温度特性曲线如图 3.22 所示。

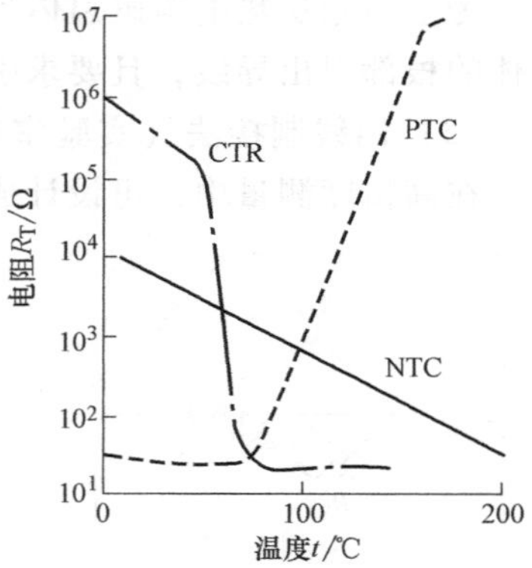

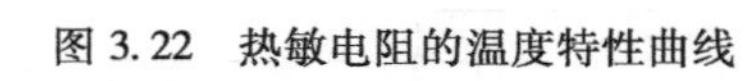

图 3.22 热敏电阻的温度特性曲线

正温度系数热敏电阻的阻值与温度的关系可表示为

$$R_t = R_0 \exp[A(t-t_0)] \tag{3.22}$$

式中，R_t、R_0 为温度 t(K) 和 t_0(K) 时的电阻值；A 为热敏电阻的材料常数；t_0 为 0℃时的绝对温度，$t_0=273.15\text{K}$。

大多数热敏电阻具有负温度系数，其阻值与温度的关系可表示为

$$R_t = R_0 \exp\left(\frac{B}{t}-\frac{B}{t_0}\right) \tag{3.23}$$

式中，B 为热敏电阻的材料常数（K），B 一般在 1500~6000K 之间。

PTC 热敏电阻的阻值随温度升高而增大，且有斜率最大的区域，当温度超过某一数值时，其电阻值朝正的方向快速变化。它的用途主要是彩电消磁、各种电气设备的过热保护等。

CTR 也具有负温度系数，但在某个温度范围内电阻值急剧下降，曲线斜率在此区段特别陡，灵敏度极高，主要用作温度开关。

各种热敏电阻的阻值在常温下很大，通常都在数千欧以上，所以连接导线的阻值（最多不过 10Ω）几乎对测温没有影响，不必采用三线制或四线制接法，给使用带来方便。

另外，热敏电阻的阻值随温度改变显著，只要很小的电流流过热敏电阻，就能产生明显的电压变化，而电流对热敏电阻自身有加热作用，所以使用时电流不宜过大。

3.4 辐射式温度传感器

辐射式温度传感器是利用物体的辐射能随温度变化的原理制成的。在应用辐射式温度传感器测温时，只需将传感器对准被测物体，而不必与被测物体直接接触，是一种非接触式测温方法。它可测运动物体的温度，无测温上限，适合快速测温。

3.4.1 辐射测温的物理基础

1. 热辐射

物体受热，激励了原子中带电粒子，使一部分热能以电磁波的形式向空间传播，它不需要任何物质作媒介（在真空条件下也能传播），将热能传递给对方，这种能量的传播方式称为热辐射（简称辐射），传播的能量叫作辐射能。辐射能量的大小与波长、温度有关。

2. 黑体

所谓黑体是指能对落在它上面的辐射能量全部吸收的物体。

3. 辐射基本定律

（1）普朗克定律　普朗克定律揭示了在各种不同温度下黑体辐射能量按波长分布的规律，其关系式为

$$E_0(\lambda, T)=\frac{C_1}{\lambda^5 e^{\frac{C_2}{\lambda T}}-1} \tag{3.24}$$

式中，$E_0(\lambda, T)$ 为黑体的单辐射强度（$W \cdot \mu m/cm^2$），定义为单位时间内，每单位面积辐射出在波长 λ 附近单位波长的能量；T 为黑体的绝对温度（K）；λ 为波长（μm）；C_1 为第一辐射常数，$C_1=3.74\times10^4 W \cdot \mu m/cm^2$；$C_2$ 为第二辐射常数，$C_2=1.44\times10^4 \mu m \cdot K$。

（2）斯特藩-玻尔兹曼定律　斯特藩-玻尔兹曼定律确定了黑体的全辐射与温度的关系，即

$$E_0=\sigma T^4 \tag{3.25}$$

此式表明，黑体的全辐射能是和它的绝对温度的4次方成正比，所以这一定律又称为4次方定律。

把灰体全辐射能 E 与同一温度下黑体全辐射能 E_0 相比较，得到物体的另一个特征量黑度 ε，其表达式为

$$\varepsilon=E/E_0 \tag{3.26}$$

黑度反映了物体接近黑体的程度。

3.4.2　辐射式测温方法

辐射式测温方法分为亮度法、全辐射法和比色法，本节简要介绍全辐射法。

全辐射法是指被测对象投射到检测元件上的是对应全波长范围的辐射能量，而能量的大小与被测对象温度之间的关系是由斯特藩-玻尔兹曼所描述的一种辐射测温方法。典型的全辐射测温传感器是辐射温度计（热电堆）。

辐射温度计的工作原理是基于4次方定律，图3.23为辐射温度计的工作原理图。被测物体（灰体，黑度为 ε，温度为 T）辐射线由物镜聚焦在受热板上（黑体）。受热板是一种人造黑体，通常为涂黑的铂片，当吸收辐射能量后温度升高为 T_0，该温度由连接在受热板上的热电偶或热电阻测定。

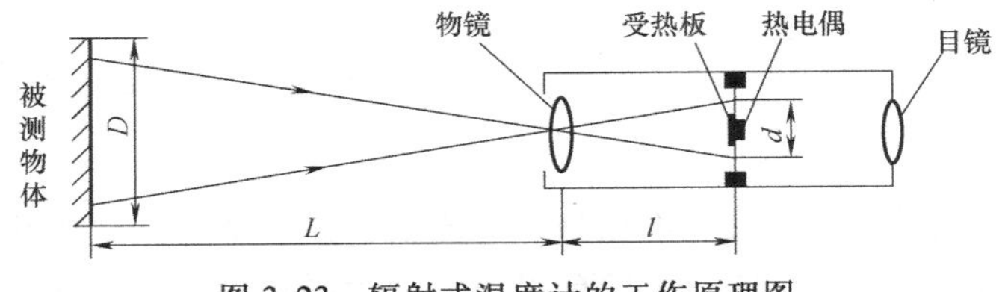

图3.23　辐射式温度计的工作原理图

通常被测物体是 $\varepsilon<1$ 的灰体，可由式（3.25）、式（3.26）求得被测物体的温度，即有灰体辐射的总能量全部被黑体所吸收，根据能量守恒定律有

$$\varepsilon\sigma T^4=\sigma T_0^4 \tag{3.27}$$

则被测物体的温度为

$$T=T_0/\sqrt[4]{\varepsilon} \tag{3.28}$$

3.5 集成温度传感器

3.5.1 集成温度传感器的工作原理及分类

1. 工作原理

集成温度传感器是利用晶体管 PN 结的电流、电压特性与温度的关系，把敏感元件、放大电路和补偿电路等部分集成化，并把它们封装在同一壳体里的一种一体化温度检测元件。该传感器具有线性好、精度高、互换性好、体积小、使用方便等特点，测温范围一般为-50~150℃。

集成温度传感器的感温元件采用差分对晶体管，输出电压 U_o 与绝对温度 T 成正比，通常称为 PTAT（Proportional To Absolute Temperature）。典型电路如图 3.24 所示，输出电压为

$$U_o=\frac{R_2}{R_1}\left(\frac{KT}{q}\right)\ln\gamma \tag{3.29}$$

式中，γ 为 VT_1 和 VT_2 的发射结面积比。

当 R_2/R_1 为常数时，U_o 与 T 成正比。

常用的电压型集成温度传感器为四端电压输出型，其外形结构如图 3.25 所示，由四根引线封装，其中 PTAT 为核心电路，A 为运算放大器，VS 为稳压二极管。电源可加在 U_+ 与 U_- 之间，输出为 OUT，参考电压可由 IN 端接入。

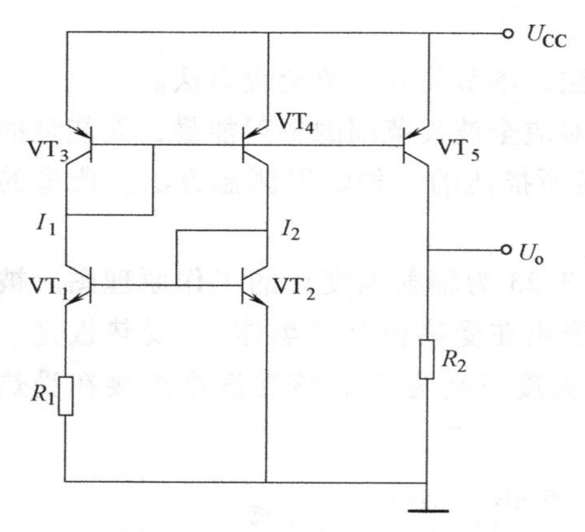

图 3.24 电压输出的 PTAT

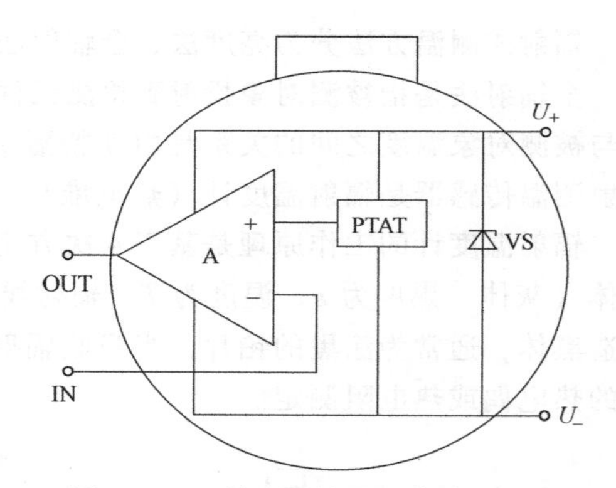

图 3.25 四端电压输出型传感器框图

2. 分类

集成温度传感器按其输出可分为电压型、电流型、数字输出型。典型的电压型集成电路温度传感器有 μPC616A/C、LM135、AN6701 等；典型的电流型集成电路温度传感器为 AD590、LM134；典型的数字输出型传感器有 DS1B820、ETC-800 等。

3.5.2 电压型集成温度传感器 μPC616A/C

1. 主要技术参数

1）灵敏度：10mV/K。

2）线性偏差：0.5%~2.0%。

3）测温范围：-40~125℃。

4）精度：±4K。

2. 基本应用电路

将图 3.25 中的输入端 IN 与输出端 OUT 短接，运算放大器只起缓冲作用，输出结果就是 PTAT 的输出电压。图 3.26a、b 分别为负电源供电和正电源供电，输出分别为-10TmV 和 10TmV。

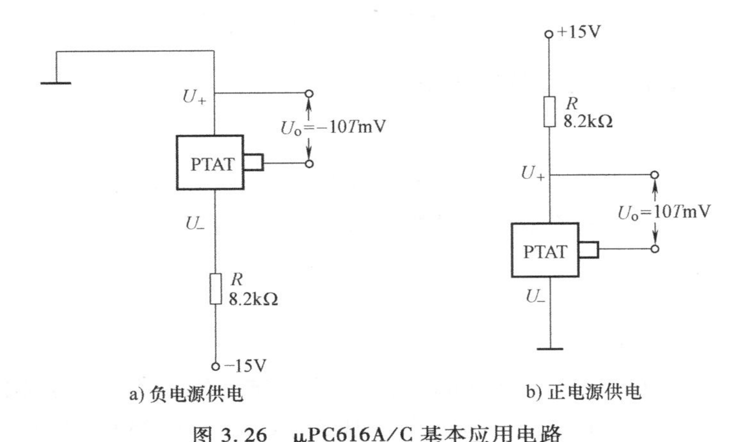

图 3.26 μPC616A/C 基本应用电路

3.5.3 电流型集成温度传感器 AD590

1. 基本原理

AD590 的基本原理电路如图 3.27 所示。图中 VT_3 和 VT_4 集成在一起，作为电流镜型恒流源，使流过温敏晶体管 VT_1 和 VT_2 的电流相等。则电路中总电流 I_T 可表示为

$$I_T = 2I_1 = \frac{2kT}{qR}\ln\gamma \tag{3.30}$$

为了使 I_T 随温度线性变化，电阻器 R 必须选用具有零温度系数的薄膜电阻器。取 $\gamma=8$，$R=358\Omega$，则可调整电流温度系数为 1μA/K。

2. AD590 的结构及性能

AD590 是采用激光修正的紧密集成温度传感器，它有三种封装形式：TO-52 金属圆壳或扁平封装、陶瓷封装和 TO-92 塑料封装。图 3.28 为 T0-52 封装的 AD590 系列产品的外形和符号。

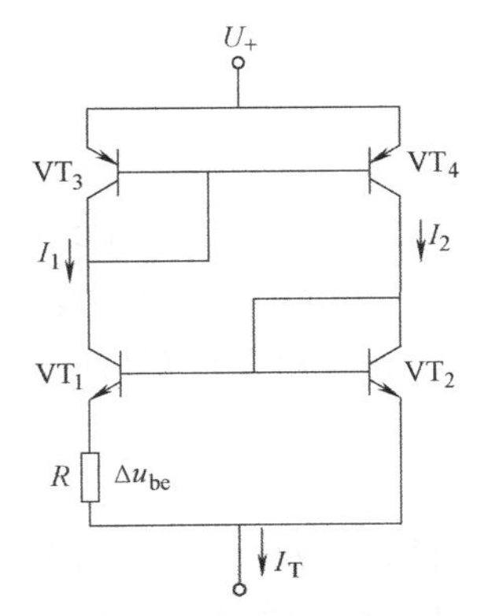

图 3.27 AD590 的基本原理电路

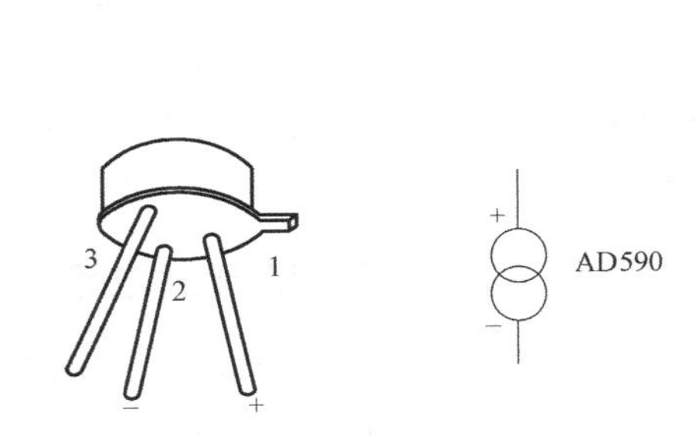

图 3.28 AD590 外形及符号

AD590 的主要技术参数如下：

1）线性电流输出：1μA/K，正比于绝对温度。

2）测量范围：-55～155℃。

3）精度高：±0.5℃。

4）线性好：满量程范围±0.5℃。

5）电源电压范围宽：4～30V，输出电流与电源电压几乎无关。

3.5.4 数字型温度传感器 DS18B20

1. DS18B20 的结构

DS18B20 的内部结构主要由四部分组成：64 位光刻 ROM、温度传感器、非挥发的温度报警触发器 TH 和 TL、配置寄存器，其结构图如图 3.29 所示。

2. DS18B20 的主要特性

1）工作电压：3～5.5V。

2）测温范围：-55～125℃。

3）支持多点组网功能，多个 DS18B20 可以并联在唯一的三线上，实现组网多点测温。

4）可编程分辨率为 9～12 位，对应可分辨温度为 0.5℃、0.25℃、0.125℃、0.0625℃。

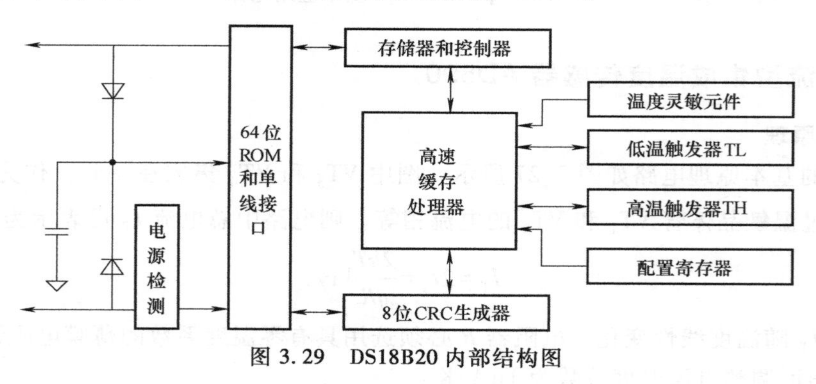

图 3.29 DS18B20 内部结构图

3.6 温度传感器的应用

3.6.1 NTC 热敏电阻温度控制

图 3.30 是利用热敏电阻作为测温元件，进行电加热器的温度自动控制。起初 T 较低，NTC R_T 较大，调电桥平衡，加热器加热。当 T 升高时，K 上开始有电流，当 $T \geq T_0$ 时，电桥输出使线圈电流大到足以使 K 动作时触点断开，停止加热。当 $T<T_0$ 时，电桥输出不能维持 K 动作时触点闭合，又开始加热。这样将 T 控制在 T_0 附近，实现温度控制目的。

3.6.2 PTC 热敏电阻自动延时电路

如图 3.31 所示，给 PTC 加电压，功耗使阻值增加需要时间，可用作延迟电路使用。接电时 R_T 较小分流大，K 因电流小不动，灯没亮；一定时间后 R_T 因功耗增大分流减小，K 上电流增大，等到达可动值时 K 动作。即 K 动作延迟，灯延迟开，延迟时间可由 R_0 调节。

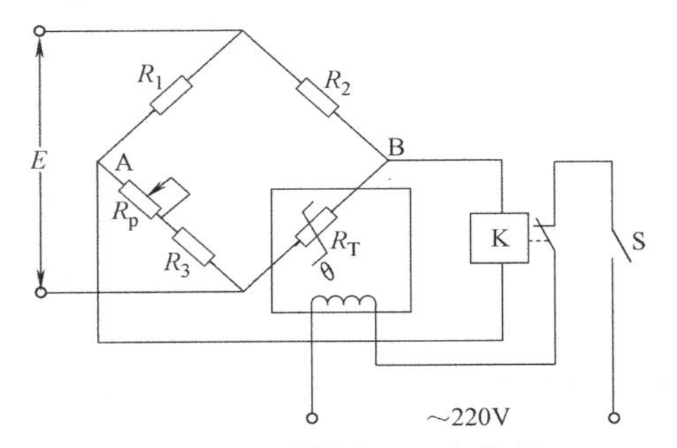

图 3.30 热敏电阻温度控制

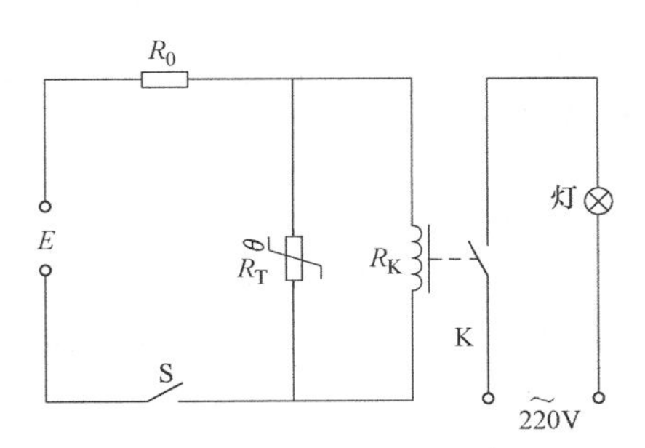

图 3.31 自动延时电路

3.6.3 管道流量测量

图 3.32 中，R_{T1}和 R_{T2}是热敏电阻，R_{T1}放在被测流量管道中，R_{T2}放在不受流体干扰的容器内，R_1 和 R_2 是普通电阻，四个电阻组成电桥。

当流体静止时，电桥处于平衡状态。当流体流动时，要带走热量，使热敏电阻 R_{T1}和 R_{T2}散热情况不同，R_{T1}因温度变化引起阻值变化，电桥失去平衡，电流表有指示。因为 R_{T1}的散热条件取决于流量的大小，因此测量结果反映流量的变化。

3.6.4 集成温度传感器温差测量

将 AD590（1）和 AD590（2）置于两个不同温度的环境中，温度分别为 T_1、T_2，输出电压 U_o 与温差 $\Delta T=T_2-T_1$ 成正比，则有

$$U_o=(T_2-T_1)\times 1\mu A/K\times 10k\Omega=(T_2-T_1)\times 10mV/K$$

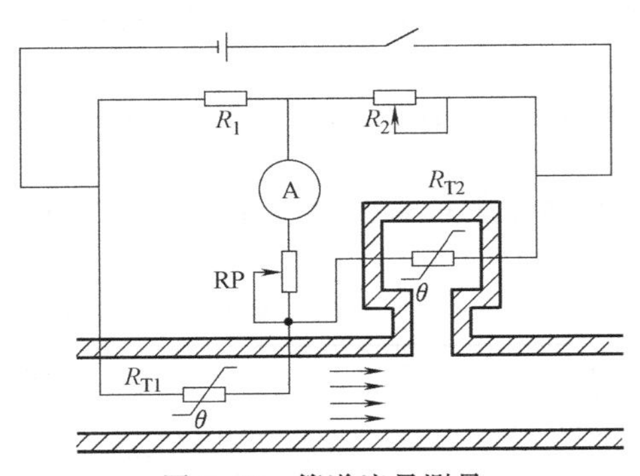

图 3.32 管道流量测量

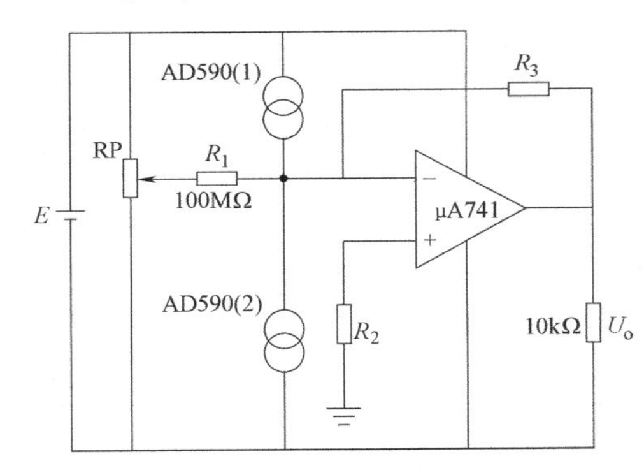

图 3.33 AD590 温差测量电路

思考题与习题

3.1 什么是热电效应和热电动势？什么叫作接触电动势？什么叫作温差电动势？

3.2 什么是热电偶的中间导体定律？中间导体定律有什么意义？

3.3 什么是热电偶的标准电极定律？标准电极定律有什么意义？

3.4 热电偶串联测温线路和并联测温线路主要用于什么场合？简述各自的优缺点。

3.5　目前热电阻常用的引线方法主要有哪些？并简述各自的应用场合。

3.6　热电偶冷端温度对热电偶的热电动势有何影响？为消除冷端温度影响可采用哪些措施？

3.7　热电阻传感器主要分为哪两种类型？它们应用在什么不同场合？

3.8　简述热敏电阻的类型及其特点。

3.9　简述全辐射温度传感器的测温原理。

3.10　简述管道流量测量的工作原理。

3.11　铜热电阻的阻值 R_t 与温度 t 的关系可用式 $R_t=R_0(1+\alpha t)$ 表示。已知铜热电阻 $R_0=50\Omega$，温度系数 $\alpha=4.28\times10^{-3}$/℃，求当温度为100℃时的电阻值。

3.12　已知分度号为S的热电偶冷端温度为 $t_0=20$℃，现测得热电动势为11.710mV，求热端温度为多少℃

3.13　使用镍铬-镍硅热电偶分度表3.3，其基准接点为30℃，测温接点为400℃时的温差电动势为多少？若仍使用该热电偶，测得某接点的温差电动势为10.275mV，则被测接点的温度为多少？

表3.3　题3.13表　　（参考端温度为0℃）

工作端温度/℃	0	10	20	30	40	50	60	70	80	90
	热电动势/mV									
0	0.000	0.397	0.798	1.203	1.611	2.022	2.436	2.850	3.266	3.681
100	4.095	4.508	4.919	5.327	5.733	6.137	6.539	6.939	7.338	7.737
200	8.137	8.537	8.938	9.341	9.745	10.151	10.560	10.969	11.381	11.793
300	12.207	12.623	13.039	13.456	13.874	14.292	14.712	15.132	15.552	15.974
400	16.395	16.818	17.241	17.664	18.088	18.513	18.938	19.363	19.788	20.214
500	20.640	21.066	21.493	21.919	22.346	22.772	23.198	23.624	24.050	24.476

3.14　将一只镍铬—镍硅热电偶与电压表相连，电压表接线端温度是50℃，若电位计上读数是50mV，则热电偶热端温度是多少？

3.15　镍铬—镍硅热电偶的灵敏度为0.04mV/℃，把它放在温度为1200℃之处，若以指示表作为冷端，此处温度为50℃，试求热电动势的大小。

3.16　将一只灵敏度0.08mV/℃的热电偶与电压表相连，电压表接线端处温度为50℃，电压表上读数为60mV，求热电偶热端温度。

3.17　使用镍铬—镍硅热电偶（见表3.4），工作时冷端温度为30℃，测得热电动势 $E(t,t_0)=$ 38.560mV，求被测介质实际温度。（$E(30,0)=1.203$mV）

表3.4　题3.17表　　（参考端温度为0℃）

工作端温度/℃	0	20	40	60	70	80	90
	热电动势/mV						
900	37.325	38.122	38.915	39.703	40.096	40.488	40.897

第4章

力学量传感器

在工业过程自动化中，常用的力学量传感器有电阻式、压电式、电容式、电感式等传感器，新型的有表面波、磁致伸缩型、光纤式、集成式、智能型等力学量传感器。它们不仅可以测量力，也可以测量负荷、加速度、扭矩、位移等其他物理量。本章只介绍几种应用较广、较典型的力学量传感器。

4.1 应变式压力传感器

应变式压力传感器是电测压力计中应用最广泛的一种，它是将应变电阻片粘贴在测量压力的弹性元件表面上，当被测压力变化时，弹性元件内部应力变化产生变形，这个变形应力使得应变片的电阻值产生变化，根据所测电阻值变化的大小来测量未知压力。

4.1.1 电阻应变效应

电阻丝在外力作用下发生机械形变时，其电阻值发生变化的现象称为电阻应变效应。如图 4.1 所示，一根具有应变效应的金属电阻丝，在未受力时，原始电阻值为

$$R=\frac{\rho L}{A} \tag{4.1}$$

式中，ρ 为电阻丝的电阻率；L 为电阻丝的长度；A 为电阻丝的截面积。

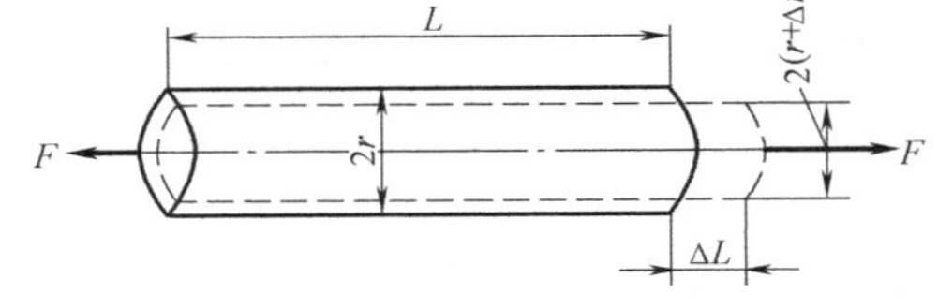

图 4.1 金属电阻应变效应

当电阻丝受到拉力 F 作用时电阻丝的长度 L 将伸长，横截面积 A 相应减小，电阻率 ρ 也将因形变而改变（增加），因此电阻丝的电阻值将发生变化。对式（4.1）进行全微分，并以增量 Δ 代替微分，可得电阻值相对变化量为

$$\frac{\Delta R}{R}=\frac{\Delta\rho}{\rho}+\frac{\Delta L}{L}-\frac{\Delta A}{A} \tag{4.2}$$

为分析方便，假设电阻丝是圆截面，即 $A=\pi r^2$（r 为电阻丝的半径），所以有

$$\frac{\Delta A}{A}=2\frac{\Delta r}{r} \tag{4.3}$$

将式（4.3）代入式（4.2）可得

$$\frac{\Delta R}{R}=\frac{\Delta\rho}{\rho}+\frac{\Delta L}{L}-2\frac{\Delta r}{r} \tag{4.4}$$

式中，$\frac{\Delta L}{L}$表示电阻丝在轴向（纵向）方向上的相对变化量，即轴向应变，用ε表示。即

$$\varepsilon=\frac{\Delta L}{L} \tag{4.5}$$

而$\frac{\Delta r}{r}$表示电阻丝在径向（横向）方向上的相对变化量，即径向应变，基于材料力学知识，径向应变与轴向应变的关系为

$$\frac{\Delta r}{r}=-\mu\frac{\Delta L}{L}=-\mu\varepsilon \tag{4.6}$$

式中，μ为电阻丝材料的泊松比。

式（4.6）中，负号表示径向应变与轴向应变方向相反，即电阻丝受拉力时，沿轴向伸长，沿径向缩短。

将式（4.5）、式（4.6）代入式（4.4）可得

$$\frac{\Delta R}{R}=\frac{\Delta\rho}{\rho}+(1+2\mu)\varepsilon \tag{4.7}$$

通常将单位应变引起的电阻相对变化量称为电阻丝的应变灵敏度系数，表示为

$$K=\frac{\Delta R}{R}/\varepsilon=(1+2\mu)+\frac{\Delta\rho}{\rho\varepsilon} \tag{4.8}$$

由此可见，电阻丝的应变灵敏度系数受两个因素影响：一个是受力后材料几何尺寸的变化，即（$1+2\mu$），对于确定的材料，（$1+2\mu$）是常数，其值在2~6之间；另一个是受力后材料电阻率的变化，即$\frac{\Delta\rho}{\rho\varepsilon}$。大量实验证明，在电阻丝拉伸比例极限内，电阻的相对变化与应变成正比，即K为常数。

在外力作用下，电阻应变片产生应变，导致其电阻值发生相应变化。应力与应变的关系为

$$\sigma=E\varepsilon \tag{4.9}$$

式中，σ为被测试件的应力；E为被测试件的材料弹性模量。

应力σ与力F和受力面积A的关系可表示为

$$F=\sigma A=E\varepsilon A=EA\frac{\Delta R/R}{K} \tag{4.10}$$

由式（4.10）可见，只要能测量出应变片在受到外力时产生的电阻值的相对变化量，就可以知道所受到的外力大小。

4.1.2 电阻应变片的种类和结构

电阻应变片的种类很多，从制作材料上来分，应变片分为金属电阻应变片和半导体电阻应变片两大类。

1. 金属电阻应变片（应变效应为主）

金属电阻应变片有丝式和箔式等结构形式。丝式电阻应变片如图4.2a所示，它是用一根金属细丝按图示形状弯曲后用胶粘剂贴于衬底上，衬底用纸或有机聚合物等材料制成，电

阻丝的两端焊有引出线，电阻丝直径为 0.012～0.050mm。

箔式电阻应变片的结构如图 4.2b 所示，它是用光刻、腐蚀等工艺方法制成的一种很薄的金属箔栅，其厚度一般为 0.003～0.010mm。基底是厚度为 0.03～0.05mm 的胶质膜或树脂膜。

它的优点是表面积和截面积之比大，散热条件好，故允许通过较大的电流，并可做成任意的形状，便于大量生产。箔式电阻应变片的使用范围日益广泛，并有逐渐取代丝式电阻应变片的趋势。

金属电阻应变片的灵敏度系数表达式中（$1+2\mu$）的值要比$\dfrac{\Delta\rho}{\rho\varepsilon}$大得多，后者可以忽略不计，即金属电阻应变片的工作原理是主要基于应变效应导致其材料几何尺寸的变化，因此金属电阻应变片的灵敏度系数为 $K\approx1+2\mu$（常数）。

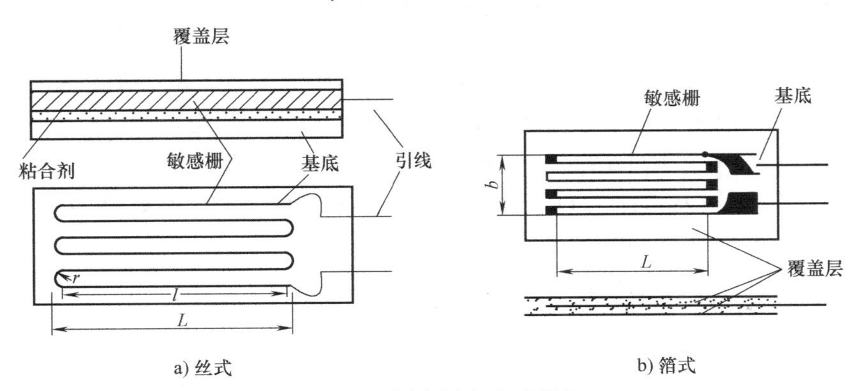

图 4.2　金属电阻应变片结构

2. 半导体电阻应变片（压阻效应为主）

半导体电阻应变片的结构如图 4.3 所示。它的使用方法与丝式电阻应变片相同，即粘贴在被测物体上，随被测件的应变其电阻发生相应的变化。

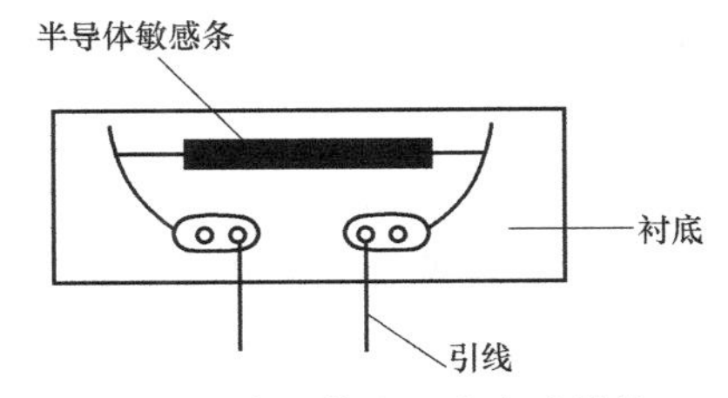

图 4.3　半导体电阻应变片结构

半导体电阻应变片的工作原理是主要基于半导体材料的压阻效应，即单晶半导体材料沿某一轴向受到外力作用时，其电阻率发生变化的现象。半导体敏感元件产生压阻效应时其电阻率的相对变化与应力间的关系为

$$\frac{\Delta\rho}{\rho}=\pi\sigma=\pi E\varepsilon \tag{4.11}$$

式中，π 为半导体材料的压阻系数。

因此，对于半导体电阻应变片来说，其灵敏度系数为

$$K\approx\frac{\Delta\rho}{\rho\varepsilon}=\pi E(\text{常数}) \tag{4.12}$$

4.1.3　电阻应变式传感器的测量电路

应变片将被测试件的应变转换成电阻的相对变化 $\Delta R/R$，还需进一步转换成电流或电压

信号才能用电测仪表进行测量，通常采用电桥电路实现这种转换。根据电桥供电电源的不同，可分为直流电桥和交流电桥。下面重点介绍直流电桥测量电路。

1. 直流电桥测量电路分析

（1）平衡条件　直流电桥如图 4.4 所示。当负载电阻 $R_L \to \infty$ 时（相当于开路），电桥的输出电压为

$$U_o = E\left(\frac{R_1}{R_1+R_2} - \frac{R_3}{R_3+R_4}\right) \tag{4.13}$$

电桥平衡时 $U_o=0$，即电桥无输出电压，则有

$$\frac{R_1}{R_2} = \frac{R_3}{R_4} \tag{4.14}$$

此为直流电桥平衡条件，即相邻两臂电阻的比值相等。

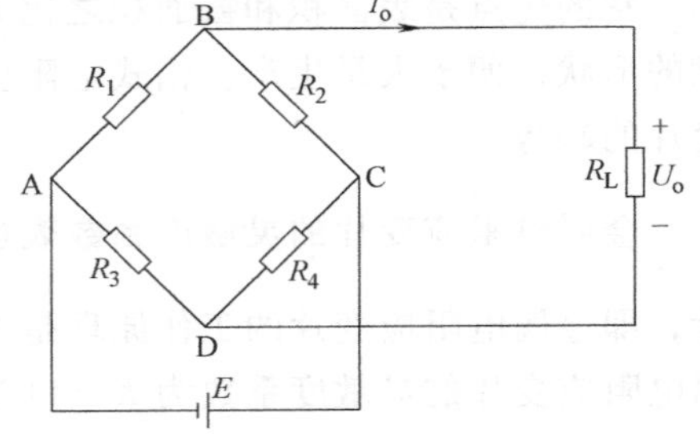

图 4.4　电桥的平衡条件

（2）电压灵敏度　在惠斯顿电桥中，若 R_1 为工作应变片，R_2、R_3、R_4 为固定电阻，当产生应变时，若电阻应变片电阻变化为 ΔR_1，此时，电桥输出电压为

$$U_o = E\left[\frac{R_1+\Delta R_1}{(R_1+\Delta R_1)+R_2} - \frac{R_3}{R_3+R_4}\right] = E\frac{\Delta R_1 R_4}{[(R_1+\Delta R_1)+R_2](R_3+R_4)}$$

$$= E\frac{\dfrac{R_4 \Delta R_1}{R_3\ R_1}}{\left(1+\dfrac{\Delta R_1}{R_1}+\dfrac{R_2}{R_1}\right)\left(1+\dfrac{R_4}{R_3}\right)} \tag{4.15}$$

设桥臂比为 $R_2/R_1=n$，由于 $\Delta R_1 \ll R_1$，因此 $\Delta R_1/R_1$ 可忽略，结合电桥平衡条件 $\dfrac{R_1}{R_2}=\dfrac{R_3}{R_4}$ 可将电桥输出简化为

$$U_o = E\frac{n}{(1+n)^2}\frac{\Delta R_1}{R_1} \tag{4.16}$$

定义电桥的电压灵敏度为

$$K_U = \frac{U_o}{\Delta R_1/R_1} = E\frac{n}{(1+n)^2} \tag{4.17}$$

电压灵敏度越大，说明电阻应变片电阻相对变化相同的情况下，电桥输出电压越大，电桥越灵敏。这就是电压灵敏度的物理意义。

由式（4.17）可知：

1）电桥的电压灵敏度正比于电桥的供电电压，要提高电桥的灵敏度，可以提高电源电压，但要受到电阻应变片允许的功耗限制。

2）电桥的电压灵敏度是桥臂电阻比值 n 的函数，恰当地选取 n 值有助于取得较高的灵敏度。

在 E 确定的情况下，要使 K_U 最大，可通过计算导数 $\mathrm{d}K_U/\mathrm{d}n=0$ 求解。即

$$\mathrm{d}K_U/\mathrm{d}n = E\frac{1-n^2}{(1+n)^4} = 0 \tag{4.18}$$

所以，$n=1$（$R_1=R_2=R_3=R_4$）时，K_U 的值最大，电桥的电压灵敏度最高。此时有

$$U_o=\frac{E}{4}\frac{\Delta R_1}{R_1} \tag{4.19}$$

$$K_U=E/4 \tag{4.20}$$

由此可知，当电源的电压 E 和电阻相对变化量 $\Delta R_1/R_1$ 不变时，电桥的输出电压及其灵敏度也不变，且与各桥臂固定电阻值大小无关。

（3）非线性误差及其补偿　式（4.16）是在略去分母中的较小量 $\Delta R_1/R_1$ 得到的理想值，实际值应为

$$U_o'=E\frac{n\frac{\Delta R_1}{R_1}}{\left(1+\frac{\Delta R_1}{R_1}+n\right)(1+n)} \tag{4.21}$$

非线性误差为

$$\gamma_L=\frac{U_o-U_o'}{U_o}=\frac{\frac{\Delta R_1}{R_1}}{1+n+\frac{\Delta R_1}{R_1}} \tag{4.22}$$

如果是四等臂电桥，即 $R_1=R_2=R_3=R_4$，$n=1$，则有

$$\gamma_L=\frac{\frac{\Delta R_1}{R_1}}{2+\frac{\Delta R_1}{R_1}} \tag{4.23}$$

对某些电阻相对变化较大的情况，当非线性误差不能满足要求时，必须予以消除。要减小或消除非线性误差，可采用的方法包括提高桥臂比和采用差动电桥。

2. 半桥差动测量电路

如图 4.5a 所示，在电桥的相邻两个桥臂同时接入两个电阻应变片，使之一片受拉，一片受压。该电桥的输出电压为

$$U_o=E\left[\frac{(R_1+\Delta R_1)}{(R_1+\Delta R_1)+(R_2-\Delta R_2)}-\frac{R_3}{R_3+R_4}\right] \tag{4.24}$$

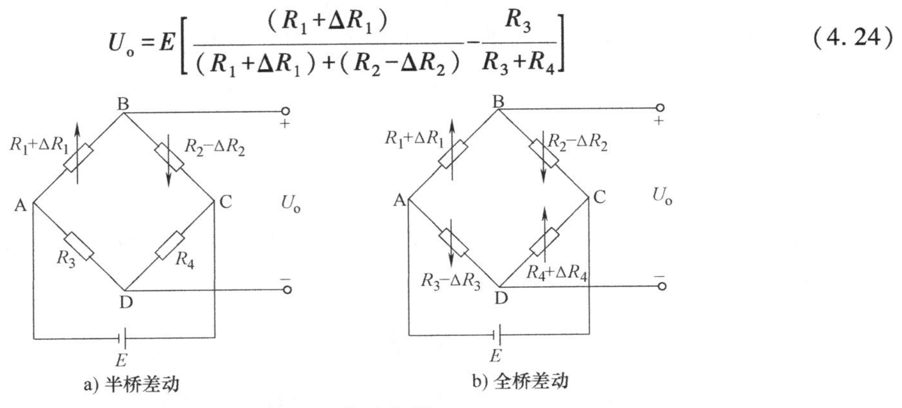

a) 半桥差动　　b) 全桥差动

图 4.5　差动电桥

如果 $\Delta R_1=\Delta R_2$，$R_1=R_2=R_3=R_4$，则得到

$$U_o=\frac{E}{2}\frac{\Delta R_1}{R_1} \tag{4.25}$$

$$K_U=E/2 \tag{4.26}$$

由式（4.25）可见，U_o 与 ΔR_1 呈线性关系，即半桥差动测量电路无非线性误差，且电桥电压灵敏度是单臂电阻应变片工作时的 2 倍。

3. 全桥差动测量电路

如图 4.5b 所示，将电桥四臂都接入电阻应变片，若 $\Delta R_1=\Delta R_2=\Delta R_3=\Delta R_4$，且 $R_1=R_2=R_3=R_4$，则

$$U_o=E\left[\frac{(R_1+\Delta R_1)}{(R_1+\Delta R_1)+(R_2-\Delta R_2)}-\frac{(R_3-\Delta R_3)}{(R_3-\Delta R_3)+(R_4+\Delta R_4)}\right] \tag{4.27}$$

整理得到

$$U_o=E\frac{\Delta R_1}{R_1} \tag{4.28}$$

$$K_U=E \tag{4.29}$$

由式（4.28）可见，全桥差动测量电路不仅没有非线性误差，且电压灵敏度是单臂电阻应变片工作时的 4 倍。

4.1.4 电阻应变片温度误差及其补偿

1. 电阻应变片的温度误差

电阻应变片的温度误差是由环境温度的改变给测量带来的附加误差。导致电阻应变片温度误差的主要因素有：

（1）电阻温度系数的影响　电阻应变片敏感栅的电阻丝阻值随温度变化的关系可表示为

$$R_t=R_0(1+\alpha\Delta t) \tag{4.30}$$

式中，R_t、R_0 为温度 t 和 0℃ 时的电阻值；α 为金属丝的电阻温度系数；Δt 为变化的温度差值。

由式（4.30）可知，当温度变化 Δt 时，电阻丝的电阻变化值为

$$\Delta R_\alpha=R_t-R_0=R_0\alpha\Delta t \tag{4.31}$$

（2）试件材料和电阻丝材料的线膨胀系数不同的影响　设电阻丝和试件在温度为 0℃ 时的长度均为 l_0，它们的线膨胀系数分别为 β_s 和 β_g，若两者不粘贴，当温度变化 Δt 时，它们的长度分别为

$$l_s=l_0(1+\beta_s\Delta t) \tag{4.32}$$

$$l_g=l_0(1+\beta_g\Delta t) \tag{4.33}$$

若两者粘贴在一起，电阻丝产生附加形变 Δl，从而产生附加应变 ε_β，最终引起附加电阻变化为

$$\Delta R_\beta=KR_0\varepsilon_\beta=KR_0\frac{\Delta l}{l_0}=KR_0\frac{l_g-l_s}{l_0}=KR_0(\beta_g-\beta_s)\Delta t \tag{4.34}$$

因此，由温度变化引起电阻应变片总电阻的相对变化量为

$$\frac{\Delta R_t}{R_0}=\frac{\Delta R_\alpha+\Delta R_\beta}{R_0}=[\alpha+K(\beta_g-\beta_s)]\Delta t \tag{4.35}$$

由式（4.35）可见，因环境温度变化导致的附加电阻的相对变化量取决于环境温度的变化量（Δt）、电阻应变片自身的性能参数（K，α，β_s）和被测试件的线膨胀系数（β_g）。

2. 电阻应变片温度误差补偿方法

为消除温度误差，可以采用电桥补偿法和应变片自补偿法。其中最常用、最有效的电阻应变片温度误差补偿方法是电桥补偿法。下面介绍电桥补偿法的工作原理。

电桥补偿法的工作原理示意图如图4.6所示。工作应变片 R_1 安装在被测试件上，另选一个特性与 R_1 相同的补偿片 R_b，安装在材料与试件相同的某补偿件上，温度与试件相同，但不承受应变。R_1 和 R_b 接入电桥相邻臂上，使 ΔR_{1t} 和 ΔR_{bt} 相同。根据电桥理论可知，当相邻桥臂有等量变化时，对输出没有影响，则上述输出电压与温度无关。当工作应变片感受应变时，电桥将产生相应的输出电压。

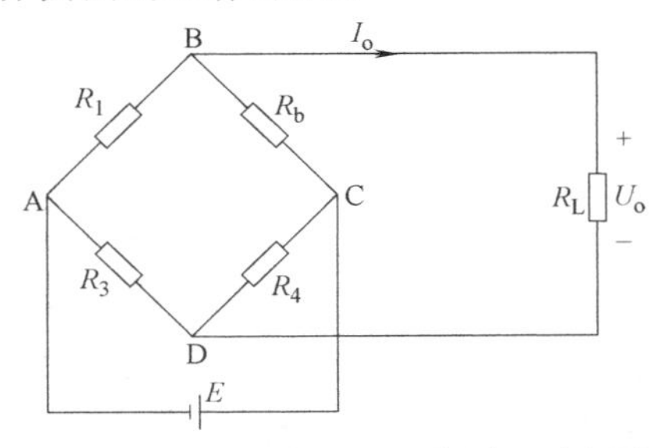

图4.6　电桥补偿法的工作原理示意图

为了保证补偿效果，应注意以下几个问题：

1）在电阻应变片工作过程中，应保证 $R_3=R_4=R$。

2）R_1 和 R_b 两个电阻应变片应具有相同的电阻温度系数 α，线膨胀系数 β，应变灵敏度系数 K 和初始电阻值 R_0。

3）粘贴补偿片的材料和粘贴工作片的被测试件材料必须一样，两者线膨胀系数相同。

4）工作片和补偿片应处于同一温度场中。

在某些测试条件下，可以巧妙地安装应变片而不需补偿件并可获得灵敏度的提高。测量梁的弯曲应变时，将两个应变片分别贴于梁上、下两面对称位置，R_1 和 R_b 特性相同，所以两个电阻变化值相同而符号相反。当 R_1 和 R_b 按图4.6接入电桥时，电桥输出电压比单臂时增加一倍。当梁上、下面温度一致时，R_1 和 R_b 可起温度补偿作用。

例：如图4.4所示的应变片惠斯顿电桥测量电路中，其中 R_1 为应变片，R_2、R_3 和 R_4 为普通精密电阻。应变片在0℃时电阻值为100Ω，$R_2=R_3=R_4=100\Omega$。已知应变片的灵敏度为2.0，电源电压为10V。

（1）如果将应变片 R_1 贴在弹性试件上，试件横截面积 $A=0.4\times10^{-4}\text{m}^2$，弹性模量 $E=3\times10^{11}\text{N/m}^2$，若受到 6×10^4N拉力的作用，求测量电路的输出电压 U_o；

（2）在应变片不受力的情况下，假设该测量电路工作了10min，且应变片 R_1 消耗的功率全转化为温升（设1J能量导致应变片0.1℃的温升），不考虑 R_2、R_3 和 R_4 的温升，应变片电阻温度特性为 $R_t=R_0(1+\alpha t)$，$\alpha=4.28\times10^{-3}/℃$。试求此时测量电桥的输出电压 U_o，并分析减小温度误差的方法。

解：（1）根据题意，应力为 $\sigma=F/A=6\times10^4\div(0.4\times10^{-4})\ \text{N/m}^2=1.5\times10^9\text{N/m}^2$

应变为 $\varepsilon=\sigma/E=1.5\times10^9/(3\times10^{11})=0.005$

应变导致的电阻变化 $\Delta R=K\varepsilon R=2.0\times0.005\times100\Omega=1\Omega$

因此，输出电压为

$$U_o=U_i\left(\frac{R_1+\Delta R}{R_1+\Delta R+R_2}-\frac{R_3}{R_3+R_4}\right)=10\times\left(\frac{101}{201}-\frac{100}{200}\right)\text{V}=0.0249\text{V}$$

（2）根据题意，通过 R_1 的电流为 $I=\frac{U_i}{R_1+R_2}=\frac{10}{100+100}A=0.05A$

则 R_1 上消耗的功率 $P=I^2R=0.05^2\times100W=0.25W$

R_1 上消耗的能量 $W=Pt=0.25\times10\times60J=150J$

那么，温升 $\Delta t=150\times0.1℃=15℃$

此时，电阻 R_1 将变化为 $R_t=R_0(1+\alpha t)=100\times(1+4.28\times10^{-3}\times15)\Omega=106.42\Omega$

因此，对应的测量电桥输出电压为

$$U_o=U_i\left(\frac{R_t}{R_t+R_2}-\frac{R_3}{R_3+R_4}\right)=10\times\left(\frac{106.42}{206.42}-\frac{100}{200}\right)V=0.1555V$$

由于此时应变片并未承受应变，由此可见温度变化对测量结果的输出会带来较大的影响。要减小温度误差，可考虑采用以下方法：不要长时间测量；对电阻 R_1 实施恒温措施；将电阻 R_2 作为温度补偿应变片。

4.2 压电式传感器

压电式传感器以某些电介质的压电效应为基础，在外力作用下，电介质的表面上产生电荷，从而实现力到电荷的转换。因此，压电式传感器可以测量那些最终能转换为力（动态）的物理量，如压力、应力、加速度、扭矩等。压电传感器由于具有灵敏度高、信噪比高、结构简单、体积小、重量轻、功耗小、寿命长、工作可靠等优点，被广泛应用于声学、力学、医学、宇航等领域。

4.2.1 压电效应

某些电介质在一定方向上受到压力或拉力作用时发生形变，其内部将产生极化而使其表面产生电荷，若将外力去掉，它们又重新回到不带电状态，这种将机械能转变为电能的现象称为压电效应，也称为正压电效应。

当在片状压电材料的两个电极面上加上交变电场时，压电片将产生机械振动，即压电片在电极方向上产生伸缩变形，这种将电能转变为机械能的现象称为逆压电效应，也称为电致伸缩效应。逆压电效应说明压电效应具有可逆性。

具有压电效应的物体称为压电材料或压电元件，如天然的石英晶体，人工制造的压电陶瓷、锆钛酸铅等。本节以石英晶体为例说明压电现象。

1. 石英晶体的压电效应

石英晶体的压电效应早在1880年即已被发现。石英晶体的化学成分是 SiO_2，是单晶结构，理想形状六角锥体，如图4.7a所示。石英晶体是各向异性材料，不同晶向具有各异的物理特性。它可用 x、y、z 轴来描述，如图4.7b所示。

z 轴：通过锥顶端的轴线，是纵向轴，称为光轴，沿该方向受力不会产生压电效应。

x 轴：经过六棱柱的棱线并垂直于 z 轴的轴为 x 轴，称为电轴（压电效应只在该轴的两个表面产生电荷集聚），沿该方向受力产生的压电效应称为“纵向压电效应”。

y 轴：与 x、z 轴同时垂直的轴为 y 轴，称为机械轴（该方向只产生机械变形，不会出现电荷集聚）。沿该方向受力产生的压电效应称为“横向压电效应”。

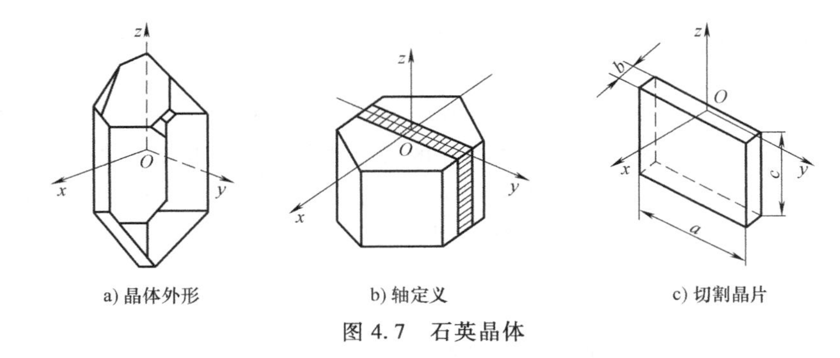

a) 晶体外形　　b) 轴定义　　c) 切割晶片

图 4.7　石英晶体

2. 石英晶体的压电系数和表面电荷的计算

从石英晶体上沿轴线切下一块平行六面体——压电晶体切片，如图 4.7c 所示。

（1）沿 x 轴方向施加作用力。晶体将产生变形，并产生极化现象。在晶体的线性弹性范围内，垂直于 x 轴表面上产生的极化强度 P_x 与应力成正比，即

$$P_x = d_{11}\sigma_x = d_{11}\frac{f_x}{ac} \tag{4.36}$$

式中，d_{11} 为 x 轴方向受力的压电系数；f_x 为沿 x 轴方向施加的压缩力；a、c 为石英晶片的长度和宽度。

压电系数的下标 mn 的意义：m 表示产生电荷的轴向，n 表示施加作用力的轴向。对于石英晶体，下标 1 对应 x 轴，下标 2 对应 y 轴，下标 3 对应 z 轴。

而极化强度 P_x 等于晶片表面的电荷密度，即

$$P_x = \frac{q_x}{ac} \tag{4.37}$$

式中，q_x 为垂直于 x 轴表面上的电荷。

由式（4.36）和式（4.37）得

$$q_x = d_{11}f_x \tag{4.38}$$

由式（4.38）可知，当晶片受到压力时，q_x 与作用力 f_x 成正比，而与晶片的几何尺寸无关。电荷 q_x 的符号视 f_x 为压力或拉力而决定，如图 4.8a、b 所示。

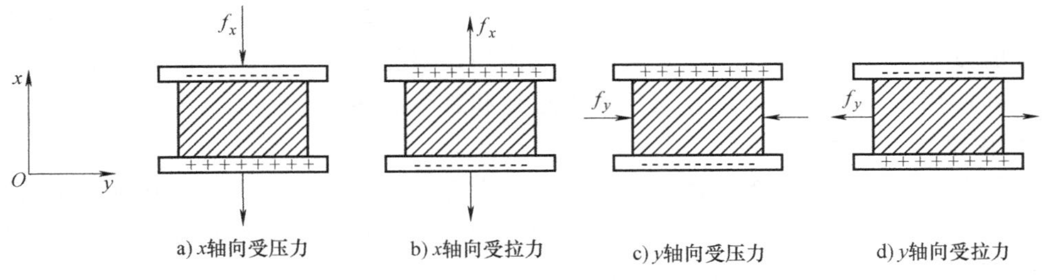

a) x轴向受压力　　b) x轴向受拉力　　c) y轴向受压力　　d) y轴向受拉力

图 4.8　电荷符号与受力方向的关系

（2）沿 y 轴方向施加作用力　仍然在垂直于 x 轴的表面上出现电荷，其极性如图 4.8c、d 所示。电荷大小为

$$q_x = d_{12}\frac{ac}{bc}f_y = -d_{11}\frac{a}{b}f_y \tag{4.39}$$

式中，d_{12}为y轴方向受力的压电系数（石英轴对称，$d_{12}=-d_{11}$）；b为切片的厚度；f_y为沿y轴方向施加的作用力。

由式（4.39）可见，沿y轴方向的力作用于晶体时产生的电荷量大小q_x与晶体切片的几何尺寸有关。在相同的作用力下，晶体切片的长度越长、厚度越薄，产生的电荷量越多，压电效应越明显。式中的“-”号说明沿y轴方向的压力（拉力）所产生的电荷极性与沿x轴方向的压力（拉力）所产生的电荷极性是相反的。

4.2.2 压电材料

目前，在测压传感器中常用的压电材料有压电晶体、压电陶瓷、压电高分子材料等，它们各自有自己的特点。

1. 压电晶体（单晶体）

（1）石英晶体　石英晶体是压电式传感器中常用的一种性能优良的压电材料。石英晶体即二氧化硅（SiO_2），它是一种天然晶体，不需要人工极化处理，也不会产生热释电效应。它的压电系数$d_{11}=2.3\times10^{-12}$C/N，其压电系数和介电常数具有良好的温度稳定性，在常温范围内，这两个参数几乎不随温度变化。当温度达到573℃（居里温度）时，石英晶体就会完全失去压电特性。石英晶体的熔点为1750℃，密度为2.65×10^3kg/m^3，具有很大的机械强度和稳定的机械特性。除此之外，它还具有自振频率高、动态性能好、绝缘性能好、迟滞小、重复性好、线性范围宽等优点，所以曾被广泛应用。但由于它的压电系数比其他压电材料要低得多，因此也正逐渐被其他压电材料所替代。

（2）水溶性压电晶体　最早发现的水溶性压电晶体是酒石酸钾钠（$NaKC_4H_4O_6\cdot4H_2O$），它具有很高的压电灵敏度，压电系数$d_{11}=2.3\times10^{-9}$C/N。但由于酒石酸钾钠易于受潮、机械强度低、电阻率低等缺点，使用受到很大限制，一般仅限于在室温（<45℃）和湿度低的环境。

（3）铌酸锂压电晶体　铌酸锂压电晶体（$LiNbO_2$）是一种无色或浅黄色的单晶体，其内部是多畴结构，为了使其具备压电效应，需要进行极化处理。其压电系数达8×10^{-11}C/N，比石英晶体的压电系数大35倍左右，相对介电常数（$\varepsilon_r=85$）也比石英晶体高得多。由于是单晶体，其时间稳定性很好。它还是一种压电性能良好的电声换能材料，居里温度比石英晶体和压电陶瓷要高得多，可达1200℃，所以应用于耐高温的传感器时会有广泛的前景。在力学性能方面其各向异性很明显，与石英晶体相比很脆弱，而且热冲击性能很差，所以在加工装配和使用中必须小心谨慎，避免用力过猛和急冷急热。

2. 压电陶瓷（多晶体）

压电陶瓷是人工制造的多晶体压电材料。它内部的晶粒有一定的极化方向，在无外电场作用下，晶粒杂乱分布，它们的极化效应被相互抵消，因此压电陶瓷此时呈中性，即原始的压电陶瓷不具有压电性质，如图4.9a所示。

当在陶瓷上施加外电场时，晶粒的极化方向发生转动，趋向于按外电场方向排列，从而使材料整体得到极化。外电场越强，极化程度越高，让外电场强度大到使材料的极化达到饱和程度，即所有晶粒的极化方向都与外电场的方向一致，此时，去掉外电场，材料整体的极化方向基本不变，即出现剩余极化，这时的材料就具有了压电特性，如图4.9b所示。由此可见，压电陶瓷要具有压电效应，需要有外电场和压力的共同作用。此时，当陶瓷材料受到外力作用时，晶粒发生移动，将引起在垂直于极化方向（外电场方向）的平面上出现极化电荷，电荷量的大小与外力成正比关系。

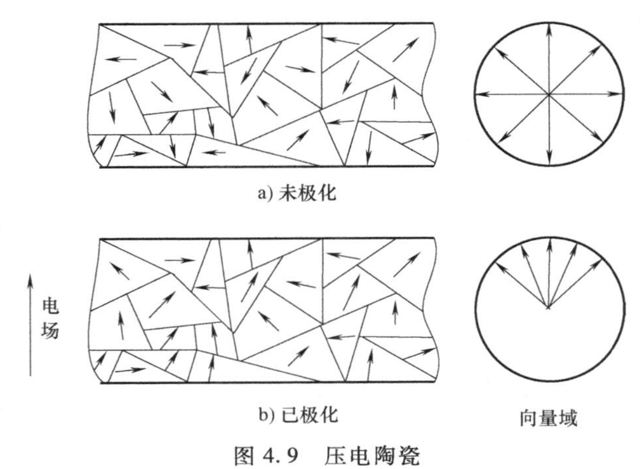

图 4.9 压电陶瓷

压电陶瓷的压电系数比石英晶体大得多（压电效应更明显），因此用它做成的压电式传感器的灵敏度较高，但稳定性、机械强度等不如石英晶体。

压电陶瓷材料有多种，最早的是钛酸钡（$BaTiO_3$），现在最常用的是锆钛酸铅（$PbZrO_3$-$PbTiO_3$，简称 PZT，即 Pb、Zr、Ti 三个元素符号的首字母组合）等，前者工作温度较低（最高 70℃），后者工作温度较高，且有良好的压电性，得到了广泛应用。

3. 压电高分子材料

高分子材料属于有机分子半结晶或结晶聚合物，其压电效应较复杂，不仅要考虑晶格中均匀的内应变对压电效应的贡献，还要考虑高分子材料中做非均匀内应变所产生的各种高次效应以及同整个体系平均变形无关的电荷位移而表现出来的压电特性。

目前已发现的压电系数最高且已进行应用开发的压电高分子材料是聚偏二氟乙烯，其压电效应可采用类似铁电体的机理来解释。这种聚合物中碳原子的个数为奇数，经过机械滚压和拉伸制作成薄膜之后，带负电的氟离子和带正电的氢离子分别排列在薄膜的对应上下两边上，形成微晶偶极矩结构，经过一定时间的外电场和温度联合作用后，晶体内部的偶极矩进一步旋转定向，形成垂直于薄膜平面的碳-氟偶极矩固定结构。正是由于这种固定取向后的极化和外力作用时的剩余极化的变化，引起了压电效应。

压电高分子材料可以降低材料的密度和介电常数，增加材料的柔性。

4. 压电材料的选取

选用合适的压电材料是设计、制作高性能传感器的关键。一般应考虑如下几个性能：

1）转换性能：具有较高的耦合系数或具有较大的压电系数。

2）力学性能：压电元件作为受力元件，希望它的机械强度高、机械刚性大，以获得宽的线性范围和高的固有振动频率。

3）电性能：希望具有高的电阻率和大的介电常数，以减弱外部分布电容的影响并获得良好的低频特性。

4）温度、湿度稳定性：要求具有较高的居里温度点，以获得宽的温湿度工作范围。

5）时间稳定性：压电特性不随时间退化。

实际应用时，应根据实际情况选取合适的压电材料。

4.2.3 测量电路

1. 等效电路

根据压电元件的工作原理，压电式传感器等效为一个电容器，正负电荷聚集的两个表面

相当于电容的两个板极，板极间物质相当于一种介质，如图 4.10a 所示，其电容量为

$$C_a=\frac{\varepsilon_r\varepsilon_0 A}{d} \tag{4.40}$$

式中，A 为压电片的面积；d 为压电片的厚度；ε_0 为真空介电常数，$\varepsilon_0=8.85\times10^{-12}\mathrm{F/m}$；$\varepsilon_r$ 为压电材料的相对介电常数。

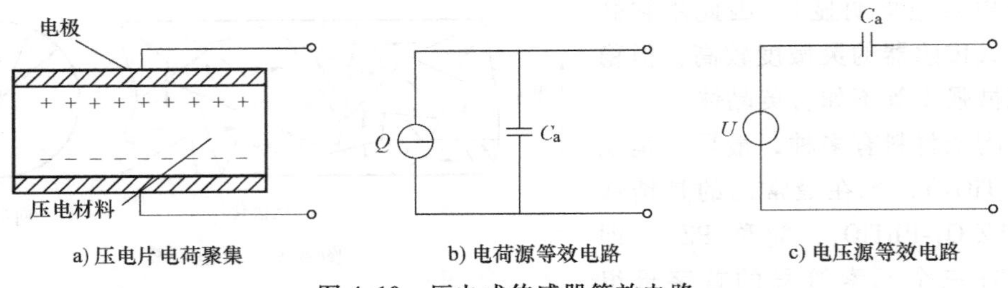

图 4.10　压电式传感器等效电路

当压电元件受外力作用时，其两表面产生等量的正、负电荷 Q，此时，压电元件的开路电压为

$$U=\frac{Q}{C_a} \tag{4.41}$$

因此，压电式传感器可以等效为一个电荷源 Q 和一个电容器 C_a 并联，如图 4.10b 所示。压电式传感器也可等效为一个与电容相串联的电压源，如图 4.10c 所示。

在实际使用中，压电式传感器总是与测量仪器或测量电路相连接，因此还须考虑连接电缆的分布电容 C_c、放大器的等效输入电阻 R_i、放大器等效输入电容 C_i 以及压电式传感器的泄漏电阻 R_a，这样，压电式传感器在测量系统中的实际等效电路如图 4.11 所示。

2. 测量电路

由于压电式传感器本身的内阻抗很高（通常 $10^{10}\Omega$ 以上）、输出能量较小，因此它的测量电路通常需要接入一个高输入阻抗的前置放大器。其作用为把它的高输入阻抗（一般 1000MΩ 以上）变换为低输出阻抗（小于 100Ω）；对传感器输出的微弱信号进行放大。

根据压电式传感器的两种等效方式可知，压电式传感器的输出可以是电压信号或电荷信号，因此前置放大器也有两种形式：电荷放大器和电压放大器。

（1）电荷放大器　由于运算放大器的输入阻抗很高，其输入端几乎没有分流，故可略去压电式传感器的泄漏电阻 R_a 和放大器输入电阻 R_i 两个并联电阻的影响，将压电式传感器等效电容 C_a、连接电缆的等效电容 C_c、放大器输入电容 C_i 合并为电容 C 后，电荷放大器等效电路如图 4.11b 所示。它由一个负反馈电容 C_f 和高增益运算放大器构成。图中 K 为运算放大器的增益。由于负反馈电容工作于直流时相当于开路，对电缆噪声敏感，放大器的零点漂移也较大，因此一般在反馈电容两端并联一个电阻 R_f，其作用是为了稳定直流工作点，减小零漂；R_f 通常为 $10^{10}\sim10^{14}\Omega$，当工作频率足够高时，$\frac{1}{R_f}\ll\omega C_f$，可忽略 $(1+K)\frac{1}{R_f}$。反馈电容折合到放大器输入端的有效电容为

$$C_f'=(1+K)C_f \tag{4.42}$$

由于
$$\begin{cases} U_i = \dfrac{Q}{C_a+C_c+C_i+C_f'} \\ U_o = -KU_i \end{cases} \tag{4.43}$$

因此，其输出电压为

$$U_o = \frac{-KQ}{C_a+C_c+C_i+(1+K)C_f} \tag{4.44}$$

式中，“-”号表示放大器的输入与输出反相。

当 $K>>1$（通常 $K=10^4\sim10^6$），满足（$1+K$）$C_f>10$（$C_a+C_c+C_i$）时，就可将式（4.44）近似为

$$U_o \approx \frac{-Q}{C_f} = -U_{C_f} \tag{4.45}$$

由此可见：放大器的输入阻抗极高，输入端几乎没有分流，电荷 Q 只对反馈电容 C_f 充电，充电电压 U_{C_f}（反馈电容两端的电压）接近于放大器的输出电压；电荷放大器的输出电压 U_o 与电缆电容 C_c 近似无关，而与 Q 成正比，这是电荷放大器的突出优点。由于 Q 与被测压力呈线性关系，因此，输出电压与被测压力呈线性关系。

（2）电压放大器 电压放大器的原理及等效电路如图 4.1c、d 所示。

将图中的 R_a、R_i 并联成为等效电阻 R，将 C_c 与 C_i 并联为等效电容 C，于是有

$$R = \frac{R_aR_i}{R_a+R_i} \tag{4.46}$$

$$C = C_c+C_i \tag{4.47}$$

如果压电元件受正弦力 $f=F_m\sin\omega t$ 的作用，则所产生的电荷为

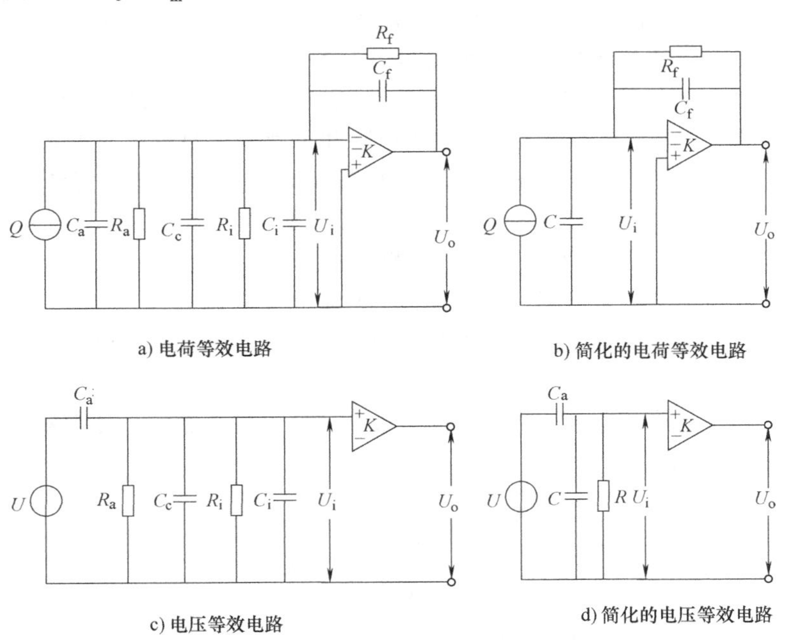

图 4.11 放大器输入端等效电路

$$Q=df=dF_m\sin\omega t \tag{4.48}$$

对应的电压为
$$U=\frac{Q}{C_a}=\frac{dF_m}{C_a}\sin\omega t=U_m\sin\omega t \tag{4.49}$$

式中，d 为压电系数；U_m 为压电元件输出电压的幅值，$U_m=\dfrac{dF_m}{C_a}$。

由图 4.11d 可得放大器输入端的电压为

$$\dot{U}_i=dF_m\frac{j\omega R}{1+j\omega R(C_a+C)}=dF_m\frac{j\omega R}{1+j\omega R(C_a+C_c+C_i)} \tag{4.50}$$

于是可得放大器输入电压的幅值为

$$U_{im}=\frac{dF_m\omega R}{\sqrt{1+\omega^2R^2\ (C_a+C_c+C_i)^2}} \tag{4.51}$$

输入电压与作用力间的相位差为

$$\varphi=\frac{\pi}{2}-\arctan[\omega R(C_a+C_c+C_i)] \tag{4.52}$$

在理想情况下，传感器的泄漏电阻 R_a 和前置放大器的输入电阻 R_i 都为无穷大，根据式（4.46）有，R 为无穷大，电荷没有泄漏。令这时 $\omega R(C_a+C_c+C_i)>>1$，代入式（4.51）可得放大器的输入电压幅值为

$$U_{im}\approx\frac{dF_m}{C_a+C_c+C_i} \tag{4.53}$$

式（4.53）表明，在理想情况下，即作用力变化频率 ω 与测量回路时间常数 $\tau[\tau=R(C_a+C_c+C_i)]$ 的乘积 $\omega\tau>>1$ 时，前置放大器的输入电压 U_{im} 与作用力的频率无关。一般当 $\omega\tau>3$ 时，可以近似看作输入电压与作用力的频率无关。这说明，在测量回路时间常数一定的条件下，被测物理量的频率越高，越能满足以上条件，即压电传感器的高频响应很好。这是压电传感器的优点之一。但当作用力为静态力（$\omega=0$）时，由式（4.51）可知，前置放大器的输入电压为 0，电荷会通过放大器输入电阻和传感器本身漏电阻漏掉，实际上，外力作用于压电材料上产生的电荷只有在无泄漏的情况下才能保存，即需要负载电阻（放大器的输入阻抗）无穷大，并且内部无漏电，但这实际上是不可能的，因此，压电式传感器要以时间常数 R_iC_a 按指数规律放电，不能用于测量静态量。压电材料在交变力的作用下，电荷可以不断补充，以供给测量回路一定的电流，故适合于动态测量。

但是，当被测物理量变化缓慢，而测量回路时间常数也不大时，就会造成传感器灵敏度的下降。因此，为了扩大传感器的低频响应范围，就必须尽量提高测量回路的时间常数。但如果要单靠增大测量回路的电容来提高时间常数 τ 的话，将会影响到传感器的灵敏度。因为由电压灵敏度 K_U 的定义，

$$K_U=\frac{U_{im}}{F_m}=\frac{d}{\sqrt{\dfrac{1}{(\omega R)^2}+(C_a+C_c+C_i)^2}} \tag{4.54}$$

因为 $\omega\tau>>1$，故传感器电压灵敏度近似为

$$K_U\approx\frac{d}{C_a+C_c+C_i} \tag{4.55}$$

由式（4.55）可知，传感器的电压灵敏度 K_U 与电容成反比。若增加回路的电容必然会使传感器的灵敏度下降。因此，切实可行的办法是通过提高测量回路的电阻来提高时间常数 τ。由于传感器本身的泄漏电阻 R_a 一般都很大，所以测量回路的电阻主要取决于前置放大器的输入电阻 R_i。为此，常采用输入电阻 R_i 很大的前置放大器。放大器输入电阻越大，测量回路时间常数越大，传感器的低频响应也就越好。

3. 压电元件的连接

压电元件作为压电式传感器的敏感部件，单片压电元件产生的电荷量很小，在实际应用中，通常采用两片（或两片以上）同规格的压电元件粘结在一起，以提高压电式传感器的输出灵敏度。

由于压电元件所产生的电荷具有极性区分，相应的连接方法有两种，如图 4.12 所示。从作用力的角度看，压电元件是串接的，每片受到的作用力相同，产生的变形和电荷量大小也一致。

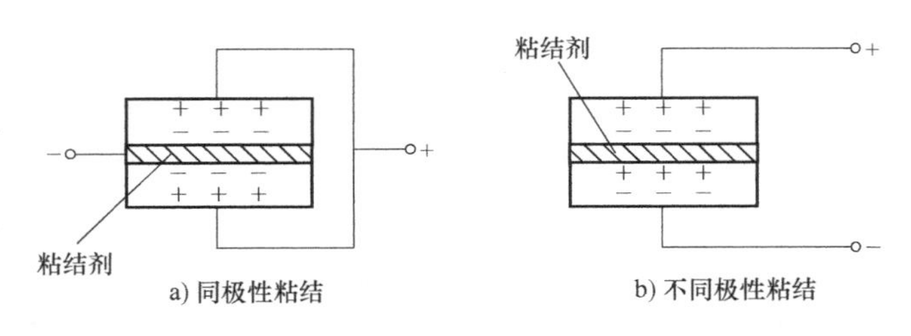

图 4.12　压电元件连接方式

图 4.12a 是将两个压电元件的负端粘结在一起，中间插入金属电极作为压电元件连接件的负极，将两边连接起来作为连接件的正极，这种连接方法称为“并联法”。与单片时相比，在外力作用下，正负电极上的电荷量增加了一倍（$Q'=2Q$），总电容量增加了一倍（$C'_a=2C_a$），其输出电压与单片时相同（$U'=U$）。并联法输出电荷大、本身电容大、时间常数大，适宜测量慢变信号且以电荷作为输出量的场合。

图 4.12b 是将两个压电元件的不同极性粘结在一起，这种连接方法称为“串联法”。在外力作用下，两个压电元件产生的电荷在中间粘结处正负电荷中和，上、下极板的电荷量 Q 与单片时相同（$Q'=Q$），总电容量为单片时的一半（$C'_a=C_a/2$），输出电压增大了一倍（$U'=2U$）。串联法输出电压大、本身电容小，适宜以电压作输出信号且测量电路输入阻抗很高的场合。

4.3　电容式传感器

电容式传感器利用了将非电量的变化转换为电容量的变化来实现对物理量的测量。电容式传感器具有结构简单、体积小、分辨率高、动态响应好、温度稳定性好、电容量小、负载能力差、易受外界干扰产生不稳定现象等特点。电容式传感器广泛用于压力、位移、振动、角度、加速度，以及压力、差压、液面（料位或物位）、成分含量等的测量。

利用电容式传感器将被测力/压力转换成与之有一定关系的电量输出的压力传感器称为电容式压力传感器。

4.3.1　电容式传感器的工作原理

电容式传感器的常见结构包括平板状和圆筒状，简称平板电容器或圆筒电容器。

平板电容式传感器的结构如图 4.13 所示。在不考虑边缘效应的情况下，其电容量的计算公式为

$$C=\frac{\varepsilon A}{d}=\frac{\varepsilon_0\varepsilon_r A}{d} \tag{4.56}$$

式中，A 为两平行板所覆盖的面积；ε 为电容极板间介质的介电常数；ε_0 为真空介电常数，$\varepsilon_0=8.854\times10^{-12}\mathrm{F/m}$；$\varepsilon_r$ 为极板间介质的相对介电常数；d 为两平行板间的距离。

由式（4.56）可见，当被测参数变化引起 A、ε_r 或 d 变化时，将导致平板电容式传感器的电容量 C 随之发生变化。在实际使用中，通常保持其中两个参数不变，而只改变其中一个参数，把该参数的变化转换成电容量的变化，通过测量电路转换为电量输出。因此，平板电容式传感器可分为三种：变极板覆盖面积的变面积型、变介质介电常数的变介质型和变极板间距离的变极距型。

圆筒电容式传感器的结构如图 4.14 所示。在不考虑边缘效应的情况下，其电容量的计算公式为

$$C=\frac{2\pi\varepsilon_0\varepsilon_r l}{\ln\frac{R}{r}} \tag{4.57}$$

式中，l 为内外极板所覆盖的高度；R 为外极板的内半径；r 为内极板的外半径；ε_0 为真空介电常数，等于 $8.854\times10^{-12}\mathrm{F/m}$；$\varepsilon_r$ 为极板间介质的相对介电常数。

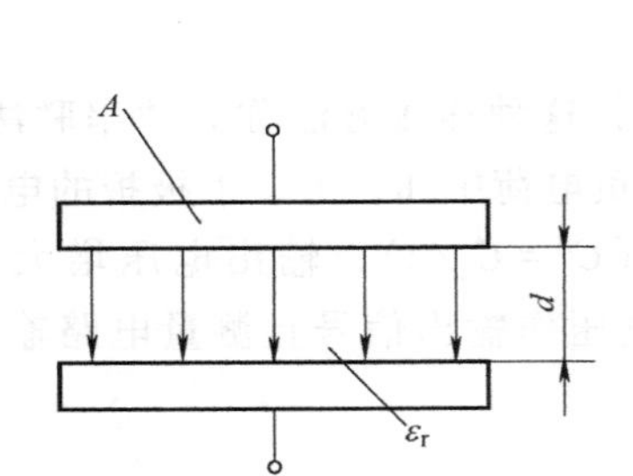

图 4.13　平板电容式传感器的结构

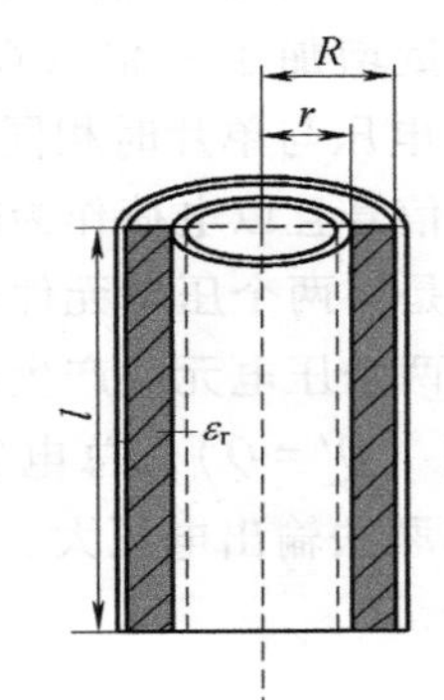

图 4.14　圆筒电容式传感器的结构

由式（4.57）可见，当被测参数变化引起 ε_r 或 l 变化时，将导致圆筒电容式传感器的电容量 C 随之发生变化。在实际使用中，通常保持其中一个参数不变，而改变另一个参数，把该参数的变化转换成电容量的变化，通过测量电路转换为电量输出。因此，圆筒电容式传感器可分为两种：变介质介电常数的变介质型和变极板间覆盖高度的变面积型。

1. 变面积型

常用的线位移变面积型电容式传感器有平板状和圆筒状两种结构，分别如图 4.15a、b 所示。

对于平板状结构，当被测量通过移动动极板引起两极板有效覆盖面积 A 发生变化时，将导致电容量变化。设动极板相对于定极板的平移距离为 Δx，则电容为

$$C=C_0+\Delta C=\varepsilon_0\varepsilon_r(a-\Delta x)b/d \tag{4.58}$$

式中，C_0 为初始电容，$C_0=\varepsilon_0\varepsilon_r ab/d$；$\Delta C$ 为电容的变化量，$\Delta C=-\varepsilon_0\varepsilon_r\Delta xb/d$。

电容的相对变化量为

$$\frac{\Delta C}{C_0}=-\frac{\Delta x}{a} \tag{4.59}$$

由此可见，平板电容式传感器的电容改变量 ΔC 与位移 Δx 呈线性关系。

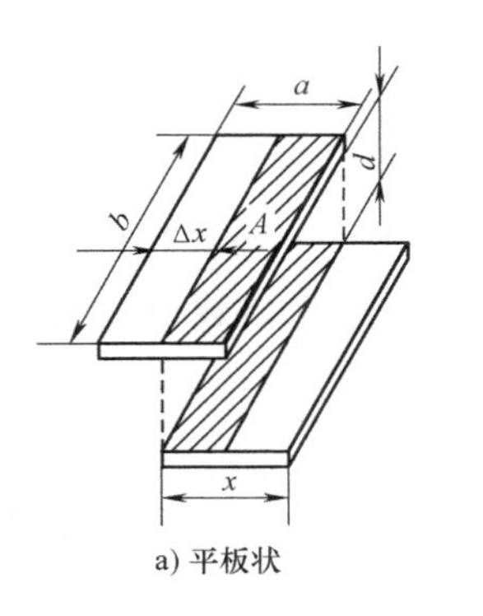

a) 平板状

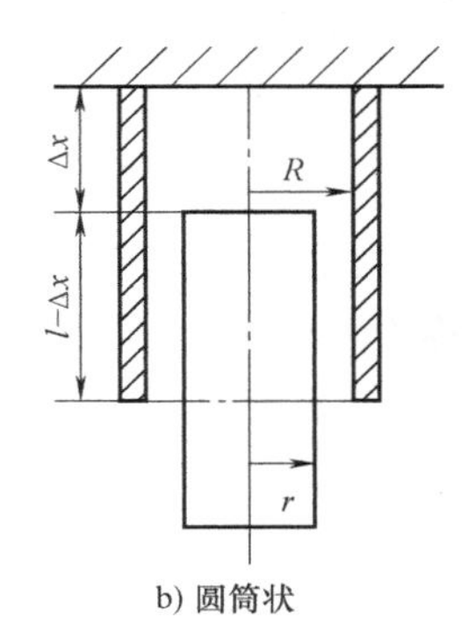

b) 圆筒状

图 4.15　线位移变面积型电容式传感器原理图

对于圆筒状结构，当动极板圆筒沿轴向移动 Δx 时，有

$$C=\frac{2\pi\varepsilon(l-\Delta x)}{\ln(R/r)}=\frac{2\pi\varepsilon l(1-\Delta x/l)}{\ln(R/r)}=C_0\left(1-\frac{\Delta x}{l}\right) \tag{4.60}$$

电容的变化量　$$\Delta C=C-C_0=-\frac{2\pi\varepsilon\Delta x}{\ln(R/r)}=-C_0\frac{\Delta x}{l}$$

电容的相对变化量为

$$\frac{\Delta C}{C_0}=-\frac{\Delta x}{l} \tag{4.61}$$

由此可见，圆筒电容式传感器的电容改变量 ΔC 与轴向位移 Δx 呈线性关系。

对于平板和圆筒变面积型电容式传感器也可接成差动形式，灵敏度会提高一倍。

2. 变介质型

变介质型电容式传感器就是利用不同介质的介电常数各不相同，通过介质的改变来实现对被测量的检测，并通过电容式传感器的电容量的变化反映出来。

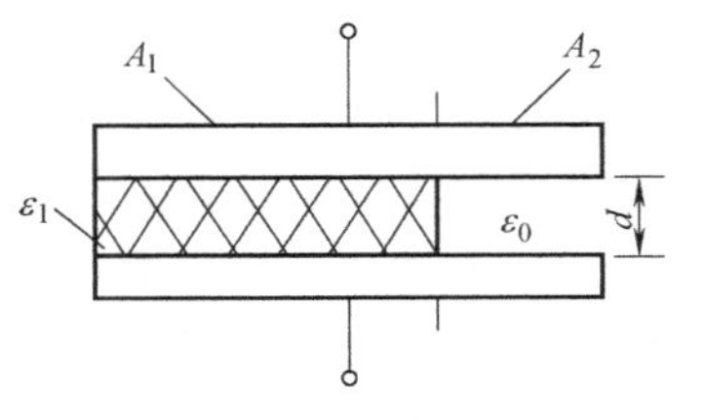

图 4.16　平板结构变介质型电容式传感器

平板结构变介质型电容式传感器的原理如图 4.16 所示，可认为是左右两个不同介质电容式传感器的并联，此时

$$C_1=\frac{\varepsilon_0\varepsilon_1A_1}{d},C_2=\frac{\varepsilon_0A_2}{d} \tag{4.62}$$

总的电容值为　$$C=C_1+C_2=\frac{\varepsilon_0\varepsilon_1A_1+\varepsilon_0A_2}{d} \tag{4.63}$$

当未加入介质 ε_1 时的初始电容为 $$C_0=\frac{\varepsilon_0(A_1+A_2)}{d} \tag{4.64}$$

介质改变后的电容增量为　$$\Delta C=C-C_0=\frac{\varepsilon_0A_1(\varepsilon_1-1)}{d} \tag{4.65}$$

可见，介质改变后的电容增量与所加介质的介电常数 ε_1 呈线性关系。

3. 变极距型

变极距型电容式压力传感器可分为双极板式和差动式两种类型，分别如图 4.13 和图 4.17 所示。

(1) 双极板式　当平板电容式传感器的介电常数和面积为常数，初始极板间距为 d_0

时，其初始电容量为

$$C_0=\frac{\varepsilon_0\varepsilon_r A}{d_0} \tag{4.66}$$

测量时，一般将平板电容器的一个极板固定（称为定极板），另一个极板与被测体相连（称为动极板）。如果动极板因被测参数改变而产生位移，导致平板电容器极板间距缩小 Δd，电容量增大 ΔC，则有

$$C=C_0+\Delta C=\frac{\varepsilon_0\varepsilon_r A}{d_0-\Delta d}=\frac{C_0}{1-\dfrac{\Delta d}{d_0}} \tag{4.67}$$

$$\Delta C=C_0\frac{\Delta d}{d_0-\Delta d} \tag{4.68}$$

$$\frac{\Delta C}{C_0}=\frac{\Delta d}{d_0-\Delta d} \tag{4.69}$$

如果极板间距改变很小，$\Delta d/d_0<<1$，则式（4.67）可按泰勒级数展开为

$$C=C_0+\Delta C=C_0\left[1+\frac{\Delta d}{d_0}+\left(\frac{\Delta d}{d_0}\right)^2+\left(\frac{\Delta d}{d_0}\right)^3+\cdots\right] \tag{4.70}$$

对式（4.70）做线性化处理，忽略高次的非线性项，经整理可得

$$\Delta C=\frac{C_0}{d_0}\Delta d \tag{4.71}$$

$$K=\frac{\Delta C/C_0}{\Delta d}=\frac{1}{d_0} \tag{4.72}$$

由此可见，只有当 $\Delta d<<d_0$ 时，才可以认为是近似线性关系，因此变极距型电容传感器一般用来对微小位移或压力进行测量。

（2）差动式结构　由式（4.71）可知，对于同样的极板间距的变化 Δd，较小的 d_0 可获得更大的电容量变化，从而提高传感器的灵敏度，但 d_0 过小，容易引起电容器击穿或短路，因此，可在极板间加入高介电常数的材料，如云母。在实际应用中，为了提高灵敏度，减小非线性，变极距型电容传感器一般采用差动结构，如图4.17所示。

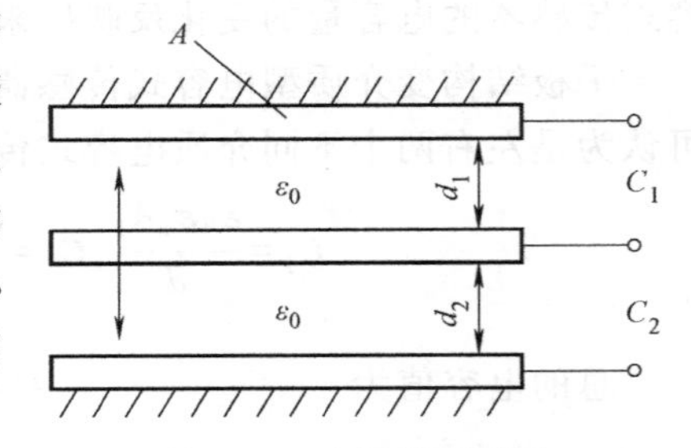

图4.17　变极距型平板电容器的差动式结构

初始时两电容器极板间距均为 d_0，初始电容量为 C_0。当中间的动极板向上位移 Δd 时，电容器 C_1 的极板间距 d_1 变为 $d_0-\Delta d$，电容器 C_2 的极板间距 d_2 变为 $d_0+\Delta d$，输出电容为两电容之差，即

$$\Delta C=C_1-C_2=C_0\frac{d}{d-\Delta d}-C_0\frac{d}{d+\Delta d}=2C_0\frac{\Delta d}{d_0}\left[1+\left(\frac{\Delta d}{d_0}\right)^2+\left(\frac{\Delta d}{d_0}\right)^4+\cdots\right] \tag{4.73}$$

电容值的相对变化量为

$$\frac{\Delta C}{C_0}=2\frac{\Delta d}{d_0}\left[1+\left(\frac{\Delta d}{d_0}\right)^2+\left(\frac{\Delta d}{d_0}\right)^4+\left(\frac{\Delta d}{d_0}\right)^6+\cdots\right] \tag{4.74}$$

略去式(4.74)中的高次项(非线性项),可得到电容量的相对变化量与极板位移的相对变化量间近似的线性关系为

$$\frac{\Delta C}{C_0}=2\frac{\Delta d}{d_0} \tag{4.75}$$

灵敏度为

$$K=\frac{\Delta C/C_0}{\Delta d}=\frac{2}{d_0} \tag{4.76}$$

由此可见,变极距型电容式传感器做成差动结构后,灵敏度提高了一倍,而非线性误差转化为二次方关系而得以大大降低。

4.3.2 电容式传感器的测量电路

电容式传感器的测量电路有很多,目前比较常见的有调频电路、运算放大器电路、变压器式交流电桥电路等。

1. 调频电路

调频电路原理如图4.18所示,电容式传感器作为振荡器谐振回路的一部分,振荡器的振荡频率为

$$f=\frac{1}{2\pi\sqrt{LC}} \tag{4.77}$$

式中,L为振荡回路的电感;C为振荡回路总电容,$C=C_0+\Delta C$,C_0为传感器的初始电容、振荡回路的固有电容、传感器引线分布电容的综合,ΔC为传感器电容的变化量。

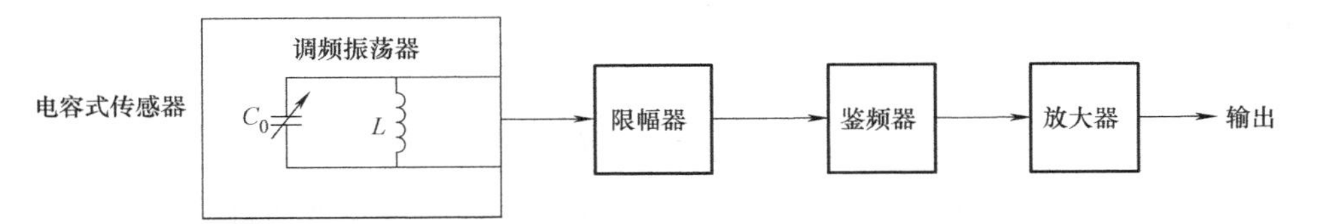

图4.18 电容式传感器调频电路

当没有被测信号时,此时振荡器的固有频率为

$$f_0=\frac{1}{2\pi\sqrt{LC_0}} \tag{4.78}$$

当有被测信号(被测量改变)时,电容式传感器的电容量发生ΔC的变化,此时振荡器的频率发生了变化,有一个相应的改变量Δf,f为

$$f=\frac{1}{2\pi\sqrt{L(C_0\pm\Delta C)}}=f_0\mp\Delta f \tag{4.79}$$

由此可见,当输入量导致传感器电容量发生变化时,振荡器的振荡频率发生变化(Δf),此时虽然频率可以作为测量系统的输出,但系统是非线性的,不易校正,解决的办法是加入鉴频器,将频率的变化转换为振幅的变化(Δu),经过放大后就可以用仪表指示或用记录仪表进行记录。

2. 运算放大器电路

运算放大器具有放大倍数大、输入阻抗高的特点,将其作为电容式传感器的测量电路,其测量原理如图4.19所示,图中C_x代表传感器电容。

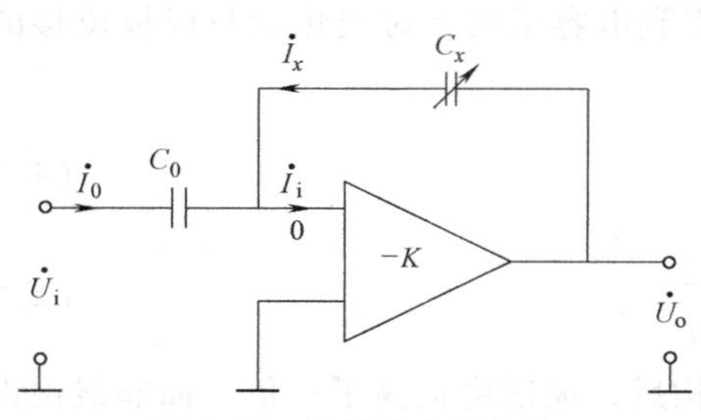

图 4.19　运算放大器电路

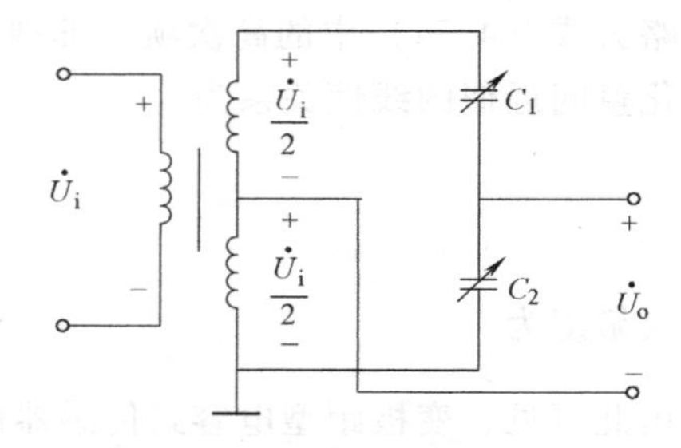

图 4.20　变压器式交流电桥

由于运算放大器的放大倍数非常高（假设 $K=\infty$），且放大器的输入阻抗很高（假设 $Z_i=\infty$），因此 $\dot{I}_i=0$，于是有

$$\dot{U}_i=Z_{C_0}\dot{I}_0=\frac{1}{j\omega C_0}\dot{I}_0,\dot{U}_o=Z_{C_x}\dot{I}_x=\frac{1}{j\omega C_x}\dot{I}_x,\dot{I}_0+\dot{I}_x=0 \tag{4.80}$$

由此可得

$$\dot{U}_o=-\frac{C_0}{C_x}\dot{U}_i \tag{4.81}$$

式中，“-”号说明输出电压与输入电压反相。

如果传感器是变极距型平板电容器，则有

$$C_x=\frac{\varepsilon A}{d} \tag{4.82}$$

将其代入式（4.83）有

$$\dot{U}_o=-\frac{\dot{U}_i C_0}{\varepsilon A}d \tag{4.83}$$

由此可见，输出电压与极板间距呈线性关系。它表明运算放大器测量电路能够克服变极距型电容传感器的非线性，使其输出电压与输入位移间呈线性关系，但要求 K 和 Z_i 足够大。

3. 变压器式交流电桥

电容式传感器所用变压器式交流电桥测量电路如图 4.20 所示。电桥两臂 C_1、C_2 为差动电容式传感器，另外两臂为交流变压器二次绕组阻抗的一半。当负载阻抗（如放大器）为无穷大时，电桥的输出电压为

$$\dot{U}_o=\frac{Z_2\dot{U}_i}{Z_1+Z_2}-\frac{\dot{U}_i}{2}=\frac{Z_2-Z_1}{Z_1+Z_2}\frac{\dot{U}_i}{2} \tag{4.84}$$

将 $Z_1=\frac{1}{j\omega C_1}$，$Z_2=\frac{1}{j\omega C_2}$代入式（4.84）可得

$$\dot{U}_o=\frac{C_1-C_2}{C_1+C_2}\frac{\dot{U}_i}{2} \tag{4.85}$$

如果 C_1、C_2 为差动式变极距型电容式传感器的两个电容，则有

$$\dot{U}_o=\frac{\Delta C}{2C_0}\frac{\dot{U}_i}{2}=\frac{\Delta d}{d_0}\frac{\dot{U}_i}{2} \tag{4.86}$$

式中，d_0 为初始时平板电容式传感器的极板间距。

由此可见，在放大器输入阻抗极大的情况下，输出电压与位移或压力呈线性关系。

4.3.3　电容式压力传感器

图 4.21 为差动电容式压力传感器结构图。它由一个膜片动电极和两个在凹形玻璃上电镀成的固定电极组成差动电容器。差动结构的好处在于灵敏度更高，非线性得到改善。

当被测压力作用于膜片并使之产生位移时，使两个电容器的电容量一个增加、一个减小，该电容值的变化经测量电路转换成电压或电流输出，它反映了压力的大小。

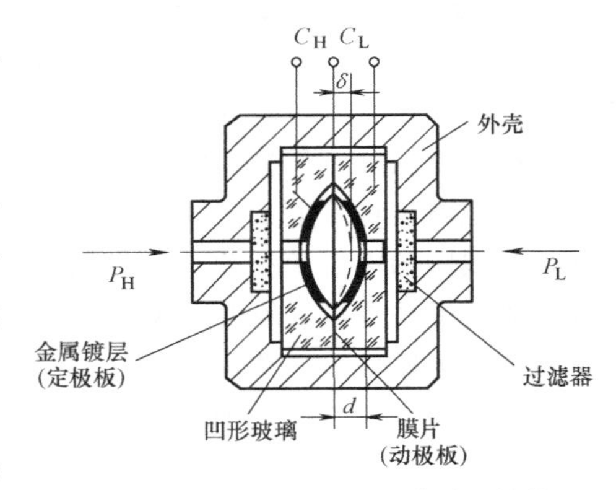

图 4.21　差动电容式压力传感器结构

在膜片左右两室中通常充满硅油，当左右两室分别承受压力 P_H、P_L 时，由于硅油的不可压缩性和流动性，就能将差压 $\Delta P=P_H-P_L$ 传递到膜片上。

当左右压力相等时，$\Delta P=0$，$C_H=C_L=C_0$；

当 $\Delta P>0$ 时，膜片变形，动极板向低压侧偏移 δ，$C_L>C_H$。其电容量可分别近似表示为

$$C_L=\frac{\varepsilon A}{d-\delta},C_H=\frac{\varepsilon A}{d+\delta} \tag{4.87}$$

因此可推出

$$\frac{\delta}{d}=\frac{C_L-C_H}{C_L+C_H} \tag{4.88}$$

由材料力学知识可知

$$\frac{\delta}{d}=K\Delta P \tag{4.89}$$

式中，K 为与结构有关的常数。

因此有

$$\frac{C_L-C_H}{C_L+C_H}=K(P_H-P_L)=K\Delta P \tag{4.90}$$

式（4.90）表明$\frac{C_L-C_H}{C_L+C_H}$与差压成正比，且与介电常数无关，从而实现了差压-电容的转换。如采用变压器式交流电桥，可得出测量电路的输出电压与差压呈线性关系，代入公式（4.85）则有

$$\dot{U}_o=\frac{C_L-C_H}{C_L+C_H}\frac{\dot{U}_i}{2}=\frac{\dot{U}_i}{2}K\Delta P \tag{4.91}$$

4.4　电感式压力传感器

电感式压力传感器是利用电感的电磁感应原理将被测的压力变化转换为线圈的自感系数

L 或互感系数 M 的变化，并通过测量电路将 L 或 M 的变化转换为电压或电流的变化，从而实现压力的测量。电感式压力传感器具有工作可靠、寿命长、灵敏度高、分辨力高、精度高、线性好、性能稳定、重复性好等优点。

根据工作原理的不同，电感式压力传感器可分为自感式和互感式两大类。

4.4.1 自感式压力传感器

1. 自感式压力传感器的工作原理

(1) 单电感式压力传感器　单电感式压力传感器工作原理图如图 4.22 所示。它由线圈、铁心、衔铁三部分组成。在铁心和衔铁间有气隙，气隙厚度为 δ，当衔铁受到外力 F 的作用上下移动时气隙厚度将发生变化，引起磁路中磁阻变化，从而导致线圈的电感值变化。通过测量电感量的变化就能确定衔铁位移量的大小和方向。

线圈中电感量的定义为

$$L=\frac{N\Phi}{I} \tag{4.92}$$

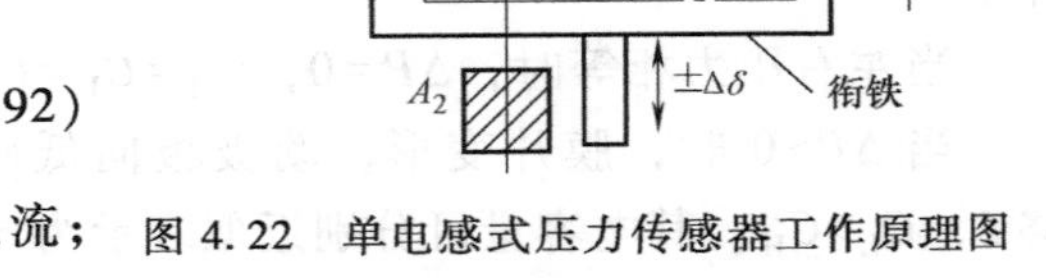

图 4.22　单电感式压力传感器工作原理图

式中，N 为线圈的匝数；I 为通过线圈的电流；Φ 为穿过线圈的磁通。

由磁路欧姆定律有

$$\Phi=\frac{IN}{R_m} \tag{4.93}$$

式中，R_m 为磁路总磁阻。

因气隙很小，可认为气隙中的磁场是均匀的。在忽略磁路磁损的情况下，磁路总磁阻为

$$R_m=\frac{l_1}{\mu_1 A_1}+\frac{l_2}{\mu_2 A_2}+\frac{2\delta}{\mu_0 A_0} \tag{4.94}$$

式中，μ_0、μ_1、μ_2 为空气、铁心、衔铁的磁导率；l_1、l_2 为磁通通过铁心和衔铁中心线的长度；A_0、A_1、A_2 为气隙、铁心、衔铁的截面积（实际上近似认为 $A_0=A_1$）；δ 为单个气隙的厚度。

通常气隙磁导率远小于铁心和衔铁的磁导率，即 $\mu_0<<\mu_1$，$\mu_0<<\mu_2$，则线圈中电感量近似为

$$L=\frac{N^2}{R_m}=\frac{N^2\mu_0 A_0}{2\delta} \tag{4.95}$$

式 (4.95) 表明，当线圈匝数 N 为常数时，电感 L 只是磁阻 R_m 的函数。只要改变 δ 或 A_0 均可改变磁阻并最终导致电感变化，因此自感式压力传感器可分为变气隙厚度和变气隙面积两种情形，前者使用最为广泛。

由式 (4.95) 可知，电感 L 与气隙厚度 δ 间呈非线性关系。设自感式压力传感器的初始气隙厚度为 δ_0，初始电感量为 L_0，则有

$$L_0=\frac{N^2\mu_0 A_0}{2\delta_0} \tag{4.96}$$

1）当衔铁上移 $\Delta\delta$ 时，传感器气隙厚度相应减小 $\Delta\delta$，即 $\delta=\delta_0-\Delta\delta$，则此时输出电感为

$$L=L_0+\Delta L=\frac{N^2\mu_0A_0}{2(\delta_0-\Delta\delta)}=\frac{L_0}{1-\frac{\Delta\delta}{\delta_0}} \tag{4.97}$$

当 $\Delta\delta/\delta_0<<1$ 时，可将式（4.97）用泰勒（Tylor）级数展开得到

$$L=L_0+\Delta L=L_0\left[1+\left(\frac{\Delta\delta}{\delta_0}\right)+\left(\frac{\Delta\delta}{\delta_0}\right)^2+\cdots\right] \tag{4.98}$$

$$\Delta L=L_0\frac{\Delta\delta}{\delta_0}\left[1+\left(\frac{\Delta\delta}{\delta_0}\right)+\left(\frac{\Delta\delta}{\delta_0}\right)^2+\cdots\right] \tag{4.99}$$

$$\frac{\Delta L}{L_0}=\frac{\Delta\delta}{\delta_0}\left[1+\left(\frac{\Delta\delta}{\delta_0}\right)+\left(\frac{\Delta\delta}{\delta_0}\right)^2+\cdots\right] \tag{4.100}$$

2）当衔铁下移 $\Delta\delta$ 时，按照前面同样的分析方法，此时，$\delta=\delta_0+\Delta\delta$，可推得

$$\Delta L=L_0\frac{\Delta\delta}{\delta_0}\left[1-\left(\frac{\Delta\delta}{\delta_0}\right)+\left(\frac{\Delta\delta}{\delta_0}\right)^2-\cdots\right] \tag{4.101}$$

$$\frac{\Delta L}{L_0}=\frac{\Delta\delta}{\delta_0}\left[1-\left(\frac{\Delta\delta}{\delta_0}\right)+\left(\frac{\Delta\delta}{\delta_0}\right)^2-\cdots\right] \tag{4.102}$$

对式（4.100）、式（4.102）做线性处理并忽略高次项，可得

$$\frac{\Delta L}{L_0}=\frac{\Delta\delta}{\delta_0} \tag{4.103}$$

若灵敏度定义为单位气隙变化引起的电感量的相对变化，即有

$$K_{\mathrm{L}}=\frac{\Delta L/\mathrm{L}_0}{\Delta\delta}=\frac{1}{\delta_0} \tag{4.104}$$

由式（4.104）可见，灵敏度的大小取决于气隙的初始厚度，是一个定值。

自感式传感器主要用于测量微小位移量和力学量，为了减小非线性误差，实际测量中广泛采用差动变气隙厚度电感式传感器。

（2）差动电感式压力传感器　图4.23为变气隙差动电感式压力传感器的工作原理图。它由两个相同的电感线圈和磁路组成。测量时，衔铁与被测量（力 F、压力 P）相连，当被测量变化时将带动衔铁上下移动，两个磁回路的磁阻发生大小相等、方向相反的变化，一个线圈的电感量增加，另一个线圈的电感量减小，形成差动结构。

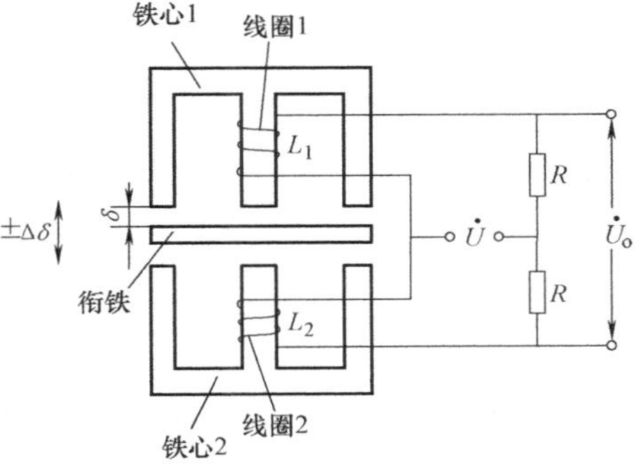

图4.23　差动电感式压力传感器工作原理图

将两个电感线圈接入交流电桥的相邻桥臂，另两个桥臂由电阻组成，电桥的输出电压与电感

变化量 ΔL 有关。当衔铁上移时有

$$\Delta L=\Delta L_1+\Delta L_2=2L_0\frac{\Delta\delta}{\delta_0}\left[1+\left(\frac{\Delta\delta}{\delta_0}\right)^2+\left(\frac{\Delta\delta}{\delta_0}\right)^4+\cdots\right] \tag{4.105}$$

对式（4.105）进行线性处理并忽略高次项（非线性项）可得

$$\frac{\Delta L}{L_0}=2\frac{\Delta\delta}{\delta_0} \tag{4.106}$$

灵敏度为

$$K=\frac{\Delta L/L_0}{\Delta\delta}=\frac{2}{\delta_0} \tag{4.107}$$

比较单线圈和差动两种变气隙电感式压力传感器的特性可知：差动式比单线圈式的灵敏度提高一倍；线性度得到明显改善。

2. 自感式压力传感器的测量电路

自感式压力传感器的测量电路有交流电桥、变压器式交流电桥和谐振式测量电路等。

（1）交流电桥　交流电桥测量电路如图 4.24 所示。把传感器的两个线圈作为电桥的两个桥臂 Z_1 和 Z_2，另外两个相邻的桥臂选用纯电阻。

当衔铁上移时，设有 $Z_1=Z_0+\Delta Z_1$，$Z_2=Z_0-\Delta Z_2$，$Z_0=R+j\omega L_0$。其中 Z_0 为衔铁位于中心位置时单个线圈的复阻抗；ΔZ_1、ΔZ_2 为衔铁偏离中心位置时两线圈的复阻抗变化量。

对于高 Q 值（$\omega L>>R$）的差动电感式传感器，有 $\Delta Z_1\approx j\omega\Delta L_1$，$\Delta Z_2\approx j\omega\Delta L_2$，$Z_0\approx j\omega L_0$，此时电桥的输出电压为

$$\dot{U}_o=\dot{U}\left[\frac{Z_2}{Z_1+Z_2}-\frac{R}{R+R}\right]=\dot{U}\frac{Z_2-Z_1}{2(Z_1+Z_2)}=-\dot{U}\frac{\Delta Z_1+\Delta Z_2}{2(Z_1+Z_2)} \tag{4.108}$$

对于差动式结构，$\Delta L_1=\Delta L_2$，$\Delta Z_1=\Delta Z_2$，则式（4.108）可改写为

$$\dot{U}_o=-\frac{\dot{U}}{2}\frac{\Delta\delta}{\delta_0} \tag{4.109}$$

由此可见，电桥输出电压与气隙厚度的变化量 $\Delta\delta$ 成正比关系。

当衔铁下移时，Z_1、Z_2 的变化方向相反，类似地，可推得

$$\dot{U}_o=\frac{\dot{U}}{2}\frac{\Delta\delta}{\delta_0} \tag{4.110}$$

（2）变压器式交流电桥　变压器式交流电桥测量电路如图 4.25 所示，本质上与交流电桥的分析方法完全一致。电桥的两个桥臂 Z_1 和 Z_2 为传感器线圈阻抗，另外两个桥臂为交流变压器二次绕组阻抗的一半。当负载阻抗为无穷大时，桥路输出电压为

$$\dot{U}_o=\dot{U}_A-\dot{U}_B=\frac{Z_2}{Z_1+Z_2}\dot{U}-\frac{1}{2}\dot{U}=\frac{Z_2-Z_1}{Z_1+Z_2}\frac{\dot{U}}{2} \tag{4.111}$$

当传感器的衔铁位于中间位置时，即 $Z_1=Z_2=Z_0$，此时，输出电压为 0，电桥处于平衡状态。

当传感器衔铁上移时，设 $Z_1=Z_0+\Delta Z$，$Z_2=Z_0-\Delta Z$（有 $\Delta Z_1=\Delta Z_2$，$\Delta L_1=\Delta L_2$，$\Delta L=$

$\Delta L_1+\Delta L_2$。注意：这在只取一次非线性项、忽略高次非线性项的情况下成立，否则，根据前面的分析可知 $\Delta Z_1 \neq \Delta Z_2$），在高 Q 情况下有

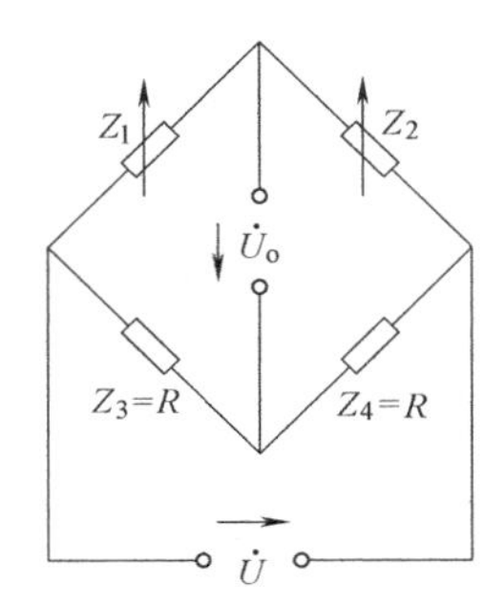

图 4.24　交流电桥

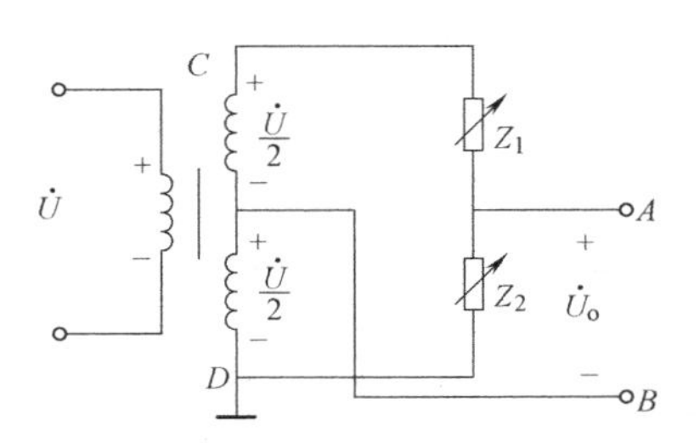

图 4.25　变压器式交流电桥

$$\dot{U}_o=-\frac{\dot{U}}{2}\frac{\Delta Z}{Z_0}=-\frac{\dot{U}}{2}\frac{\Delta L_1}{L_0}=-\frac{\dot{U}}{4}\frac{\Delta L}{L_0} \tag{4.112}$$

当传感器衔铁下移时，则 $Z_1=Z_0-\Delta Z$，$Z_2=Z_0+\Delta Z$，此时有

$$\dot{U}_o=\frac{\dot{U}}{2}\frac{\Delta Z}{Z_0}=\frac{\dot{U}}{2}\frac{\Delta L_1}{L_0}=\frac{\dot{U}}{4}\frac{\Delta L}{L_0} \tag{4.113}$$

由此可见，衔铁上、下移动时，输出电压相位相反，大小随衔铁的位移而变化。因输出是交流电压，输出指示无法判断位移方向，可采用适当的处理电路（如相敏检波电路）。

（3）谐振式测量电路　谐振式测量电路有谐振式调幅电路和谐振式调频电路两种。

1）谐振式调幅电路。如图 4.26 所示，L 代表电感式传感器的电感，它与电容 C 和变压器的一次侧串联在一起，接入交流电源 $\dot{U}$，变压器二次侧将有电压 $\dot{U}_o$ 输出，输出电压的频率与电源频率相同，但其幅值却随着传感器的电感 L 的变化而变化，如图 4.26b 所示。图中 L_0 为谐振点的电感值。此电路的灵敏度很高（变化曲线陡峭），但线性差，适用于线性要求不高的场合。

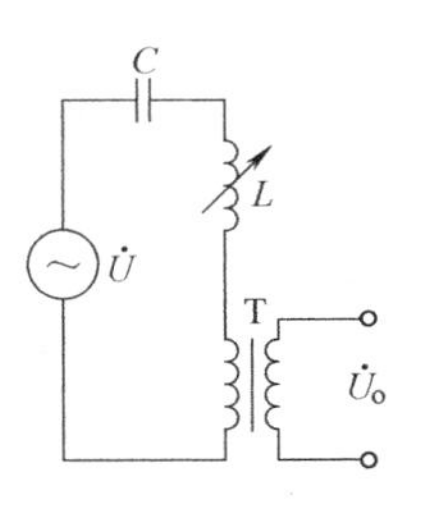

a) 谐振式调幅电路

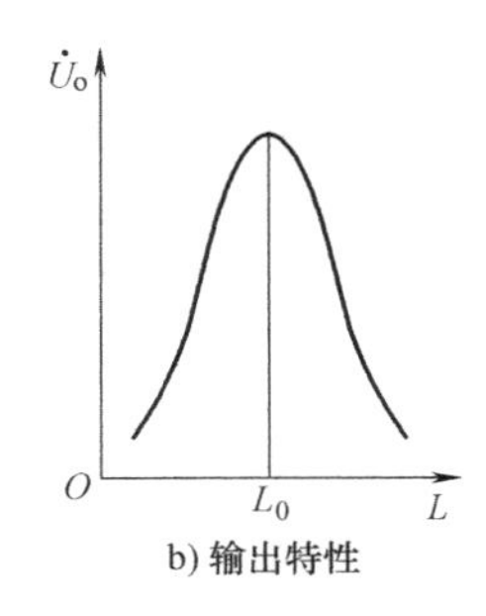

b) 输出特性

图 4.26　谐振式调幅测量电路

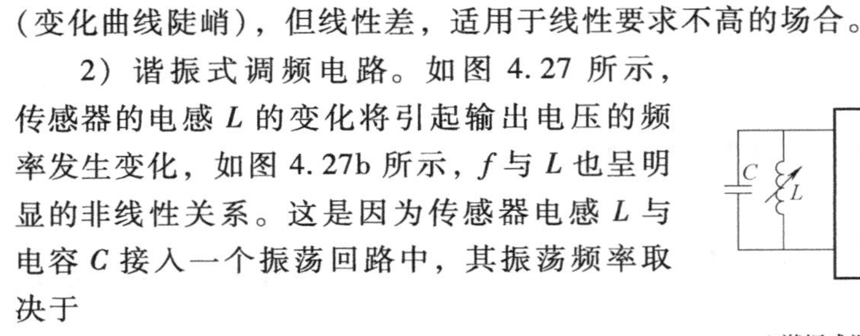

2）谐振式调频电路。如图 4.27 所示，传感器的电感 L 的变化将引起输出电压的频率发生变化，如图 4.27b 所示，f 与 L 也呈明显的非线性关系。这是因为传感器电感 L 与电容 C 接入一个振荡回路中，其振荡频率取决于

$$f=\frac{1}{2\pi\sqrt{LC}} \tag{4.114}$$

当 L 变化时，振荡频率随之变化，根据

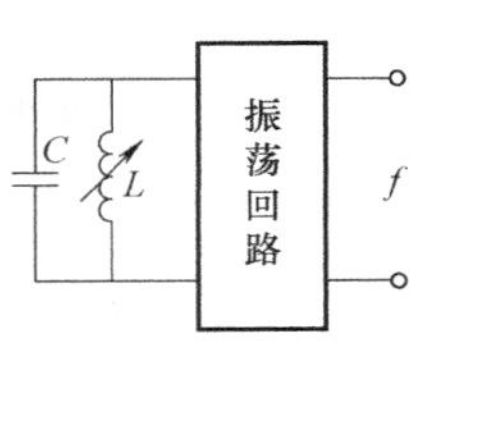

a) 谐振式调频电路

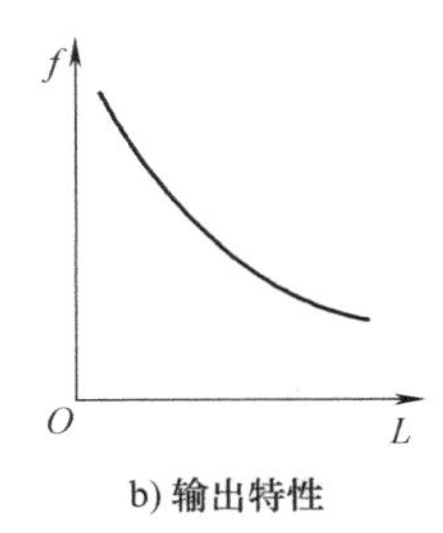

b) 输出特性

图 4.27　谐振式调频测量电路

频率 f 的大小即可确定被测量的值。

4.4.2 互感式压力传感器

互感式压力传感器利用线圈的互感作用将力引起的位移转换成感应电动势的变化，又称为差动变压器电感式压力传感器。

差动变压器电感式压力传感器的结构形式有变隙式、变面积式和螺线管式等，但它们的工作原理基本一样，都是基于线圈互感量的变化来进行测量的。实际应用最多的是螺线管式差动变压器，它具有测量精度高、灵敏度高、结构简单、性能可靠等优点。

1. 工作原理

螺线管式差动变压器结构如图 4.28a 所示。它由位于中间的一次绕组 W_1（匝数为 N_1）、两个位于边缘的二次绕组 W_{2a} 及 W_{2b}（反向串接，匝数分别为 N_{2a} 和 N_{2b}）和插入线圈中央的圆柱形衔铁组成。

在忽略铁损、导磁体磁阻和线圈分布电容的理想条件下，其等效电路如图 4.28b 所示。

根据变压器的工作原理，当一次绕组加上激励电压时，在两个二次绕组中便会产生感应电动势，在变压器结构对称的情况下（初始状态），当活动衔铁处于初始平衡位置时，必然会使两互感系数相等（$M_1=M_2$）。根据电磁感应原理，则产生的两感应电动势也将相等（$\dot{E}_{2a}=\dot{E}_{2b}$）。由于变压器两个二次绕组反向串接，因此差动变压器的输出为 0（$\dot{U}_o=\dot{E}_{2a}-\dot{E}_{2b}=0$）。

当活动衔铁向上移动时，由于磁阻的影响，W_{2a} 中磁通将大于 W_{2b}，使 $M_1>M_2$，因而 $\dot{E}_{2a}$ 增加，而 $\dot{E}_{2b}$ 减小。反之，$\dot{E}_{2b}$ 增加，$\dot{E}_{2a}$ 减小，即随着衔铁位移 Δx 的变化，差动变压器的输出电压 $\dot{U}_o=|\dot{E}_{2a}-\dot{E}_{2b}|$ 也将发生变化，其关系曲线如图 4.29 所示。

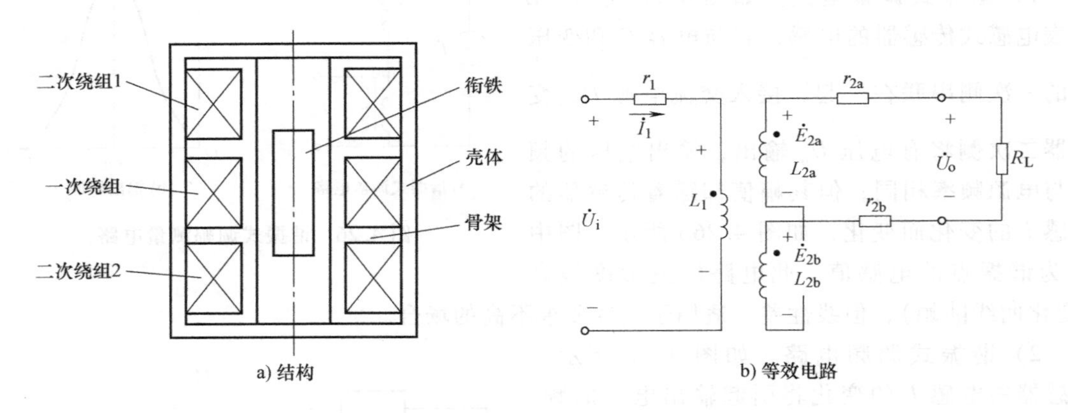

图 4.28 螺线管式差动变压器结构

2. 零点残余电压

如图 4.29 所示，当衔铁位于中心位置时，差动变压器输出电压并不等于零，我们把差动变压器在零位移时的输出电压称为零点残余电压，记作 $\Delta\dot{U}_0$，它的存在使传感器的输出特性不经过零点，造成实际特性与理论特性不完全一致。零点残余电压一般在几十毫伏以下，在使用时应设法减小。

（1）产生原因　传感器的两个二次绕组的电气参数与几何尺寸不对称，导致它们产生的感应电动势幅值不等、相位不同，构成了零点残余电压的基波；由于磁性材料磁化曲线的非线性（磁饱和、磁滞），产生了零点残余电压的谐波（主要是三次谐波）；励磁电压本身含谐波。

（2）消除方法　尽可能保证传感器的几何尺寸、线圈电气参数和磁路的对称；采用适当的测量电路，如差动整流电路。

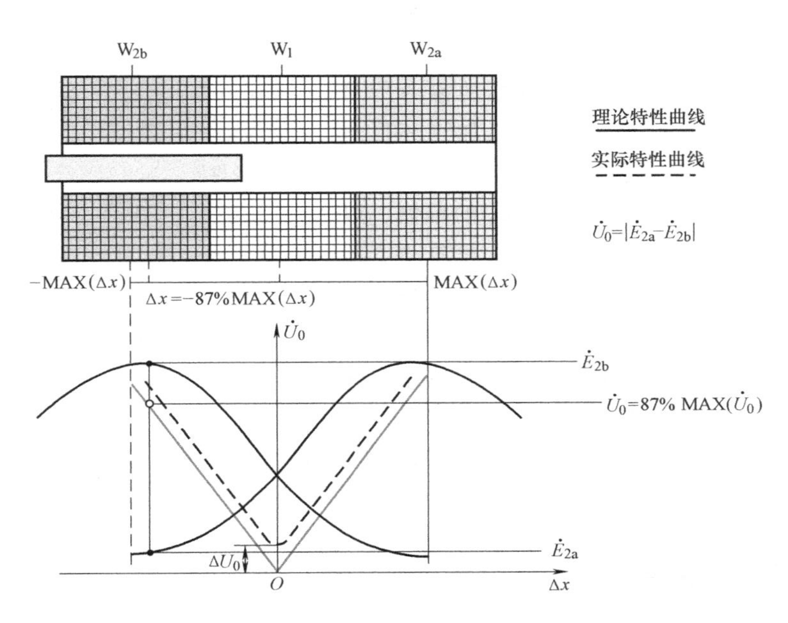

图 4.29　差动变压器的输出特性

3. 测量电路

差动变压器输出的是交流电压，而且存在零点残余电压，当用交流电压表进行测量时，只能反映衔铁位移的大小，不能反映位移的方向，也不能消除零点残余电压。为了达到辨别位移方向和消除零点残余电压的目的，常用差动整流电路和相敏检波电路。

（1）差动整流电路（消除零点残余电压）　为了消除零点残余电压，一般采用差动整流电路，如图 4.30 所示。它把两个二次输出电压分别整流，然后将经整流的电压的差值作为输出。电阻 R_0 用于消除零点残余电压。

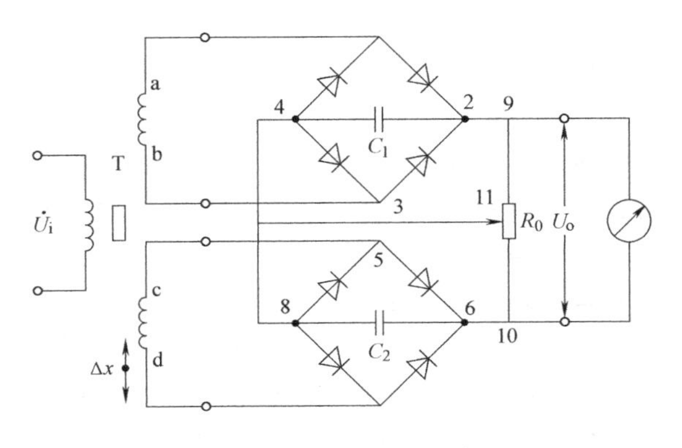

图 4.30　差动整流电路

由图可知，不论两个二次绕组的输出瞬时电压极性如何，流经电容 C_1 的电流方向总是从 2 到 4，流经电容 C_2 的电流方向总是从 6 到 8，故整流电路的输出电压为

$$U_o = U_{24} - U_{68} \qquad (4.115)$$

当衔铁在零位时，因为 $U_{24} = U_{68}$，

所以 $U_o=0$；当衔铁在零位以上时，因为 $U_{24}>U_{68}$，则 $U_o>0$；而当衔铁在零位以下时，则有 $U_{24}<U_{68}$，则 $U_o<0$。只能根据 U_o 的符号判断衔铁的位置在零位处、零位以上或以下，但不能判断运动的方向。

（2）相敏检波电路（判断位移的大小和方向）

相敏检波电路如图 4.31 所示。四个性能相同的二极管 VD_1 ~ VD_4 以同一方向串联成一个闭合的环形电桥，四个接点 1~4 分别接到两个变压器 T_A 和 T_B 的两个二次绕组上。输入信号 u_y'（差动变压器式传感器输出的调幅波电压）和检波器的参考信号 u_o（同步信号）分别经变压器 T_A、T_B 加到环形电桥的两个对角。电阻 R 起限流作用。u_o 的幅值要远大于变压器 T_A 的输出信号 $u=u_1+u_2$ 的幅值，以便控制四个二极管的导通状态，且 u_o 和差动变压器电感式传感器的激励电压 u_y 共用同一电源，中间通过适当的移相电路来保证二者同频、同相（或反相），即 u_o 是作为辨别极性的标准，R_f 为连接在两个变压器二次绕组中点之间的负载电阻。

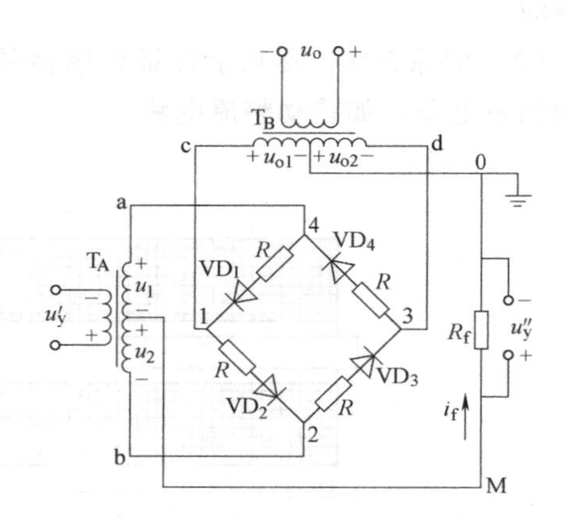

图 4.31　相敏检波电路

相敏检波电路的输出电压的变化规律可反映位移的变化规律，即 u_y'' 的大小反映位移 $x(t)$ 的大小，u_y'' 的极性反映位移 $x(t)$ 的方向（正位移输出正电压、负位移输出负电压）。

4.5　力学量传感器的应用

4.5.1　电阻式传感器测量力、重量和加速度

被测物理量为荷重或力的应变电阻式传感器统称为应变电阻式力传感器。对载荷和力的测量在工业测量中用得较多，其中采用电阻应变片测量的应变电阻式力传感器占有主导地位，传感器的量程一般从几克到几百吨。

应变电阻式力传感器的弹性元件有柱（筒）式、环式、悬臂式等。

1. 柱（筒）式力传感器

如图 4.32 所示，柱式力传感器为实心的，筒式力传感器为空心的。电阻应变片粘贴在弹性体外壁应力分布均匀的中间部分，对称地粘贴多片，弹性元件上电阻应变片的粘贴和桥路的连接应尽可能消除载荷偏心和弯矩的影响，R_1 和 R_3 串接，R_2 和 R_4 串接，并置于桥路相对桥臂上以减小弯矩影响，横向贴片（R_5、R_6、R_7 和 R_8）主要作温度补偿用。

2. 悬臂梁式力传感器

悬臂梁是一端固定另一端自由的弹性敏感元件，其特点是结构简单、加工方便，在较小力的测量中应用普遍。根据梁的截面形状不同可分为变截面梁（等强度梁）和等截面梁。

图 4.33 所示为一种等强度梁式力传感器，图中 R_1 为电阻应变片，将其粘贴在一端固定的悬臂梁上，另一端的三角形顶点上（保证等应变性）如果受到载荷 F 的作用，梁内各断面产生的应力是相等的。等强度梁各点的应变值为

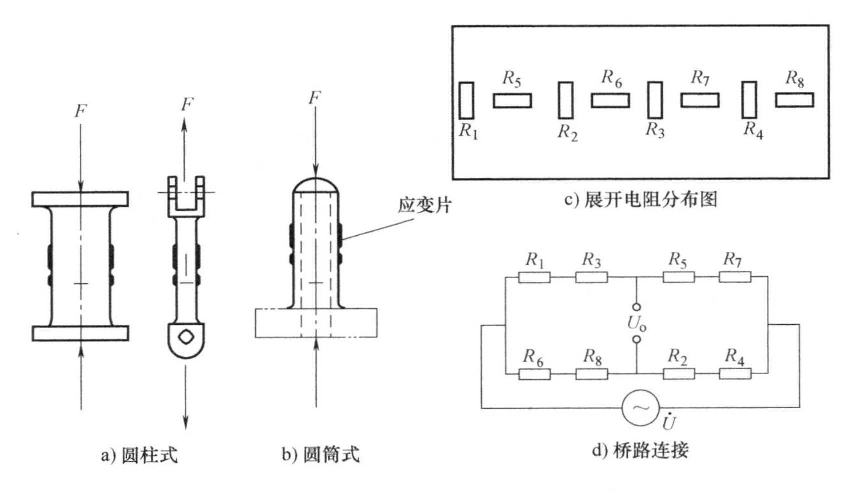

a) 圆柱式 b) 圆筒式

图 4.32 圆柱（筒）式力传感器

$$\varepsilon=\frac{6Fl}{bh^2E} \tag{4.116}$$

式中，l 为梁的长度；b 为梁的固定端宽度；h 为梁的厚度；E 为材料的弹性模量。

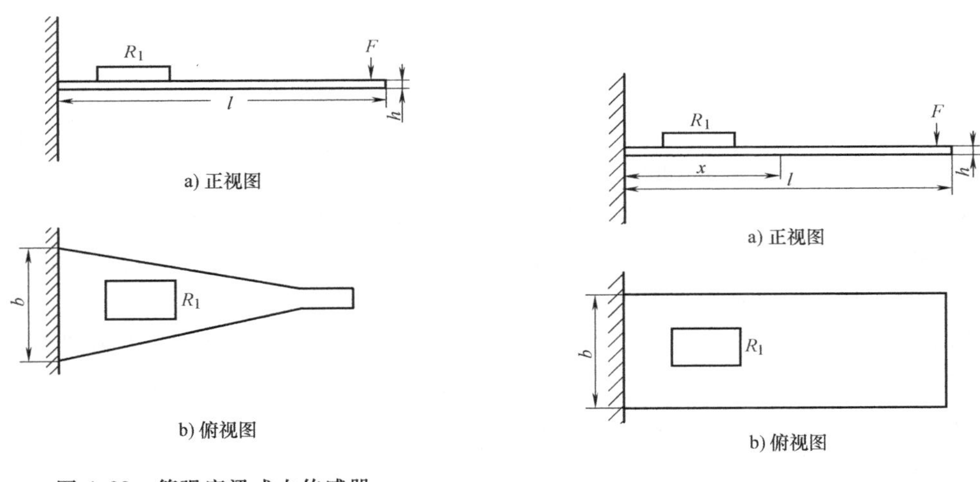

图 4.33 等强度梁式力传感器

图 4.34 等截面梁式力传感器

等截面矩形结构的悬臂梁如图 4.34 所示。等截面梁距梁固定端为 x 处的应变值为

$$\varepsilon_x=\frac{6F(l-x)}{bh^2E}=\frac{6F(l-x)}{AhE} \tag{4.117}$$

式中，x 为距梁固定端的距离；A 为梁的截面积。

3. 电阻式压力传感器

电阻式压力传感器主要用于测量流动介质（如液体、气体）的动态或静态压力。这类传感器大多采用膜片式或筒式弹性元件。

图 4.35 为膜片式压力传感器，电阻应变片贴于膜片内壁，在压力 P 作用下，膜片产生

径向应变和切向应变，它们的大小可分别表示为

$$\varepsilon_{\mathrm{r}}=\frac{3P(1-\mu^2)(R^2-3x^2)}{8h^2E} \tag{4.118}$$

$$\varepsilon_{\mathrm{t}}=\frac{3P(1-\mu^2)(R^2-x^2)}{8h^2E} \tag{4.119}$$

式中，R、h 分别为膜片的半径和厚度；x 为离圆心的径向距离；P 为膜片上均匀分布的压力；μ 为材料的泊松比；E 为材料弹性模量。

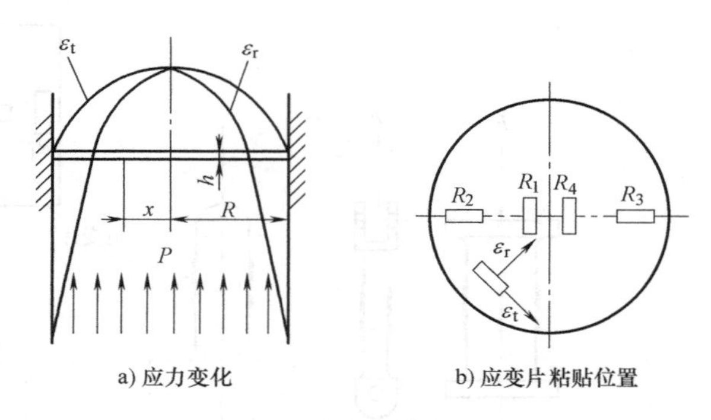

图 4.35　膜片式压力传感器

由式（4.116）、式（4.117）可得出以下结论：

1）$x=0$ 时，即在膜片中心位置的应变为

$$\varepsilon_{\mathrm{r}}=\varepsilon_{\mathrm{t}}=\frac{3P(1-\mu^2)R^2}{8h^2E} \tag{4.120}$$

2）$x=R$ 时，即在膜片边缘处的应变为

$$\varepsilon_{\mathrm{t}}=0,\varepsilon_{\mathrm{r}}=-\frac{3P(1-\mu^2)R^2}{4h^2E} \tag{4.121}$$

可见径向应变的绝对值比在中心处高一倍。

3）$x=R/\sqrt{3}$ 时，有

$$\varepsilon_{\mathrm{r}}=0 \tag{4.122}$$

它们的应变分布如图 4.35a 所示。由图还可知：切向应变始终为非负值，中心处最大；而径向应变有正有负，在中心处和切向应变相等，在边缘处最大，是中心处的两倍。在 $x=R/\sqrt{3}$ 处径向应变为 0，贴片时要避开此处，因为不能感受径向应变，且反映不出径向应变的最大或最小特征，实际意义不大。

根据上述特点，一般在膜片圆心处沿切向贴两片（R_1，R_4）感受 ε_{t}，因为圆心处切向应变最大；在边缘处沿径向贴两片（R_2，R_3）感受 ε_{r}，因为边缘处径向应变最大；然后接成全桥测量电路，以提高灵敏度和实现温度补偿。

4. 电阻式液体重量传感器

图 4.36 是测量容器内液体重量的插入式传感器示意图。该传感器有一根传压杆，上端安装微压传感器，下端安装感压膜，它用于感受液体的压力。当容器中溶液增多时，感压膜感受的压力就增大。将传感器接入电桥的一个桥臂，则输出电压为

$$U_{\mathrm{o}}=Sh\rho g \tag{4.123}$$

式中，S 为传感器的传输系数；ρ 为液体密度；g 为重力加速度；h 为位于感压膜上的液体高度。

$h\rho g$ 表征了感压膜上方的液体的重量。对于等截面的柱形容器，有

$$h\rho g=\frac{Q}{A} \tag{4.124}$$

式中，Q 为容器内感压膜上方液体的重量；A 为柱形容器的截面积。

由式（4.123）、式（4.124）可得到容器内感压膜上方液体的重量与电桥输出电压间的关系为

$$U_o = \frac{SQ}{A} \tag{4.125}$$

式（4.125）表明：电桥输出电压与柱形容器内感压膜上方液体的重量成正比关系。在已知液体密度的条件下，这种方法还可以实现容器内的液位高度测量。

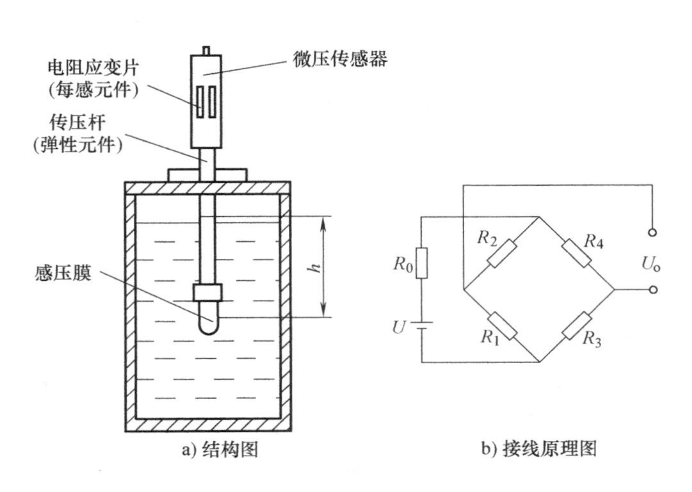

图 4.36　电阻式液体重量传感器

5. 电阻式加速度传感器

应变电阻式加速度传感器的结构如图 4.37 所示。等强度梁的自由端安装质量块，另一端固定在壳体上；等强度梁上粘贴四个电阻应变敏感元件；通常壳体内充满硅油以调节系统阻尼系数。

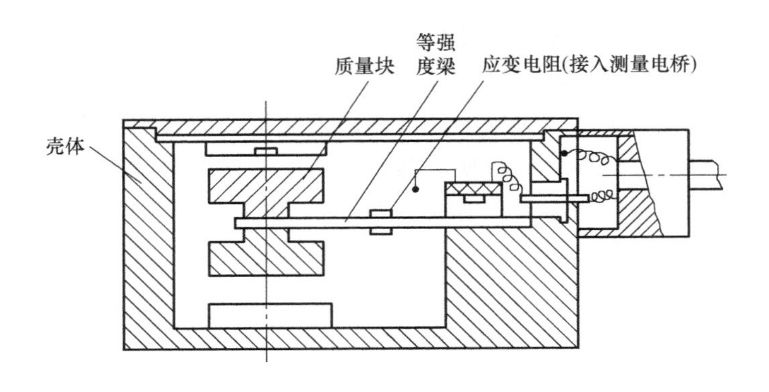

图 4.37　应变电阻式加速度传感器的结构

测量时，将传感器壳体与被测对象刚性连接，当被测物体以加速度 a 运动时，质量块受到一个与加速度方向相反的惯性力作用，使悬臂梁变形，导致其上的应变片感受到并随之产生应变，从而使应变片的电阻值发生变化，引起测量电桥不平衡而输出电压，即可得出加速度的大小。这种测量方法主要用于低频（10～60Hz）的振动和冲击测量。

4.5.2 压电式传感器测量力和加速度

1. 压电式力传感器

根据压电效应，压电式传感器可以直接用于实现力-电转换。

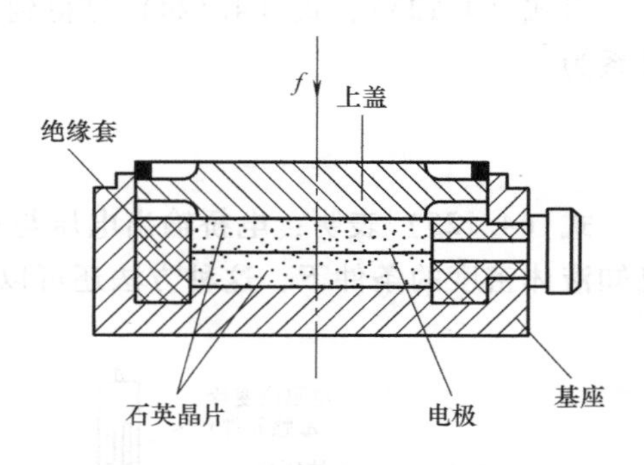

图 4.38 压电式单向测力传感器的结构

压电式单向测力传感器的结构如图 4.38 所示。它主要由石英晶片、绝缘套、电极、上盖和基座等组成。上盖为传力元件，当受外力作用时，它将产生弹性形变，将力传递到石英晶片上，利用石英晶片的压电效应实现力-电转换。绝缘套用于绝缘和定位。该传感器的测力范围为 0～50N，最小分辨力 0.01N；绝缘阻抗为 $2\times10^{14}\Omega$；固有频率为 50～60kHz；非线性误差小于±1%。该传感器可用于机床动态切削力的测量。

2. 压电式加速度传感器

压电式加速度传感器的结构如图 4.39 所示。它主要由压电元件、质量块、预压弹簧、基座和壳体组成。整个部件用螺栓固定。压电元件一般由两片压电片组成，在压电片的两个表面镀上一层银，并在银层上焊接输出引线，或在两个压电片之间夹一片金属，引线就焊接在金属片上，输出端的另一根引线直接与传感器基座相连。在压电片上放置一个密度较大的质量块，然后用一个硬弹簧或螺栓、螺母对质量块预加载荷。整个组件装在一个厚基座的金属壳体中，为了隔离试件的任何应变传递到压电元件上去，避免产生假信号输出，一般要加厚基座或选用刚度较大的材料来制造基座。

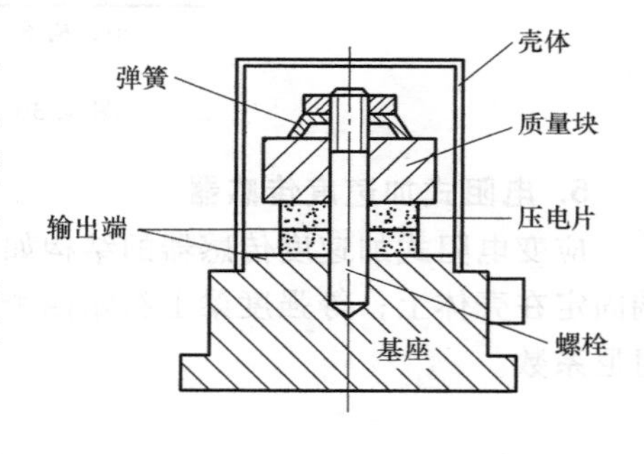

图 4.39 压电式加速度传感器的结构

测量时，将传感器基座与试件刚性固定在一起。当传感器与被测物体一起受到冲击振动时，由于弹簧的刚度相当大，而质量块的质量相对较小，可以认为质量块的惯性很小，因此，质量块与传感器基座感受到相同的振动，并受到与加速度方向相反的惯性力的作用，这样，质量块就有一个正比于加速度的交变力作用于压电片上：$f=ma$。由于压电片的压电效应，在它的两个表面上产生交变电荷 Q，当振动频率远低于传感器的固有频率时，传感器的输出电荷与作用力成正比，即与试件的加速度成正比，用公式表示为

$$Q=d_{11}f=d_{11}ma \tag{4.126}$$

式中，d_{11}为压电系数；m 为质量块的质量；a 为加速度。

输出电量由传感器的输出端引出，输入到前置放大器后就可以用测量仪器测出振动加速度。如果需要测量振动的位移和速度，可考虑在放大器后加入适当的积分电路，或采用软件积分算法。

4.5.3 电容式传感器测量位移、加速度、厚度和液位

电容式传感器不仅用于压力测量，还广泛用于位移、加速度、厚度、液位等参数的

测量。

1. 单电极电容式传感器测量振动位移

图 4.40a 是一种单电极的电容式振动位移传感器。它的平面测端作为电容器的一个极板，通过电极座由引线接入电路，另一个极板由被测物表面构成。金属壳体与测端电极间有绝缘衬垫使彼此绝缘。工作时壳体被夹持在标准台架或其他支承上，壳体接大地可起屏蔽作用。当被测物因振动发生位移时，将导致电容器的两个极板间距发生变化，从而转化为电容器的电容量的改变来实现测量。图 4.40b 是电容式振动位移传感器的一种应用示意图。

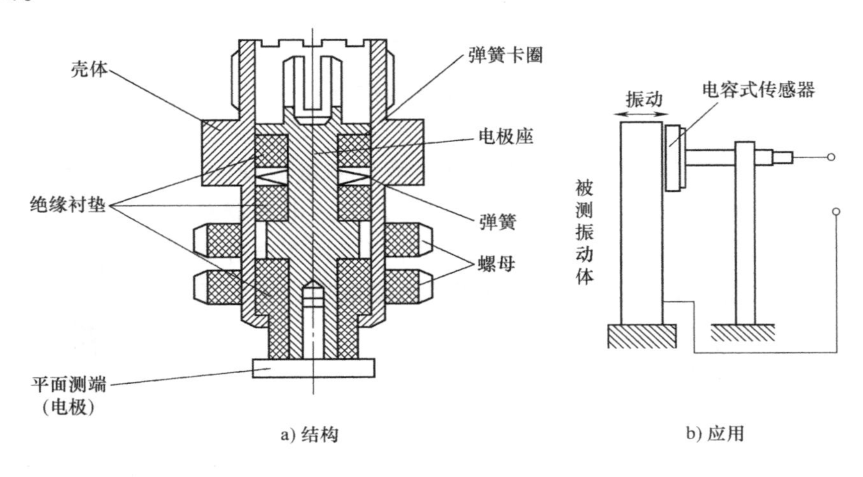

图 4.40 电容式振动位移传感器

2. 差动电容式传感器测量加速度

图 4.41 为差动电容式加速度传感器的结构。它有两个固定极板，中间质量块的两个端面作为动极板。

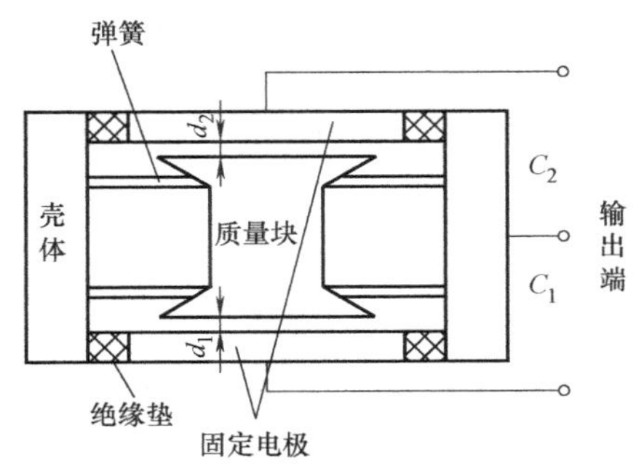

图 4.41 差动电容式加速度传感器的结构

当传感器壳体随被测对象在垂直方向做直线加速运动时，质量块因惯性相对静止，因此将导致固定电极与动极板间的距离发生变化，一个增加，另一个减小。经过推导可得

$$\frac{\Delta C}{C_0}\approx 2\frac{\Delta d}{d_0}=\frac{at^2}{d_0} \tag{4.127}$$

由此可见，此电容增量正比于被测加速度。

电容式加速度传感器的特点是频率响应快、量程范围大。

3. 电容式传感器测量金属带材厚度

电容式厚度传感器用于测量金属带材在轧制过程中的厚度，其原理如图 4.42 所示。在被测带材的上下两边各放一块面积相等、与带材中心等距离的极板，这样，极板与带材就构成两个电容器（带材也作为一个极板）。用导线将两个极板连接起来作为一个极板，带材作为电容器的另一极，此时，相当于两个电容并联，其总电容 $C=C_1+C_2$。

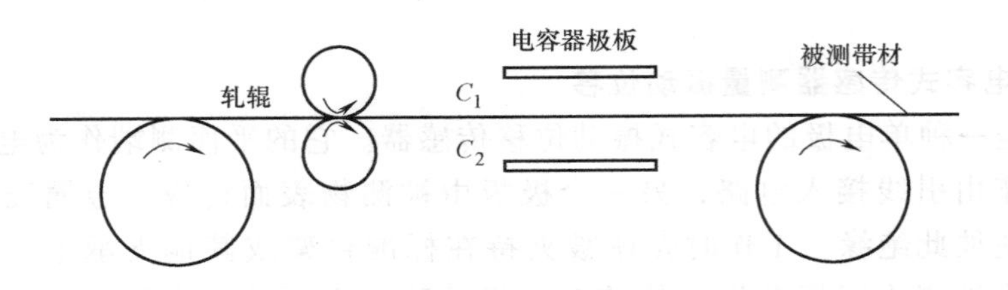

图 4.42　电容式传感器测量厚度原理图

金属带材在轧制过程中不断前行，如果带材厚度有变化，将导致它与上下两个极板间的距离发生变化，从而引起电容量的变化。将总电容量作为交流电桥的一个臂，电容的变化将使得电桥产生不平衡输出，从而实现对带材厚度的检测。

4. 电容式液位计

图 4.43 为圆筒结构变介质型电容式传感器液位测量原理图。设被测液体的相对介电常数为 ε_1，液面高度为 h，筒式电容器总高度为 H，内筒外径为 d，外筒内径为 D，此时相当于两个电容器的并联。对于筒式电容器，如果不考虑端部的边缘效应，它们的电容值分别为（近似认为空气的 $\varepsilon_r=1$）

$$C_1=\frac{2\pi\varepsilon_0(H-h)}{\ln(D/d)},C_2=\frac{2\pi\varepsilon_0\varepsilon_1 h}{\ln(D/d)} \tag{4.128}$$

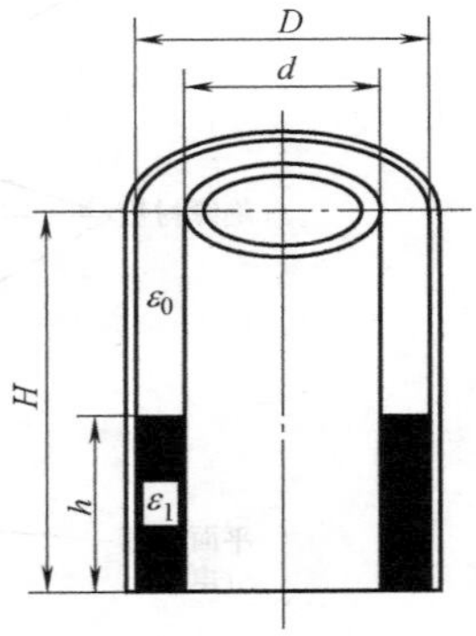

图 4.43　圆筒结构变介质型电容式传感器液位测量原理图

当未注入液体时的初始电容为

$$C_0=\frac{2\pi\varepsilon_0 H}{\ln(D/d)} \tag{4.129}$$

故总的电容值为（相当于两个电容器并联）

$$C=\frac{2\pi\varepsilon_0(H-h)}{\ln(D/d)}+\frac{2\pi\varepsilon_0\varepsilon_1 h}{\ln(D/d)}=\frac{2\pi\varepsilon_0 H}{\ln(D/d)}+\frac{2\pi\varepsilon_0 \mathrm{h}(\varepsilon_1-1)}{\ln(D/d)}=C_0+\frac{2\pi h\varepsilon_0(\varepsilon_1-1)}{\ln(D/d)} \tag{4.130}$$

$$\Delta C=C-C_0=\frac{2\pi h\varepsilon_0(\varepsilon_1-1)}{\ln\dfrac{D}{d}} \tag{4.131}$$

由式（4.131）可见，电容增量 ΔC 与被测液位的高度 h 呈线性关系。

4.5.4　电感式传感器测量压力和加速度

1. 差动变气隙电感式压力传感器

变气隙厚度电感式压力传感器由线圈、铁心、衔铁、膜盒组成，衔铁与膜盒上部粘贴在一起。工作原理：当压力进入膜盒时，膜盒的顶端在压力 P 的作用下产生与压力 P 大小成正比的位移。于是衔铁也发生移动，使气隙厚度发生变化，流过线圈的电流也发生相应的变化，电流表指示值将反映被测压力的大小。

图 4.44 为运用差动变气隙电感式压力传感器构成的变压器式交流电桥测量电路。它主要由 C 形弹簧管、衔铁、铁心、线圈组成。它的工作原理是，当被测压力进入 C 形弹簧管时，使其发生变形，其自由端发生位移，带动与之相连的衔铁运动，使线圈 1 和线圈 2 中的

电感发生大小相等、符号相反的变化（一个电感量增大、另一个减小）。电感的变化通过电桥转换成电压输出，只要检测出输出电压，就可确定被测压力的大小。

2. 差动变压器式微压传感器

差动变压器式电感传感器可直接用于测量位移或与位移相关的机械量，如振动、压力、加速度、应变、密度、张力和厚度等。

图 4.45 为微压传感器，在无压力时，固接在膜盒中心的衔铁位于差动变压器中部，因而输出为零，当被测压力由接头输出到膜盒中时，膜盒的自由端产生一正比于被测压力的位移，并带动衔铁在差动变压器中移动，其产生的输出电压能反映被测压力的大小。这种传感器经分档可测量$-4\times10^4 \sim 6\times10^4 P_a$的压力，精度为 1.5%。

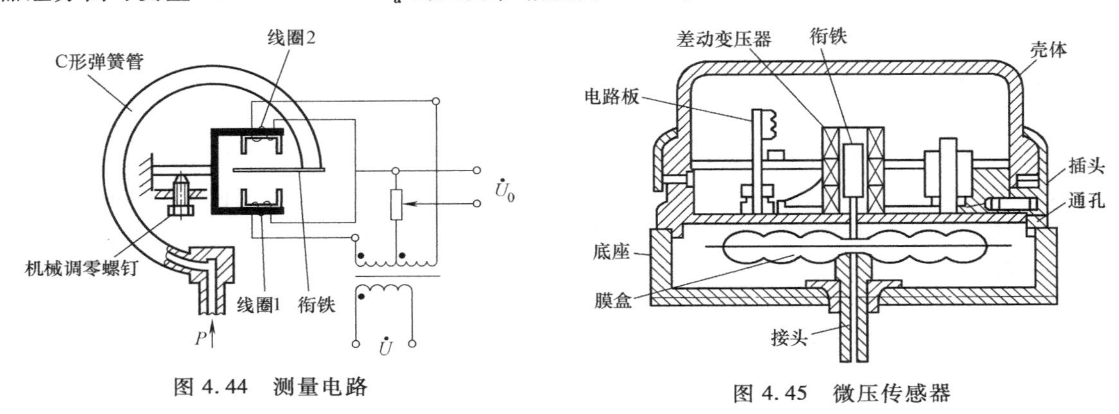

图 4.44　测量电路

图 4.45　微压传感器

3. CPC 型差压计

图 4.46 是 CPC 型差压计电路。CPC 型差压计是一种差动变压器，当所测的 P_1 与 P_2 之间的差压变化时，差压计内的膜片产生位移，从而带动固定在膜片上的差动变压器的衔铁移位，使差动变压器二次输出电压发生变化，输出电压的大小与衔铁的位移成正比，从而也与所测差压成正比。

4. 差动变压器测加速度

图 4.47 为利用差动变压器传感器测量加速度的应用，它由悬臂梁和差动变压器组成。测量时，将悬臂梁底座及差动变压器的线圈骨架固定，将衔铁的 A 端与被测体相连，当被测体带动衔铁以 $\Delta x(t)$ 振动时，导致差动变压器的输出电压按相同的规律变化。

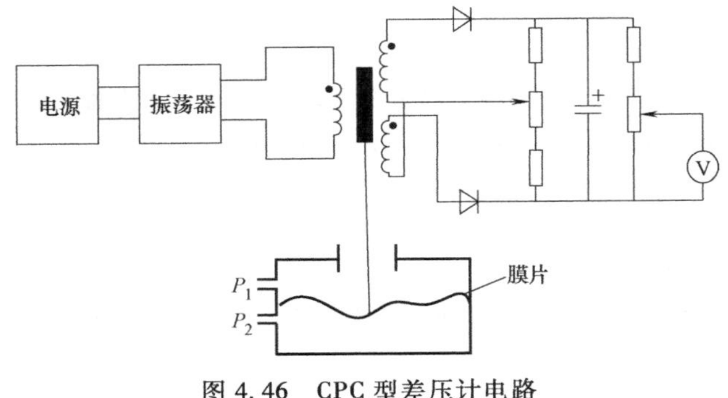

图 4.46　CPC 型差压计电路

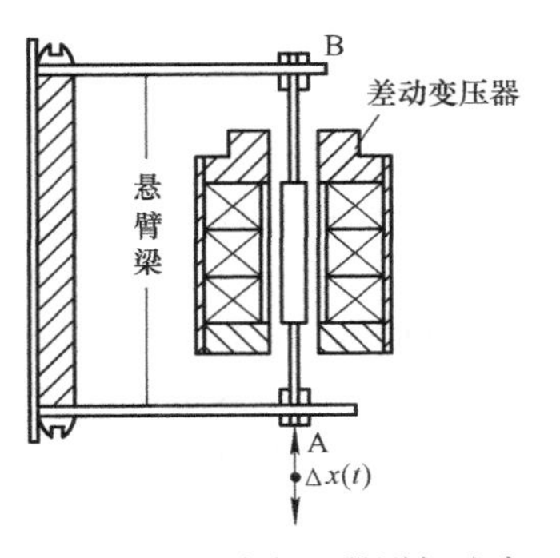

图 4.47　差动变压器测加速度

思考题与习题

4.1 什么叫作应变效应？利用应变效应解释金属电阻应变片的工作原理。

4.2 试简要说明电阻应变式传感器的温度误差产生的原因，并说明有哪几种补偿方法。

4.3 试述应变电桥产生非线性的原因及消减非线性误差的措施。

4.4 金属应变片与半导体应变片在工作原理上有何不同？

4.5 拟在等截面的悬臂梁上粘贴四个完全相同的电阻应变片组成差动全桥电路，则：

(1) 试问四个应变片应怎样粘贴在悬臂梁上？

(2) 画出相应的电桥电路图。

4.6 在半导体应变片电桥电路中，其中一个桥臂为半导体应变片，其余均为固定电阻，该桥路受到 $\varepsilon=4300\mu$ 应变作用。若该电桥测量应变时的非线性误差为 1%，$n=R_2/R_1=1$，则该应变片的灵敏系数为多少？

4.7 一个量程为 10kN 的应变式测力传感器，其弹性元件为薄壁圆筒轴向受力，外径 20mm，内径 18mm，在其表面粘贴 8 个应变片，4 个沿轴向粘贴，4 个沿周向粘贴，应变片的电阻值均为 120Ω，灵敏度为 2.0，泊松比为 0.3，材料弹性模量为 2.1×10^{11}Pa，要求：

(1) 绘出弹性元件贴片位置及全桥电路；

(2) 计算传感器在满量程时，各应变片电阻的变化；

(3) 当桥路的供电电压为 10V 时，计算传感器的输出电压。

4.8 如图 4.4 所示，设负载电阻为无穷大（开路），图中 $E=4\text{V}$，$R_1=R_2=R_3=R_4=100\Omega$。

(1) R_1 为金属应变片，其余为外接电阻，当 R_1 的增量为 $\Delta R_1=1.0\Omega$ 时，试求电桥的输出电压 U_o；

(2) R_1、R_2 都是应变片，且批号相同，感应应变的极性和大小都相同，其余为外接电阻，试求电桥的输出电压 U_o；

(3) R_1、R_2 都是应变片，且批号相同，感应应变的大小为 $\Delta R_1=\Delta R_2=1.0\Omega$，但极性相反，其余为外接电阻，试求电桥的输出电压 U_o。

4.9 什么叫正压电效应？什么是逆压电效应？

4.10 石英晶体 x、y、z 轴的名称及其特点是什么？

4.11 压电元件在使用时常采用多片串接或并接的结构形式。试述在不同接法下输出电压、电荷、电容的关系，它们分别适用于何种应用场合？

4.12 压电式传感器的结构和应用特点是什么？能否用压电式传感器测量静态压力？

4.13 压电式加速度传感器与电荷放大器连接，电荷放大器又与函数记录仪连接。已知：传感器的电荷灵敏度 $k_q=100\text{pC}/g$，反馈电容 $C_f=0.01\mu\text{F}$，被测加速度 $a=0.5g$。求：

(1) 电荷放大器的输出电压是多少？电荷放大器的灵敏度是多少？

(2) 若函数记录仪的灵敏度 $k_g=2\text{mm/mV}$，求测量系统的总灵敏度 K_0。

4.14 石英晶体加速计及电荷放大器测量机械振动，已知加速度计灵敏度为 5pC/g，电荷放大器灵敏度为 50mV/pC，当机器达到最大加速度时的相应输出电压幅值为 2V，试求机械振动加速度（单位 g）。

4.15 根据工作原理，电容式传感器可分为几种类型？各适用于测量哪些参数？

4.16 差动结构的电容式传感器有什么优点？

4.17 简述差动式电容测厚传感器系统的工作原理。

4.18 根据电容式传感器的工作原理说明它的分类，电容传感器能够测量哪些物理参量？

4.19 简述电容式加速度传感器的工作原理（要有必要的公式推导）。

4.20 当差动式极距变化型的电容传感器动极板相对于定极板位移了 $\Delta d=0.75\text{mm}$ 时，若初始电容量

$C_1=C_2=80\text{pF}$，初始距离 $d=4\text{mm}$，试计算其非线性误差。若将差动电容改为单只平板电容，初始值不变，其非线性误差有多大？

4.21 一个用于位移测量的电容式传感器，两个极板是边长为 5cm 的正方形，间距为 1mm，气隙中恰好放置一个边长 5cm、厚度 1mm、相对介电常数为 4 的正方形介质板，该介质板可在气隙中自由滑动。试计算当输入位移（介质板向某一方向移出极板相互覆盖部分的距离）分别为 0.0cm、2.5cm、5.0cm 时，该传感器的输出电容值各为多少？

4.22 说明差动变隙式电感传感器的主要组成和工作原理。

4.23 怎样改善变隙式电感传感器的非线性？怎样提高其灵敏度？

4.24 差动变压器式传感器的零点残余电压产生的原因是什么？如何减小和消除？

4.25 已知变气隙电感传感器的铁心截面积 $S=1.5\text{cm}^2$，磁路长度 $L=20\text{cm}$，相对磁导率 $\mu_i=5000$，气隙 $\delta_0=0.5\text{cm}$，$\Delta\delta=\pm0.1\text{mm}$，真空磁导率 $\mu_0=4\pi\times10^{-7}\text{H/m}$，线圈匝数 $W=3000$，求单端式传感器的灵敏度 $\Delta L/\Delta\delta$，若做成差动结构形式，其灵敏度将如何变化？

第5章

波式传感器

将声波信号转换成电信号的装置称为声波传感器；一般声波指机械振动引起周围弹性介质中质点的振动由近及远地向四面八方传播；能产生振动的物体称为声源；传播声波的良好弹性介质有空气、水、金属、混凝土等，声波不能在真空中传播。

声波传感器既能测试声波的强度，也能显示声波的波形。按照检测波的频率可分为，超声波传感器、声波传感器、微波传感器和次声波传感器；按照传感器的工作原理可分为电容式、表面波式传感器等。本章主要介绍微波传感器、超声波传感器、次声波传感器等各类波式传感器的基本结构、工作原理及其应用。

5.1 声波概述

5.1.1 声波

1. 声波分类

声波根据频率可分为次声波、可闻声波（声音）、超声波和微波声波，如图5.1所示。

次声波：频率低于16Hz的声波；

可闻声波：人耳朵可听到的声波，其阵面波达到人耳时会有相应的声音感觉，其频率范围为16Hz~20kHz；

超声波：频率超过20kHz的声波；

微波声波：频率高于300MHz的声波，具有微米级波长。

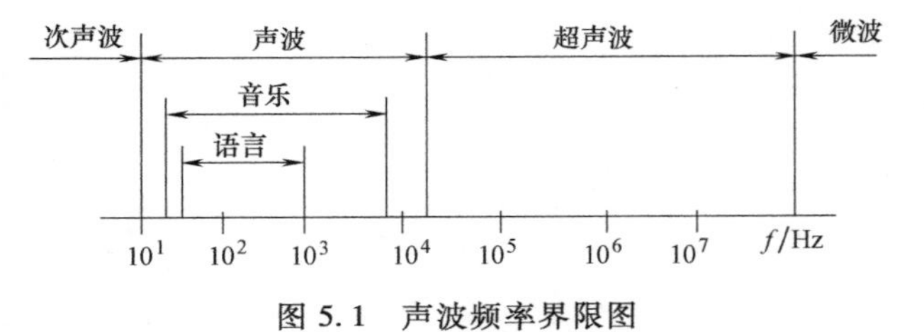

图5.1　声波频率界限图

2. 声波类型

纵波：质点的振动方向与波的传播方向一致，能在固体、液体和气体中传播。

横波：质点振动方向垂直于传播方向，只能在固体中传播。

表面波：质点振动介于纵波和横波之间，沿着表面传播，振幅随深度增加而迅速衰减；表面波质点振动的轨迹是椭圆形（其长轴垂直于传播方向，短轴平行于传播方向）。

5.1.2 声波的物理特性

1. 声压和声阻抗率

声压：指体积元受声波扰动后压强由P_0到P的变化，即声扰动产生的逾量压强，简称逾压，$p=P-P_0$，单位为 Pa。

声阻抗率：指声场中某位置的声压 p 与该位置质点速度 v 的比值，即

$$z_s=\frac{p}{v} \tag{5.1}$$

2. 声功率和声强

声能密度：指单位体积内的声能量。

平均声能密度：指一个周期 T 内的平均声能密度值，即

$$\bar{\varepsilon}=\frac{1}{T}\int_0^T\varepsilon\mathrm{d}t=\frac{p_A^2}{2\rho_0c_0^2}=\frac{p_e^2}{\rho_0c_0^2} \tag{5.2}$$

式中，p_e 有效声压 $p_e=\frac{p_A}{\sqrt{2}}$，p_A 为声压的幅值；ρ_0、c_0 分别为空气的密度和声波在空气中的波速。

平均声功率：指单位时间通过垂直于声传播方向面积 S 的平均声能量，或称为平均声能量流，即 $\overline{W}=\bar{\varepsilon}c_0S$，单位为 W（1W＝1N · m/s）。

声强：指单位时间通过垂直于声传播方向的单位面积的平均声能量，或称为平均声能量流密度，即

$$I=\frac{1}{T}\int_0^T\mathrm{Re}(p)\mathrm{Re}(v)\mathrm{d}t=\frac{p_A^2}{2\rho_0c_0}=\frac{1}{2}\rho_0c_0v_A^2=\rho_0c_0v_e^2=p_ev_e \tag{5.3}$$

式中，Re 代表取实部；v_e 为有效质点速度 $v_e=\frac{v_A}{\sqrt{2}}$，v_A 为质点速度的幅值；声强的单位是 $\mathrm{W/m^2}$。

声压级（SPL）：待测有效声压与参考声压比值的常用对数的 20 倍，即

$$SPL=20\lg\frac{p_e}{p_{ref}}(\mathrm{dB}) \tag{5.4}$$

声强级（SIL）：待测声强与参考声强比值的常用对数的 10 倍，即

$$SIL=10\lg\frac{I_e}{I_{ref}} \tag{5.5}$$

声压级与声强级的关系式为

$$SIL=SPL+10\lg\frac{400}{\rho_0c_0} \tag{5.6}$$

3. 声波的反射、折射和透射

当入射角为 θ_i，反射角为 θ_r，折射角为 θ_t 时，其关系满足声波反射与折射定律，用公式表示为

$$\theta_i=\theta_r,\frac{\sin\theta_i}{\sin\theta_t}=\frac{c_1}{c_2} \tag{5.7}$$

分界面上反射波声压与入射波声压之比 γ_P，透射波声压与入射波声压之比 t_P 分别为

$$\gamma_{\mathrm{P}}=\frac{p_{\mathrm{rA}}}{p_{\mathrm{iA}}}=\frac{z_2-z_1}{z_2+z_1},t_{\mathrm{P}}=\frac{p_{\mathrm{tA}}}{p_{\mathrm{iA}}}=\frac{2z_1}{z_2+z_1} \tag{5.8}$$

式中 z_1、z_2 分别为入射波和折射波法向声阻抗，$z_1=\frac{p_{\mathrm{i}}}{v_{\mathrm{ix}}}=\frac{\rho_1 c_1}{\cos\theta_{\mathrm{i}}}$，$z_2=\frac{p_{\mathrm{t}}}{v_{\mathrm{tx}}}=\frac{\rho_2 c_2}{\cos\theta_{\mathrm{t}}}$，$\rho_1$ 为介质 1 的密度，c_1 为入射波在介质 1 中传播的速度；ρ_2 为介质 2 的密度，c_2 为折射波在介质 2 中传播的速度。

4. 声波的衰减和吸收

声波在介质中传播时，随着传播距离 x 的增加，能量逐渐衰减，其声压和声强的衰减规律可表示为

$$p_x=p_0\mathrm{e}^{-\alpha x},I_x=I_0\mathrm{e}^{-2\alpha x} \tag{5.9}$$

式中，p_x、I_x 为平面波在 x 处的声压和声强；p_0、I_0 为平面波在 $x=0$ 处的声压和声强；α 为声波衰减系数。

5. 声波的干涉

当两个声波同时作用于同一媒质时，遵循声波的叠加原理：两列声波合成声场的声压等于每列声波声压之和，$p=p_1+p_2$。

当两列相同频率、固定位相差的声波叠加时会发生干涉，且合成声压是相同频率的声振动信号，但合成振幅与两列声波的振幅和位相差都有关。

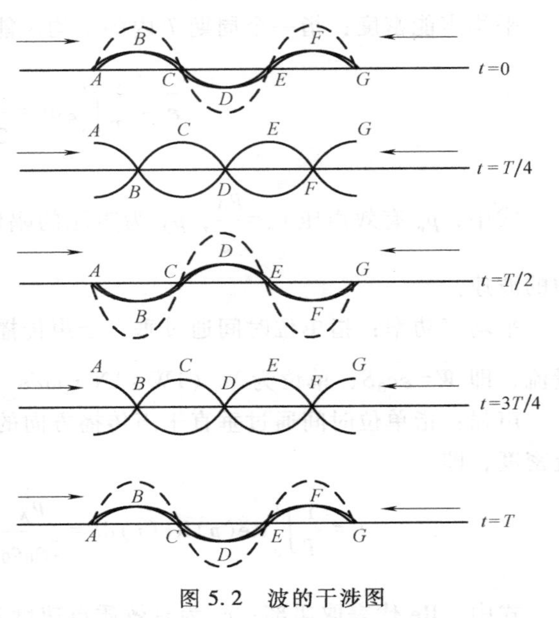

图 5.2　波的干涉图

若两列声波的频率不同，即使有固定的位相差也不可能发生干涉。波的干涉图如图 5.2 所示。

5.2　微波传感器

微波是介于红外线与无线电波之间的一种电磁波，通常按照波长特征将其细分为分米波、厘米波和毫米波三个波段。

微波具有以下特点：

1）需要定向辐射装置。

2）遇到障碍物容易反射。

3）绕射能力差。

3）传输特性好，传输过程中受烟雾、灰尘等的影响较小。

4）介质对微波的吸收大小与介质介电常数成正比，如水对微波的吸收作用最强。

微波作为一种电磁波，它具有电磁波的所有性质，利用微波与物质相互作用所表现出来的特性，人们制成了微波传感器，即微波传感器就是利用微波特性来检测某些物理量的器件或装置。

5.2.1　微波传感器的工作原理

1. 微波传感器的原理

微波传感器的基本测量原理：发射天线发出微波信号，该微波信号在传播过程中遇到被测物体时将被吸收或反射，导致微波功率发生变化，通过接收天线将接收到的微波信号转换成低频电信号，再经过后续的信号调理电路等环节，即可显示出被测量。

2. 微波传感器的分类

根据微波传感器的工作原理，可将其分为反射式和遮断式两种。

1）反射式微波传感器：通过检测被测物反射回来的微波功率或经过的时间间隔来测量被测量。通常它可以测量物体的位移、厚度、液位等参数。

2）遮断式微波传感器：通过检测接收天线收到的微波功率大小来判断发射天线与接收天线之间有无被测物体或被测物体的位置、含水量等参数。

5.2.2　微波传感器的组成

微波传感器的组成主要包括三个部分：微波发生器（或称微波振荡器）、微波天线及微波检测器。

1. 微波发生器

微波发生器是产生微波的装置。由于微波波长很短，即频率很高（300 MHz～300 GHz），要求振荡回路中具有非常微小的电感与电容，因此不能用普通的电子管与晶体管构成微波振荡器。构成微波振荡器的器件有调速管、磁控管或某些固态器件，小型微波振荡器也可采用体效应管。

2. 微波天线

由微波振荡器产生的振荡信号通过天线发射出去。为了使发射的微波具有尖锐的方向性，天线要具有特殊的结构。常用的微波天线有喇叭形、抛物面形、介质天线与隙缝天线等，如图 5.3 所示。喇叭形天线结构简单，制造方便，可以看作是波导管的延续。喇叭形天线在波导管与空间之间起匹配作用，可以获得最大能量输出。抛物面天线使微波发射方向性得到改善。

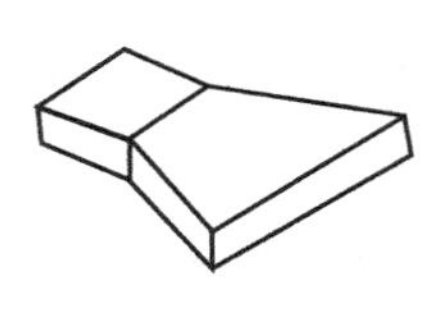

a) 扇形喇叭天线

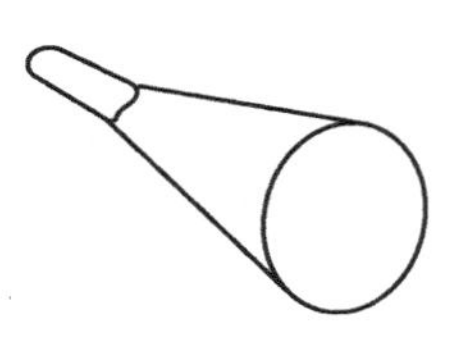

b) 圆锥形喇叭天线

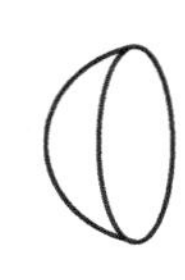

c) 旋转抛物面天线

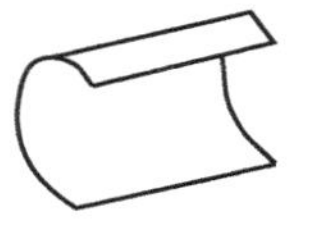

d) 抛物柱面天线

图 5.3　常用的微波天线

3. 微波检测器

电磁波作为空间的微小电场变动而传播，所以使用电流—电压特性呈现非线性的电子元件作为探测它的敏感探头。与其他传感器相比，敏感探头在其工作频率范围内必须有足够快的响应速度。作为非线性的电子元件可用种类较多（半导体 PN 结元件、隧道结元件等），根据使用情形选用。

5.2.3 微波传感器的特点

1. 微波传感器的优点

1）微波传感器是一种非接触式传感器，如进行活体检测时，大部分不需要取样。

2）波长在1m~1mm，对应频率范围为300MHz~300GHz，有极宽的频谱。

3）可在恶劣环境下工作，如高温、高压、有毒、有放射线等，它基本不受烟雾、灰尘、温度等影响。

4）频率高，时间常数小，反应速度快，可用于动态检测与实时处理。

5）测量信号本身是电信号，无须进行非电量转换，简化了处理环节。

6）输出信号可以方便地调制，在载波信号上进行发射和接收，传输距离远，可实现遥测、遥控。

2. 微波传感器的缺点

1）存在零点漂移，给标定带来困难。

2）测量环境对测量结果影响较大，如取样位置、气压等。

5.3 超声波传感器

超声波传感器是一种以超声波作为检测手段的新型传感器。利用超声波的各种特性，可做成各种超声波传感器，再配上不同的测量电路，制成各种超声波仪器及装置，广泛地应用于冶金、船舶、机械、医疗等各个工业部门的超声探测、超声清洗、超声焊接，医院的超声医疗和汽车的倒车雷达等方面。

5.3.1 超声波及其特性

1. 超声波及其特点

频率高于2×10^4Hz的机械波，称为超声波。

超声波的频率高、波长短、绕射小。它最显著的特性是方向性好，且在液体、固体中衰减很小，穿透力强，碰到介质分界面会产生明显的反射和折射，被广泛应用于工业检测中。

2. 超声波的传播速度

纵波、横波及表面波的传播速度，取决于介质的弹性常数及介质密度。气体和液体中只能传播纵波，气体中声速为344m/s，液体中声速为900~1900m/s。固体中声速一般大于3000m/s。在固体中，纵波、横波和表面波三者的声速成一定关系。通常可认为横波声速为纵波声速的一半，表面波声速约为横波声速的90%。值得指出的是，介质中的声速受温度影响变化较大，在实际使用中注意采取温度补偿措施。

5.3.2 超声波传感器的分类

要以超声波作为检测手段，必须能产生超声波和接收超声波。完成这种功能的装置就是超声波传感器，习惯上称为超声波换能器，或超声波探头。

超声波传感器按其工作原理，可分为压电式、磁致伸缩式、电磁式等，以压电式最为常用。下面以压电式和磁致伸缩式超声波传感器为例介绍其工作原理。

1. 压电式超声波传感器

压电式超声波传感器是利用压电材料的压电效应原理来工作的。常用的压电材料主要有压电晶体和压电陶瓷。根据正、逆压电效应的不同，压电式超声波传感器分为发生器（发射探头）和接收器（接收探头）两种。

压电式超声波发生器是利用逆压电效应的原理将高频电振动转换成高频机械振动，从而产生超声波。当外加交变电压的频率等于压电材料的固有频率时会产生共振，此时产生的超声波最强。压电式超声波传感器可以产生几十千赫到几十兆赫的高频超声波，其声强可达几十瓦/cm^2。

压电式超声波接收器是利用正压电效应原理进行工作的。当超声波作用到压电晶片上时引起晶片伸缩，在晶片的两个表面上便产生极性相反的电荷，这些电荷被转换成电压经放大后送到测量电路，最后记录或显示出来。压电式超声波接收器的结构和超声波发生器基本相同，有时就用同一个传感器兼作发生器和接收器两种用途。

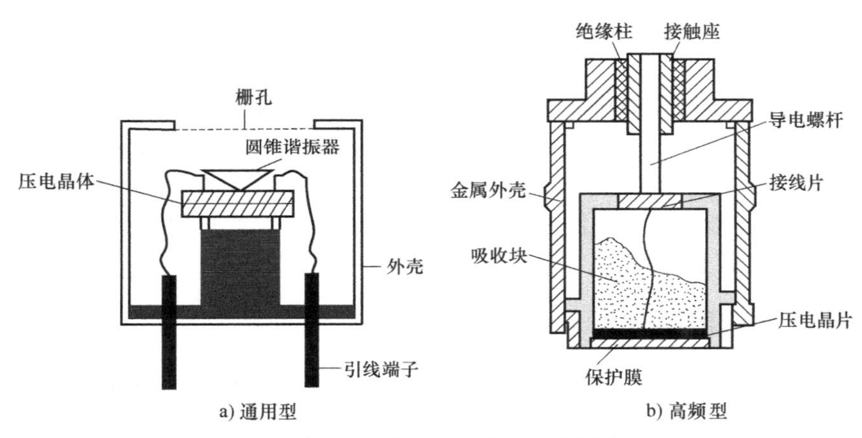

图 5.4　压电式超声波传感器的结构

通用型和高频型压电式超声波传感器结构分别如图 5.4a、b 所示。通用型压电式超声波传感器的中心频率一般为几十千赫，主要由压电晶体、圆锥谐振器、栅孔等组成；高频型压电式超声波传感器的频率一般在 100kHz 以上，主要由压电晶片、吸收块（阻尼块）、保护膜等组成。压电晶片多为圆板形，设其厚度为 δ，超声波频率 f 与其厚度 δ 成反比。压电晶片的两面镀有银层，作为导电的极板，底面接地，上面接至引出线。为了避免传感器与被测件直接接触而磨损压电晶片，在压电晶片下粘合一层保护膜（0.3mm 厚的塑料膜、不锈钢片或陶瓷片）。阻尼块的作用是降低压电晶片的机械品质，吸收超声波的能量。如果没有阻尼块，当激励的电脉冲信号停止时，晶片将会继续振荡，加长超声波的脉冲宽度，使分辨率变差。

2. 磁致伸缩式超声波传感器

铁磁材料在交变的磁场中沿着磁场方向产生伸缩的现象，称为磁致伸缩效应。磁致伸缩效应的强弱即材料伸长缩短的程度，因铁磁材料的不同而各异。镍的磁致伸缩效应最大，如果先加一定的直流磁场，再通以交变电流时，它可以工作在特性最好的区域。磁致伸缩传感器的材料除镍外，还有铁钴钒合金和含锌、镍的铁氧体。它们的工作频率范围较窄，仅在几万赫兹以内，但功率可达十万瓦，声强可达几千瓦/mm^2，且能耐较高的温度。

磁致伸缩式超声波发生器是把铁磁材料置于交变磁场中，使它产生机械尺寸的交替变化即机械振动，从而产生出超声波。它是用几个厚为 0.1~0.4mm 的镍片叠加而成的，片间绝缘以减少涡流损失，其结构形状有矩形、窗形等。

磁致伸缩式超声波接收器的原理：当超声波作用在磁致伸缩材料上时，引起材料伸缩，从而导致它的内部磁场（导磁特性）发生改变。根据电磁感应，磁致伸缩材料上所绕的线圈里便获得感应电动势。此电动势被送入测量电路，最后记录或显示出来。磁致伸缩式超声波接收器的结构与超声波发生器基本相同。

5.4 次声波传感器

5.4.1 次声波及其特性

次声波又称亚声波，是一种人耳听不到的声波，频率很低，在 10^{-4}~16Hz 之间。次声波传播时有其特殊性：

1）传播快。空气中的传播速度为 300m/s 以上，水中传播速度可达 1500m/s 左右。

2）传播距离远。衰减很小，大气中传播几千米衰减不到万分之几分贝，可在空气、地面等介质中传播很远。

3）穿透力强。一般的可闻声波一堵墙即可挡住；次声波波长较长，易发生衍射，能穿透几十米厚的钢筋混凝土。

5.4.2 次声波传感器的分类

次声波传感器指能够接收次声波的传声器，能把其机械位移转化为电信号。常见的次声波传感器有电容式、动圈式和光纤三种类型，下文仅讲述前两种。

1. 电容式次声波传感器

次声波声压太小，仅几十至几百帕的数量级，引起膜片变形太小，必须把这种机械的位移转化为电信号。电容能将空气中的被测次声频率波动量转化成为电容量，利用检测电路将电容变化量转化成电压信号。

CSH-1 型电容式次声波传感器主要由传声器和换能电路两部分组成的。整个接收器电路是由振荡器、调制器、传声器、解调器、直流放大器、低通滤波器等部分组成的，如图 5.5 所示。

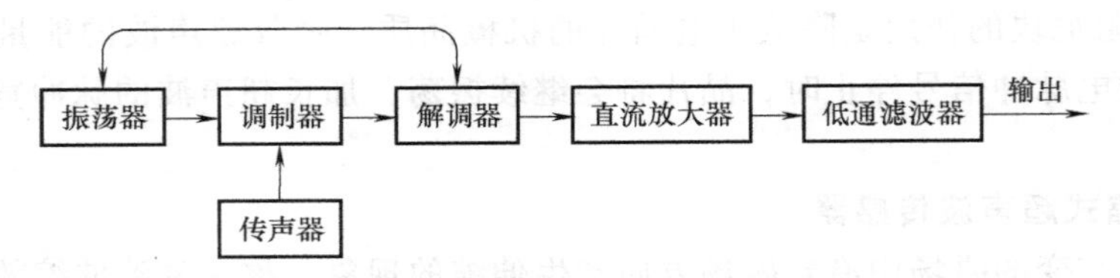

图 5.5 接收器电路组成框图

CSH-1 型电容式次声波传声器把作用于膜片的声压转换成为由膜片和极板所构成电容器的电容量变化。图 5.6 为 CSH-1 型电容式次声波传声器的结构示意图和等效电路。

图 5.7 为电容式次声波传声器测量电路，采用调幅原理测量电容量的变化。电容电桥调

幅电路的输出端电压为

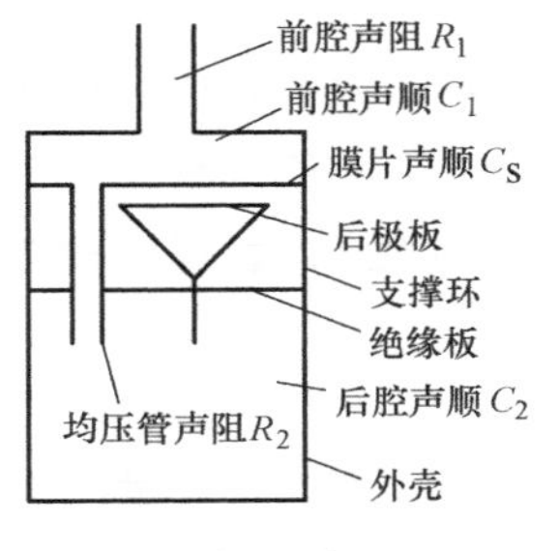

a) 结构示意图

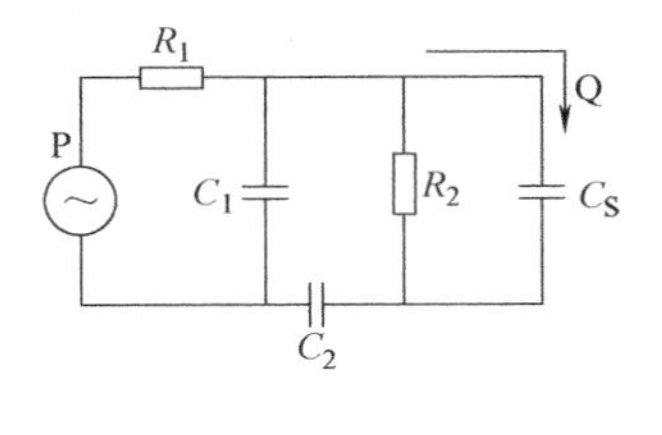

b) 等效电路

图 5.6　CSH-1 型电容式次声波传声器

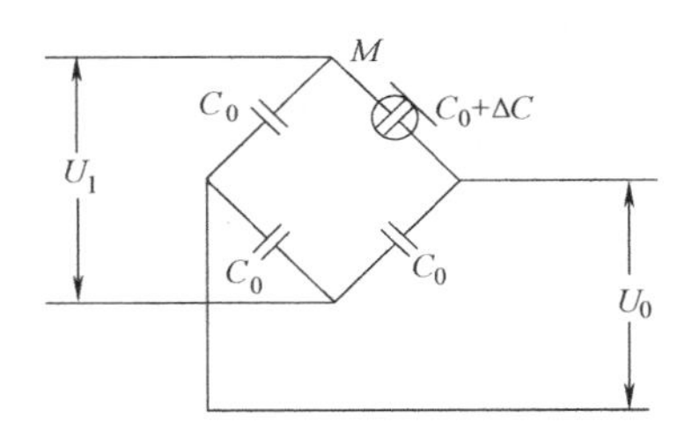

图 5.7　电容电桥测量电路

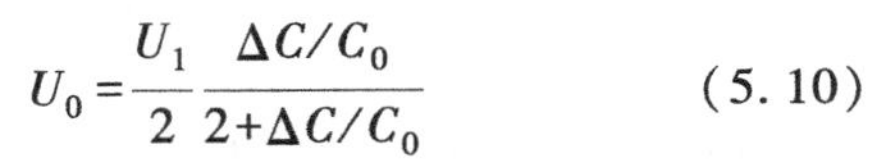

$$U_0=\frac{U_1}{2}\frac{\Delta C/C_0}{2+\Delta C/C_0}\qquad(5.10)$$

式中，U_1 为高频信号源电压；C_0 为电容式次声波传声器的静态电容量；ΔC 为由声压信号作用引起 C_0 的变化量。

2. 动圈式次声波传感器

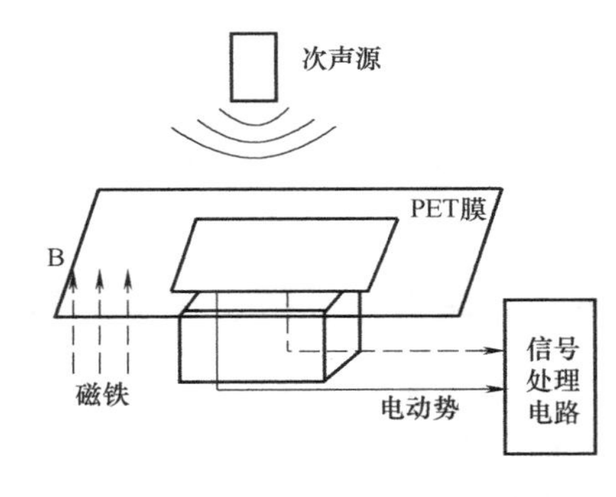

图 5.8　动圈式次声波传感器工作原理图

图 5.8 为动圈式次声波传感器工作原理图。次声波的频率高，PET 膜的振动频率就高，膜所带线圈产生感应电动势和感应电流变化的频率也就越高；次声强度越大，振膜的振动幅度就越大，感应电动势和感应电流的幅度也越大。线圈中的感应电信号经过电路处理后，用示波器即可直接测量输出电压。

5.5　声波传感器的应用

5.5.1　微波液位和湿度检测

1. 微波液位计

如图 5.9 所示，微波发射天线和接收天线相距 s，相互成一定角度，波长为 λ 的微波从被测液面反射后进入接收天线。接收天线接收到的微波功率的大小随着被测液面的高低不同而不同。接收天线接收的功率 P_r 可表示为

$$P_r=\left(\frac{\lambda}{4\pi}\right)^2\frac{P_tG_tG_r}{s^2+4d^2}\qquad(5.11)$$

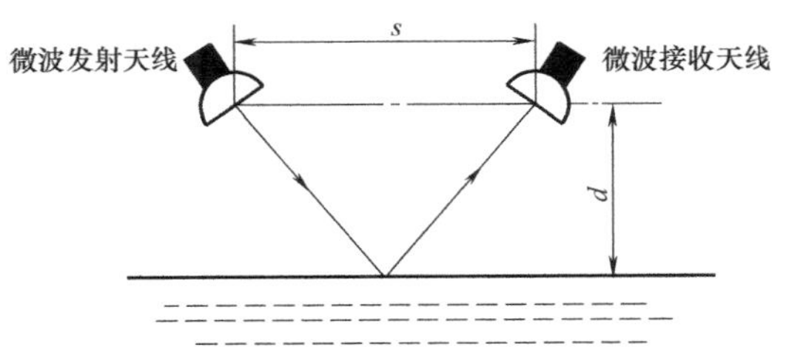

图 5.9　微波液位计原理图

式中，d 为两天线与被测液面间的垂直距离；s 为两天线间的水平距离；P_t，G_t 为发射天线发射的功率和增益；G_r 为接收天线的增益。

当发射功率、波长、增益均恒定，且

两天线间的水平距离确定时，只要测得接收功率 P_r 就可以获得被测液面的高度 d。

2. 微波湿度传感器

水分子是极性分子，在常态下形成偶极子杂乱无章地分布着。当有外电场作用时，偶极子将形成定向排列。在微波场作用下，偶极子不断地从电场中获得能量（这是一个储能的过程），表现为微波信号的相移；又不断地释放能量（这是一个放能的过程），表现为微波的衰减。这个特性用水分子的介电常数可表示为

$$\varepsilon=\varepsilon'+\alpha\varepsilon'' \tag{5.12}$$

式中，ε 为水分子的介电常数；ε'、ε''为介电常数的储能分量（相移）和放能分量（衰减）；α 为常数。

ε'、ε''与材料和测试信号频率均有关，且所有极性分子均有此性质。一般干燥的物体，其 ε'在 1~5 范围内，而水的 ε'高达 64，因此，如果被测材料中含有水分时，其复合（指材料与水分的总体效应）的 ε'将显著上升，ε''也有类似的性质。

微波湿度传感器就是基于上述特性来实现湿度测量的，即同时测量干燥物体和含有一定水分的潮湿物体，前者作为标准量，后者将引起微波信号的相移和衰减，从而换算出物体的含水量。

5.5.2 超声波物位、流量测量和无损探伤

1. 超声波测物位

将存于各种容器内的液体表面高度及所在的位置称为液位；固体颗粒、粉料、块料的高度或表面所在位置称为料位；两者统称为物位。

超声波测量物位是根据超声波在两种介质的分界面上的反射特性而工作的。图 5.10 为几种超声波检测物位的工作原理图。

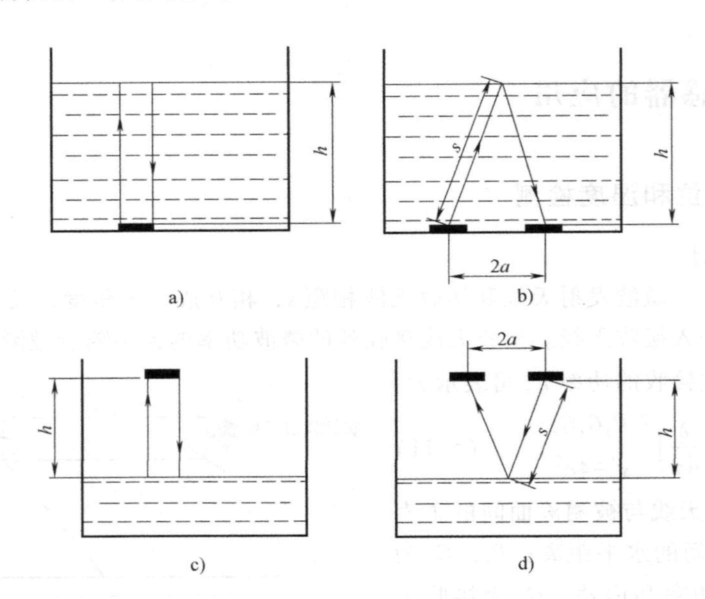

图 5.10 超声波检测物位的工作原理图

根据发射和接收换能器的功能，超声波物位传感器可分为单换能器和双换能器两种。单换能器在发射和接收超声波时均使用一个换能器，如图 5.10a、c 所示，而双换能器对超声波的发射和接收各由一个换能器担任，如图 5.10b、d 所示。

超声波传感器可放置于水中，如图 5.10a、b 所示，让超声波在液体中传播。由于超声波在液体中衰减比较小，所以即使产生的超声波脉冲幅度较小也可以传播。

超声波传感器也可以安装在液面的上方，如图 5.10c、d 所示，让超声波在空气中传播。这种方式便于安装和维修，但超声波在空气中的衰减比较厉害。

对于单换能器来说，超声波从发射到液面，又从液面反射回换能器的时间间隔为

$$\Delta t=\frac{2h}{v} \tag{5.13}$$

则有

$$h=\frac{v\Delta t}{2} \tag{5.14}$$

式中，h 为换能器距液面的距离；v 为超声波在介质中的传播速度。

对于双换能器来说，超声波从发射到被接收经过的路程为 $2s$，而

$$s=\frac{v\Delta t}{2} \tag{5.15}$$

因此，液位高度为

$$h=\sqrt{s^2-a^2} \tag{5.16}$$

式中，s 为超声波反射点到换能器的距离；a 为两换能器间距之半。

从以上公式中可以看出，只要测得从发射到接收超声波脉冲的时间间隔 Δt，便可以求得待测的物位。

2. 超声波测量流量

超声波测量流体流量是利用超声波在流体中传输时，在静止流体和流动流体中的传播速度不同的特点，从而求得流体的流速和流量。

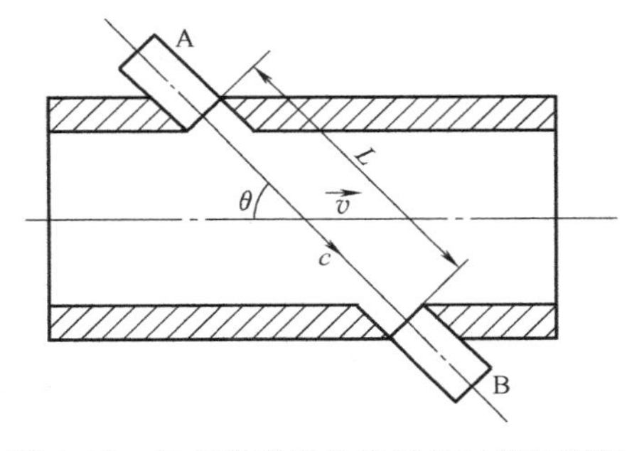

图 5.11　超声波测流体流量的工作原理图

图 5.11 为超声波测流体流量的工作原理图。图中 v 为被测流体的平均流速，c 为超声波在静止流体中的传播速度，θ 为超声波传播方向与流体流动方向的夹角（θ 必须不等于 90°），A、B 为两个超声波换能器，L 为两者之间的距离。以下以时差法为例介绍超声流量计的工作原理（设管道内直径为 D）。

当 A 为发射换能器、B 为接收换能器时，超声波为顺流方向传播，传播速度为 $c+v\cos\theta$，所以顺流传播时间 t_1 为

$$t_1=\frac{L}{c+v\cos\theta} \tag{5.17}$$

当 B 为发射换能器、A 为接收换能器时，超声波为逆流方向传播，传播速度为 $c-v\cos\theta$，所以逆流传播时间 t_2 为

$$t_2=\frac{L}{c-v\cos\theta} \tag{5.18}$$

因此超声波顺、逆流传播时间差为

$$\Delta t=t_2-t_1=\frac{L}{c-v\cos\theta}-\frac{L}{c+v\cos\theta}=\frac{2Lv\cos\theta}{c^2-v^2\cos^2\theta} \tag{5.19}$$

一般来说，超声波在流体中的传播速度远大于流体的流速，即 $c>>v$，所以式（5.19）可近似为

$$\Delta t\approx\frac{2Lv\cos\theta}{c^2} \tag{5.20}$$

因此被测流体的平均流速为

$$v\approx\frac{c^2}{2L\cos\theta}\Delta t \tag{5.21}$$

测得流体流速 v 后，再根据管道流体的截面积，即可求得被测流体的流量为

$$Q=Sv=\frac{\pi D^2}{4}\frac{c^2}{2L\cos\theta}\Delta t=\frac{\pi D^2c^2}{8L\cos\theta}\Delta t \tag{5.22}$$

3. 超声波无损探伤

超声波探伤的方法很多，按其原理可分为穿透法和反射法两大类。

（1）穿透法探伤　穿透法探伤是根据超声波穿透工件后能量的变化情况来判断工件内部质量。

该方法采用两个超声波换能器，分别置于被测工件相对的两个表面，其中一个发射超声波，另一个接收超声波。发射超声波可以是连续波，也可以是脉冲信号。

当被测工件内无缺陷时，接收到的超声波能量大，显示仪表指示值大；当工件内有缺陷时，因部分能量被反射，因此接收到的超声波能量小，显示仪表指示值小。根据这个变化，即可检测出工件内部有无缺陷，如图 5.12 所示。

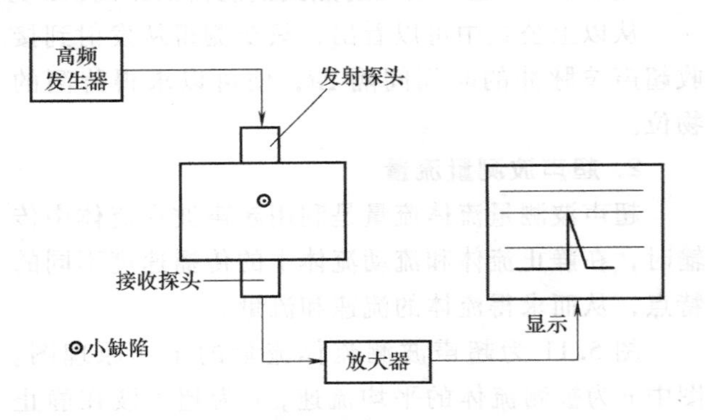

图 5.12　穿透法探伤工作原理图

该方法的优点是指示简单，适用于自动探伤；可避免盲区，适宜探测薄板；但其缺点是探测灵敏度较低，不能发现微小缺陷；根据能量的变化可判断有无缺陷，但不能定位；对两探头的相对位置要求较高。

（2）反射法探伤　反射法探伤是根据超声波在工件中反射情况的不同来探测工件内部是否有缺陷。它可分为一次脉冲反射法和多次脉冲反射法两种。

1）一次脉冲反射法。如图 5.13 所示，测试时，将超声波探头放于被测工件上，并在工件上来回移动进行检测。由高频脉冲发生器发出脉冲（发射脉冲 T）加在超声波探头上，激励其产生超声波。探头发出的超声波以一定速度向工件内部传播。其中，一部分超声波遇到缺陷时反射回来，产生缺陷脉冲 F，另一部分超声波继续传至工件底面后也反射回来，产生底脉冲 B。缺陷脉冲 F 和底脉冲 B 被探头接收后变为电脉冲，并与发射脉冲 T 一起经放大后，最终在显示器荧光屏上显示出来。通过荧光屏即可探知工件内是否存在缺陷、缺陷大小

及位置。若工件内没有缺陷，则荧光屏上只出现发射脉冲T和底脉冲B，而没有缺陷脉冲F；若工件中有缺陷，则荧光屏上除出现发射脉冲T和底脉冲B之外，还会出现缺陷脉冲F。荧光屏上的水平亮线为扫描线（时间基准），其长度与时间成正比。由发射脉冲、缺陷脉冲及底脉冲在扫描线上的位置，可求出缺陷位置。由缺陷脉冲的幅度，可判断缺陷大小。当缺陷面积大于超声波声束截面面积时，超声波全部由缺陷处反射回来，荧光屏上只出现发射脉冲T和缺陷脉冲F，而没有底脉冲B。

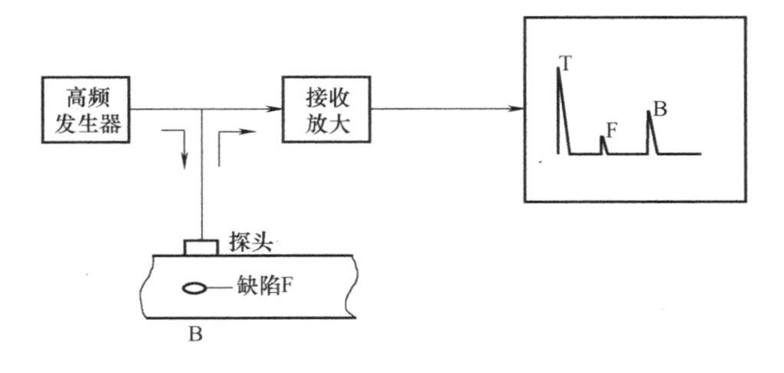

图5.13　反射法探伤工作原理图

2）多次脉冲反射法。多次脉冲反射法是以多次底波为依据而进行探伤的方法。超声波探头发出的超声波由被测工件底部反射回超声波探头时，其中一部分超声波被探头接收，而剩下部分又折回工件底部，如此往复反射，直至声能全部衰减完为止。因此，若工件内无缺陷，则荧光屏上会出现呈指数函数曲线形式递减的多次反射底波；若工件内有吸收性缺陷，声波在缺陷处的衰减很大，底波反射的次数减少；若缺陷严重，底波会逐渐消失甚至完全消失。据此可判断出工件内部有无缺陷及缺陷严重程度。当被测工件为板材时，为了观察方便，一般常采用多次脉冲反射法进行探伤。

5.5.3　次声波管道泄漏定位和灾害预测

1. 次声波管道泄漏定位

当管壁出现破损而产生泄漏时，管道内介质（液体、气体、蒸气）从泄漏点喷出，管内全部介质将迅速涌向泄漏处，且在泄漏处产生振动。该振动从泄漏处以声波的形式向管道两端迅速传播，该声波包括次声波、超声波等。其中次声波受管内的杂波影响极小，传播稳定。

如图5.14所示，设管道两端安置次声波传感器A、B，泄漏处的次声波传播速度为v，泄漏点到管道上端传感器1（A点）的距离为X，上下端次声波传感器间的距离为L，从泄漏开始计时，A、B两端捕捉到次声波的时间分别为t_1、t_2，则有

$$t_1+t_2=\frac{L}{v},t_1-t_2=\Delta t,t_1v=X \quad (5.23)$$

则管道泄漏点的位置为

$$X=\frac{L+v\Delta t}{2} \quad (5.24)$$

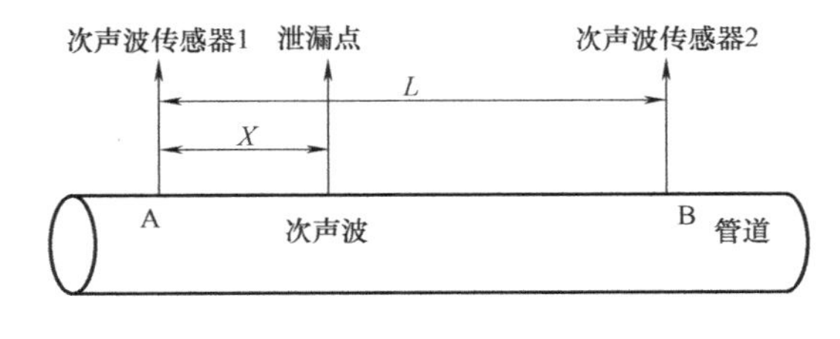

图5.14　次声波定位原理图

2. 自然灾害预测

地震、火山爆发、雷暴、风暴、陨石落地、大气湍流等自然灾害，在发生前可能会辐射出次声波，可利用这个前兆来预测和预报这些灾害的发生。

海底地震所引发的海啸在推进过程中会向空中和水体同时发射低频次声波信号，利用次

声波在海水中的传播速度快于在空气中的传播速度的特性，可提前测量到海啸的信息。例如用电容式次声波传感器既能接收到地震次声波信号，又能接收到海啸的次声波信号，由此可以做出结论性判断。

思考题与习题

5.1 简述微波的特点。

5.2 试分析反射式和遮断式微波传感器的工作原理。

5.3 试分析微波传感器的主要组成及其各自的功能。

5.4 举例说明微波传感器的应用。

5.5 超声波在介质中传播具有哪些特性？

5.6 简述超声波测量流量的工作原理。

5.7 超声波传感器主要有哪几种类型？试述其工作原理。

5.8 超声波测物位有哪几种测量方式？各有什么特点？

5.9 试述超声波反射法探伤的基本原理。

5.10 简述次声波的特性。

5.11 简述次声波管道泄漏定位的工作原理。

第6章

磁敏传感器

通常把对磁学量信号（如磁感应强度 B、磁通 Φ）敏感、通过磁电作用将被测量（如振动、位移、转速等）转换为电信号的器件或装置称为磁敏式传感器。磁电作用主要分为电磁感应、涡流效应、磁阻效应、霍尔效应等。本章主要介绍磁电感应式传感器、电涡流传感器、霍尔式传感器、半导体磁阻器件和结型磁敏器件。

6.1 磁电感应式传感器

磁电感应式传感器是利用导体和磁场发生相对运动而在导体两端输出感应电动势的原理进行工作的。它是一种机-电能量变换型传感器，属于有源传感器，直接从被测物体吸取机械能量并转换成电信号输出，不需要供电电源。

磁电感应式传感器电路简单、性能稳定、输出阻抗小，具有一定的频率响应范围（10～1000Hz），适用于转速、振动、位移、扭矩等测量。

6.1.1 磁电感应式传感器的工作原理

磁电感应式传感器以电磁感应原理为基础。1831 年法拉第经研究揭示：当导体在稳定均匀的磁场中，沿着垂直于磁场方向做切割磁力线运动时，导体内将产生感应电动势。对于一个 N 匝的线圈，设穿过线圈的磁通为 Φ，则线圈内的感应电动势将与 Φ 的变化速率成正比，即

$$E=-N\frac{\mathrm{d}\Phi}{\mathrm{d}t} \tag{6.1}$$

式中的“-”表明感应电动势的方向。如果线圈相对于磁场的运动线速度为 v 或角速度为 ω，则式（6.1）可改写为

$$E=-NBLv \tag{6.2}$$

或

$$E=-NBS\omega \tag{6.3}$$

式中，B 为线圈所在磁场的磁感应强度；L 为每匝线圈的平均长度；S 为每匝线圈的平均截面积。

在磁感应式传感器中，当其结构参数确定后，即 B、L、S、N 均为确定值，则感应电动势 E 与线圈相对磁场的运动速度 v 或 ω 成正比。根据这一原理，人们设计出恒磁通式和变磁通式两类磁电感应式传感器。

1. 恒磁通式传感器

恒磁通式传感器是指在测量过程中使导体（线圈）位置相对于恒定磁通 Φ 变化而实现测量的一类磁电感应式传感器。恒磁通式传感器一般分成动圈式和动铁式两种结构类型，分别如图 6.1a 和图 6.1b 所示。

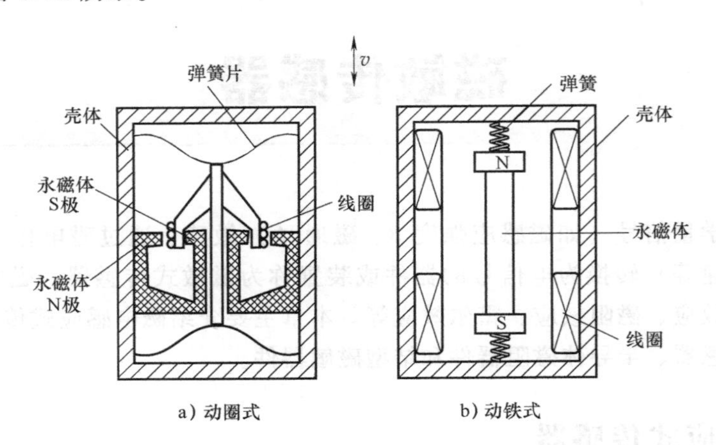

图 6.1　恒磁通磁电感应式传感器结构

动圈式的运动部件是线圈，永久磁铁与传感器壳体固定，线圈与金属架用柔软弹簧片支撑；动铁式的运动部件是磁铁，线圈、金属骨架和传感器壳体固定，永久磁铁用弹簧支撑。

动圈式与动铁式的工作原理完全相同。将传感器与被测振动体固定在一起，当壳体随振动体一起振动时，由于弹簧较软，而运动部件质量相对较大，当被测振动体的振动频率足够高时，运动部件会由于惯性很大而来不及随振动体一起振动，近乎静止不动，振动能量几乎全部被弹簧吸收。因此，永久磁铁与线圈之间的相对运动速度接近于振动体的振动速度，线圈与磁铁的相对运动将切割磁力线，从而产生与运动速度成正比的感应电动势 E。

2. 变磁通式传感器

变磁通式传感器主要是靠改变磁路的磁通 Φ 的大小来进行测量，即通过改变测量磁路中气隙的大小改变磁路的磁阻，从而改变磁路的磁通。变磁通式传感器可分为开磁路和闭磁路两种结构，分别如图 6.2a 和图 6.2b 所示。

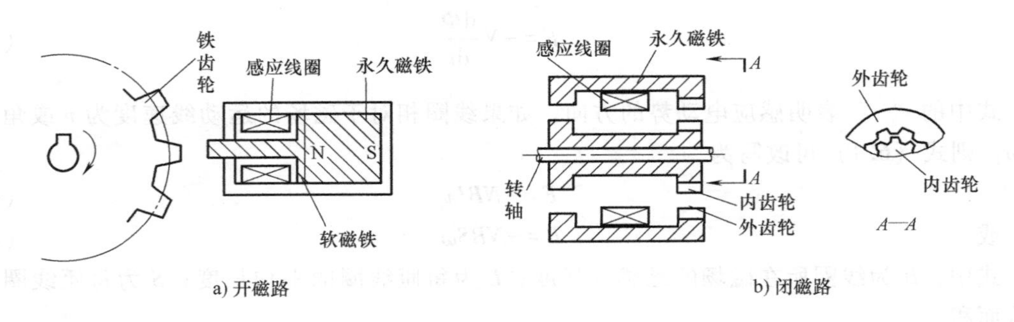

图 6.2　变磁通磁电感应式传感器结构

开磁路变磁通式传感器由永久磁铁、软磁铁、感应线圈和测量齿轮等组成。测量时，线圈和磁铁静止不动，齿轮（导磁材料）随被测物体一起转动。测量齿轮的凸凹导致气隙发生变化，影响磁路磁阻的变化，从而线圈中产生感应电动势，其变化频率等于被测转速与齿轮齿数的乘积。由此，可用于测量被测旋转体的转速。此类传感器结构简单、输出信号较弱，且由于平衡和安全问题，一般不宜测量高转速。

闭磁路变磁通式传感器由装在转轴上的定子和转子、感应线圈和永久磁铁等部分组成。传感器的定子和转子由纯铁制成，在其圆形端面上均匀分布凹槽。测量时，将传感器的转子与被测物轴相连接，当被测物旋转时就会带动转子旋转，当转子和定子的齿凸相对时，气隙最小、磁通最大；当转子与定子齿凹相对时，气隙最大、磁通最小。定子不动而转子旋转时，磁通发生周期性变化，从而在线圈中感应出近似正弦波的电动势信号。

变磁通式传感器对环境要求不高，工作频率范围为 50Hz~100kHz。

6.1.2 磁电感应式传感器的测量电路

磁电感应式传感器可以直接输出感应电动势信号，且磁电感应式传感器通常具有较高的灵敏度，所以不需要高增益放大器。但磁电感应式传感器只用于测量动态量，可以直接测量振动物体的线速度 $v=\frac{dx}{dt}$ 或旋转体的角速度 ω。如果在其测量电路中接入积分电路或微分电路，那么还可以测量位移或加速度。图 6.3 是磁电感应式传感器的一般测量电路框图。

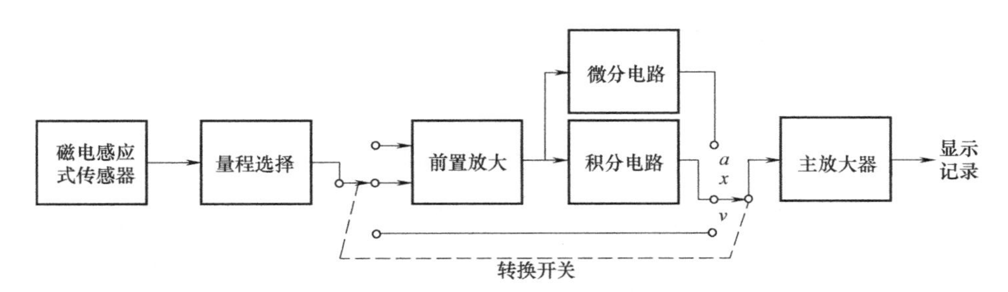

图 6.3 磁电感应式传感器的一般测量电路框图

6.2 电涡流传感器

电涡流传感器是根据电涡流效应制成的传感器。电涡流效应指的是这样一种现象：根据法拉第电磁感应定律，块状金属导体置于变化的磁场中或在磁场中做切割磁力线运动时，通过导体的磁通将发生变化，产生感应电动势，该电动势在导体表面形成电流并自行闭合，形状类似水中的涡流，称为电涡流。

电涡流传感器能对位移、厚度、表面温度、振动、速度、材料损伤等进行非接触式连续测量。

6.2.1 电涡流传感器的工作原理

电涡流传感器原理结构如图 6.4a 所示。它由传感器励磁线圈和被测金属体组成。根据法拉第电磁感应定律，当传感器励磁线圈中通以正弦交变电流时，线圈周围将产生正弦交变磁场，使位于该磁场中的金属导体产生感应电流，该感应电流又产生新的交变磁场。新的交

变磁场的作用是为了反抗原磁场，这就导致传感器线圈的等效阻抗发生变化。传感器线圈受电涡流影响时的等效阻抗 Z 为

$$Z=F(\rho,\mu,r,f,x) \tag{6.4}$$

式中，ρ 为被测体的电阻率；μ 为被测体的磁导率；r 为线圈与被测体的尺寸因子；f 为线圈中励磁电流的频率；x 为线圈与导体间的距离。

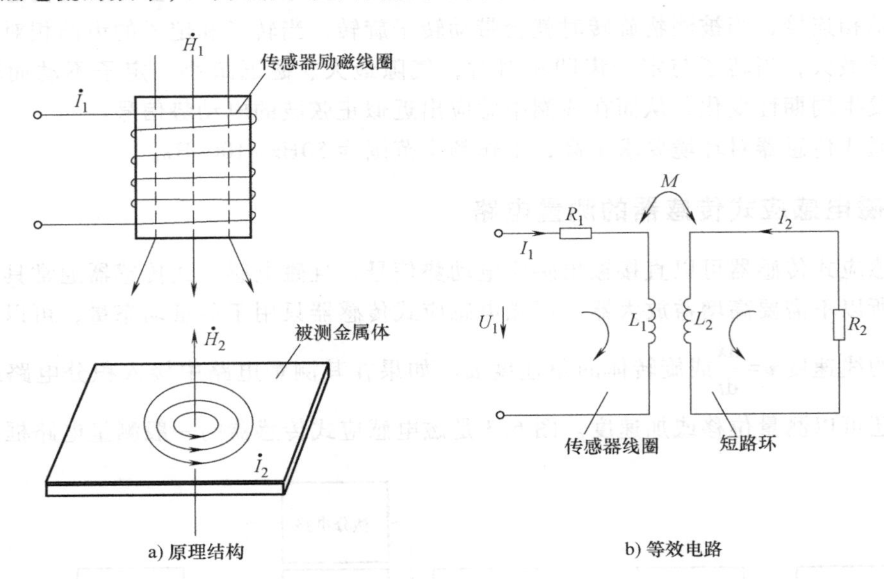

图 6.4 电涡流传感器原理

由此可见，线圈阻抗的变化完全取决于被测金属导体的电涡流效应，分别与以上因素有关。如果只改变式（6.4）中的一个参数，保持其他参数不变，传感器线圈的阻抗 Z 就只与该参数有关，如果测出传感器线圈阻抗的变化，就可确定该参数。实际应用时通常改变线圈与导体间的距离 x，而保持其他参数不变。

讨论电涡流传感器时，可以把产生电涡流的金属导体等效成一个短路环，即假设电涡流只分布在环体内。

由基尔霍夫电压定律有

$$\begin{cases} R_1\dot{I}_1+\mathrm{j}\omega L_1\dot{I}_1-\mathrm{j}\omega M\dot{I}_2=\dot{U}_1 \\ -\mathrm{j}\omega M\dot{I}_1+R_2\dot{I}_2+\mathrm{j}\omega L_2\dot{I}_2=0 \end{cases} \tag{6.5}$$

式中，ω 为线圈励磁电流的角频率；R_1、L_1 为线圈的电阻和电感；R_2、L_2 为短路环的等效电阻和等效电感；M 为线圈与金属导体间的互感系数。

由式（6.5）可得发生电涡流效应后的等效阻抗为

$$\begin{aligned} Z&=\frac{\dot{U}_1}{\dot{I}_1}=R_1+\frac{\omega^2M^2R_2}{R_2^2+(\omega L_2)^2}+\mathrm{j}\omega\left[L_1-\frac{\omega^2M^2L_2}{R_2^2+(\omega L_2)^2}\right] \\ &=R_{\mathrm{eq}}+\mathrm{j}\omega L_{\mathrm{eq}} \end{aligned} \tag{6.6}$$

式中，R_{eq}为产生电涡流效应后线圈的等效电阻；L_{eq}为产生电涡流效应后线圈的等效电感。

$$R_{eq}=R_1+\frac{\omega^2M^2R_2}{R_2^2+(\omega L_2)^2} \tag{6.7}$$

$$L_{eq}=L_1-\frac{\omega^2M^2L_2}{R_2^2+(\omega L_2)^2} \tag{6.8}$$

根据比较可知：

1）产生电涡流效应后，由于电涡流的影响，线圈复阻抗的实部（等效电阻）增大、虚部（等效电感）减小，因此，线圈的等效机械品质因数下降。

2）电涡流传感器的等效电气参数都是互感系数 M^2 的函数。通常总是利用其等效电感的变化组成测量电路，因此，电涡流传感器属于电感式传感器（互感式）。

6.2.2 电涡流传感器的测量电路

用于电涡流传感器的测量电路主要有调频式、调幅式两种。

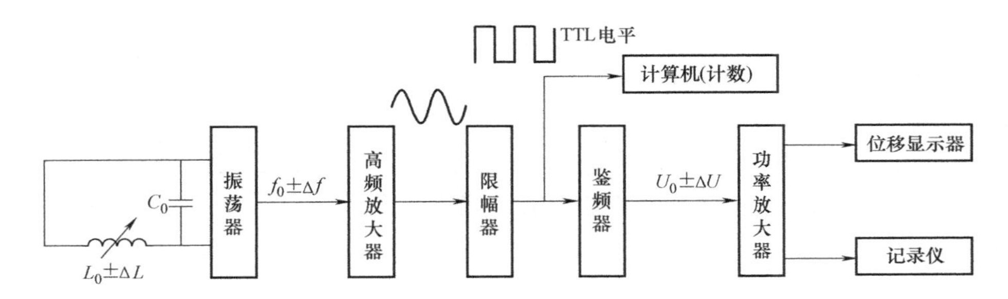

图 6.5 调频式测量电路

1. 调频式测量电路

调频式测量电路如图 6.5 所示，传感器线圈作为组成 LC 振荡器的电感元件，并联谐振回路的谐振频率为

$$f=\frac{1}{2\pi\sqrt{LC_0}} \tag{6.9}$$

式中，$L=L_0\pm\Delta L$。

当电涡流线圈与被测物体的距离变化时，电涡流线圈的电感量在涡流影响下随之变化，引起振荡器的输出频率变化，该频率信号（TTL 电平）可直接用计算机计数，或通过频率-电压转换器（又称为鉴频器）将频率信号转换为电压信号，用数字电压表显示出对应的电压。

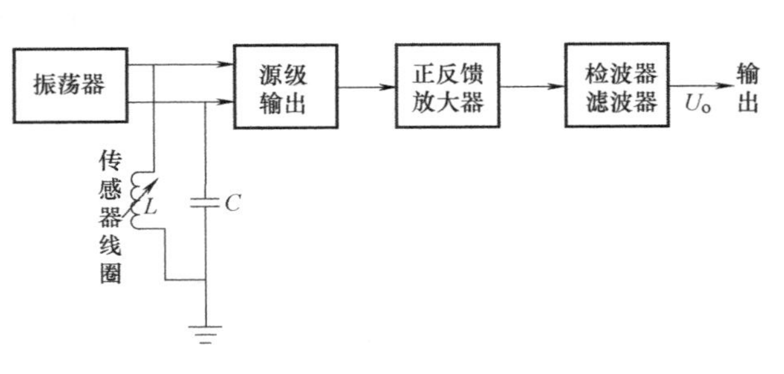

图 6.6 调幅式测量电路

2. 调幅式测量电路

调幅式测量电路分为恒定频率调幅式和频率变化调幅式两种。图 6.6 为恒定频率调幅式测量电路，它由传感器线圈、电容器、晶体振荡器、正反馈放大器和检波器滤波器等组成。

当被测金属导体与电涡流传感器线圈间有距离变化时，电路中就有相应幅值变化的高频电压输出，此高频电压的频率仍为振荡器的频率。可将这一恒定频率调幅波的高频电压经电路调理为直流电压进行测量。

6.3 霍尔式传感器

霍尔式传感器是利用霍尔元件基于霍尔效应原理而将被测量如电流、磁场、位移、压力等转换成电动势输出的一种传感器。

6.3.1 霍尔效应

当载流导体或半导体处于与电流相垂直的磁场中时，在其两端将产生电位差，这一现象称为霍尔效应。霍尔效应产生的电动势称为霍尔电动势。霍尔效应的产生是由于运动电荷受磁场中洛伦兹力作用的结果。

如图 6.7 所示，在一块长度为 L、宽度为 b、厚度为 d 的长方形导电板上，两对垂直侧面各装上电极，如果在长度方向通入控制电流 I，在厚度方向施加磁感应强度为 B 的磁场，那么导电板中的自由电子在电场作用下定向运动，此时，每个电子受到洛伦兹力 f_L 的作用，f_L 的大小为

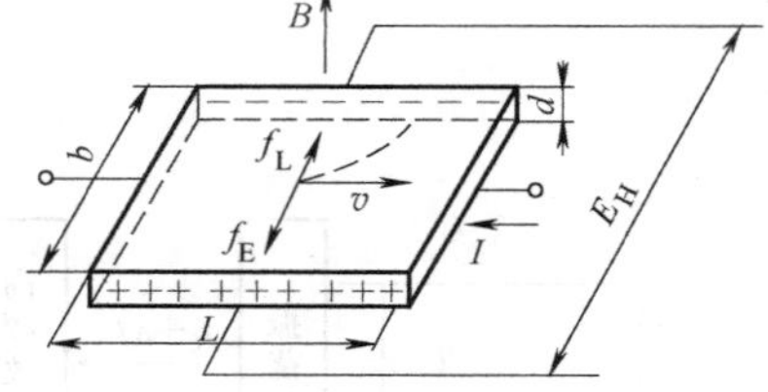

图 6.7　霍尔效应原理图

$$f_L = eBv \tag{6.10}$$

式中，e 为单个电子的电荷量，$e=1.6\times10^{-19}$C；B 为磁感应强度；v 为电子平均运动速度。

电子除了沿电流反方向做定向运动外，还在 f_L 作用下向里漂移，结果在导电板的内底面积累了电子，而外表面积累了正电荷，将形成附加内电场 E_H，称为霍尔电场。当在金属体内电子积累达到动态平衡时，电子所受洛伦兹力和电场力大小相等，即 $eE_H=eBv$，因此有

$$E_H = vB \tag{6.11}$$

则相应的电动势就称为霍尔电动势 U_H，其大小可表示为

$$U_H = E_H b \tag{6.12}$$

式中，b 为导电板宽度。

当电子浓度为 n，电子定向运动平均速度为 v 时，对于不同的材料，可得出表 6.1 所示霍尔效应的特征量。

表 6.1　不同半导体材料霍尔效应的特征量

特征量 \ 半导体材料	N 型	P 型
电流 I	$-nevbd$	$nevbd$
霍尔电动势 U_H	$-\frac{IB}{ned}$	$\frac{IB}{ned}$
霍尔系数 R_H	$-\frac{1}{ne}$	$\frac{1}{ne}$
霍尔灵敏度 K_H	$-\frac{1}{ned}$	$\frac{1}{ned}$

霍尔电动势与霍尔系数或霍尔灵敏度的关系可表示为

$$U_H = R_H \frac{IB}{d} = K_H IB \tag{6.13}$$

霍尔灵敏度 K_H 表征了一个霍尔元件在单位控制电流和单位磁感应强度时产生的霍尔电动势的大小。

为了提高霍尔式传感器的灵敏度，霍尔元件常制成薄片形状，一般来说霍尔元件的厚度 d=0.1~0.2mm（通常 b=4mm，L=2mm），薄膜型霍尔元件的厚度只有 1μm 左右。根据表 6.1 的灵敏度公式可知霍尔元件的灵敏度与载流子浓度成反比，由于金属的自由电子浓度过高，所以不适于用来制作霍尔元件。制作霍尔元件一般采用 N 型半导体材料。

6.3.2 霍尔元件

1. 霍尔元件基本结构

霍尔元件的结构比较简单，它由霍尔片、4 根引线和壳体三部分组成。霍尔元件是一块矩形半导体单晶薄片，在长度方向焊有两根控制电流端引线 a 和 b，它们在薄片上的焊点称为控制电极（或称激励电极）；在薄片另两侧端面的中央以点的形式对称地焊有 c 和 d 两根输出引线，它们在薄片上的焊点称为霍尔电极（或称输出电极）。霍尔元件的外形、结构和电路符号如图 6.8 所示。

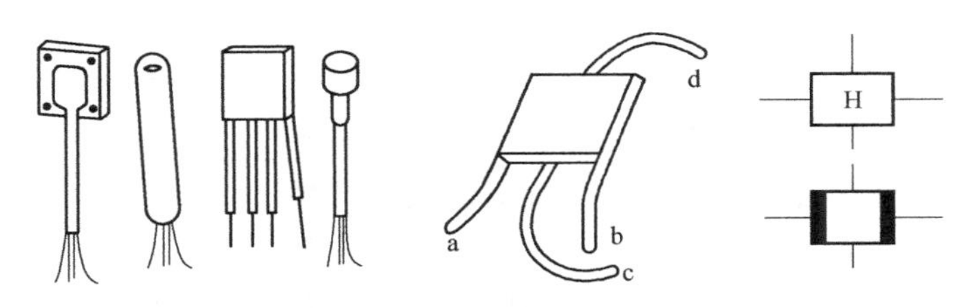

图 6.8　霍尔元件的外形、结构和电路符号

2. 主要技术参数

1）额定控制电流 I_C：在 B=0、静止空气中环境温度为 25℃时，由焦耳热产生的允许温升条件下从霍尔元件控制电极输入的电流。

2）输入电阻 R_{in}：在室温、零磁场下控制电极间的电阻。

3）输出电阻 R_{out}：在室温、零磁场、无负载情况下霍尔电极间的电阻。

4）乘积灵敏度 K_H：在单位控制电流 I、单位磁感应强度 B 作用下霍尔元件输出端开路时测得的霍尔电压 U_H。

$$K_H = \frac{U_H}{IB} = \frac{R_H}{d} \tag{6.14}$$

5）磁灵敏度 S_B：在额定控制电流 I、单位磁感应强度 B 作用下输出端开路时测得的霍尔电压 U_H。

$$S_B = U_H / B \tag{6.15}$$

6）不等位电动势 U_M：在 B=0、额定电流 I 时因输出电极不在同一等位面上或材料不均匀（电阻率不同）而产生的一定的电位差。

7）霍尔电动势温度系数 γ：在一定的 B、控制电流 I 作用下，温度每变化1℃时 U_H 的相对变化率。

$$\gamma=\frac{(U_{Ht}-U_{Ho})/U_{Ho}}{t} \tag{6.16}$$

8）电阻温度系数 α：在一定的 B、控制电流 I 作用下，温度每变化1℃时 R_{in} 的相对变化率。

$$\alpha=\frac{(R_{in}-R_{io})/R_{io}}{t} \tag{6.17}$$

6.3.3 霍尔元件的误差及其补偿

霍尔元件的误差主要有零位误差（不等位电动势、寄生直流电动势）和温度误差。

1. 不等位电动势及其补偿

不等位电动势误差是零位误差中最主要的一种，它与霍尔电动势具有相同的数量级，有时候甚至会超过霍尔电动势。

主要原因：霍尔电极不在同一等位面上，半导体材料（电阻率、几何尺寸等）不均匀，控制电极接触不良。

补偿方法：在霍尔式传感器实际使用过程中，其不等位电动势误差是很难消除的，一般采用的方法是利用补偿的原理来消除不等位电动势误差的影响。如图 6.9 所示，霍尔元件可以等效为一个四臂电桥，当存在不等位电阻时，说明电桥不平衡，四个电阻值不相等。为了使电桥平衡，可以采用两种补偿方法：第一，在电桥阻值较大的桥臂上并联电阻，这种补偿方式相对简单，被称为不对称补偿；第二，在两个桥臂上同时并联电阻，这种补偿方式被称为对称补偿，其补偿的温度稳定性较好。不等位电动势的补偿电路如图 6.10 所示。

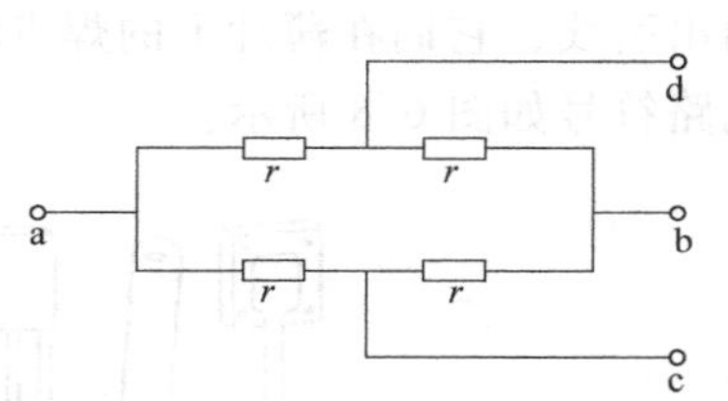

图 6.9 霍尔元件等效电路

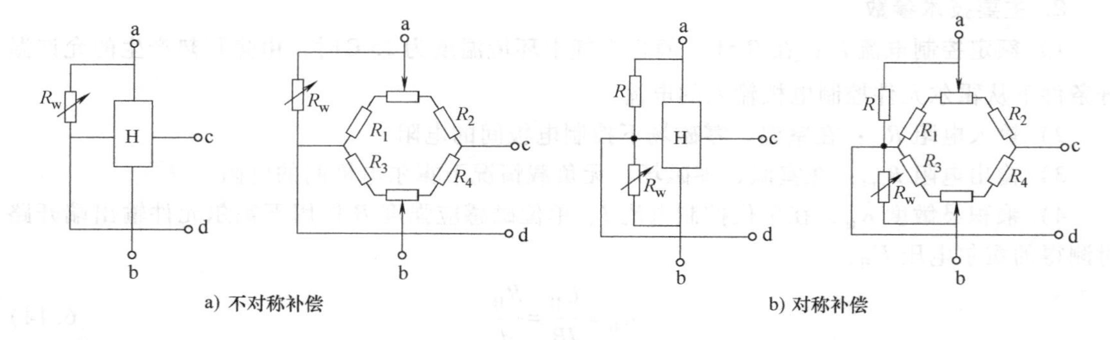

图 6.10 不等位电动势的补偿电路

2. 寄生直流电动势及其补偿

当霍尔元件的电极焊点不是完全的欧姆接触、霍尔电极的焊点大小不等、热容量不同时，就会产生寄生直流电动势。寄生直流电动势与工作电流有关，随工作电流减小而减小。因此要求在元件制作和安装时，应尽量使电极欧姆接触，并做到散热均匀。

3. 温度误差及其补偿

一般半导体材料都具有较大的温度系数。所以当温度发生变化时，霍尔元件的载流子浓度、迁移率、电阻率以及霍尔系数都会发生变化。为了减小温度误差，除了使用温度系数小的半导体材料（如砷化铟）外，还可以采用适当的补偿电路来进行补偿。

（1）输入回路并联电阻补偿法　采用恒流源供电可以减小元件内阻随温度变化而引起的控制电流变化所带来的温度误差。但霍尔元件的霍尔灵敏度 K_H 也是温度的函数，因此，只采用恒流源供电不能补偿全部温度误差。

当温度变化时，霍尔元件灵敏度系数与温度的关系可表示为

$$K_H = K_{H0}(1+\gamma\Delta T) \tag{6.18}$$

式中，K_{H0}为温度为 T_0 时的 K_H 值；ΔT 为温度变化量，$\Delta T = T - T_0$；γ 为霍尔电动势温度系数。

如图 6.11 所示，采用并联分流电阻 R_P，当霍尔元件的输入电阻随温度升高而增加时，R_P 会自动加强分流，减小了霍尔元件的控制电流 I_H，从而达到温度补偿的目的。

当霍尔元件的初始温度为 T_0，初始输入电阻为 R_{I0}，灵敏度系数为 K_{H0}，分流电阻为 R_{P0}，霍尔元件输入电阻温度系数为 α，分流电阻温度系数为 β 时

$$R_P = R_{P0}(1+\beta\Delta T) \tag{6.19}$$

$$R_I = R_{I0}(1+\alpha\Delta T) \tag{6.20}$$

$$I_{H0} = \frac{R_{P0}}{R_{P0}+R_{I0}} I \tag{6.21}$$

$$I_H = \frac{R_P}{R_P+R_I} I \tag{6.22}$$

要使电路满足温度变化前后，霍尔电动势不发生变化，即

$$U_{H0} = U_H \tag{6.23}$$

则有

$$K_H I_H B = K_{H0} I_{H0} B \tag{6.24}$$

将式（6.18）、式（6.19）、式（6.20）及式（6.22）代入式（6.24），化简得

$$R_{P0} = R_{I0}\frac{\alpha-\beta-\gamma}{\gamma} \tag{6.25}$$

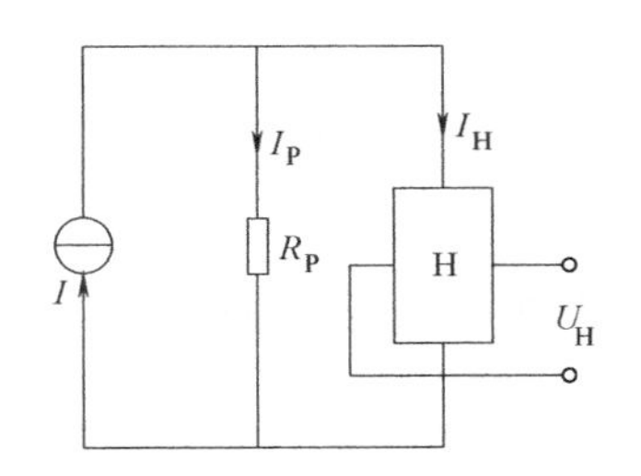

图 6.11　并联电阻的温度补偿电路

当霍尔元件选定后，其输入电阻、温度系数以及霍尔电动势温度系数均为确定值，由式（6.25）可计算出分流电阻的初始值。

（2）补偿元件法　补偿元件法是一种常用的温度误差补偿方法，补偿元件可以是 NTC、PTC 等。图 6.12 给出几种补偿电路实例。图 6.12a、b、c 中的锑化铟霍尔元件具有负温度系数，图 6.12d 中的 R_t 补偿具有正温度系数霍尔元件的温度误差。图 6.12a 中，温度升高，R_t 减小，分流增大，U_H 增大补偿其减小部分；图 6.12b 中，温度升高，R_t 增大，分流减小；霍尔元件分流增大，U_H 的减小得以补偿；图 6.12c 中，温度升高，R_t 减小，使 R_L 的电压降增加，补偿了 U_H 减小使其电压降降低的部分；图 6.12d 中，温度升高，R_t 减小，分流增大；霍尔元件分流减小，使 U_H减小，补偿其随温度的增加。

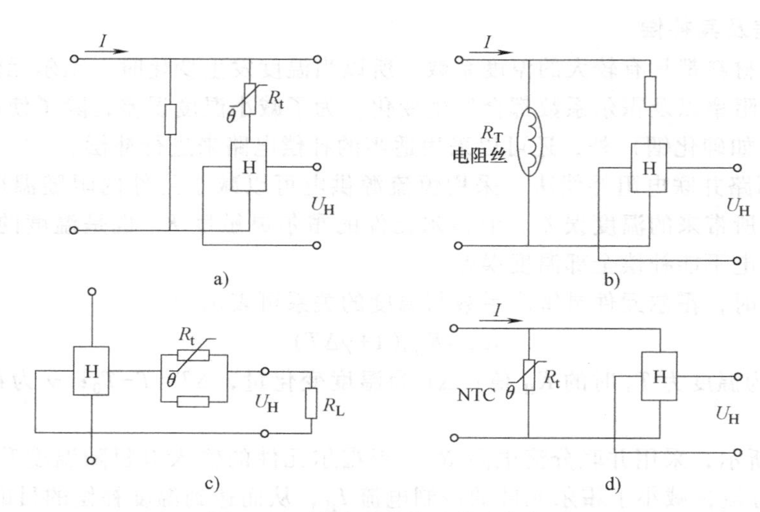

图 6.12　补偿元件的几种连接方式

6.3.4　霍尔式传感器的基本测量电路

霍尔式传感器的基本测量电路如图 6.13 所示，电源 E 提供激励电流，可变电阻 R_P 用于调节激励电流 I 的大小，R_L 为输出霍尔电动势 U_H 的负载电阻，一般用于表征显示仪表、记录装置或放大器的输入阻抗。

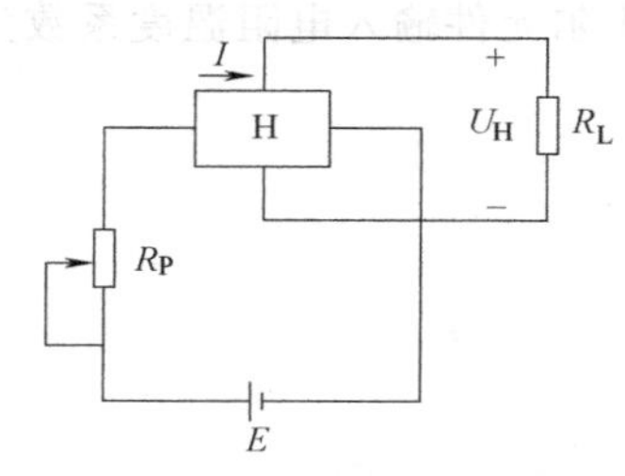

图 6.13　霍尔式传感器的基本测量电路

6.4　半导体磁阻传感器

6.4.1　磁阻效应

半导体（或导体）的电阻值随外加磁场变化而变化的现象，称为磁阻效应，一般分为物理磁阻效应和几何磁阻效应。利用磁阻效应制成的器件称为磁敏电阻，可测量磁感应强度在 10^{-3} ~ 1T 范围。

1．物理磁阻效应

有垂直的磁场时，沿着原电流方向的电流密度减小使电阻率增大的现象，称为物理磁阻效应。因垂直于外电流的外磁场而产生的磁阻效应称为横向磁阻效应。

2．几何磁阻效应

在相同磁场作用下，由于半导体片的几何形状不同而出现电阻值不同变化的现象，称为几何磁阻效应，其实验结果如图 6.14 所示。长宽比 L/W 越小（L 平行于电流方向，W 垂直于电流方向），磁阻效应越强，

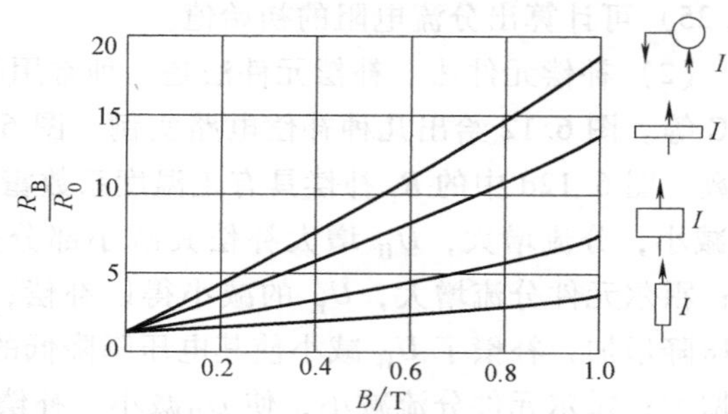

图 6.14　几何磁阻效应的实验结果

且磁场越大电阻增加越快。

6.4.2　磁敏电阻元件

1. 长方形磁敏电阻元件

图 6.15 为长方形磁敏电阻外形，其长度 L 大于宽度 W。在外加磁场作用下物理磁阻效应和几何磁阻效应同时存在。

（1）弱磁场时的磁阻比

$$\frac{R_B}{R_0}=1+m_s B^2 \tag{6.26}$$

式中，m_s 为磁阻二次方系数。

此式表明，在弱磁场下，R_B 与 B^2 呈线性关系。

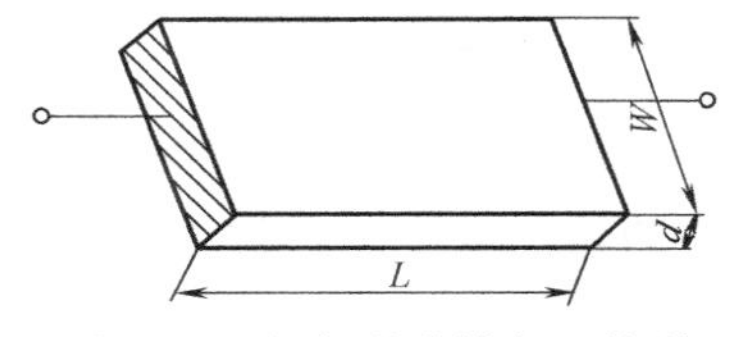

图 6.15　长方形磁敏电阻外形

（2）强磁场时的磁阻比

$$\frac{R_B}{R_0}\approx\frac{\rho_B}{\rho_0}g+\frac{W}{L}\frac{R_H}{\rho_0}B \tag{6.27}$$

式中，g 为几何因子（形状因子）。强磁场时 ρ_B/ρ_0 为常数，只要形状一定，g 为常数。在强磁场下 R_B 与 B 呈线性关系。

2. 科宾诺元件（最大磁阻效应的磁阻）

如图 6.16 所示，在盘形片的外圆周边制作一个环形电极，中心处制作一个圆形电极，两个电极间就构成一个科宾诺元件（磁阻元件）。无磁场时，载流子的运动路径是沿径向的；有磁场时，两极间电流会发生弯曲使电阻变大。其磁阻效应关系式为

$$R_B\approx R_0[1+(1+\xi)R_H^2\sigma_0^2B^2] \tag{6.28}$$

式中，ξ 为磁阻系数；σ_0 为其零磁场电导率。

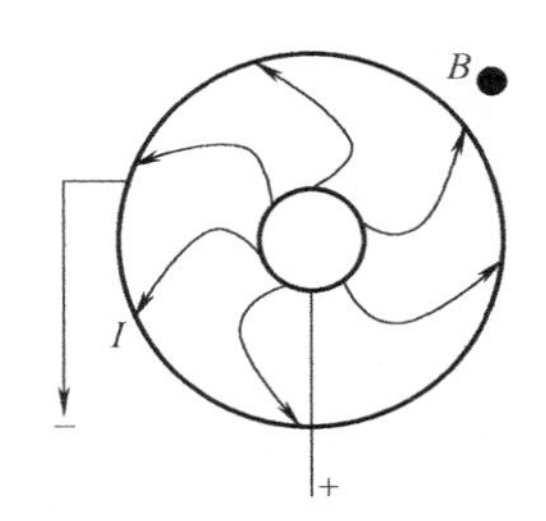

图 6.16　科宾诺元件

3. 高灵敏栅格型磁敏电阻

为了提高磁阻效应，在长方形磁敏电阻的长度方向上垂直沉积 n 根金属短路条，将它们分割成 $n+1$ 个电阻子元件。短路条长度为 b、短路条宽度为 l，且 $l/b\ll 1$ 。设子元件有、无磁场时的电阻分别为 R_B、R_0，器件的总零磁场电阻 R_{0n}和有磁场电阻 R_{Bn}表示为

$$R_{0n}=R_0(n+1)\approx\rho_0\frac{L-nl}{S} \tag{6.29}$$

$$R_{Bn}=R_B(n+1) \tag{6.30}$$

式中，L 为栅格型磁敏电阻的总长度；S 为栅格型磁敏电阻的截面积。

6.4.3　磁敏电阻的温度补偿

磁阻材料 InSb 具有负温度特性，受温度影响极大，必须进行温度补偿。

温度补偿方法：①两个磁敏电阻串联；②一个热敏电阻（NTC）与磁敏电阻串联。补偿电路如图 6.17 所示。

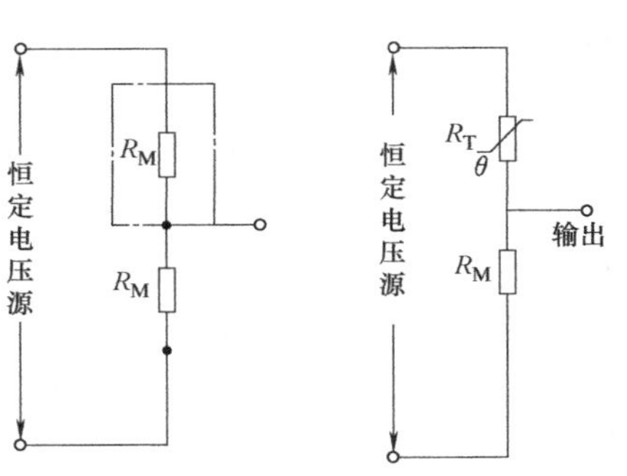

图 6.17　磁阻材料温度补偿电路图

6.5 结型磁敏器件

人们将结构上含有 PN 结的磁敏器件称为结型磁敏器件，主要指磁敏二极管和磁敏晶体管，它们的某些性能对外磁场非常敏感，且比霍尔器件的灵敏度高，可测试 10^{-6} ~ 10T 的磁场。

6.5.1 磁敏二极管

磁敏二极管是一种磁—电转换半导体传感器，在较弱的磁场作用下可产生电流的变化、较高的输出电压。它常用于磁场检测、电流测量、无触点开关及无电刷直流电动机的自动控制等方面。

常用磁敏二极管有两种系列：

2DCM：负阻振荡特性硅磁敏二极管；

2ACM：采用本征导电高纯度锗制成的，其物理性能是基于注入载流子表面再复合的差。

1. 结构

磁敏二极管是在 PIN 型二极管基础上增加一个高复合区而形成的，可以称为结型二端器件。如图 6.18 所示，PIN 型二极管两端为高掺杂的 P^+ 和 N^+ 区，较长的本征区 I，又称为长基区二极管。施加正偏压时，P^+-I 结向 I 区注入空穴，N^+-I 结向 I 区注入电子，又称为双注入长二极管。I 区的一面磨成光滑的，另一面的 r 区是高复合区，使电子、空穴易于复合消失。

2. 工作原理

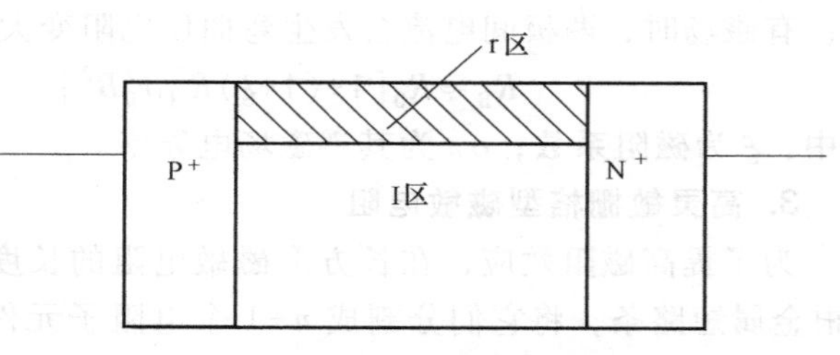

图 6.18 磁敏二极管结构示意图

无磁场时，正偏压时大量空穴从 P^+ 区经 I 区进入 N^+ 区，电子从 N^+ 区进入 P^+ 区，形成电流。r 区只有少量的复合；当受 B^+（正向）时，电子和空穴受洛伦兹力作用向 r 区偏转，复合使电阻增大，I 区电压降增大、N^+-I 结和 P^+-I 结上电压降减小，注入再减小，正向电流减小；当受 B^- 时，N^+-I 结和 P^+-I 结上电压降增大，使注入载流子增加、电流增大。

总之，正向电压下，加正向和反向 B 时，PIN 管的正向电流发生了很大的变化，且磁场越大，电流变化越大。

3. 磁电特性

图 6.19 为磁敏二极管的磁电特性曲线，即在给定条件下磁敏二极管的输出电压变化量与外加 B 的关系曲线。常有单只使用和互补使用两种方式。单只使用时正向磁灵敏度大于反向。互补使用时正、反向磁灵敏度曲线对称，且在弱磁场下有较好的线性。

4. 温度特性及其补偿

图 6.20 为磁敏二极管输出电压变化量 ΔU 和电流 I 随温度变化的规律，显然其受温度影响较大，具有负温度特性。在实际应用中必须对其进行温度补偿。

常用的温度补偿电路有：

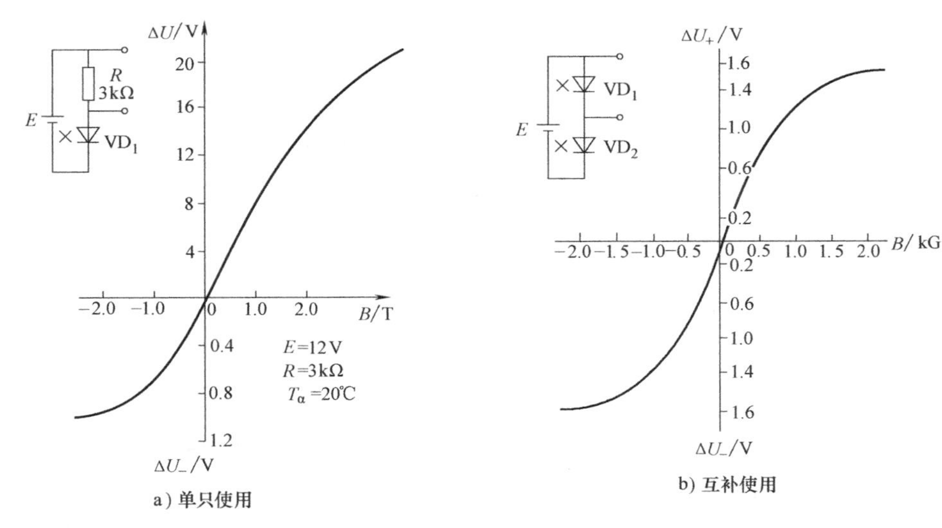

图 6.19　磁电特性曲线

1）互补式温度补偿电路（两个磁敏二极管 VD_1、VD_2 串联）。

2）差分式温度补偿电路（两只磁敏二极管 VD_1、VD_2 与两个固定电阻 R_1、R_2 构成测量电桥，VD_1、VD_2 接成半桥差动工作方式）。

3）全桥温度补偿电路（4 只磁敏二极管构成全桥差动方式）。

4）热敏电阻温度补偿电路（用负温度系数热敏电阻与磁敏二极管串联）。

6.5.2　磁敏晶体管

磁敏晶体管有 NPN 和 PNP 型两种结构，按照材料又分为锗管和硅管，它们都是在长基区基础上设计和制造的，也称为长基区磁敏晶体管。

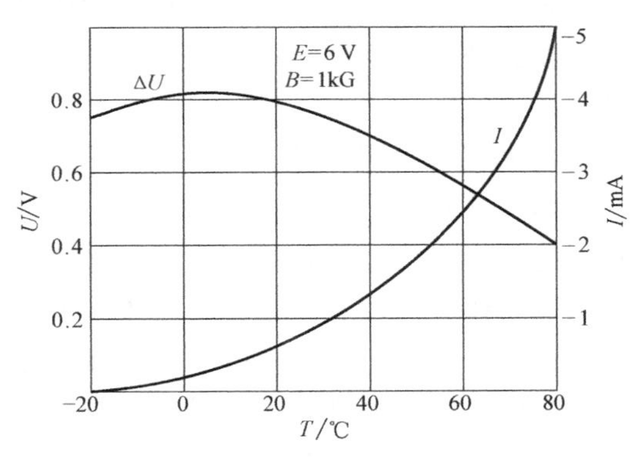

图 6.20　单只磁敏二极管的温度特性

1. 结构

图 6.21 为锗板条式磁敏晶体管的结构示意图及符号，在弱 P 型半导体上扩散形成三个极，即发射极 e、基极 b、集电极 c，在发射极和长基区间的一个侧面有高复合区 r。

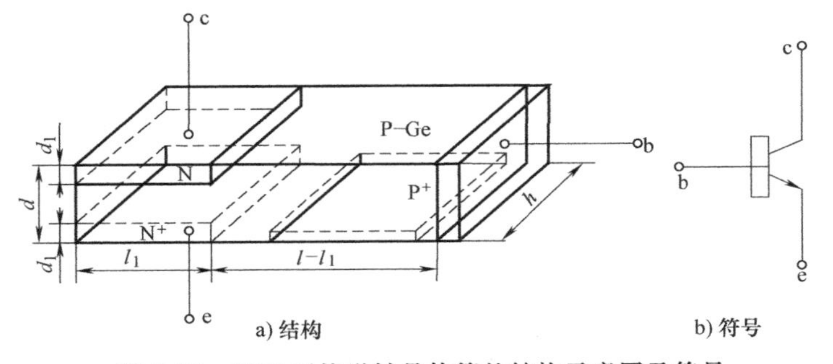

图 6.21　NPN 型锗磁敏晶体管的结构示意图及符号

2. 工作原理

图 6.22 为 NPN 锗磁敏晶体管的工作原理示意图。当 $B=0$ 时，发射区 e 注入的载流子少数输入 c、大部分通过 e-P-b 形成 I_b，而且 $I_b>I_c$，电流放大倍数 $\beta<1$；当受到正向磁场 B^+ 时载流子受洛伦兹力作用向 b 区侧偏，I_c 明显下降，基区复合增大，I_b 几乎不变，β 减小；当受反向磁场 B^+ 时载流子受洛伦兹力作用向 c 区侧偏，使 I_c 增大，r 区复合减小，I_b 几乎不变，β 增加。

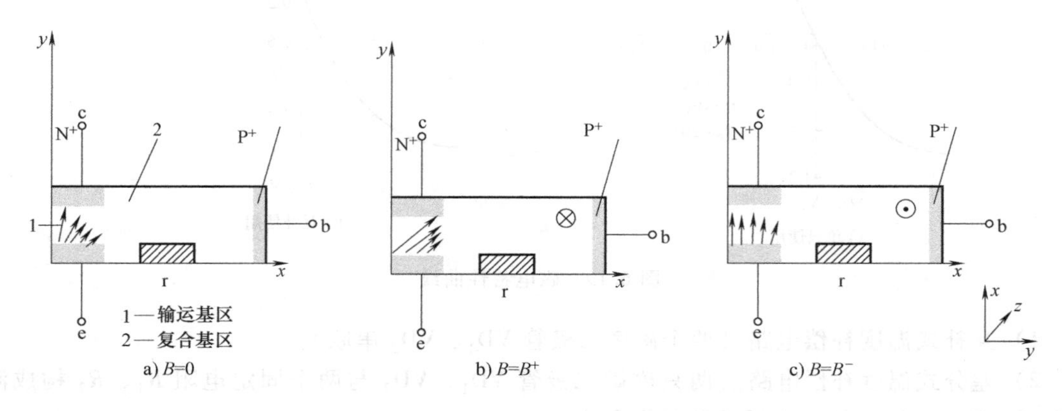

图 6.22　磁敏晶体管的工作原理示意图

3. 磁电特性

图 6.23 为 NPN 锗磁敏晶体管 3BCM 的磁电特性曲线。在弱磁场时，曲线接近直线。可利用这一线性关系测量磁场。

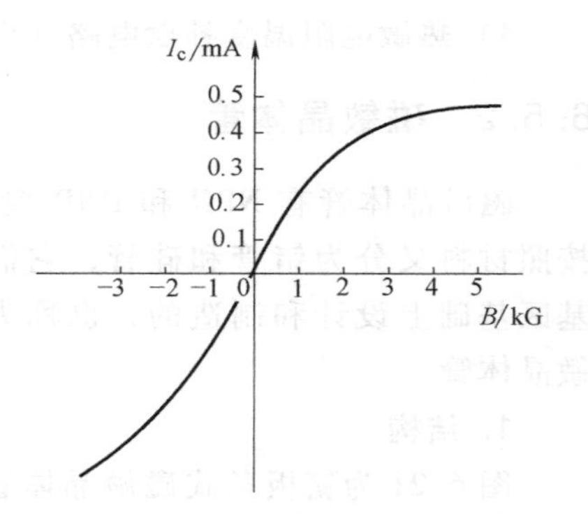

图 6.23　磁敏晶体管 3BCM 的磁电特性曲线

4. 温度特性及其补偿

锗磁敏晶体管 I_c 具有正温度特性，硅磁敏晶体管 I_c 有负温度特性，在实际应用时应进行温度补偿。图 6.24 为硅磁敏晶体管温度补偿电路，图 6.24a 利用正温度系数晶体管 BG1 补偿；图 6.24b 利用正温度系数锗二极管进行补偿；图 6.24c 利用两只特性一致、磁极相反的磁敏晶体管 BG_{m1} 和 BG_{m2} 组成差分电路，是一种有效的温度补偿电路，又可提高磁灵敏度。

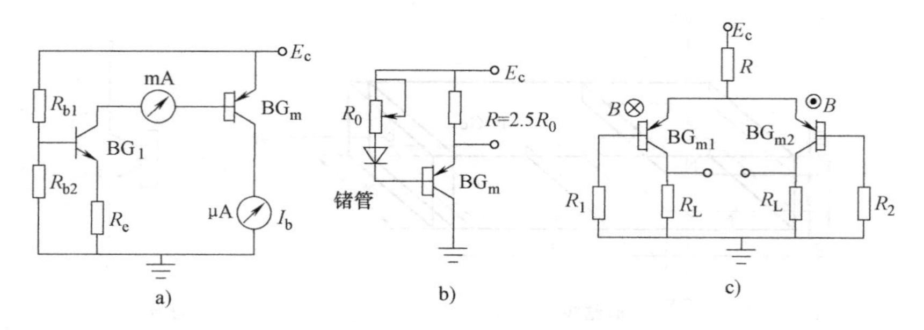

图 6.24　硅磁敏晶体管温度补偿电路

6.6　磁敏传感器的应用

6.6.1　磁电感应式振动速度传感器和电磁流量计

1. 磁电感应式振动速度传感器

图 6.25 是动圈式恒磁通振动速度传感器的结构示意图，其结构主要由钢制圆形外壳制成，里面用铝支架将圆柱形永久磁铁与外壳固定成一体，永久磁铁中间有一个小孔，穿过小孔的心轴两端架起线圈和阻尼环，心轴两端通过圆形膜片支撑架空且与外壳相连。

工作时，传感器与被测物体刚性连接，当物体振动时，传感器外壳和永久磁铁随之振动，而架空的心轴、线圈和阻尼环因惯性而不随之振动。这样，磁路气隙中的线圈切割磁力线而产生正比于振动速度的感应电动势，线圈的输出通过引线送到测量电路。该传感器测量的是振动速度参数，如果在测量电路中接入积分电路，则输出电动势与位移成正比；如果在测量电路中接入微分电路，则其输出与加速度成正比。

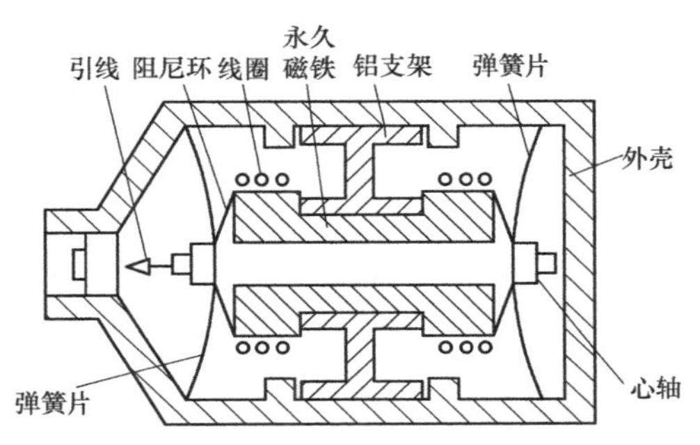

图 6.25　动圈式恒磁通振动速度传感器的结构示意图

2. 电磁流量计

电磁流量计是根据电磁感应原理制成的一种流量计，用来测量导电液体的流量，属于恒磁通式。电磁流量计的工作原理图如图 6.26 所示，它由产生均匀磁场的磁路系统、用不导磁材料制成的管道及在管道横截面上的导电电极组成。磁场方向、电极连线和管道轴线三者在空间上要求互相垂直。

当被测导电液体流过管道时，切割磁力线，在和磁场及流动方向垂直的方向上产生感应电动势 E，其值与被测流体的流速成正比，即

$$E = BDv \tag{6.31}$$

式中，B 为磁感应强度（T）；D 为管道内径（m）；v 为流体的平均流速（m/s）。

相应地，流体的体积流量可表示为

$$Q_V = \frac{\pi D^2}{4}v = \frac{\pi DE}{4B} = KE \tag{6.32}$$

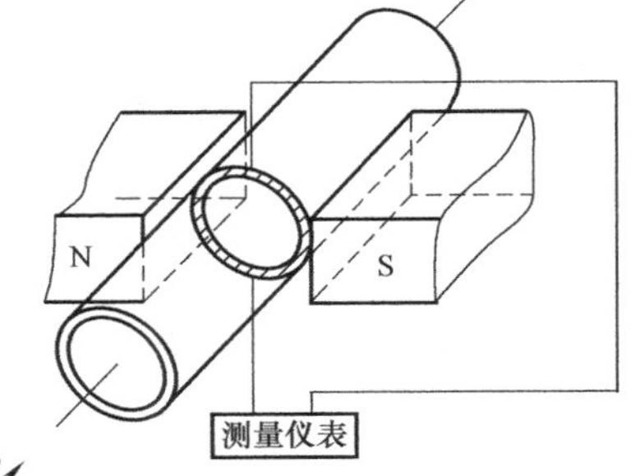

图 6.26　电磁流量计的工作原理图

式中，$K = \frac{\pi D}{4B}$为仪表常数，对于某一个确定的电磁流量计，该常数为定值。

6.6.2　电涡流传感器振幅、转速测量和无损探伤

1. 位移测量

电涡流式电感传感器与被测金属导体的距离变化将影响其等效阻抗，根据该原理可用电

涡流式电感传感器来实现对位移的测量，如汽轮机主轴的轴向位移、金属试样的热膨胀系数、钢水的液位、流体压力等。

2. **振幅测量**

电涡流式电感传感器可以无接触地测量各种机械振动，测量范围从几十微米到几毫米，如测量轴的振动形状，可用多个电涡流式电感传感器并排安置在轴附近，如图 6.27a 所示，用多通道指示仪输出至记录仪，在轴振动时获得各传感器所在位置的瞬时振幅，因而可测出轴的瞬时振动分布形状。

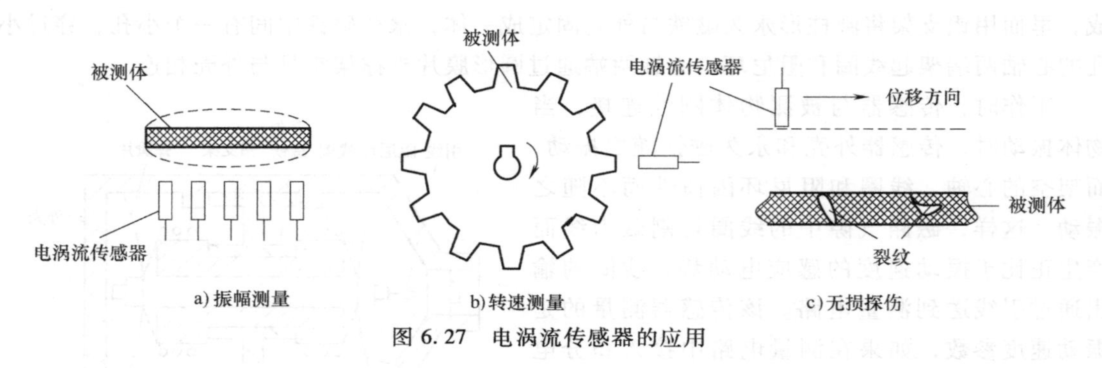

图 6.27　电涡流传感器的应用

3. **转速测量**

把一个旋转金属体加工成齿轮状，旁边安装一个电涡流式电感传感器，如图 6.27b 所示，当旋转体旋转时，传感器将产生周期性的脉冲信号输出。对单位时间内输出的脉冲进行计数，从而计算出其转速（r/s）为

$$r=\frac{N/n}{t} \tag{6.33}$$

式中，N 为 t（单位为 s）时间内的脉冲数；n 为旋转体的齿数。

4. **无损探伤**

可以将电涡流式电感传感器做成无损探伤仪，用于非破坏性地探测金属材料的表面裂纹、热处理裂纹以及焊缝裂纹等。如图 6.27c 所示，探测时，使传感器与被测体的距离不变，保持平行相对移动，遇有裂纹时，金属的电导率、磁导率发生变化，裂缝处的位移量也将改变，结果引起传感器的等效阻抗发生变化，通过测量电路达到探伤的目的。

6.6.3　霍尔式传感器位移、转速和功率测量

1. **微位移的测量**

如图 6.28 所示，在极性相反、磁场强度相同的两个磁钢气隙中放入一片霍尔元件，当霍尔元件处于中间位置时，霍尔元件同时受到大小相等、方向相反的磁通作用，则有 $B=0$，此时霍尔电动势 $U_H=0$；当霍尔元件沿着 $\pm\Delta x$ 方向移动时，有 $B\neq0$，则霍尔电动势发生变化，其大小为

$$U_H=K_H IB=K\Delta x \tag{6.34}$$

式中，K 为霍尔式位移传感器的输出灵敏度。

可见霍尔电动势与位移量 Δx 呈线性关系，并且霍尔电动势的极性还会反映霍尔元件的移动方向。实践证明，磁场变化率越大，灵敏度越高。霍尔传感器可用来测量 1~2mm 的小位移，

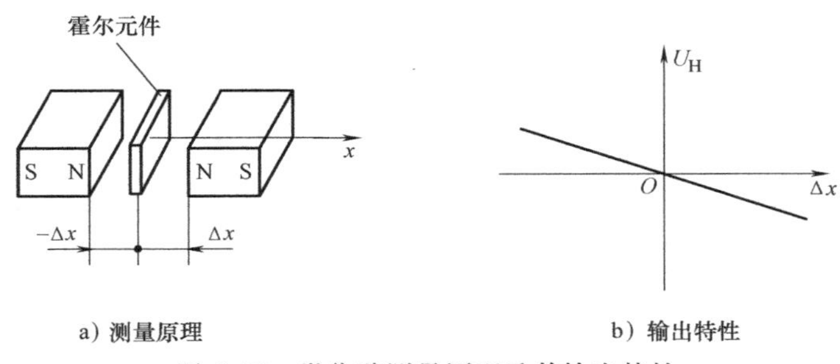

图 6.28　微位移测量原理及其输出特性

其动态范围达到 5mm，分辨率为 0.001mm；位移产生的霍尔电动势可达 30mV/mm 以上。

2. 转速的测量

利用霍尔元件的开关特性可以实现对转速的测量。如图 6.29 所示，将被测非磁性材料的旋转体上粘贴一对或多对永磁体，其中图 6.29a 是永磁体粘在旋转体盘面上，图 6.29b 是永磁体粘在旋转体盘侧。导磁体霍尔元件组成的测量头，置于永磁体附近，当被测物以角速度 ω 旋转，每个永磁体通过测量头时，霍尔元件上就会产生一个相应的脉冲，测量单位时间内的脉冲数目，就可以推出被测物的旋转速度。

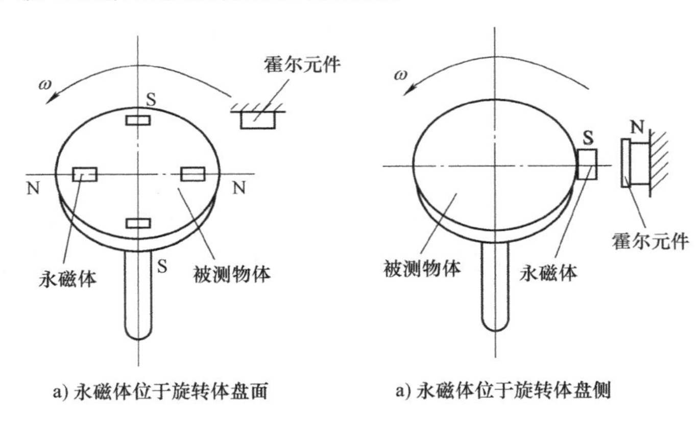

图 6.29　霍尔式传感器转速测量原理

设旋转体上固定有 n 个永磁体，则采样时间 t（单位为 s）内霍尔元件送入数字频率计的脉冲数为 N，转速（r/s）为

$$r=\frac{N/n}{t}=\frac{N}{tn} \tag{6.35}$$

图 6.30 为霍尔元件转速测量电路，磁转子 M 旋转带动磁极旋转，霍尔元件 H 感受到磁场强度发生变化，产生的霍尔电动势经差动运算放大器 A 放大后输出矩形波，输出信号可反映转子的转速。

3. 功率的测量

图 6.31 所示为基于霍尔元件的直流电源输出功率测量原理图。图中 R_L 为负载电阻，测量采用 N 型锗霍尔元件，可用有功率刻度的伏特表接在 U_H 处（直读式功率计适于直流大功率的测量）。

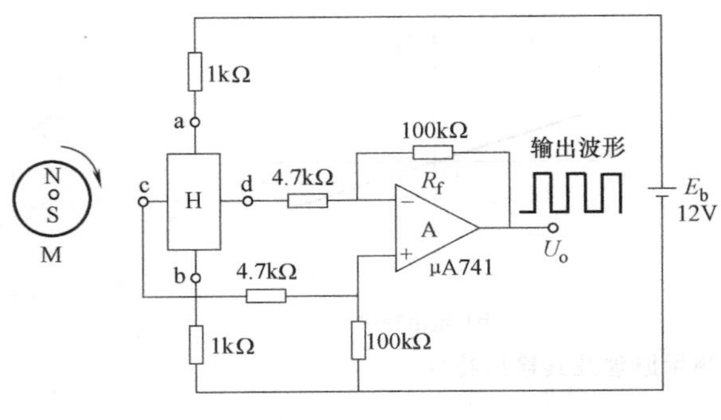

图 6.30 霍尔元件转速测量电路

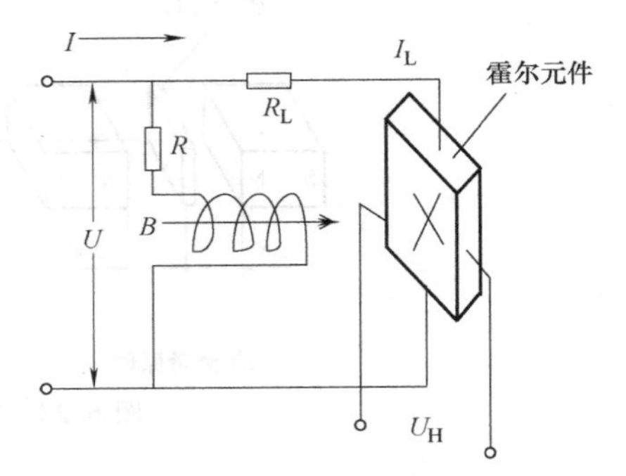

图 6.31 功率测量原理图

工作原理：

1）若霍尔元件外加磁场 B 正比于被测电压 U，霍尔元件流过的电流为 I_L，则有

$$B = K_1 U, I_L = K_2 I \tag{6.36}$$

式中，K_1 为与器件材料、结构有关的常数；I 为直流电源输出电流；K_2 为电路分流系数。

2）U_H 正比于被测功率 P，则

$$U_H = R_H \frac{I_L B}{d} = K_H K_1 K_2 I U = KP \tag{6.37}$$

式中，$K = K_H K_1 K_2$ 常认为是功率灵敏度。

6.6.4 交流电流监视器

图 6.32 为非接触式交流电流监视器电路。磁敏电阻 MS-F06、放大器 A_1 输出与被测电流大小成比例的电压。图中 RP_1 可调增益 100~1000 倍。测量时传感器靠近被测的交流电源线。此电路也可用于测量电动机转速。

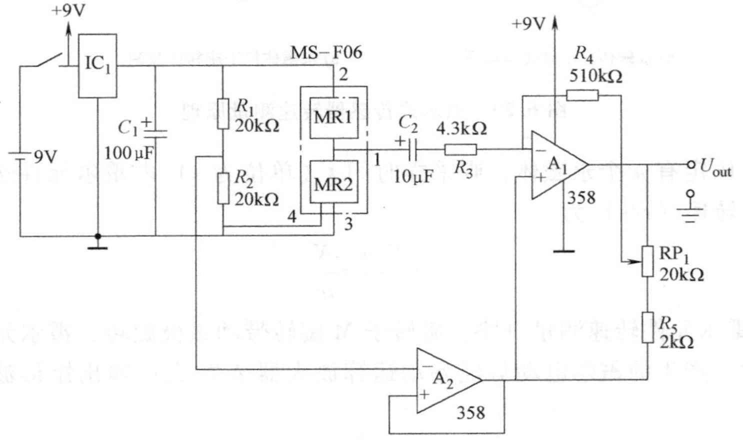

图 6.32 非接触式交流电流监视器电路

6.6.5 磁电式无触点开关

图 6.33 给出了无触点开关电路，其触点为磁桥。无磁场时磁桥无信号输出；当磁铁运

行到距磁桥一定位置时有信号输出，使 VT_1 导通，晶闸管 VT_2 导通，继电器 K 工作，其常开触点 K-1 和 K-2 闭合，指示灯点亮，控制电路接通。

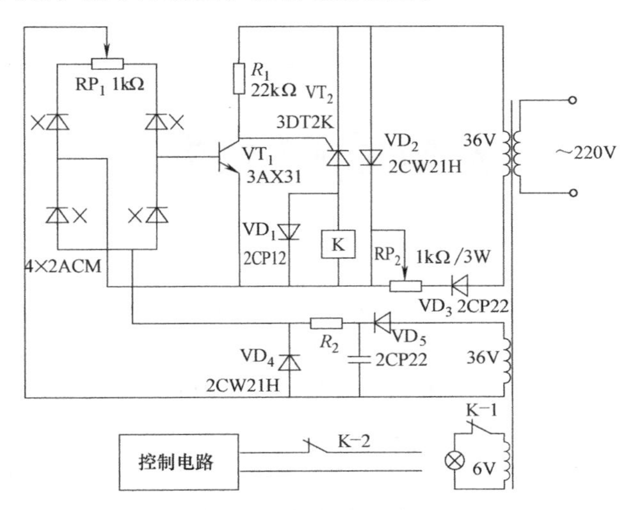

图 6.33 无触点开关电路

思考题与习题

6.1 简述变磁通式和恒磁通式磁电传感器的工作原理。

6.2 磁电式传感器主要用于测量哪些物理参数？

6.3 简述电涡流传感器的工作原理。

6.4 如何应用电涡流效应进行位移转速测量和金属材料的无损探伤？

6.5 霍尔元件的主要技术参数有哪些？

6.6 简述霍尔元件的不等位电动势的概念及其产生的主要原因。

6.7 影响霍尔元件输出零点的因素有哪些？如何补偿？

6.8 简述霍尔效应，画出基本测量电路。

6.9 举例说明霍尔传感器的主要应用。

6.10 试解释霍尔式位移传感器的输出电压与位移成正比关系的原因。

6.11 简述磁阻效应和半导体磁敏电阻元件的主要类型。

6.12 简述电磁流量计的工作原理，画出测量原理图。

第7章

光电式传感器

光电式传感器是利用光电器件把光信号转换成电信号（电压、电流、电荷、电阻等）的装置。光电式传感器可以直接检测光信号，还可以间接测量温度、压力、位移、速度、加速度等非电量。在测量非电量时，只要先将被测量转换为光量的变化，然后通过光电器件把光量的变化转换为相应的电量变化，就可以实现对非电量的测量。

光电式传感器具有结构简单、精度高、分辨率高、可靠性高、抗干扰能力强、响应速度快、体积小、重量轻、便于集成、可实现非接触式测量等优点，被广泛用于军事、通信、检测等各个领域。

本章在对光电式传感器的类型和基本形式进行介绍的基础上，重点讲述光电效应及光电器件、光纤传感器、计量光栅传感器、光电编码器、红外传感器、CCD 图像传感器的工作原理及其实际应用。

7.1 光电式传感器的类型和基本形式

7.1.1 光电式传感器的类型

按照工作原理的不同，可将光电式传感器分为以下四类：

（1）光电效应传感器　光照射到物体上使物体发射电子，或电导率发生变化，或产生光生电动势等，这些因光照引起物体电学特性改变的现象称为光电效应。光电效应传感器就是利用光敏材料的光电效应制成的传感器。

（2）红外热释电探测器　红外热释电探测器是对红外敏感的器件，主要是利用辐射的红外光（热）照射材料时引起材料电学性质发生变化或产生热电动势的原理制成的一类器件。

（3）固体图像传感器　固体图像传感器结构上主要分为两大类：一类是以电荷的产生、存储、转移、输出为基本功能的电荷耦合器件（Charge Coupled Device，CCD）图像传感器；一类是用光敏二极管与 MOS 晶体管构成的将光信号变成电荷或电流信号的互补金属氧化物半导体（Complementary Metal Oxide Semiconductor，CMOS）图像传感器。

（4）光纤传感器　光纤传感器将光源发出的光经光纤传输到被检测对象，经被检测对象调制后，再沿着光纤传输到光电器件，接收解调后转换成电信号。光纤传感器可分为功能型和传光型两种。功能型光纤传感器中的光纤既起着传输光信号的作用，又可作为敏感元件；传光型光纤传感器中的光纤仅起传输光信号的作用。

7.1.2 光电式传感器的基本形式

光电式传感器可用来测量光学量或已转换为光学量的其他被测量，输出电信号。测量光学量时，光敏器件作为敏感元件使用；测量其他物理量时，它作为转换元件使用。

光电式传感器由光路及电路两大部分组成。光路部分实现被测信号对光量的调制；电路部分完成从光信号到电信号的转换。按测量光路的组成，光电式传感器可分为四种基本形式。

（1）透射式光电传感器　如图 7.1a 所示，透射式光电传感器是利用光源发出一恒定光通量的光，被测物体放在光路中，光通量穿过被测物体，其中部分光被吸收，而剩余的光到达光敏器件上，转变成电信号输出。输出电信号的大小取决于被吸收光通量的多少，而被吸收的光通量取决于被测物体的性质。依此可以制成测量液体、气体和固体的透明度、浑浊度的光电式传感器。

（2）辐射式光电传感器　如图 7.1b 所示，辐射式光电传感器中光源本身就是被测对象，由被测物发出的光通量直接照射到光敏器件上，也可经过一定的光路后再作用于光电器件上。这种形式的光电传感器可用于光辐射温度测量，它的光通量的强度和光谱的强度分布都是被测温度的函数。

（3）反射式光电传感器　如图 7.1c 所示，反射式光电传感器是将恒定光源发出的光投射到被测对象上，由光敏器件接收其反射光通量，反射光通量的变化取决于被测对象的性质。例如：通过光通量变化的大小，可反映出被测物体的表面粗糙度；通过光通量的变化频率，可以反映出被测物体的转速等。

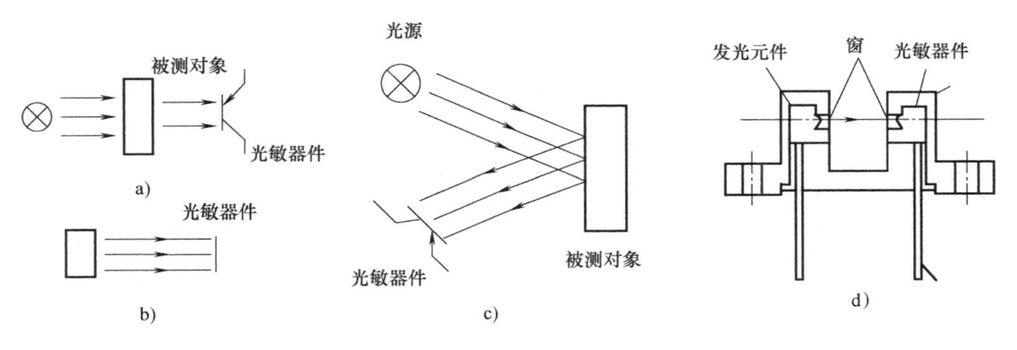

图 7.1　光电式传感器的基本形式

（4）开关式光电传感器　如图 7.1d 所示，开关式光电传感器是利用光敏器件在受光照和无光照时“有”和“无”电信号的特性，即仅为“1”和“0”两种开关状态，从而将被测量转换成断续变化的光电流。它的使用形式有开关、计数和编码三种。如开关式温度调节装置、测量转速的数字式光电测速仪以及电子计算机的光电输出器等。

7.2 光电效应与光电器件

根据爱因斯坦光子假说，光可以看作是一串具有一定能量的运动着的粒子流，而这些光粒子称为光子。光子是具有能量的粒子，每个光子的能量可表示为

$$E=hf \tag{7.1}$$

式中，h 为普朗克常数（$h=6.626\times10^{-34}\text{J}\cdot\text{s}$）；$f$ 为入射光的频率。

由式（7.1）可看出光子的能量与其频率成正比，故光波的频率越高或者波长越短，其光子的能量也越大。

当光照射到某一物体上时，可以看作是此物体受到一串能量为 hf 的光子的不断轰击，物体由于吸收能量为 hf 的光子后所产生的电效应即为光电效应。能产生光电效应的敏感材料称作光电材料。光电效应一般分为外光电效应（也称光电子发射效应）、内光电效应（也称光电导效应）和光生伏特效应三大类。根据光电效应可以制作出相应的光电转换元器件，简称光电器件或光敏器件，它是构成光电式传感器的主要部件。

7.2.1 外光电效应及其典型器件

当光照射到金属或金属氧化物的光电材料上时，光子的能量传给光电材料表面的电子，如果入射到表面的光能使电子获得足够的能量，电子会克服正离子对它的吸引力，脱离材料表面而进入外界空间，这种现象称为外光电效应（光电子发射效应）。即外光电效应是在光线作用下，电子逸出物体表面的现象。

当光照射到物体上而使物体受到光子轰击时，根据爱因斯坦假设可知：一个光子的能量只能传给一个电子。因此，当一个光子将全部能量 hf 传给物体内的一个自由电子时，会使其能量增加 hf，如果要让这个电子能从物体中逸出，必须使光子能量 hf 大于材料表面逸出功 A。自由电子接收光子的能量 hf，这些能量一部分作为电子逸出物体表面的逸出功 A，另一部分转化为电子逸出物体表面时的初动能。根据能量守恒定律可知

$$\frac{1}{2}mv^2=hf-A \tag{7.2}$$

式中，m 为电子的质量；v 为电子逸出的初始速度。

该式称为爱因斯坦光电效应方程式。由爱因斯坦的光子假说可知：

1）只有当光子的能量 hf 大于逸出功 A 时，才能发射出光电子，即才能产生光电效应；当光子能量 hf 恰好等于逸出功 A 时，光电子获得的初速度 $\nu=0$，此时光电子相应的单色光频率为 f_0，由式（7.2）有

$$hf_0=A \tag{7.3}$$

式中，f_0 为该物体产生光电效应的最低频率，称为红限频率。

很显然，当入射光频率 f 低于红限频率 f_0 时，不论入射光发光强度有多大，也不能使该物体发射光电子，即不能产生光电效应。反之，当入射光频率 f 高于红限频率 f_0 时，即使发光强度再弱，该物体也能发射光电子，只是发射出的光电子数较少，而随着入射光发光强度的增加，发射出的光电子数目会逐渐增加，光电流也逐渐增大。

2）因为一个光子的能量只能传给一个电子，所以电子吸收能量不需要积累能量的时间，当光照射到物体上时，就立即有光电子发出，据测该时间不超过 10^{-9}s。

根据外光电效应制作的光电器件类型有很多，主要有光电管和光电倍增管。

1. 光电管及其基本特性

（1）结构与工作原理　光电管有真空光电管和充气光电管两类。真空光电管的结构与测量电路如图 7.2 所示，它由一个阴极（K 极）和一个阳极（A 极）构成，并且密封在一

只真空玻璃管内。阴极装在玻璃管内壁上，其上涂有光电材料，或者在玻璃管内装入柱面形金属板，在此金属板内壁上涂有阴极光电材料。阳极通常用金属丝弯曲成矩形或圆形或金属丝柱，置于玻璃管的中央。在阴极和阳极之间加有一定的电压，且阳极为正极、阴极为负极。当光通过光窗照在阴极上时，光电子就从阴极发射出去，在阴极和阳极之间的电场作用下，光电子在极间做加速运动，被高电位的中央阳极收集形成电流，光电流的大小 I 和负载电阻的电压降 U_o 会随着光照的强度变化，从而实现了由光信号到电信号的转换。

充气光电管的结构与真空光电管相同，只是管内充有少量的惰性气体如氩或氖，充气光电管的灵敏度高，但光电流与入射光发光强度不成比例关系，因而使其具有稳定性较差、惰性大、温度影响大、容易衰老等一系列缺点。

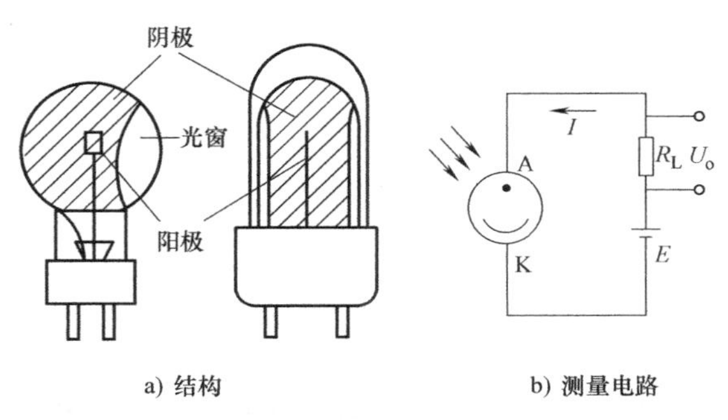

图 7.2 真空光电管的结构与测量电路

（2）主要性能　光电管的性能主要由伏安特性、光照特性、光谱特性、响应时间、峰值探测率和温度特性等来描述。下面主要介绍前三种特性。

1）光电管的伏安特性。在一定光照下，对光电器件的阴极所加电压与阳极所产生的电流之间的关系称为光电管的伏安特性。真空光电管和充气光电管的伏安特性分别如图 7.3a、b 所示。由图可见，阳极电流随光照强度的增加而增加，阴极所加电压的增加也有助于阳极电流的增大。

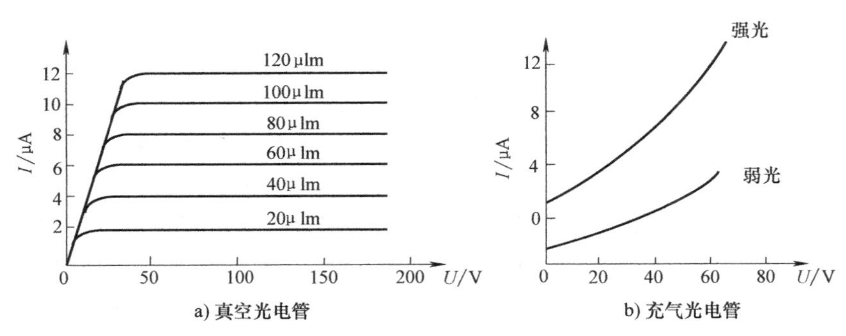

图 7.3 光电管的伏安特性

2）光电管的光照特性。当光电管的阳极和阴极之间所加电压一定时，光通量与光电流之间的关系称为光电管的光照特性，其特性曲线如图 7.4 所示。其中曲线 1 表示银氧铯阴极光电管的光电流与光通量呈线性关系。光照特性曲线的斜率（光电流与入射光通量之比）称为光电管的灵敏度。

3）光电管的光谱特性。不同光电阴极材料的光电管，对同一波长的光有不同的灵敏度；同一种阴极材料的光电管对与不同波长的光的灵敏度也不同，这就是光电管的光谱特性。图 7.5 为不同材料光电管的光谱特性曲线。从图中可以看出，不同材料对不同波长的光有不同的灵敏度。因此，对各种不同波长区域的光，应选用不同材料的光电阴极，以使其最大灵敏度在需要检测的光谱范围内。

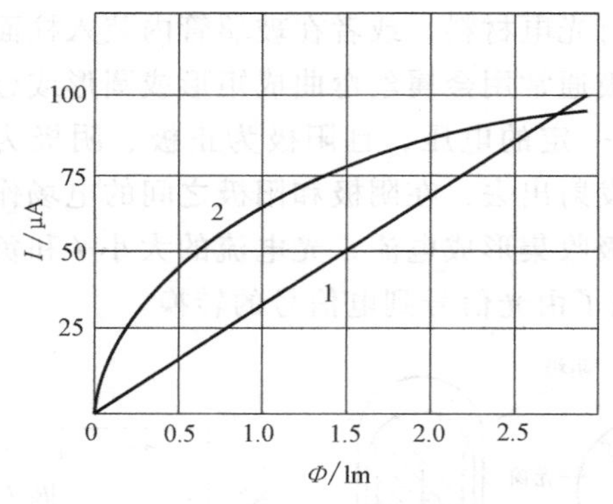

图 7.4　光电管的光照特性

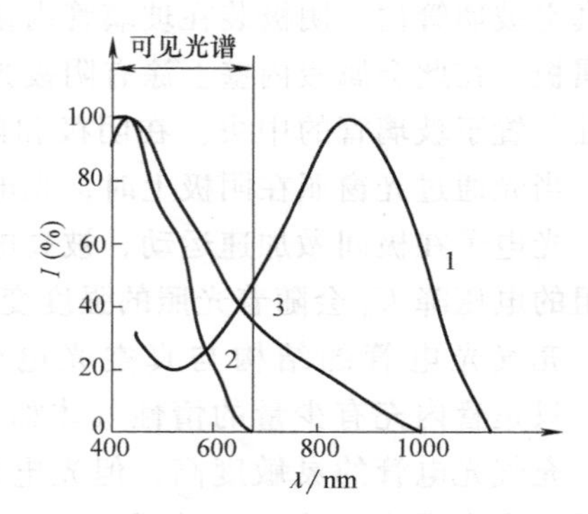

图 7.5　光电管的光谱特性

2. 光电倍增管及其基本特性

（1）结构与工作原理　当入射光很微弱时，普通光电管产生的光电流很小，只有零点几微安，不仅不容易探测，而且误差也会很大。这时常用光电倍增管对光电流进行放大，以提高灵敏度。图 7.6 是光电倍增管的外形和结构。

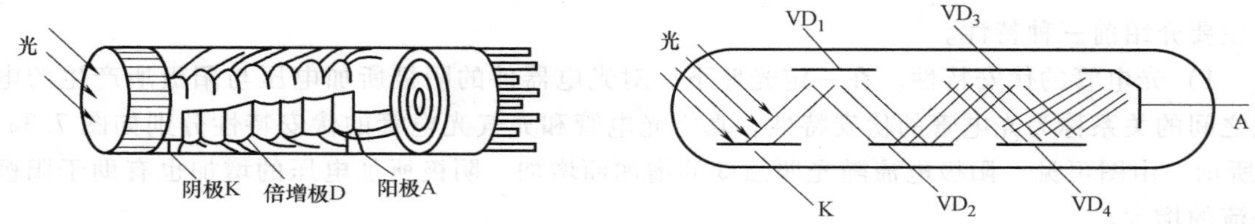

图 7.6　光电倍增管的外形和结构

光电倍增管（Photo-Multiple Tube，PMT）主要由光电阴极 K、电子倍增系统以及阳极 A 三部分组成。阳极是最后用来收集电子的，它输出的是电压脉冲。光电倍增管是灵敏度极高、响应速度极快的光探测器，其输出信号在很大范围内与入射光子数呈线性关系。

电子倍增系统是由若干个倍增极组成的，每个倍增极的接收面都由二次电子倍增材料构成，具有使一次电子倍增的能力。因此倍增系统是决定整管灵敏度最关键的部分。

当有足够动能的电子轰击某些材料时，材料表面将发射出新的电子，这种现象称为二次电子发射。轰击材料的入射电子称为一次电子，从材料表面发射出来的电子称为二次电子。不同材料的二次电子发射能力是不一样的。描述二次电子发射能力的参量是二次电子发射系数 δ，其定义为

$$\delta=\frac{n_2}{n_1}=\frac{i_2}{i_1} \tag{7.4}$$

式中，n_1 为入射的电子数，即一次电子数；n_2 为出射的电子数，即二次电子数；i_1 和 i_2 分别为一次电子流和二次电子流。

光电倍增管的工作电路如图 7.7 所示，使用时在各个倍增电极上均加上电压。阴极电位最低，从阴极开始，各个倍增电极的电位依次升高，阳极电位最高。由于相邻两个倍增电极之间有电位差，因此，存在加速电场，对电子加速。从阴极发出的光电子，在电场的加速下，打到第一个倍增电极上，引起二次电子发射。每个电子能从这个倍增电极上打出 3~6 个二次电子，被打出来的二次电子再经过电场的加速后，打在第二个倍增电极上，电子数又

增加 3~6 倍，如此不断倍增，阳极最后收集到的电子数将达到阴极发射电子数的 10^5 ~ 10^8 倍，即光电倍增管的放大倍数可达到几十万倍甚至上亿倍。因此光电倍增管的灵敏度就比普通光电管高几十万倍到上亿倍，相应的电流可由零点几微安放大到几安或 10A 级，即使在很微弱的光照下，它仍能产生很大的光电流。

（2）主要参数

1）倍增系数 M。倍增系数 M 等于各倍增电极的二次电子发射系数 δ 的乘积。如果 n 个倍增电极的 δ 都一样，则阳极电流为

$$I = iM = i\delta^n \tag{7.5}$$

式中，I 为光电阳极的光电流；i 为光电阴极发出的初始光电流；δ 为倍增电极的二次电子发射系数；n 为光电倍增极数（一般为 9~11）。

光电倍增管的电流放大倍数为

$$\beta = \frac{I}{i} = \delta^n = M \tag{7.6}$$

倍增系数 M 与所加电压有关，反映倍增极搜集电子的能力，一般 M 在 10^5 ~ 10^8 之间。如果电压有波动，倍增系数也会波动。一般阳极和阴极之间的电压为 1000~2500V。两个相邻的倍增电极的电位差为 50~100V。

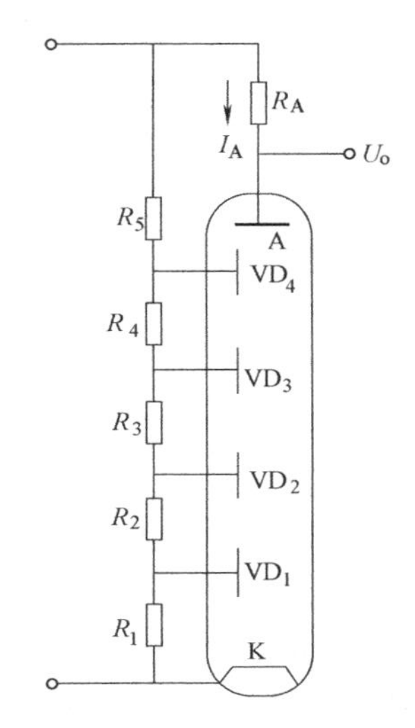

图 7.7 光电倍增管的工作电路

2）光电阴极的灵敏度和光电倍增管的总灵敏度。一个光子在阴极上所能激发的平均电子数叫作光电阴极的灵敏度。一个光子入射在阴极上，最后在阳极上能收集到的总的电子数叫作光电倍增管的总灵敏度，该值与加速电压有关。光电倍增管的最大灵敏度可达 10A/lm，极间电压越高，灵敏度越高。但极间电压也不能太高，太高反而会使阳极电流不稳。另外，由于光电倍增管的灵敏度很高，所以不能受强光照射，否则易被损坏。

3）暗电流。光电倍增管在使用时一般放在暗室里避光使用，使其只对入射信号光起作用（称为光激发）。但是，由于环境温度、热辐射和其他因素的影响，即使没有光信号输入，加上电压后阳极仍有电流，这种电流称为暗电流。光电倍增管的暗电流在正常应用情况下是很小的，一般为10^{-16} ~ 10^{-10}A。暗电流主要是热电子发射引起的，它随温度增加而增加（称为热激发）；影响光电倍增管暗电流的因素还包括欧姆漏电（光电倍增管的电极之间玻璃漏电、管座漏电、灰尘漏电等）、残余气体放电（光电倍增管中高速运动的电子会使管中的气体电离产生正离子和光电子）、光反馈等。有时暗电流可能很大甚至使光电倍增管无法正常工作，需要特别注意，暗电流通常可以用补偿电路加以消除。

4）光电倍增管的光谱特性。光电倍增管的光谱特性与相同材料的光电管的光谱特性相似，主要取决于光电阴极材料。

7.2.2 内光电效应及其典型器件

物体受到光照后，其内部的原子会释放出电子，但这些被释放的电子并不逸出物体表面，而是仍然留在物体内部，结果使物体的电阻率发生变化或产生一定方向的电动势，这种现象称为内光电效应。前者称为光电导效应，后者称为光生伏特效应。

光电导效应是指物体在入射光能量的激发下，其内部产生光生载流子，使物体中载流子数量显著增加而电阻减小的现象；这种效应在大多数半导体和绝缘体中都存在，但金属因电子能态不同，不会产生光电导效应。

半导体材料的导电能力取决于半导体内部载流子的数目，半导体中参与导电的载流子有自由电子和空穴两种。通常情况下，半导体原子中的价电子被束缚在价带中，当入射光子的能量大于半导体材料的禁带宽度时，价带中的电子被激发到导带形成自由电子，同时在价带中原来价电子的位置上会形成空穴。由于自由电子和空穴都参与导电，所以半导体材料的电导率增加了，这种现象称为本征光电导效应。若光子激发杂质半导体，使电子从施主能级跃迁到导带或从价带跃迁到受主能级，产生光生自由电子或空穴，从而引起材料电导率的变化，则称为非本征光电导效应，也称为杂质光电导效应。

光电导效应与外光电效应一样，受到红限频率的限制。只有入射光子的能量大于材料的禁带宽度或杂质电离能，才能使半导体产生光电导效应。基于光电导效应制作的光电器件主要是光敏电阻。

光敏电阻是一种利用光电导材料制成的没有极性的光电器件，也称光导管。光敏电阻具有灵敏度高、工作电流大（可达数毫安）、光谱响应范围宽（可涵盖紫外区域到红外区域）、体积小、重量轻、机械强度高、耐冲击、耐振动、抗过载能力强、寿命长、价格较低、使用方便等优点，但存在响应时间长、频率特性差、强光线性差、受温度影响大等缺点，主要用于红外的弱光探测和开关控制领域。

1. 光敏电阻的结构和工作原理

光敏电阻的结构如图 7.8a 所示。为了加大感光面，通常采用微电子工艺在玻璃（或陶瓷）基片上均匀地涂敷一层薄薄的光电导多晶材料，经烧结后放上掩蔽膜，蒸镀上两个金（或铟）电极，再在光敏电阻材料表面覆盖一层漆保护膜（用于防止周围介质的影响，但要求该漆膜对光敏层最敏感波长范围内的光线透射率最大）。感光面大的光敏电阻的表面大多采用图 7.8b 的梳状电极结构，这样可得到比较大的光电流。

当入射光照到半导体上时，若光电导体为本征半导体材料，且入射光子能量大于本征半导体材料的禁带宽度，则价电子受光子的激发由价带越过禁带跃迁到导带，在价带中就留有空穴，在外加电压下，导带中的电子和价带中的空穴同时参与导电，即载流子数增多，电阻率下降。由于光的照射，使半导体的电阻变化，所以称为光敏电阻。

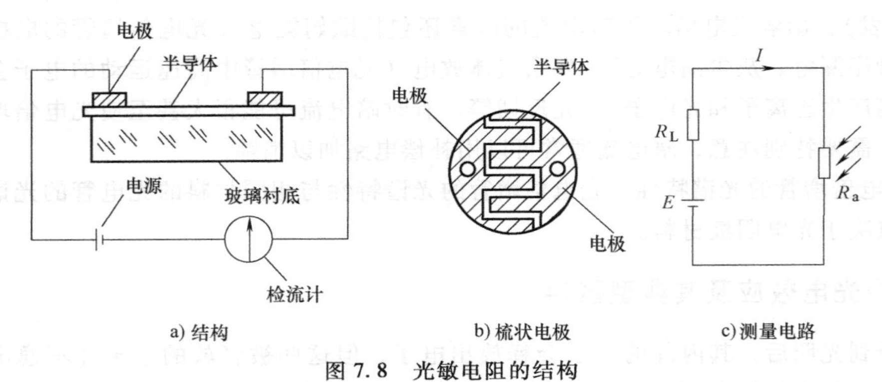

图 7.8　光敏电阻的结构

如果把光敏电阻连接到如图 7.8c 所示的测量电路中，在外加电压的作用下，电路中有电流流过，用检流计可以检测到该电流；如果改变照射到光敏电阻上的光度量（照度），发现流过光敏电阻的电流发生了变化，即用光照射能改变电路中电流的大小，实际上是光敏电阻的阻值随照度发生了变化。典型的光敏电阻有硫化镉（CdS）、硫化铅（PbS）、锑化铟（InSb）以及碲化镉汞（$Hg_{1-x}Cd_xTe$）系列光敏电阻。光敏电阻的种类繁多，由于所用材料和制作工艺过程的不同，其光电性能有较大差异。

2. 光敏电阻的主要参数和基本特性

光敏电阻的选用取决于它的主要参数和一系列特性，如暗电流、光电流、光敏电阻的伏安特性、光照特性、光谱特性、频率特性、温度特性以及光敏电阻的灵敏度、时间常数和最佳工作电压等。

（1）暗电阻、亮电阻与光电流　暗电阻、亮电阻和光电流是光敏电阻的主要参数。光敏电阻在未受到光照时的阻值称为暗电阻，此时流过的电流称为暗电流。在受到光照时的电阻称为亮电阻，此时的电流称为亮电流。亮电流与暗电流之差，称为光电流。

我们当然希望光敏电阻的暗电阻越大越好、亮电阻越小越好，即暗电流要小，亮电流要大，这样光电流才可能大，光敏电阻的灵敏度才会高。实际上，大多数光敏电阻的暗电阻往往超过 1MΩ，甚至高达 100MΩ，而亮电阻通常可降到 1kΩ 以下，可见光敏电阻的灵敏度是相当高的。

（2）光敏电阻的伏安特性　在一定光照度下，光敏电阻两端所加的电压与光电流之间的关系称为伏安特性。硫化镉（CdS）光敏电阻的伏安特性如图 7.9 所示，虚线为允许功耗线或额定功耗线（使用时应不使光敏电阻的实际功耗超过额定值）。由曲线可知，在给定的电压情况下，光照度越大，光电流也就越大。在一定的光照度下，所加的电压越大，则产生的光电流也越大，而且没有饱和现象。但是也不能无限制地增加，它要受到光敏电阻最大功耗的限制。

（3）光敏电阻的光照特性　光敏电阻的光照特性用于描述光电流和光照强度之间的关系，绝大多数光敏电阻的光照特性曲线是非线性的，不同光敏电阻的光照特性是不同的，硫化镉光敏电阻的光照特性如图 7.10 所示。光敏电阻一般在自动控制系统中用作开关式光电信号转换器而不宜用作线性测量元件。

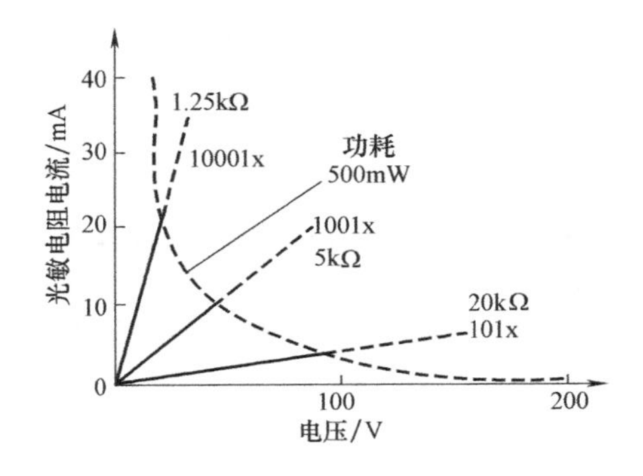

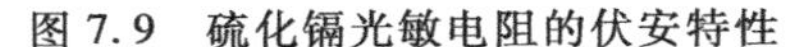
图 7.9　硫化镉光敏电阻的伏安特性

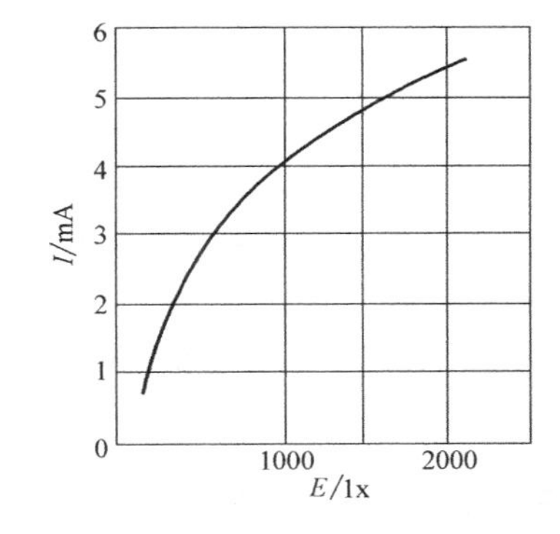

图 7.10　硫化镉光敏电阻的光照特性

（4）光敏电阻的光谱特性　对于不同波长的光，不同的光敏电阻的灵敏度是不同的，即不同的光敏电阻对不同波长的入射光有不同的响应特性。光敏电阻的相对灵敏度与入射波长的关系称为光谱特性。

几种常用光敏电阻材料的光谱特性如图 7. 11 所示。从图中可以看出，硫化镉光敏电阻的光谱响应峰值在可见光区域，而硫化铅的响应峰值在红外区域。因此在选用光敏电阻时，应该结合光源来考虑，才能获得满意的结果。

(5) 光敏电阻的响应时间和频率特性　实验证明，光敏电阻的光电流不能随着光照量的改变而立即改变，即光敏电阻产生的光电流有一定的惰性，这个惰性通常用时间常数来描述。时间常数为光敏电阻自停止光照起到电流下降为原来的63%所需要的时间。很显然，时间常数越小，响应越迅速。但大多数光敏电阻的时间常数都较大，这是它的缺点之一。不同材料的光敏电阻有不同的时间常数，因此其频率特性也各不相同，与入射的辐射信号的强弱有关。

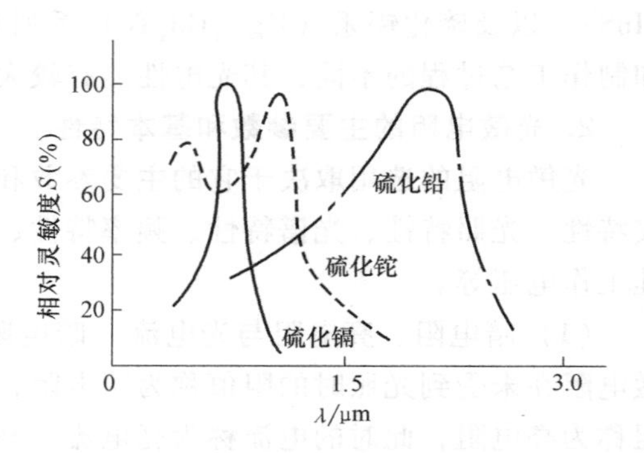

图 7. 11　光敏电阻的光谱特性

图 7. 12 所示为硫化镉和硫化铅光敏电阻的频率特性。硫化铅的使用频率范围最大，其他都较差。目前正在通过改进生产工艺来改善各种材料光敏电阻的频率特性。

(6) 光敏电阻的温度特性　光敏电阻和其他半导体器件一样，其光学和电学性质受温度影响较大。光敏电阻的温度特性与光电导材料有密切关系，不同材料的光敏电阻有不同的温度特性；光敏电阻的光谱响应、灵敏度和暗电阻都要受到温度变化的影响。受温度影响最大的例子是硫化铅光敏电阻，其光谱响应的温度特性如图 7. 13 所示。

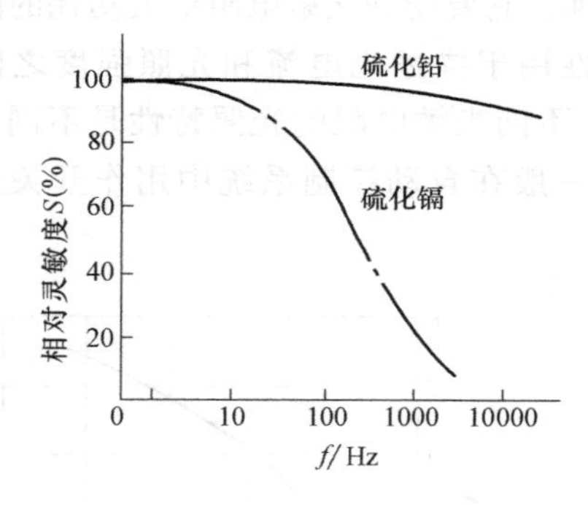

图 7. 12　光敏电阻的频率特性

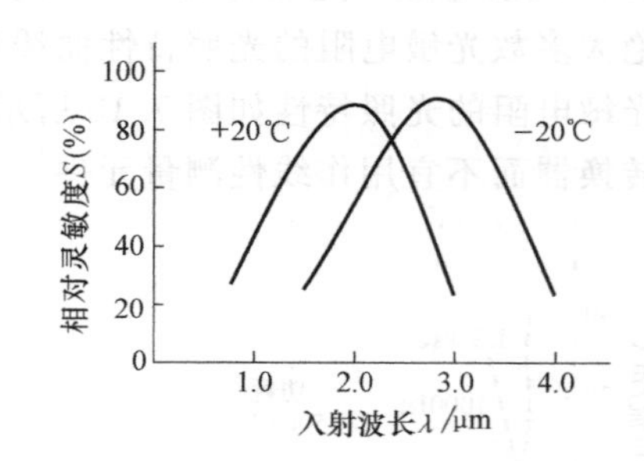

图 7. 13　硫化铅光敏电阻的温度特性

随着温度的上升，其光谱响应曲线向左（短波长的方向）移动。因此，要求硫化铅光敏电阻在低温、恒温的条件下使用。

7. 2. 3　光生伏特效应及其典型器件

光生伏特效应是指光照在半导体中激发出的光电子和空穴在空间分开而产生电位差的现象，是将光能变为电能的一种效应。光照在半导体 PN 结或金属-半导体接触面上时，在 PN 结或金属-半导体接触面的两侧会产生光生电动势，这是因为 PN 结或金属-半导体接触面因材料不同质或不均匀而存在内建电场，半导体受光照激发产生的电子或空穴会在内建电场的作用下向相反方向移动和积聚，从而产生电位差。利用光生伏特效应制成的光敏元件主要有光电池、光敏管、光耦合器件等。

1. 光电池

（1）光电池的结构及工作原理　光电池实质上是一个电压源，是利用光生伏特效应把光能直接转换成电能的光电器件。由于它广泛用于把太阳能直接转变成电能，因此也称太阳电池。一般地，能用于制造光电阻器件的半导体材料均可用于制造光电池，例如硒光电池、硅光电池、砷化镓光电池等。

光电池结构示意图如图 7.14 所示。硅光电池是在一块 N 型硅片上，用扩散的方法掺入一些 P 型杂质形成 PN 结。当入射光照射在 PN 结上时，若光子能量 hf 大于半导体材料的禁带宽度 E，则在 PN 结内附近激发出电子-空穴对，在 PN 结内电场的作用下，N 型区的光生空穴被拉向 P 型区，P 型区的光生电子被拉向 N 型区，结果使 P 型区带正电，N 型区带负电，这样 PN 结就产生了电位差。若将 PN 结两端用导线连接起来，电路中就有电流流过，电流方向由 P 型区流经外电路至 N 型区，如图 7.15 所示。若将外电路断开，就可以测出光生电动势。

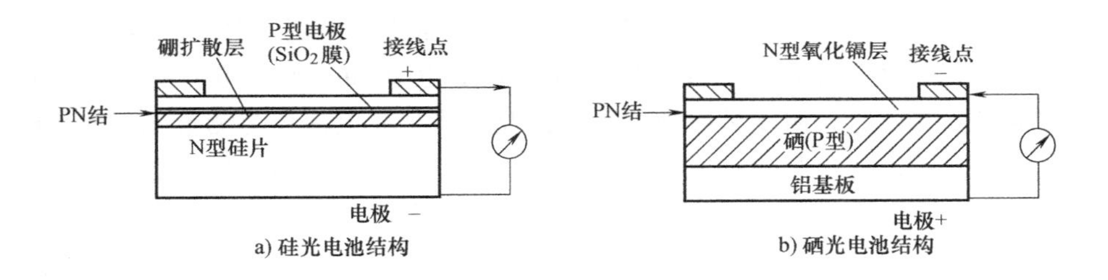

图 7.14　光电池结构示意图

硒光电池是在铝片上涂硒（P 型），再用溅射的工艺，在硒层上形成一层半透明的氧化镉（N 型）。在正、反两面喷上低融合金作为电极，如图 7.14b 所示。在光线照射下，镉材料带负电，硒材料带正电，形成电动势或光电流。

光电池的符号、基本电路及等效电路如图 7.16 所示。

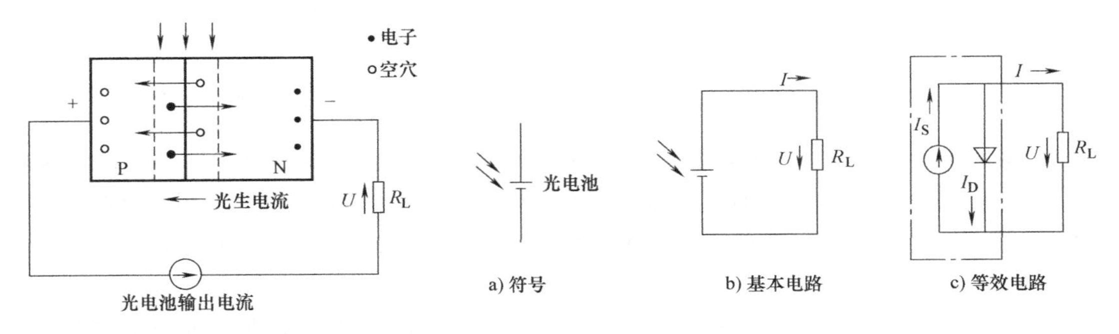

图 7.15　光电池工作原理　　　　图 7.16　光电池的符号及其电路

（2）光电池的种类　光电池的种类很多，有硅光电池、硒光电池、锗光电池、砷化镓光电池、氧化亚铜光电池等，但最受人们重视的是硅光电池。这是因为它具有性能稳定、光谱范围宽、频率特性好、转换效率高、能耐高温辐射、价格便宜、寿命长等特点。它不仅广泛用于人造卫星和宇宙飞船作为太阳电池，而且也广泛应用于自动检测和其他测试系统中。另外，由于硒光电池的光谱响应峰值在可见光区域，所以在很多分析仪器和测量仪表中经常被采用。

(3) 光电池的特性

1) 光谱特性。硅光电池和硒光电池的光谱特性如图 7.17 所示。由图可知光电池对不同波长的光的灵敏度是不同的。硅光电池的光谱响应波长范围为 0.4~1.2μm，而硒光电池在 0.38~0.75μm，相对而言，硅电池的光谱响应范围更宽。硒光电池在可见光谱范围内有较高的灵敏度，适宜测可见光。

不同材料的光电池的光谱响应峰值所对应的入射光波长也是不同的。硅光电池在 0.8μm 附近，硒光电池在 0.5μm 附近。因此，使用光电池时对光源应有所选择。

2) 光照特性。光电池在不同光照度（指单位面积上的光通量，表示被照射平面上某一点的光亮程度。单位为 lx，符号为 E）下，其光电流和光生电动势是不同的，它们之间的关系称为光照特性。硅光电池的光照特性曲线如图 7.18 所示。光生电动势即开路电压与光照度之间的特性曲线称为开路电压曲线。外接负载相对于它的内阻很小时的光电流称为短路电流，短路电流与光照度之间的特性曲线称为短路电流曲线。由图可知，开路电压（负载电阻无穷大时）与光照度的关系是非线性的，且在照度为 2000lx 的光照下就趋于饱和了，而短路电流在很大范围内与光照度呈线性关系。因此，当把光电池作为测量元件使用时，不应把它当作电压源使用，而应把它当作电流源使用，即利用其短路电流与光照度呈线性的特点，这也是光电池的主要优点之一。

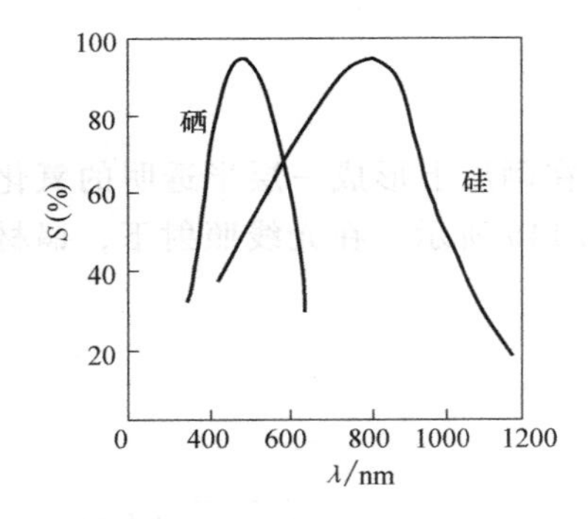

图 7.17　光电池的光谱特性曲线

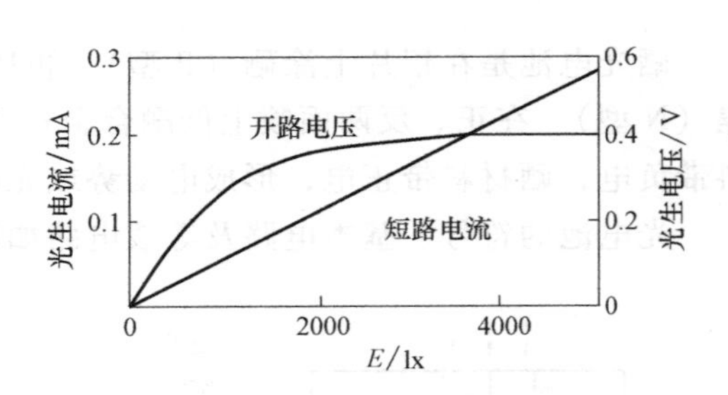

图 7.18　光电池的光照特性曲线

3) 频率特性。光电池的 PN 结面积大，极间电容大，因此频率特性较差。图 7.19 为硅光电池和硒光电池的频率特性曲线，即光的调制频率与光电池输出的相对光电流之间的关系曲线。由图可见，硅光电池有较好的频率特性和较高的频率响应，因此一般在高速计算机器中采用。

4) 温度特性。半导体材料易受温度的影响，将直接影响光电流的值。光电池的温度特性用于描述光电池的开路电压和短路电流随温度变化的情况。温度特性将影响测量仪器的温漂和测量或控制的精度等。

硅光电池在 1000lx 光照度下的温度特性曲线如图 7.20 所示，由图可以看出，开路电压随温度的升高而快速下降，短路电流却随温度升高而增加，在一定温度范围内，它们都与温度呈线性关系。温度对光电池的工作影响较大，当它作为测量元件时，最好保证温度恒定，或者采取温度补偿措施。

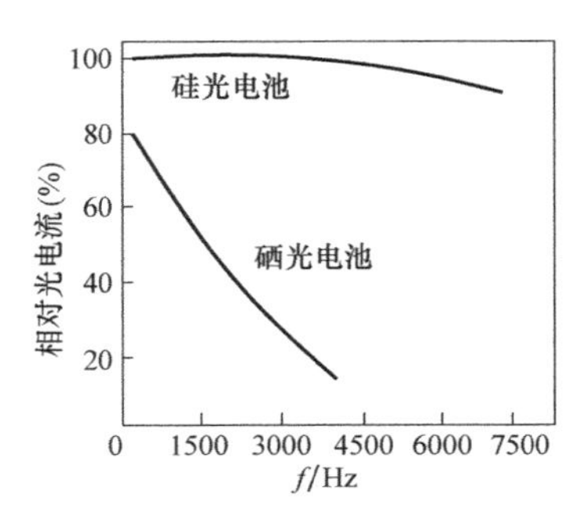

图 7.19　光电池的频率特性曲线

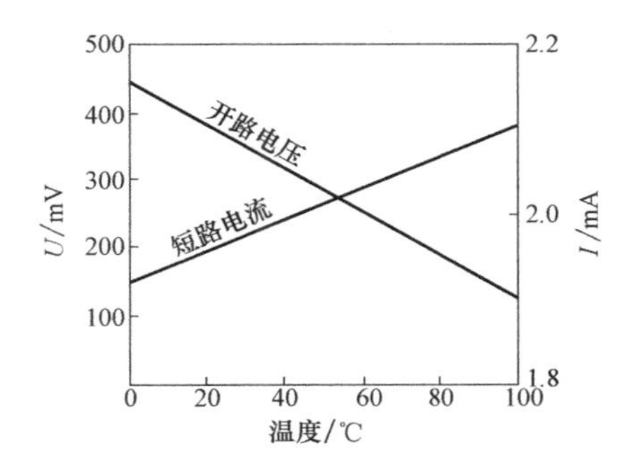

图 7.20　光电池的温度特性曲线

2. 光敏管

大多数半导体二极管和晶体管都是对光敏感的，当二极管和晶体管的 PN 结受到光照射时，通过 PN 结的电流将增大，因此，常规的二极管和晶体管都用金属罐或其他壳体密封起来，以防光照；而光敏管（包括光敏二极管和光敏晶体管）则必须使 PN 结能接收最大的光照射。光电池与光敏二极管、晶体管都是 PN 结，它们的主要区别在于后者的 PN 结处于反向偏置，无光照时反向电阻很大、反向电流很小，相当于截止状态。当有光照时将产生光生的电子-空穴对，在 PN 结电场作用下电子向 N 区移动，空穴向 P 区移动，形成光电流。

（1）光敏管的结构和工作原理　光敏二极管是一种 PN 结型半导体器件，与一般半导体二极管类似，其 PN 结装在管的顶部，以便接收光照，上面有一个透镜制成的窗口，可使光线集中在敏感面上，其工作原理和基本使用电路如图 7.21 所示。在无光照射时，处于反偏的光敏二极管工作在截止状态，这时只有少数载流子在反向偏压下越过阻挡层，形成微小的反向电流即暗电流，一般为 10^{-9}～10^{-8}A。当光敏二极管受到光照射之后，光子在半导体内被吸收，使 P 型区的电子数增多，也使 N 型区的空穴增多，即产生新的自由载流子（光生电子-空穴对）。这些载流子在结电场的作用下，空穴向 P 型区移动，电子向 N 型区移动，从而使通过 PN 结的反向电流大为增加，这就形成了光电流，处于导通状态。当入射光的发光强度发生变化时，光生载流子的多少相应发生变化，通过光敏二极管的电流也随之变化，这样就把光信号变成了电信号。达到平衡时，在 PN 结的两端将建立起稳定的电压差，这就是光生电动势。

光敏晶体管是光敏二极管和晶体管放大器一体化的结果，它有 NPN 型和 PNP 型两种基本结构，用 N 型硅材料为衬底制作的光敏晶体管为 NPN 型，用 P 型硅材料为衬底制作的光敏晶体管为 PNP 型。

这里以 NPN 型光敏晶体管为例，其结构与普通晶体管很相似，只是它的基极做得很大，以扩大光的照射面积，且其基极往往不接引线；即相当于在普通晶体管的基极和集电极之间接有光敏二极管且对电流加以放大。光敏晶体管的工作原理分为光电转换和光电流放大两个过程；光电转换过程与一般光敏二极管相同，当集电极加上相对于发射极为正的电压而不接基极时，集电极就是反向偏压，当光照在基极上时，就会在基极附近光激发产生电子-空穴

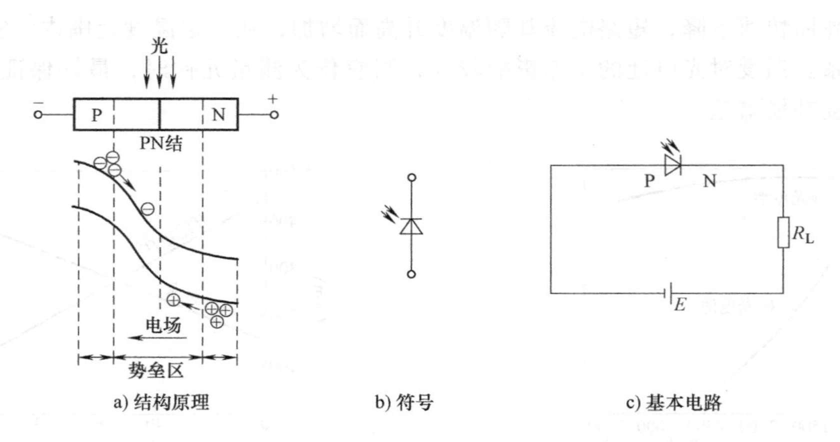

图 7.21　光敏二极管的结构原理和基本电路

对，在反向偏置的 PN 结势垒电场作用下，自由电子向集电区（N 区）移动并被集电极所收集，空穴流向基区（P 区）被正向偏置的发射结发出的自由电子填充，这样就形成一个由集电极到发射极的光电流，相当于晶体管的基极电流 I_b。空穴在基区的积累提高了发射结的正向偏置，发射区的多数载流子（电子）穿过很薄的基区向集电区移动，在外电场作用下形成集电极电流 I_c，结果表现为基极电流将被集电结放大 β 倍，这一过程与普通晶体管放大基极电流的作用相似。不同的是普通晶体管是由基极向发射结注入空穴载流子控制发射极的扩散电流，而光敏晶体管是由注入发射结的光生电流控制。PNP 型光敏晶体管的工作与 NPN 型相同，只是它以 P 型硅为衬底材料构成，它工作时的电压极性与 NPN 型相反，集电极的电位为负。

光敏晶体管是兼有光敏二极管特性的器件，它在把光信号变为电信号的同时又将信号电流放大，光敏晶体管的光电流可达 0.4~4mA，而光敏二极管的光电流只有几十微安，因此光敏晶体管有更高的灵敏度。图 7.22 给出光敏晶体管的结构和基本使用电路。

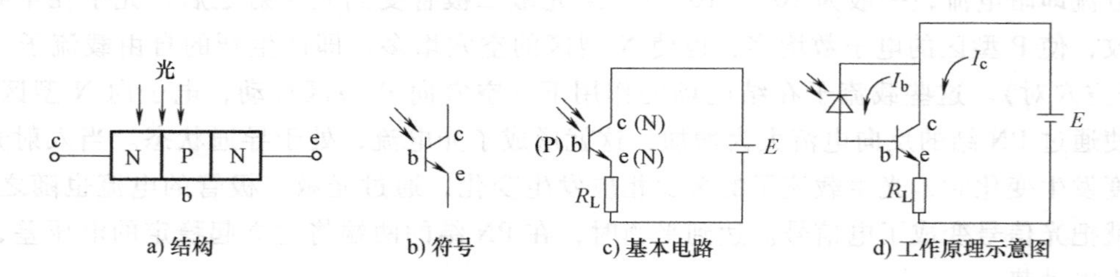

图 7.22　光敏晶体管的结构和基本电路

(2) 光敏管的基本特性

1) 光谱特性。光谱特性是指光敏管在照度一定时，输出的光电流（或光谱相对灵敏度）随入射光的波长而变化的关系。图 7.23 所示为硅和锗光敏管（光敏二极管、光敏晶体管）的光谱特性曲线。对一定材料和工艺制成的光敏管，必须对应一定波长范围（光谱）的入射光才会响应，这就是光敏管的光谱响应。从图中可以看出：硅光敏管适用于 0.4~1.1μm 波长，最灵敏的响应波长为 0.8~0.9μm；而锗光敏管适用于 0.6~1.8μm 的波长，其最灵敏的响应波长为 1.4~1.5μm。

由于锗光敏管的暗电流比硅光敏管大，故在可见光作光源时，都采用硅管；但是，在用红外光源探测时，则锗管较为合适。光敏二极管、光敏晶体管几乎全用锗或硅材料做成。由于硅管比锗管无论在性能上还是制造工艺上都更为优越，所以目前硅管的发展与应用更为广泛。

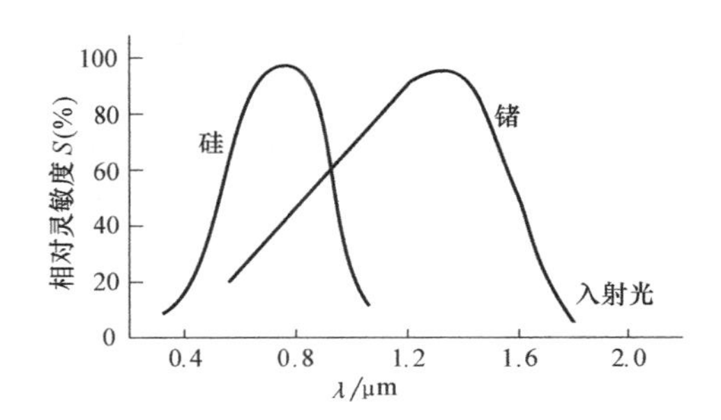

图 7.23 光敏管的光谱特性

2）伏安特性。伏安特性是指光敏管在照度一定的条件下，光电流与外加电压之间的关系。图 7.24 所示为光敏二极管、光敏晶体管在不同照度下的伏安特性曲线。由图可见，光敏晶体管的光电流比相同管型光敏二极管的光电流大上百倍。

由图 7.24a 可见，在零偏压时，光敏二极管仍有光电流输出，这是因为光敏二极管存在光生伏特效应。

由图 7.24b 可见，光敏晶体管在偏置电压为零时，无论光照度有多强，集电极的电流都为零，说明光敏晶体管必须在一定的偏置电压作用下才能工作，偏置电压要保证光敏晶体管的发射结处于正向偏置、集电结处于反向偏置；随着偏置电压的升高，光敏晶体管的伏安特性曲线向上偏斜，间距增大，这是因为光敏晶体管除了具有光电灵敏度外，还具有电流增益 β，且 β 值随光电流的增加而增大。

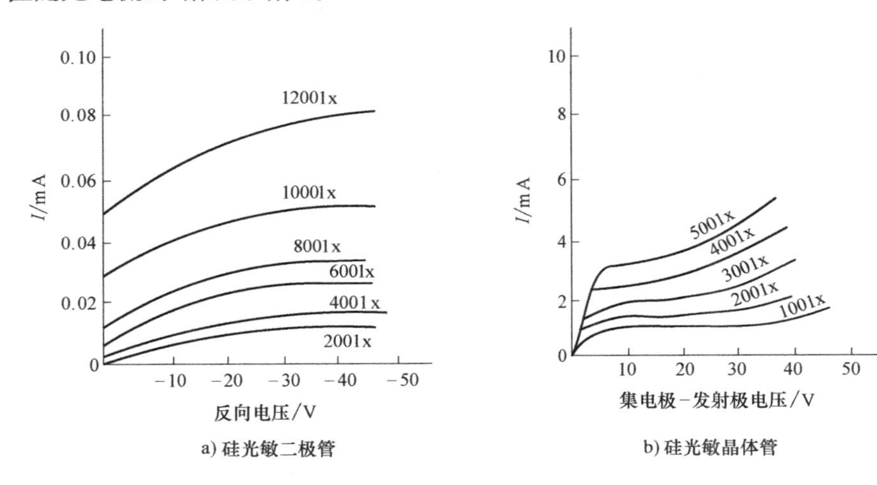

图 7.24 光敏管的伏安特性

3）光照特性。光照特性就是光敏管的输出电流 I_0 和照度 E 之间的关系。硅光敏管的光照特性如图 7.25 所示，从图中可以看出，光照度越大，产生的光电流越强。光敏二极管的光照特性曲线的线性较好；光敏晶体管在照度较小时，光电流随照度增加缓慢，而在照度较大时（光照度为几千勒克斯）光电流存在饱和现象，这是由于光敏晶体管的电流放大倍数在小电流和大电流时都有下降的缘故。

4）频率特性。光敏管的频率特性是光敏管输出的光电流（或相对灵敏度）与发光强度变化频率的关系。光敏二极管的频率特性好，其响应时间可以达到 $10^{-8}\sim9^{-7}$s，因此它适用于测量快速变化的光信号。由于光敏晶体管存在发射结电容和基区渡越时间（发射极的载流子通过基区所需要的时间），所以，光敏晶体管的频率响应比光敏二极管差，而且和光敏二极管一样，负载电阻越大，高频响应越差，因此，在高频应用时应尽量降低负载电阻的阻值。图 7.26 给出了硅光敏晶体管的频率特性曲线。

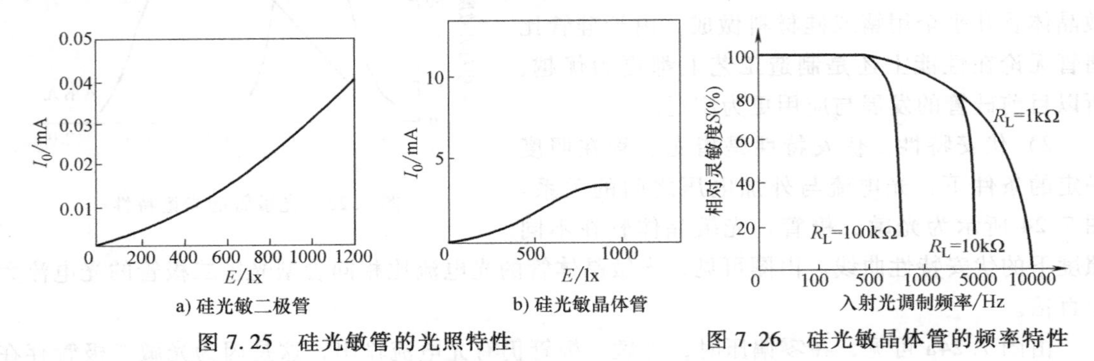

a) 硅光敏二极管　　b) 硅光敏晶体管

图 7.25　硅光敏管的光照特性　　图 7.26　硅光敏晶体管的频率特性

3. 光耦合器件

光耦合器件是将发光元件和光敏元件合并使用，以光为媒介实现信号传递的光电器件。发光元件通常采用砷化镓发光二极管，它由一个 PN 结组成，有单向导电性，随正向电压的提高，正向电流增加，产生的光通量也增加。光敏元件可以是光敏二极管或光敏晶体管等。为了保证灵敏度，发光元件与光敏元件在光谱上要求得到最佳匹配。

光耦合器件将发光元件和光敏元件集成在一起，封装在一个外壳内，如图 7.27 所示。光耦合器件的输入电路和输出电路在电气上完全隔离，仅仅通过光的耦合才把二者联系在一起。工作时，把电信号加到输入端，使发光器件发光，光敏元件则在此光照下输出光电流，从而实现电-光-电的两次转换。

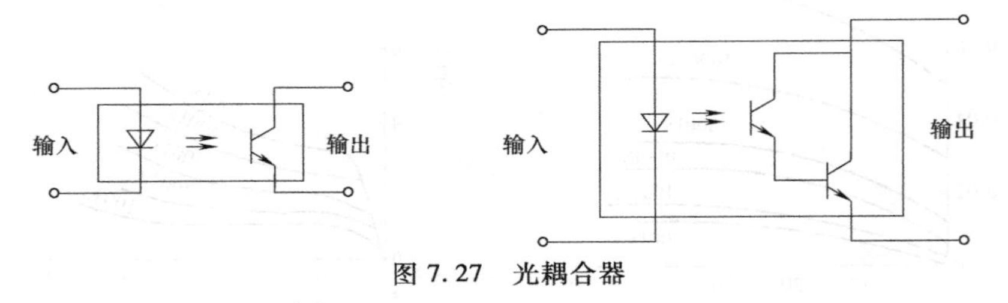

图 7.27　光耦合器

光耦合器实际上能起到电量隔离的作用，具有抗干扰和单向信号传输功能。光耦合器件广泛应用于电量隔离、电平转换、噪声抑制、无触点开关等领域。

7.3　光纤传感器

光纤传感器以光学量转换为基础，以光信号为变换和传输的载体，利用光导纤维输送光信号的传感器。光纤传感技术是 20 世纪 70 年代中期伴随着光通信技术的发展而逐步形成的一门新技术。在实际应用中发现，光纤中所传输的光信号（光波）的特征量（如发光强度、相位、频率、偏振态等）会随外界环境因素（温度、压力、电场、磁场等）的变化而变化。如果能够测量出光波特征参量的变化，就可以知道导致这些光波特征参量变化的温度、压力、电场、磁场等物理量的大小，于是出现了光纤传感技术和光纤传感器。

光纤传感器与传统的各类传感器相比有一系列独特的优点，如频带宽、动态范围大、灵敏度高、抗电磁干扰、耐高温、耐腐蚀、电绝缘性好、防爆、光路可挠曲、结构简单、体积小、重量轻、功耗低、易于实现远距离测量等。光纤传感器的研究应用受到世界各国的广泛重视，目前光纤传感器已用于位移、振动、转动、压力、速度、加速度、电流、磁场、电压、温度等70多个物理量的测量。在生产过程自动控制、在线检测、故障诊断、安全报警等方面有广泛的应用前景。

7.3.1 光纤的传光原理及主要特性

1. 光纤结构及其传光原理

光纤是一种多层介质结构的同心圆柱体，包括纤芯、包层和保护层（涂敷层及护套），如图7.28所示。核心部分是纤芯和包层，纤芯粗细、纤芯材料和包层材料的折射率，对光纤的特性起决定性影响。其中纤芯由高度透明的材料制成，是光波的主要传输通道；纤芯材料的主体是SiO_2玻璃，并掺入微量的GeO_2、P_2O_5，以提高材料的光折射率。纤芯直径为5~75μm。包层可以是一层、二层或多层结构，总直径为100~200μm，包层材料主要也是SiO_2，掺入了微量的B_2O_3或SiF_4以降低包层对光的折射率；包层的折射率略小于纤芯，这样的构造可以保证入射到光纤内的光波集中在纤芯内传输。涂覆层保护光纤不受水汽的侵蚀和机械擦伤，同时又增加光纤的柔韧性，起着延长光纤寿命的作用。护套采用不同颜色的塑料管套，一方面起保护作用，另一方面以颜色区分多条光纤。许多根单条光纤组成光缆。

光在同一种介质中是直线传播的，如图7.29所示。当光线以不同的角度入射到光纤端面时，在端面发生折射进入光纤后，又入射到折射率n_1较大的光密介质（纤芯）与折射率n_2较小的光疏介质（包层）的交界面，光线在该处有一部分透射到光疏介质，一部分反射回光密介质。根据折射定理有

$$\frac{\sin\theta_k}{\sin\theta_r}=\frac{n_2}{n_1} \tag{7.7}$$

$$\frac{\sin\theta_i}{\sin\theta'}=\frac{n_1}{n_0} \tag{7.8}$$

式中，θ_i、θ'为光纤端面的入射角和折射角；θ_k、θ_r为光密介质与光疏介质界面处的入射角和折射角。

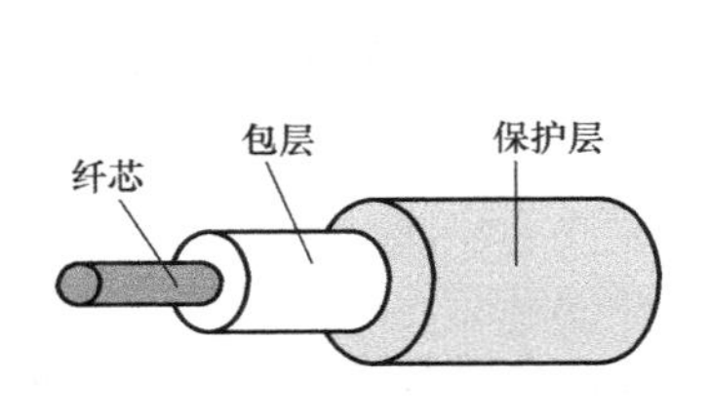

图7.28 光纤的结构

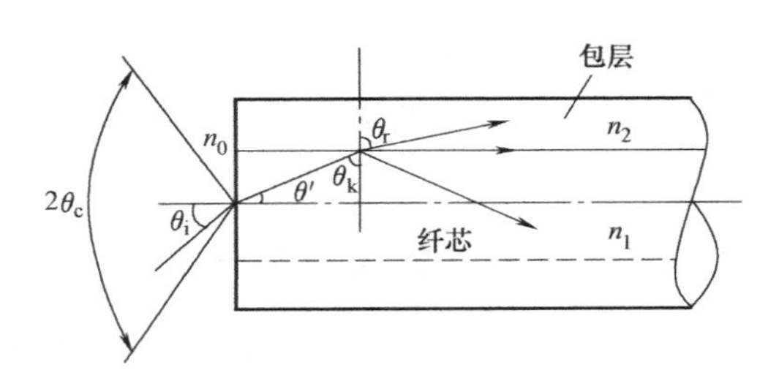

图7.29 光纤传输原理

在光纤材料确定的情况下，n_1/n_0、n_2/n_1均为定值，因此若减小θ_i，则θ'也将减小，相应地，θ_k将增大，则θ_r也增大。当θ_i达到θ_c使折射角$\theta_r=90°$时，即折射光将沿界面方向

传播，则称此时的入射角 θ_c 为临界角。因此有

$$\sin\theta_c=\frac{n_1}{n_0}\sin\theta'=\frac{n_1}{n_0}\cos\theta_k=\frac{n_1}{n_0}\sqrt{1-\left(\frac{n_2}{n_1}\sin\theta_r\right)^2}\xlongequal{\theta_r=90^\circ}\frac{1}{n_0}\sqrt{n_1^2-n_2^2} \tag{7.9}$$

外界介质一般为空气，$n_0=1$，因此有

$$\theta_c=\arcsin\sqrt{n_1^2-n_2^2} \tag{7.10}$$

当入射角 θ_i 小于临界角 θ_c 时，光线就不会透过其界面而全部反射到光密介质内部，即发生全反射。全反射的条件为

$$\theta_i<\theta_c \tag{7.11}$$

在满足全反射的条件下，光线就不会射出纤芯，而是在纤芯和包层界面不断地产生全反射向前传播，最后从光纤的另一端面射出。光的全反射是光纤传感器工作的基础。

2. 光纤的主要特性

（1）数值孔径　由式（7.10）可知，θ_c 是出现全反射的临界角，且某种光纤的临界入射角的大小是由光纤本身的性质——折射率 n_1、n_2 所决定的，与光纤的几何尺寸无关。光纤光学中把 $\sin\theta_c$ 定义为光纤的数值孔径（Numerical Aperture，NA）。即

$$\sin\theta_c=\sqrt{n_1^2-n_2^2} \tag{7.12}$$

数值孔径是光纤的一个重要参数，它能反映光纤的集光能力，光纤的 NA 越大，表明它可以在较大入射角 θ_i 范围内输入全反射光，集光能力就越强，光纤与光源的耦合越容易，且保证实现全反射向前传播。即在光纤端面，无论光源的发射功率有多大，只有 $2\theta_c$ 张角内的入射光才能被光纤接收、传播。如果入射角超出这个范围，进入光纤的光线将会进入包层而散失（产生漏光）。但 NA 越大，光信号的畸变也越大，所以要适当选择 NA 的大小。石英光纤的 NA=0.2~0.4（对应的 $\theta_c=11.5^\circ\sim23.5^\circ$）。

（2）光纤模式　光波在光纤中的传播途径和方式称为光纤模式。对于不同入射角的光线，在界面反射的次数是不同的，传递的光波间的干涉也是不同的，这就是传播模式不同。一般总希望光纤信号的模式数量要少，以减小信号畸变的可能。

光纤分为单模光纤和多模光纤。单模光纤直径较小（2~12μm），只能传输一种模式。其优点是信号畸变小、信息容量大、线性好、灵敏度高；其缺点是纤芯较小，制造、连接、耦合较困难。多模光纤直径较大（50~100μm），传输模式不止一种，其优点是纤芯面积较大，制造、连接、耦合容易；其缺点是性能较差。

（3）传输损耗　光信号在光纤中的传播不可避免地存在着损耗。光纤传输损耗主要有材料吸收损耗（因材料密度及浓度不均匀引起）、散射损耗（因光纤拉制时粗细不均匀引起）、光波导弯曲损耗（因光纤在使用中可能发生弯曲引起）。

7.3.2　光纤传感器的组成和分类

温度、压力、电场、磁场、振动等外界因素作用于光纤时，会引起光纤中传输的光波特征参量（振幅、相位、频率、偏振态等）发生变化，只要测出这些参量随外界因素的变化关系，就可以确定对应物理量的变化大小，这就是光纤传感器的基本工作原理。

1. 光纤传感器的组成

光纤传感器包括光纤、光源和光探测器。

（1）光源 为了保证光纤传感器的性能，光源的结构与特性要满足以下要求：光源的体积尽量小，以利于它与光纤耦合；光源发出的光波长应合适，以便减少光在光纤中传输的损失；光源要有足够的亮度，以便提高传感器的输出信号；光源稳定性好、噪声小、安装方便和寿命长。

光纤传感器使用的光源种类很多，按照光的相干性可分为相干光和非相干光。非相干光源有白炽光、发光二极管；相干光源包括各种激光器，如氦氖激光器、半导体激光二极管等。

（2）光探测器 光探测器的作用是把传送到接收端的光信号转换成电信号，以便做进一步的处理。常用的光探测器有光敏二极管、光敏晶体管、光电倍增管等。

在光纤传感器中，光探测器的性能好坏既影响被测物理量的变换准确度，又关系到光探测器接收系统的质量。它的线性度、灵敏度、带宽等参数直接影响传感器的总体性能。

2. 光纤传感器的分类

按光纤在传感器中功能的不同可分为功能型和非功能型两类。

（1）功能型（传感型）光纤传感器 这类传感器利用光纤本身的特性把光纤作为敏感元件，被测量对光纤内传输的光进行调制，使传输的光的发光强度、相位、频率或者偏振态等特性发生变化，再通过对被调制的信号进行解调，从而得出被测信号。这类光纤传感器中的光纤既作为光的传输介质，又是敏感元件。

（2）非功能型（传光型）光纤传感器 这类传感器利用其他敏感元件感受被测量的变化，与其他敏感元件组合而成。这类光纤传感器中的光纤只作为光的传输介质。

7.4 计量光栅传感器

光栅是通过在基体（如玻璃）上均匀的刻划栅线而形成的，包括物理光栅和计量光栅。很早以前，人们就将光栅的衍射现象应用于光谱分析、测量光波波长等方面，这类光栅就是物理光栅。直到20世纪50年代，才开始利用光栅的莫尔条纹现象把光栅作为测量长度的计量元件，这种光栅就称为计量光栅（也称为光栅传感器）。

计量光栅以线位移和角位移为基本测试内容，由于它的原理简单、装置也不十分复杂、测量精度高、可实现动态测量、具有较强的抗干扰能力，所以被广泛应用于高精度加工机床、光学坐标镗床、制造大规模集成电路的设备及检测仪器等。

7.4.1 光栅的结构和分类

1. 光栅的结构

在一块长条形镀膜玻璃上均匀刻制许多有明暗相间、等间距分布的细小条纹（称为刻线），这就是光栅，如图7.30所示。图中 a 为栅线的宽度（不透光），b 为栅线的间距（透光），$a+b=W$ 称为光栅的栅距（也叫作光栅常数），通常 $a=b$。目前常用的光栅是每毫米宽度上刻10、25、50、100、125、250条线等。

2. 光栅的分类

1）按光栅的形状和用途分为长光栅和圆光栅。前者用于测量长度，后者用于测量角度；其中圆光栅又分为径向光栅和切向光栅。径向光栅是通过沿圆形基体的周边在直径方向上刻划栅线而形成的，而切向光栅沿周边刻划的全部栅线都与光栅中央的一个半径为 r 的小圆相切。

2）按光线的路径分为透射光栅和反射光栅。透射光栅是在透明玻璃上均匀地刻划间距、宽度相等的栅线形成的，反射光栅则是在具有强反射能力的基体（一般用不锈钢或镀金属膜的玻璃做基体）上，均匀地刻划间距、宽度相等的栅线形成的。

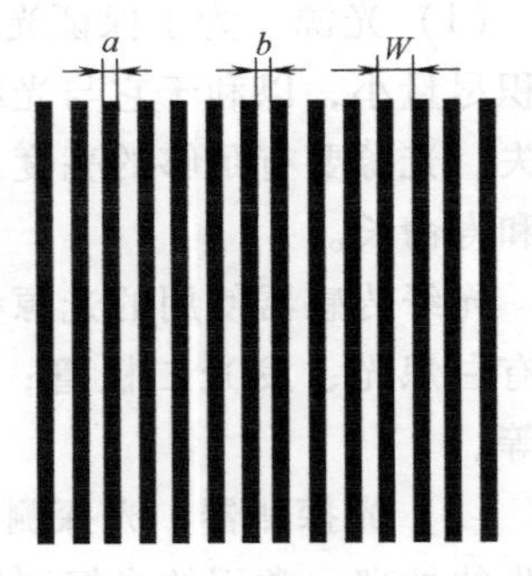

图 7.30　透射长光栅

3）按光栅的物理原理可分为黑白光栅（幅值光栅）和闪耀光栅（相位光栅）。长光栅中有黑白光栅，也有闪耀光栅，两者均有透射式和反射式。而圆光栅一般只有黑白光栅，主要是透射式。

7.4.2　光栅传感器的工作原理

这里以黑白、透射型长光栅为例介绍光栅传感器的工作原理。

1. 光栅传感器的组成

光栅传感器由光电转换装置（光栅读数头）、光栅数显表两部分组成。

光电转换装置利用光栅原理把输入量（位移量）转换成电信号，实现了将非电量转换为电量的功能，即计量光栅涉及三种信号：输入的非电量信号、光媒介信号和输出的电量信号。如图 7.31 所示，光电转换装置主要由光源、透镜、光栅副（包括主光栅和指示光栅）和光敏元件等组成。

1）光源：采用钨丝灯泡或发光二极管，后者与前者相比，具有体积小、转换效率高、响应速度快和使用寿命长的特点。目前计量光栅中一般用发光二极管作为光源。

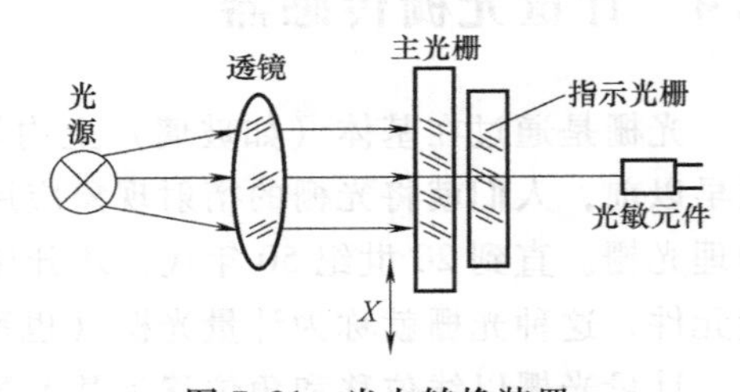

图 7.31　光电转换装置

2）光栅副：由主光栅和指示光栅组成。指示光栅比主光栅要短得多。主光栅一般固定在被测物体上，且随被测体移动，其长度取决于测量范围，而指示光栅固定，用于检取信号-读数。主光栅和指示光栅的相对位移量就是被测体的位移。主光栅和指示光栅之间的距离为 d，d 可根据光栅的栅距来选择，对于每毫米 25~100 线的黑白光栅，指示光栅应置于主光栅的“费涅尔第一焦面上”，即

$$d=\frac{W^2}{\lambda} \tag{7.13}$$

式中，W 为光栅栅距；λ 为有效光波长。

3）光敏元件：一般采用光电池和光敏晶体管。它把光栅形成的莫尔条纹的明暗强弱变化转换为电量输出。光敏元件的选择应考虑其光谱特性，使其与光源相匹配，以获得最佳转换效率。

2. 莫尔条纹

计量光栅的基本工作原理就是利用光栅的莫尔条纹现象来进行测量的。如图 7.32 所示，

两块具有相同栅线宽度和栅距的长光栅（选用两块同型号的长光栅）叠合在一起，中间留有很小的间隙，并使两者的栅线之间形成一个很小的夹角 θ，当光栅受到平行光照射时，由于挡光效应，在大致垂直于栅线的方向上出现明暗相间的条纹，称为莫尔条纹。莫尔（Moire）在法文中的原意是水面上产生的波纹。由图可见，在两块光栅栅线重合的地方，透光面积最大，出现亮带（图中的 d-d），相邻亮带之间的距离用 B_H 表示；有的地方两块光栅的栅线错开，形成了不透光的暗带（图中的 f-f），相邻暗带之间的距离用 B'_H 表示。很明显，当光栅的栅线宽度和栅距相等（$a=b$）时，则所形成的亮、暗带距离相等，即 $B_H=B'_H$，将它们统一称为条纹间距。当夹角 θ 减小时，条纹间距 B_H 增大，适当调整夹角 θ 可获得所需的条纹间距。

莫尔条纹测位移具有以下特点：

（1）对位移的放大作用　光栅每移动一个栅距 W，莫尔条纹移动一个间距 B_H。设 $a=b=W/2$，在 θ 很小的情况下，则由图 7-33 可得出莫尔条纹的间距 B_H 与两光栅夹角 θ 的关系为

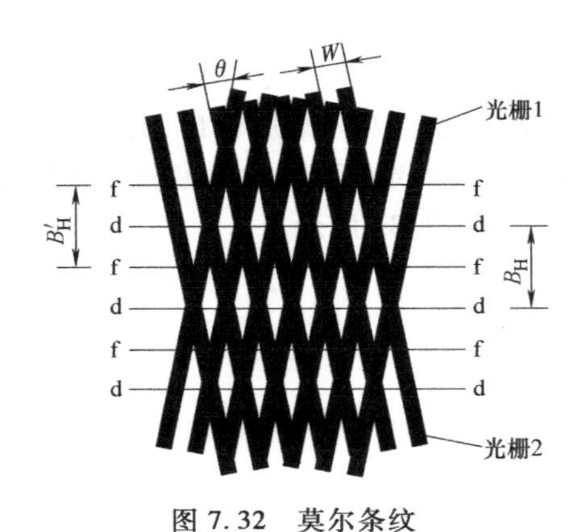

图 7.32　莫尔条纹

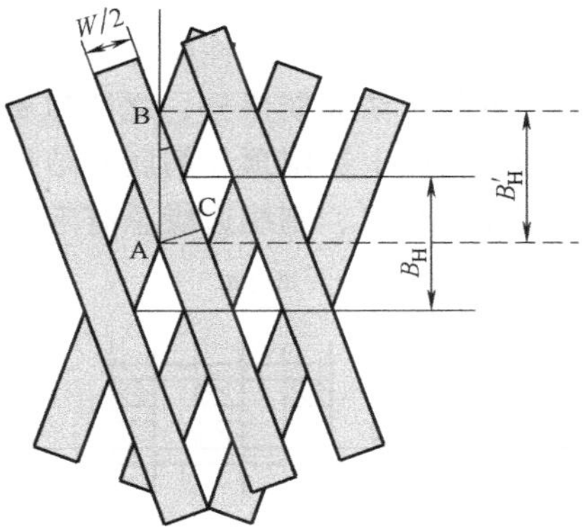

图 7.33　莫尔条纹间距与栅距和夹角之间的关系

$$B_H=\frac{W/2}{\sin\frac{\theta}{2}}\approx\frac{W/2}{\theta/2}=\frac{W}{\theta} \tag{7.14}$$

式中，W 为光栅的栅距；θ 为刻线夹角（rad）。

由此可见，θ 越小，B_H 越大，B_H 相当于把 W 放大了 $1/\theta$ 倍。即光栅具有位移放大作用，从而可提高测量的灵敏度。例如每毫米有 50 条刻线的光栅，$a=b=\frac{1}{50\times2}\text{mm}=0.01\text{mm}$，$W=a+b=0.02\text{mm}$，如果刻线夹角 $\theta=0.1°=0.001745\text{rad}$，则条纹间距 $B_H=11.46\text{mm}$，放大倍数为 573。可见，尽管栅距很小，难以分辨，莫尔条纹却清晰可辨，无论是肉眼，还是光敏元件都能清楚地辨认出来。这一特点对计量光栅的可实现性提供了理论依据。

（2）与位移的对应关系　光栅每移动一个光栅间距 W，条纹跟着移动一个条纹宽度 B_H。当固定一个光栅，另一个光栅向右移动时，则莫尔条纹将向上移动；反之，如果另一个光栅向左移动，则莫尔条纹将向下移动。因此，莫尔条纹的移动方向有助于判别光栅的运动方向，这种对应关系是光栅测量位移的理论基础。

(3) 莫尔条纹的误差平均效应　由于光敏元件所接收到的是进入它的视场的所有光栅刻线的总的光能量，它是许多光栅刻线共同作用造成的对发光强度进行调制的集体作用的结果。这使个别刻线在加工过程中产生的误差、断线等所造成的影响大为减小。这种误差平均效应使得采用光栅测量的精度比光栅本身的精度要高。

利用光栅具有莫尔条纹的特性，可以通过测量莫尔条纹的移动数，来测量两光栅的相对位移量，这比直接计数光栅的线纹更容易；由于莫尔条纹是由光栅的大量刻线形成的，对光栅刻线的本身刻划误差有平均抵消作用，所以成为精密测量位移的有效手段。

3. 莫尔条纹测量位移的原理

根据前面的分析已知，莫尔条纹是一个明暗相间的带，发光强度变化经历最暗→渐亮→最亮→渐暗→最暗的过程。图 7.34a 为两块光栅刻线重叠，此时通过的光最多，为“最亮”区；图 7.34b 光线被刻线宽度遮去一半，为“半亮半暗”区；图 7.34c 光线被两块光栅的刻线正好全部遮住，为“最暗”区。图 7.34d、e 透光又逐步增强，至恢复到“最亮”区。由此可见，主光栅每移动一个栅距的距离，发光强度变化一个周期。

用光敏元件接收莫尔条纹移动时的发光强度变化，可将光信号转换为电信号。上述的遮光作用和光栅位移呈现线性变化，故光通量的变化是理想的三角形，但实际情况并非如此，而是一个近似正弦周期信号，之所以称为“近似”正弦信号，因为最后输出的波形是在理想三角形的基础上被削顶和削底的结果，原因在于为了使两块光栅不致发生摩擦，它们之间有间隙存在，衍射、刻线边缘总有毛糙不平和弯曲等，如图 7.35 所示。

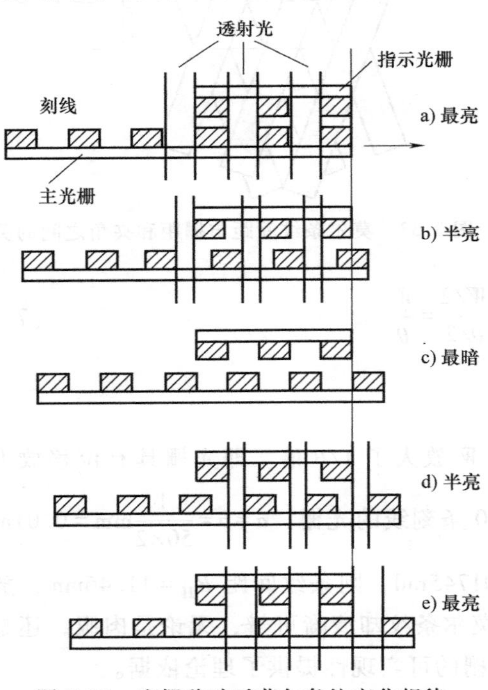

图 7.34　光栅移动时莫尔条纹变化规律

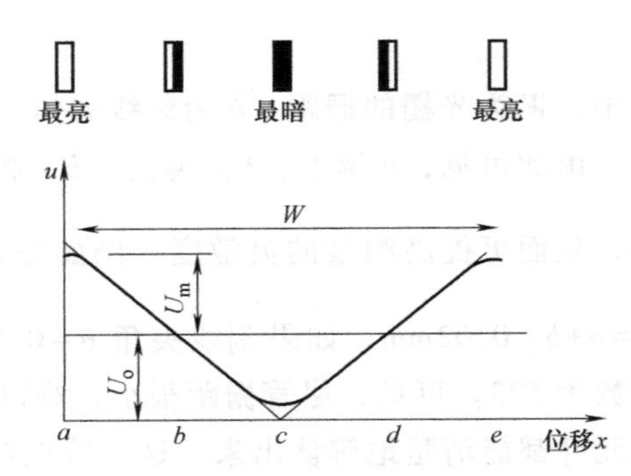

图 7.35　光敏元件输出信号波形

其电压输出近似用正弦信号形式表示为

$$u=U_o+U_m\sin\left(\frac{\pi}{2}+\frac{2\pi x}{W}\right) \tag{7.15}$$

式中，u 为光敏元件输出的电压；U_o 为输出电压中的平均直流分量；U_m 为输出电压中正弦交流分量的幅值；W 为光栅的栅距；x 为光栅位移。

由式（7.15）可见，输出电压反映了瞬时位移量的大小。当 x 从 0 变化到 W 时，相当于角度变化了 360°，一个栅距 W 对应一个周期。如果采用 50 线/mm 的光栅，当主光栅移动了 x 时，指示光栅上的莫尔条纹就移动了 $50x$ 条（对应光敏元件检测到莫尔条纹的亮条纹或暗条纹的条数，即脉冲数 p），将此条数用计数器记录，就可知道移动的相对距离 x。即

$$x=\frac{p}{n} \tag{7.16}$$

式中，p 为检测到的脉冲数；n 为光栅的刻线密度（线/mm）。

7.4.3 辨向与细分技术

光电转换装置只能产生正弦信号，实现确定位移量的大小。为了进一步确定位移的方向和提高测量分辨率，需要引入辨向和细分技术。

1. 辨向原理

根据前面的分析可知：莫尔条纹每移动一个间距 B_H，对应着光栅移动一个栅距 W，相应输出信号的相位变化一个周期 2π。因此，如图 7.36 所示，在相隔 $B_H/4$ 间距的位置上，放置两个光敏元件 1 和 2，得到两个相位差 $\pi/2$ 的正弦信号 u_1 和 u_2（设已消除直流分量），经过整形后得到两个方波信号 u'_1 和 u'_2。

从图中波形的对应关系可看出，当光栅沿 A 方向移动时，u'_1 经微分电路后产生的脉冲，正好发生在 u'_2 的“1”电平时，从而经 Y_1 输出一个计数脉冲；而 u'_1 经反相并微分后产生的脉冲，则与 u'_2 的“0”电平相遇，与门 Y_2 被阻塞，无脉冲输出。

当光栅沿 $\bar{A}$ 方向移动时，u'_1 的微分脉冲发生在 u'_2 为“0”电平时，与门 Y_1 无脉冲输出；而 u'_1 的反相微分脉冲则发生在 u'_2 的“1”电平时，与门 Y_2 输出一个计数脉冲，则说明 u'_2 的电平状态作为与门的控制信号，用于控制在不同的移动方向时，u'_1 所产生的脉冲输出。这样，就可以根据运动方向正确地给出加计数脉冲或减计数脉冲，再将其输入可逆计数器。根据式（7.16）可知脉冲数对应位移量，因此通过计算能实时显示出相对于某个参考点的位移量。

2. 细分技术

光栅测量原理是以移过的莫尔条纹的数量来确定位移量，其分辨率为光栅栅距。现代测量不断提出高精度的要求，数字读数的最小分辨值也逐步减小。为了提高分辨率，测量比光栅栅距更小的位移量，可以采用细分技术。

细分就是为了得到比栅距更小的分度值，即在莫尔条纹信号变化一个周期内，发出若干个计数脉冲，以减小每个脉冲相当的位移，相应地提高测量精度，如一个周期内发出 N 个脉冲，计数脉冲频率提高到原来的 N 倍，每个脉冲相当于原来栅距的 $1/N$，则测量精度将提高到原来的 N 倍。

细分方法可以采用机械或电子方式实现，常用的有倍频细分法和电桥细分法。利用电子方式可以使分辨率提高几百倍甚至更高。

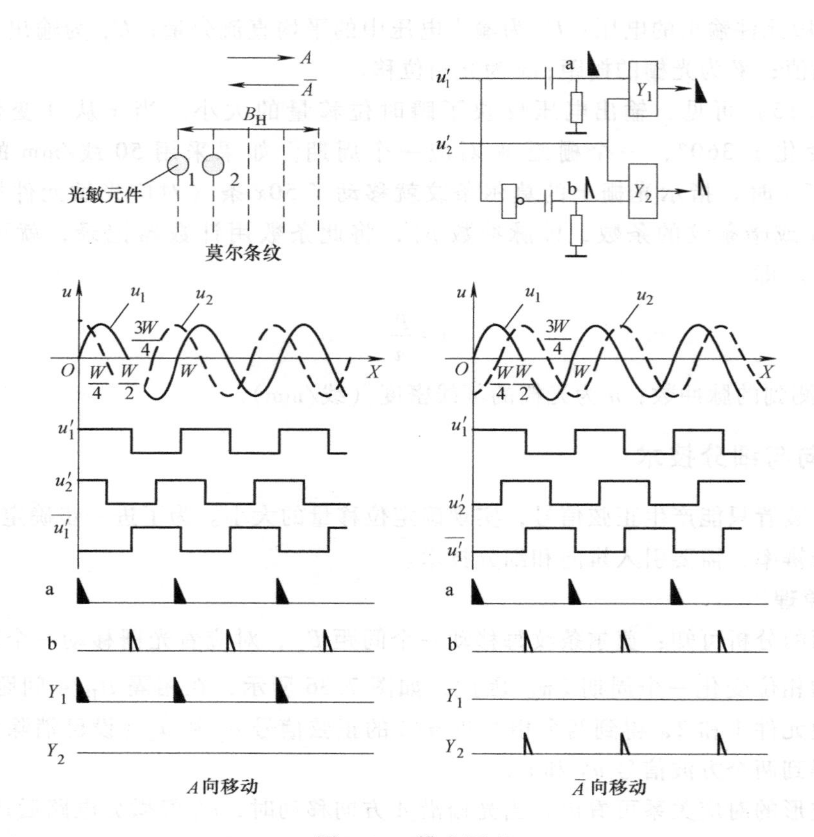

图 7.36 辨向原理

7.5 光电编码器

光电编码器是将机械转动的位移（模拟量）转换成数字式电信号的传感器。编码器在角位移测量方面应用广泛，具有高精度、高分辨率、高可靠性的特点。光电编码器是在自动测量和自动控制中用得较多的一种数字式编码器，从结构上可分为码盘式（绝对式）和脉冲盘式（增量式）两种。

7.5.1 工作原理

光电码盘式编码器的结构如图 7.37 所示，由光源、与旋转轴相连的码盘、窄缝、光敏元件等组成。

码盘如图 7.38 所示，它由光学玻璃制成，其上刻有许多的同心码道，每位码道都按一定编码规律分布着透光和不透光部分，分别称为亮区和暗区。对应于亮区和暗区光敏元件输出的信号分别是“1”和“0”。

图 7.38 由四个同心码道组成，当来自光源（多采用发光二极管）的光束经聚光透镜投射到码盘上时，转动码盘，光束经过码盘进行角度编码，再经窄缝射入光敏元件组（多为硅光电池或光敏管）。光敏元件的排列与码道一一对应，即保证每个码道有一个光敏元件负

责接收透过的光信号。码盘转至不同的位置时，光敏元件组输出的信号反映了码盘的角位移大小。光路上的窄缝是为了方便取光和提高光电转换效率。

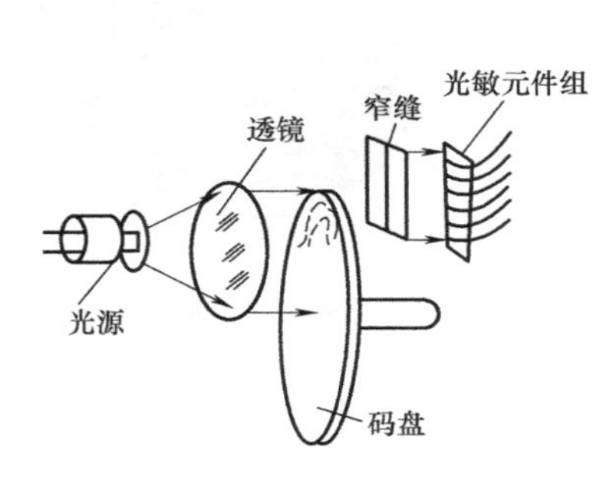

图 7.37 光电码盘式编码器的结构

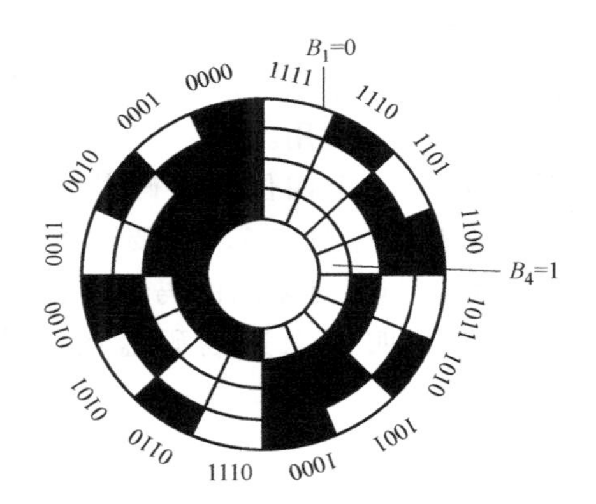

图 7.38 四位二进制码盘

7.5.2 光电码盘

码盘的刻划可采用二进制、十进制、循环码等方式。

1. 二进制码盘

图 7.38 采用的是四位二进制码盘，共有 4 圈码道，码道对应的二进制位是内高外低，即最外层为第一位。最内层（B_4 位）将整个圆周分为一个亮区和一个暗区，对应着 2^1；次内层将整个圆周分为相间的两个亮区和两个暗区，对应着 2^2；以此类推，最外层（B_1 位）对应着 $2^4=16$ 个黑白间隔。进行测量时，每一个角度对应一个编码，如零位对应 0000（全黑），第 13 个方位对应 $13=2^0+2^2+2^3$，即二进制位的 1101（左高右低）。测量时，当码盘处于不同角度时，光电转换器的输出就对应不同的编码，只要根据码盘的起始和终止位置，就可以确定角位移，与转动的中间过程无关。二进制码盘具有以下特点：

1）n 位（n 个码道）的二进制码盘具有 2^n 种不同编码，其最小分辨率是 $\alpha=360°/2^n$。位数 n 越大，能分辨的角度越小，测量精度越高。例如 $n=20$ 时，其分辨力可达 1″ 左右。

2）二进制码为有权码，编码 $B_nB_{n-1}\cdots B_1$ 对应于零位算起的转角为

$$\theta = \sum_{i=1}^{n} B_i 2^{i-1}\alpha \tag{7.17}$$

例如，编码 1010 对应于零位算起的转角为 $\theta=2^1\alpha+2^3\alpha=10\alpha$，而 $\alpha=360°/2^4=22.5°$，即 $\theta=10\times22.5°=225°$。

二进制码盘很简单，但是二进制码盘最大的问题是任何微小的制作误差，都可能造成读数的粗大误差。例如，当读数狭缝处于编码为 0111 所对应的位置时，应该对应十进制数 7，若码道 B_4 黑区做得太短，就会误读为 1111，为十进制数 15，二者相差极大，称为粗大误差。这主要是因为对于二进制码，当某一较高位改变时，所有比它低的各位数都要同时改变，这样因码道刻划误差导致某一较高位提前或延后改变，将造成粗大误差。

2. 循环码盘

为了消除粗大误差，应用最广的方法是采用循环码（也叫格雷码）方案。循环码的特点：它是一种无权码，任何相邻的两个数码间只有一位是变化的，因此，如果码盘存在刻划

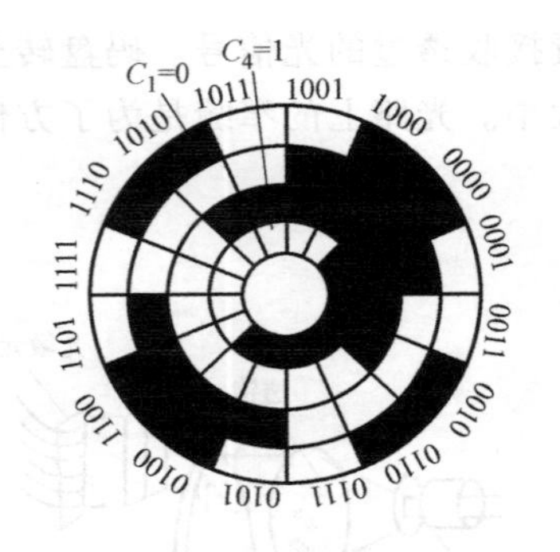

图 7.39　四位循环码盘

误差，这个误差只影响一个码道的读数，产生的误差最多等于最低位的一个比特（即一个分辨率单位。如果 n 较大，这种误差的影响不会太大，不存在粗大误差），能有效克服由于制作和安装不准带来的误差。也正是基于这一原因，循环码盘获得了广泛的应用。

图 7.39 是一个四位循环码盘。循环码、二进制码和十进制的对应关系见表 7.1。要注意的是码盘的分辨率只取决于位数，与码盘采用的码制没有关系，如四位循环码盘的分辨率与四位二进制码盘的分辨率是一致的，都是 22.5°。

表 7.1　码盘上不同码制的对比

十进制数	二进码	循环码	十进制数	二进码	循环码
0	0000	0000	8	1000	1100
1	0001	0001	9	1001	1101
2	0010	0011	10	1010	1111
3	0011	0010	11	1011	1110
4	0100	0110	12	1100	1010
5	0101	0111	13	1101	1011
6	0110	0101	14	1110	1001
7	0111	0100	15	1111	1000

循环码存在的问题：这是一种无权码，译码相对困难。一般的处理办法是先将它转换为二进制码，再译码。二进制码转换为循环码的方法：将二进制码与其本身右移一位后并舍去末位的数码做不进位加法所得结果就是循环码。例如：

二进制码：0　1　1　0
⊕　　　　　0　1　1
循环码：　0　1　0　1

由此得二进制码变成循环码的关系式为

$$\left.\begin{aligned} C_n &= B_n \\ C_i &= B_i \oplus B_{i+1}\,(i=1,\cdots,n-1) \end{aligned}\right\} \tag{7.18}$$

式中，C 为循环码；B 为二进制码；i 为所在的位数；⊕为不进位“加”，即异或。

由式（7.18）可见，两种码制进行转换时，第 n 位（最高位）保持不变。不进位“加”在数字电路中可用异或门来实现。

相应地，循环码转换为二进制码的方法为最高位不变，以后从高位开始依次求出其余位，即本位循环码 C_i 与已经求得的相邻高位二进制码 B_{i+1} 做不进位加法，结果就是本位二进制码。例如：

循环码：　0　1　1　0
⊕　　　　　0　1　0
二进制码：0　1　0　0

由此得循环码变成二进制码的关系式为

$$\left.\begin{array}{c}B_n=C_n\\B_i=C_i\oplus B_{i+1}(i=1,\cdots,n-1)\end{array}\right\}\tag{7.19}$$

由式（7.19）可见，循环码转换成二进制码时，第 n 位（最高位）保持不变，然后从高位到低位依次求出各位二进制码。循环码盘输出的循环码也可以通过数字电路转换为二进制码。

使用码盘式编码器（绝对编码器）时，若被测转角不超过 360°，它所提供的是转角的绝对值，即从起始位置（对应于输出各位均为 0 的位置）所转过的角度。在使用中如遇停电，在恢复供电后的显示值仍然能正确地反映当时的角度，故称为绝对型角度编码器。当被测角大于 360°时，为了仍能得到转角的绝对值，可以用两个或多个码盘与机械减速器配合，扩大角度量程，如选用两个码盘，两者间的转速为 10∶1，此时测角范围可扩大 10 倍。但这种情况下，低转速的高位码盘的角度误差应小于高转速的低位码盘的角度误差，否则其读数是没有意义的。

7.6 红外传感器

随着科学技术的发展，红外传感技术正在向各个领域渗透，特别是在测量、家用电器、安全保卫等方面得到了广泛的应用。近年来，性能优良的红外传感器大量出现。以大规模集成电路为代表的微电子技术的发展，使红外线的发射、接收以及控制的可靠性得以提高，从而促进了红外传感器的发展。

7.6.1 红外辐射基本性质

红外辐射是一种人眼不可见的光线，又称红外线，因为它是介于可见光中红色光和微波之间的光线。红外线的波长范围为 0.76～1000μm，对应的频率大致在 4×10^{14}～3×10^{11} Hz 之间，工程上通常把红外线所占据的波段分成近红外、中红外、远红外和极远红外四个部分，如图 7.40 所示。

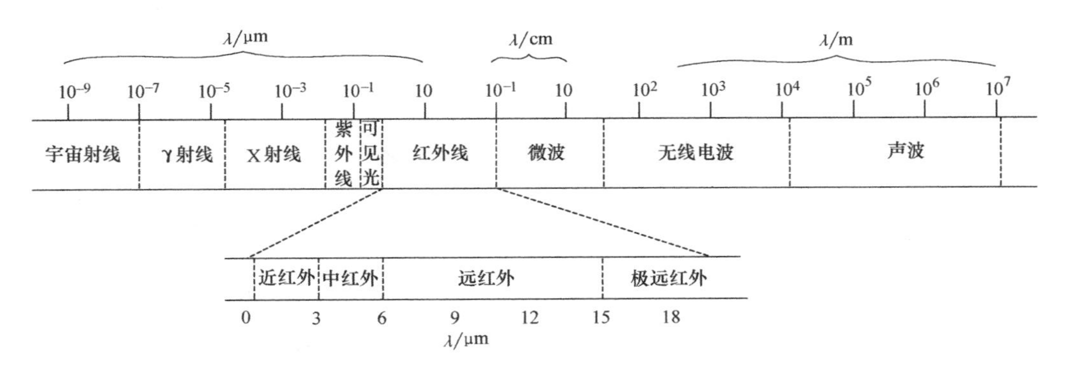

图 7.40　电磁波与红外波段划分

红外线本质上是一种热辐射。任何物体的温度只要高于热力学零度（-273℃），就会向外部空间以红外线的方式辐射能量。物体的温度越高，辐射出来的红外线越多，辐射的能量就越强。另一方面，红外线被物体吸收后将转化成热能。

红外线作为电磁波的一种形式，和所有的电磁波一样，是以波的形式在空间直线传播的，具有电磁波的一般特性，如反射、折射、散射、干涉和吸收等。红外线在真空中传播的速度等于波的频率与波长的乘积，即

$$c=\lambda f \tag{7.20}$$

式中，c 为红外线在真空中的传播速度；λ、f 为红外线的波长及频率。

红外传感器是利用红外线实现相关物理量测量的一种传感器。红外传感器的构成比较简单，它一般是由光学系统、红外探测器、信号调节电路和显示单元等几部分组成。其中，红外探测器是红外传感器的核心器件。红外探测器种类很多，按探测机理的不同，通常可分为两大类：热探测器和光子探测器。

7.6.2 热探测器

红外线被物体吸收后将转变为热能。热探测器正是利用了红外线的这一热效应。当热探测器的敏感元件吸收红外线后将引起温度升高，使敏感元件的相关物理参数发生变化，通过对这些物理参数及其变化的测量就可确定探测器所吸收的红外线。

热探测器的主要优点：响应波段宽，响应范围为整个红外区域，室温下工作，使用方便。

热探测器主要有四种类型，它们分别是热敏电阻型、热电阻型、高莱气动型和热释电型。在这四种类型的探测器中，热释电探测器探测效率最高，频率响应最宽，所以这种传感器发展得比较快，应用范围也最广。

热释电红外探测器是一种检测物体辐射的红外能量的传感器，是根据热释电效应制成的。所谓热释电效应就是由于温度的变化而产生电荷的现象。

在外加电场作用下，电介质中的带电粒子（电子、原子核等）将受到电场力的作用，总体上讲，正电荷趋向于阴极、负电荷趋向于阳极，其结果是电介质的一个表面带正电、相对的表面带负电，如图 7.41 所示，这种现象称为电介质的“电极化”。对于大多数电介质来说，在电压去除后，极化状态随即消失，但是有一类称为“铁电体”的电介质，在外加电压去除后仍保持着极化状态，如图 7.42 所示。

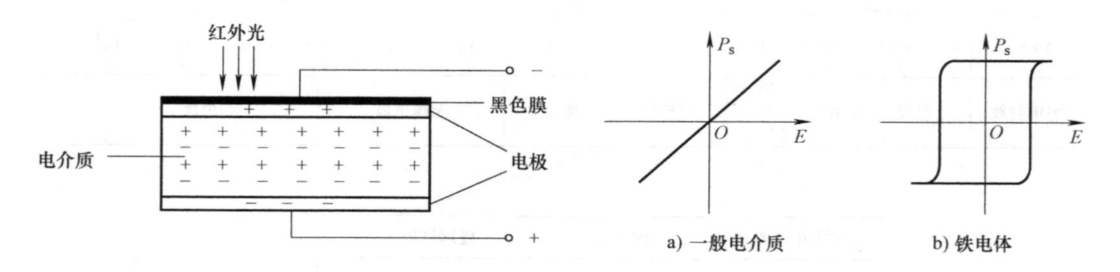

图 7.41 电介质的极化

图 7.42 电介质的极化矢量与所加电场的关系

一般而言，铁电体的极化强度 P_s（单位面积上的电荷）与温度有关，温度升高，极化强度降低。温度升高到一定程度，极化将突然消失，这个温度被称为“居里温度”或“居里点”，在居里点以下，极化强度 P_s 是温度的函数，利用这一关系制成的热敏类探测器称为热释电探测器。

热释电探测器的构造是把敏感元件切成薄片，在研磨成 5~50μm 的极薄片后，把元件的两个表面做成电极，类似于电容器的构造。为了保证晶体对红外线的吸收，有时也用黑化以后的晶体或在透明电极表面涂上黑色膜。当红外光照射到已经极化了的铁电薄片上时，引起薄片温度的升高，使其极化强度（单位面积上的电荷）降低，表面的电荷减少，这相当于释放一部分电荷，所以叫作热释电型红外传感器。释放的电荷可以用放大器转变成输出电压。如果红外光继续照射，使铁电薄片的温度升高到新的平衡值，表面电荷也就达到新的平衡浓度，不再释放电荷，也就不再有输出信号。热释电型红外传感器的电压响应率正比于入射光辐射率变化的速率，不取决于晶体与辐射是否达到热平衡。

近年来，热释电型红外传感器在家庭自动化、保安系统以及节能领域的需求大幅度增加，热释电型红外传感器常用于根据人体红外感应实现自动电灯开关、自动水龙头开关、自动门开关等。

7.6.3 光子探测器

光子探测器型红外传感器是利用光子效应进行工作的传感器。所谓光子效应，就是当有红外线入射到某些半导体材料上时，红外辐射中的光子流与半导体材料中的电子相互作用，改变了电子的能量状态，引起各种电学现象。通过测量半导体材料中电子能量状态的变化，可以知道红外辐射的强弱。光子探测器主要有内光电探测器和外光电探测器两种，内光电探测器又分为光电导、光生伏特和光磁电探测器三种类型（类似于光电式传感器，这里的光源是红外线而不是可见光）。半导体红外传感器广泛地应用于军事领域，如红外制导、响尾蛇空对空及空对地导弹、夜视镜等设备。

光子探测器的主要特点有灵敏度高、响应速度快，具有较高的响应频率，但探测波段较窄，一般工作于低温。

热释电探测器和光子探测器的区别主要表现如下：

1）光子探测器在吸收红外能量后，直接产生电效应；热释电探测器在吸收红外能量后，首先产生温度变化，再产生电效应，温度变化引起的电效应与材料特性有关。

2）光子探测器的灵敏度高、响应速度快，但二者都会受到光波波长的影响；光子探测器的灵敏度依赖于本身温度，要保持高灵敏度，必须将光子探测器冷却至较低的温度。热释电探测器的特点刚好相反，一般没有光子探测器那么高的灵敏度、响应速度也较慢，但在室温下就有足够好的性能，因此不需要低温冷却，而且热释电探测器的响应频段宽（不受波长的影响），响应范围可以扩展到整个红外区域。

7.7 CCD 图像传感器

电荷耦合器件（Charge Coupled Device，CCD）是 1970 年初发展起来的一种新型半导体光电器件，其突出特点是以电荷作为信号载体，不同于以电流或者电压作为信号的其他光电器件。由于 CCD 不但具有体积小、重量轻、功耗小、电压低等特点，而且具有分辨率高、动态范围大、灵敏度高、实时传输好和自扫描等方面优点，使得它在高精度尺寸检测、图像检测领域、信息存储和处理等方面得到了广泛的应用。CCD 的基本功能是信号电荷的产生（注入）、存储、传输（转移）和输出（检测）。

7.7.1 CCD的基本结构和工作原理

1. CCD的基本结构

CCD的单元是一个由金属-氧化物-半导体组成的电容器（简称MOS电容器），如图7.43所示。其中“金属”为MOS结构的电极，称为“栅极”（此栅极材料通常不采用金属而采用能够透过一定波长范围光的多晶硅薄膜），金属栅极与外界电源的正极相连；“半导体”作为衬底电极；在两电极之间有一层“氧化物”（SiO_2）绝缘体，构成一个电容器，但它具有一般电容所不具有的耦合电荷的能力。一个MOS单元称为一个像素，由多个像素组成的线阵如图7.44所示，其中金属栅极是分立的，而氧化物半导体是连续的。

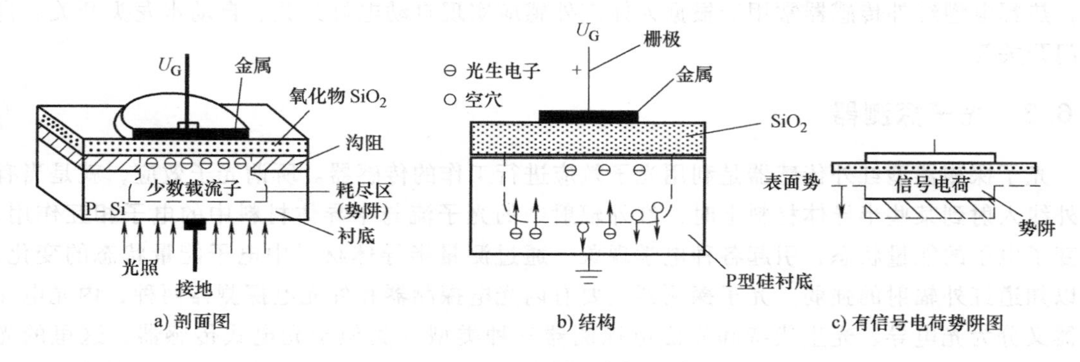

图7.43 P型MOS光敏单元

根据信号电荷传输通道的不同，CCD分为两种类型：一种是信号电荷存储在半导体与绝缘体之间的界面，并沿界面传输，这类器件称为表面沟道电荷耦合器件（SCCD）；另一种是信号电荷存储在离半导体表面一定深度的体内，并在半导体内部沿一定方向传输，这类器件称为体内沟道或者埋沟道电荷耦合器件（BCCD）。本节以表面沟道P型Si-CCD为例介绍CCD的工作原理。

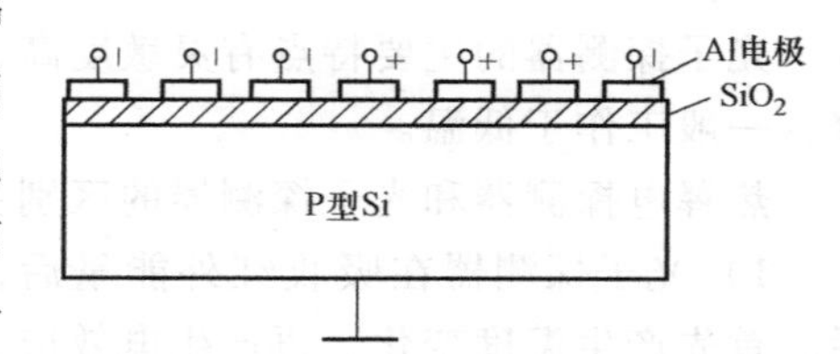

图7.44 P型Si线阵CCD结构示意图

2. CCD的工作原理

（1）电荷存储原理　所有电容器都能存储电荷，MOS电容器也不例外。例如，如果MOS电容器的半导体是P-Si，当在金属电极上施加一个U_G正电压时（衬底接地），金属电极板上就会充上一些正电荷，附近的P-Si中的多数载流子——空穴被排斥到表面入地，如图7.43b所示。在衬底$Si\text{-}SiO_2$界面处的表面势能将发生变化，处于非平衡状态，表面区有表面势ϕ_s，若衬底电位为0，则表面处电子的静电位能为$-e\phi_s$（e代表单个电子的电荷量）。因为ϕ_s大于0，电子位能$-e\phi_s$小于0，则表面处有储存电荷的能力，半导体内的电子被吸引到界面处来，从而在表面附近形成一个带负电荷的耗尽区（称为电子势阱或表面势阱），电子在这里势能较低，沉积于此，成为积累电荷的场所，如图7.43c所示。势阱的深度与所加电压大小成正比关系，在一定条件下，若U_G增加，栅极上充的正电荷数目增加，在SiO_2附近的P-Si中形成的负离子数目相应增加，耗尽区的宽度增加，表面势阱加深。

若形成 MOS 电容的半导体材料是 N-Si，则 U_G 加负电压时，在 SiO_2 附近的 N-Si 中形成空穴势阱。

如果此时有光照射在硅片上，在光子作用下，半导体硅吸收光子，产生电子—空穴对，其中的光生电子被附近的势阱吸收，吸收的光生电子数量与势阱附近的发光强度成正比：发光强度越大，产生电子—空穴对越多，势阱中收集的电子数就越多；反之，光越弱，收集的电子数越少。同时，产生的空穴被电场排斥出耗尽区。因此势阱中电子数目的多少可以反映光的强弱和图像的明暗程度，即这种 MOS 电容器可实现光信号向电荷信号的转变。若给光敏单元阵列同时加上 U_G，整个图像的光信号将同时变为电荷包阵列。当有部分电子填充到势阱中时，耗尽层深度和表面势将随着电荷的增加而减小。势阱中的电子处于被存储状态，即使停止光照，一定时间内也不会损失，这就实现了对光照的记忆。

（2）电荷的注入　CCD 信号电荷的产生有两种方法：

1）光注入。当光信号照射到 CCD 衬底硅片表面时，在电极附近的半导体内产生电子—空穴对，空穴被排斥入地，少数载流子（电子）则被收集在势阱内，形成信号电荷存储起来。存储电荷的多少与光照强度成正比，如图 7.45a 所示。

2）电注入。CCD 通过输入结构（如输入二极管），将信号电压或电流转换为信号电荷，注入势阱中。如图 7.45b 所示，二极管位于输入栅衬底下，当输入栅 IG 加上宽度为 Δt 的正脉冲时，输入二极管 PN 结的少数载流子通过输入栅下的沟道注入 ϕ_1 电极下的势阱中，注入电荷量为 $Q=I_D\Delta t$。

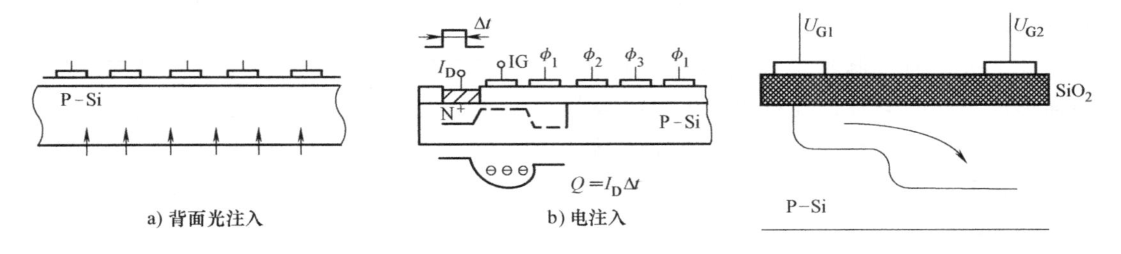

图 7.45　CCD 电荷注入方法

图 7.46　电荷转移示意图

（3）电荷转移原理　由于所有光敏单元共用一个电荷输出端，因此需要进行电荷转移。为了方便进行电荷转移，CCD 器件的基本结构采用一系列彼此非常靠近（间距为 15～20μm）的 MOS 光敏单元，这些光敏单元使用同一半导体衬底；氧化层均匀、连续；相邻金属电极间隔极小。

若两个相邻 MOS 光敏单元所加的栅压分别为 U_{G1}、U_{G2}，且 $U_{G1}<U_{G2}$，如图 7.46 所示。任何可移动的电荷都将力图向表面势大的位置移动。因 U_{G2}高，表面形成的负离子多，则表面势 $\phi_{s2}>\phi_{s1}$，电子的静电位能$-e\phi_{s2}<-e\phi_{s1}<0$，则 U_{G2}吸引电子能力强，形成的势阱深，则 1 中电子有向 2 中转移的趋势。若串联很多光敏单元，且使 $U_{G1}<U_{G2}<\cdots<U_{Gn}$，可形成一个输运电子的路径，实现电子的转移。

由前面分析可知，MOS 电容的电荷转移原理是通过在电极上加不同的电压（称为驱动脉冲）实现的。电极的结构按所加电压的相数分为两相、三相和四相系统。由于两相结构要保证电荷单向移动，必须使电极下形成不对称势阱，通过改变氧化层厚度或掺杂浓度来实现，这两者都使工艺复杂化。为了保证信号电荷按确定的方向和路线转移，在 MOS 光敏单元阵列上所加的各路电压脉冲要求严格满足相位要求。

以图 7.47 的三相 CCD 器件为例说明其工作原理。设 ϕ_1、ϕ_2、ϕ_3 为三个驱动脉冲，它们的顺序脉冲（时钟脉冲）为 $\phi_1 \rightarrow \phi_2 \rightarrow \phi_3 \rightarrow \phi_1$，且三个脉冲的形状完全相同，彼此间有相位差（差 1/3 周期），如图 7.47a 所示。把 MOS 光敏单元电极分为三组，ϕ_1 驱动 1、4 电极，ϕ_2 驱动 2、5 电极，ϕ_3 驱动 3、6 电极，如图 7.47b 所示。

三相时钟脉冲控制、转移存储电荷的过程如下：

$t=t_1$：ϕ_1 相处于高电平，ϕ_2、ϕ_3 相处于低电平，因此在电极 1、4 下面出现势阱，存入电荷。

$t=t_2$：ϕ_2 相也处于高电平，电极 2、5 下出现势阱。因相邻电极间距离小，电极 1、2 及 4、5 下面的势阱互相连通，形成大势阱。原来在电极 1、4 下的电荷向电极 2、5 下的势阱中转移。接着 ϕ_1 相电压下降，电极 1、4 下的势阱相应变浅。

$t=t_3$：更多的电荷转移到电极 2、5 下势阱内。

$t=t_4$：只有 ϕ_2 相处于高电平，信号电荷全部转移到电极 2、5 下的势阱内。

依此下去，通过脉冲电压的变化，在半导体表面形成不同的势阱，且右边产生更深势阱，左边形成阻挡势阱，使信号电荷自左向右做定向运动，在时钟脉冲的控制下从一端移位到另一端，直到输出。

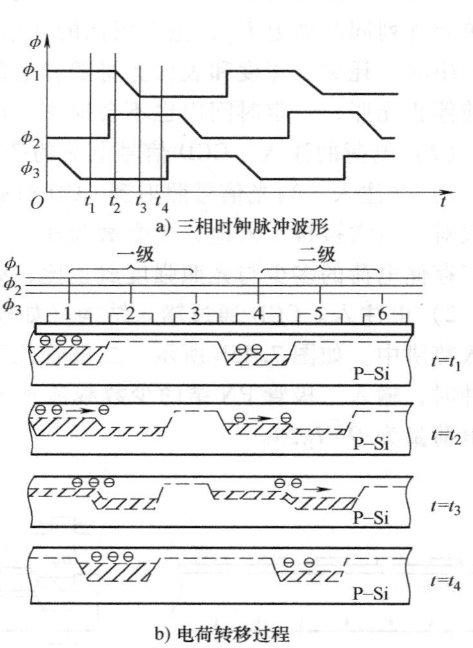

图 7.47　三相时钟驱动电荷转换原理

（4）电荷的输出　CCD 信号电荷在输出端被读出的方法如图 7.48 所示。OG 为输出栅。它实际上是 CCD 阵列的末端衬底上制作的一个输出二极管，当输出二极管加上反向偏压时，转移到终端的电荷在时钟脉冲作用下移向输出二极管，被二极管的 PN 结所收集，在负载 R_L 上形成脉冲电流 I_o。输出电流的大小与信号电荷的大小成正比，并通过负载电阻 R_L 转换为信号电压 U_o 输出。

7.7.2　CCD 的特性参数

1. 分辨率

分辨率是指摄像器件对物像中明暗细节的分辨能力，是图像传感器最重要的特性参数。在感光面积一定的情况下，主要取决于光敏单元之间的距离，即相同感光面积下光敏单元的密度。实际中，CCD 的分辨率往往用一定尺寸内的像素数来表示，像素越密，分辨率越高。目前，线阵 CCD 已达 7200 像素，面阵 CCD 已高达 2048×2048 像素。

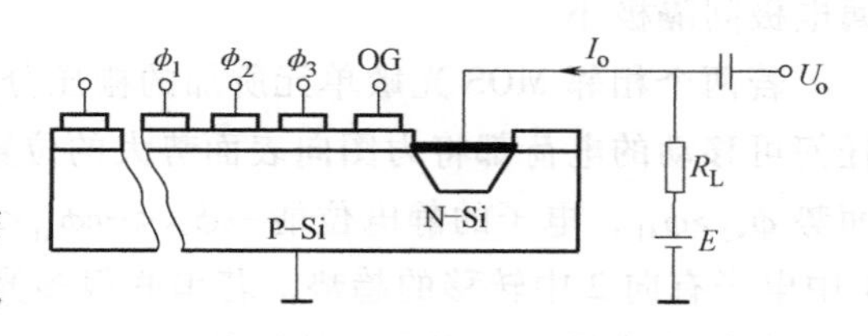

图 7.48　CCD 输出结构

2. 转移效率和转移损失率

电荷转移效率是表征 CCD 性能好坏的重要参数。它定义为一次转移后到达下一个势阱中的电荷量与原来势阱中的电荷量之比。若原有的信号电荷量为 Q_0，转移到下一个势阱中的信号电荷量为 Q_1，则电荷转移效率为

$$\eta=\frac{Q_1}{Q_0} \tag{7.21}$$

相应地，电荷转移损失率定义为

$$\varepsilon=\frac{Q_0-Q_1}{Q_0}=1-\eta \tag{7.22}$$

当信号电荷进行 N 次转移时，总转移效率为

$$\frac{Q_N}{Q_0}=\eta^N=(1-\varepsilon)^N \tag{7.23}$$

实际中，电荷在转移过程中总有损失，故 η 总是小于 1。因 CCD 中的每个电荷在传送过程中要进行成百上千次的转移，因此要求转移效率 η 必须在 99.99%~99.999%之间，以保证总转移效率在 90%以上。CCD 总效率太低时，就失去了使用价值，所以 η 一定时，就限制了转移次数或器件的最长位数。

3. 工作频率

CCD 是一种非稳态工作器件，在时钟脉冲的驱动作用下完成信号电荷的转移和输出，因此，其工作频率会受到一些因素的限制，且限于一定的范围内。下面以三相 CCD 为例说明 CCD 的工作频率特性。

1）工作频率的下限。如果时钟脉冲的频率太低，则在电荷存储的时间内，MOS 电容器已过渡到稳态，热激发产生的少数载流子将会填满势阱，从而无法进行信号电荷包的存储和转移，所以脉冲电压的工作频率必须在某一个下限之上。这个下限取决于少数载流子的平均寿命 τ_c。对于三相 CCD，转移一个栅极的时间为 $t=T/3$（这里的 T 为时钟脉冲的周期），须满足 $t\leqslant\tau_c$，即 CCD 的工作频率下限为

$$f_{\min}\geqslant\frac{1}{3\tau_c} \tag{7.24}$$

可见，寿命 τ_c 越长，工作频率的下限越低。少数载流子的寿命与器件的工作温度有关，温度越低，少数载流子的寿命就越长。因此，将 CCD 置于低温环境下有助于低频工作。

2）工作频率的上限。由于 CCD 的栅极有一定的长度，信号电荷在通过栅极时需要一定的时间。若时钟频率太高，则势阱中将有一部分电荷来不及转移到下一个势阱中而使转移效率降低。设转移效率在达到要求时所需的转移时间为 τ_g，则必须使 $\tau_g\leqslant T/3$，即工作频率的上限为

$$f_{\max}\leqslant\frac{1}{3\tau_g} \tag{7.25}$$

7.7.3 CCD 图像传感器的分类

CCD 图像传感器从结构上可分为两类：一类用于获取线图像，称为线阵 CCD；另一类用于获取面图像，称为面阵 CCD。线阵 CCD 目前主要用于产品外部尺寸非接触检测或产品

表面质量评定、传真和光学文字识别技术等方面；面阵 CCD 主要用于摄像领域。

1. 线阵 CCD 图像传感器

对于线阵 CCD，它可以直接接收一维光信息，而不能将二维图像转换为一维的电信号输出，为了得到整个二维图像，就必须采取扫描的方法来实现。线阵 CCD 图像传感器由线阵光敏区、转移栅、模拟移位寄存器、偏置电荷电路、输出栅和信号读出电路等组成。

线阵 CCD 图像传感器有两种基本形式，即单沟道和双沟道线阵 CCD 图像传感器，其结构如图 7.49 所示，由感光区和传输区两部分组成。感光区由一列（N 个像元数）形状和大小完全相同的光敏单元（光敏二极管）组成，每个光敏单元为 MOS 电容结构，用透明的低阻多晶硅薄条作为 N 个 MOS 电容的共同电极，称为光栅。MOS 电容的衬底电极为半导体 P 型单晶硅，在硅表面相邻光敏元用沟阻隔开，以保证 N 个 MOS 电容互相独立。传输区由与之对应的转移栅（多路开关）及一列（N 个像元数）动态移位寄存器组成。转移栅与光栅一样做成长条结构，位于敏感光栅和移位寄存器之间，它用来控制光敏单元势阱中的信号电荷向移位寄存器中转移。移位寄存器每位的输出与对应的开关栅极相连。给移位寄存器加上两相互补时钟脉冲，用一个周期性的起始脉冲引导每次扫描的开始，移位寄存器就产生依次延时一拍的采样脉冲，将存储于光敏二极管中的信号电荷串行输出。传输区是遮光的，以防因光生噪声电荷干扰导致的图像模糊。

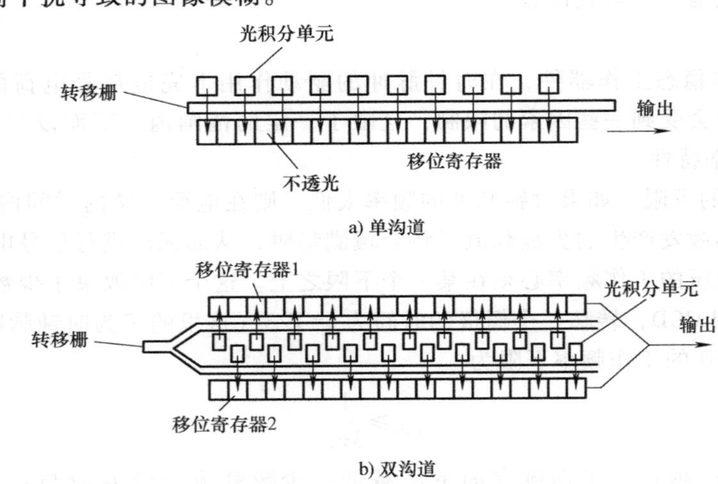

图 7.49　线阵 CCD 图像传感器

CCD 移位寄存器在排列上，N 位移位寄存器与 N 个光敏单元一一对齐，各光敏单元通向移位寄存器的各转移沟道之间有沟阻隔开，使之只能通向移位寄存器的一个单元。由移位寄存器将信号按序输出。

一般使信号转移时间远小于摄像时间（光积分时间）。转移栅关闭时，光敏单元势阱收集光信号电荷，经过一定的积分时间，形成与空间分布的发光强度信号对应的信号电荷图像。积分周期结束时，转移栅打开，各光敏单元收集的信号电荷并行地转移到移位寄存器的相应单元中。转移栅关闭后，光敏单元开始对下一行图像进行积分。而已经转移到移位寄存器内的上一行信号电荷，通过移位寄存器输出，如此重复上述过程。

2. 面阵 CCD 图像传感器

面阵 CCD 图像器件的感光单元呈二维矩阵排列，能检测二维平面图像。按传输和读出方式不同，可分为行传输、帧传输和行间传输三种。

行传输（Line Transmission，LT）面阵 CCD 的结构如图 7.50a 所示。它由行选址电路、感光区、输出寄存器组成。当感光区光积分结束后，由行选址电路一行一行地将信号电荷通过输出寄存器转移到输出端。行传输的特点：有效光敏面积大、转移速度快、转移效率高。但需要行选址电路，结构较复杂，且在电荷转移过程中，必须加脉冲电压，与光积分同时进行，会产生“拖影”，故采用较少。

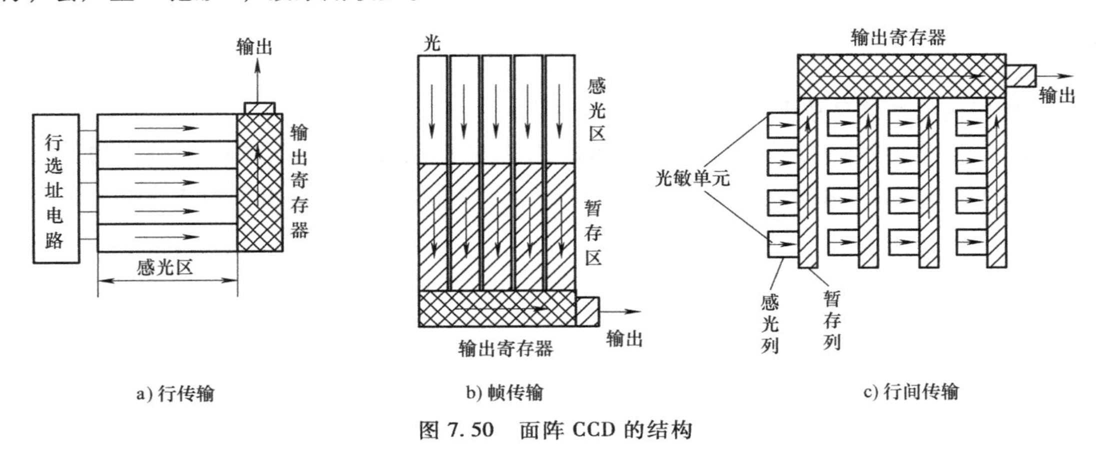

图 7.50 面阵 CCD 的结构

帧传输（Frame Transmission，FT）面阵 CCD 的结构如图 7.50b 所示。它由感光区、暂存区和输出寄存器三部分组成。感光区由并行排列的若干电荷耦合沟道组成，各沟道之间用沟阻隔开，水平电极条横贯各沟道。假设有 M 个转移沟道，每个沟道有 N 个光敏单元，则整个感光区共有 $M \times N$ 个光敏单元。在感光区完成光积分后，先将信号电荷迅速转移到暂存区，然后再从暂存区一行一行地将信号电荷通过输出寄存器转移到输出端。设置暂存区是为了消除“拖影”，以提高图像的清晰度和与电视图像扫描制式相匹配。

特点：光敏单元密度高、电极简单。但增加了暂存区，器件面积相对于行传输型增大了一倍。

行间传输（Interline Transmission，ILT）面阵 CCD 的结构如图 7.50c 所示。它的特点是感光区和暂存区行与行相间排列。在感光区结束光积分后，同时将每列信号电荷转移至相邻的暂存区中，然后再进行下一帧图像的光积分，并同时将暂存区中的信号电荷逐行通过输出寄存器转移到输出端。其优点是不存在拖影问题，但这种结构不适宜光从背面照射。

特点：光敏单元面积小，密度高，图像清晰。但单元结构复杂。这是用得最多的一种结构形式。

面阵 CCD 图像传感器主要用来装配数码相机、数码摄像机。

7.8 光电式传感器的应用

7.8.1 精密核辐射探测器

1. 工作原理

光电倍增管主要用于检测微弱光信号。图 7.51 为闪烁计数器原理图，它是一种通用的精密核辐射探测器，核辐射粒子能量被闪烁体（荧光体）吸收转换为闪光（光子），闪光传输到倍增管光阴极转换为光电子，经倍增放大后输出电脉冲信号至记录设备中。测量脉冲信号的数目及幅度，可测出射线强弱与能量的大小。

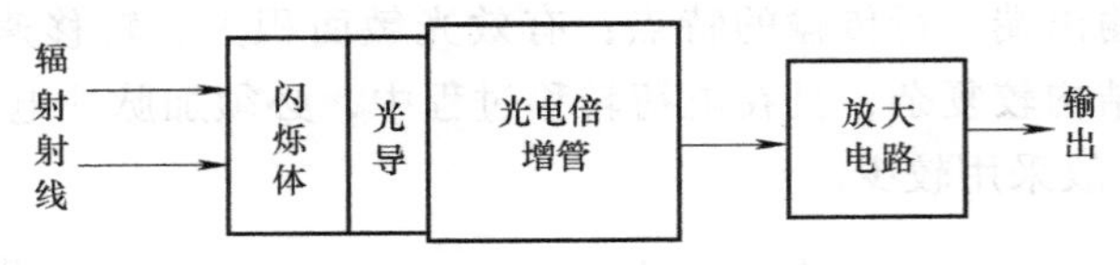

图 7.51　闪烁计数器原理图

2. 输出的脉冲信号放大

通常采用两种放大电路。图 7.52 为高输入阻抗的电压放大电路，图中 180kΩ 的负载将倍增管的电流脉冲变为电压，送入射随器。图 7.53 为低输入阻抗的电流放大电路，输入阻抗很小（约几十欧姆）。

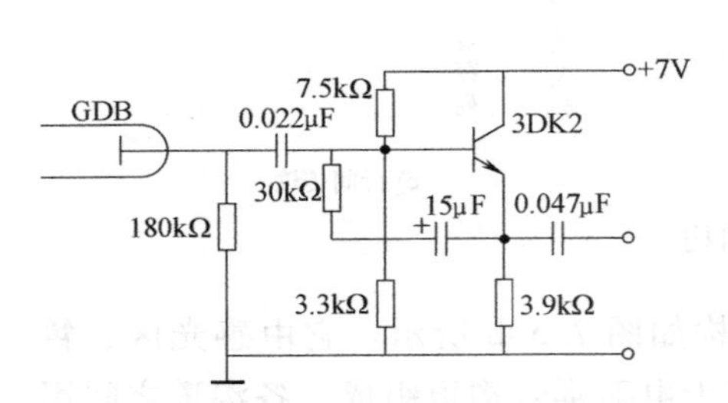

图 7.52　高输入阻抗的电压放大电路

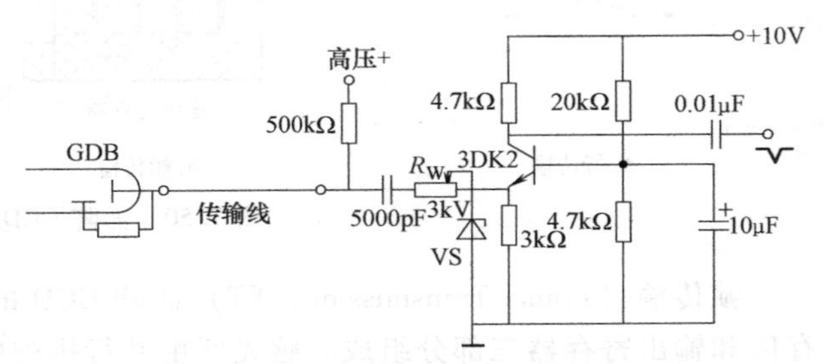

图 7.53　低输入阻抗的电流放大电路

7.8.2　光电式火灾探测报警器

图 7.54 为以光敏电阻为敏感探测元件的火灾探测报警器电路，在 1mW/cm^2 照度下，PbS 光敏电阻的暗电阻阻值为 1MΩ，亮电阻阻值为 0.2 MΩ，峰值响应波长为 2.2μm，与火焰的峰值辐射光谱波长接近。

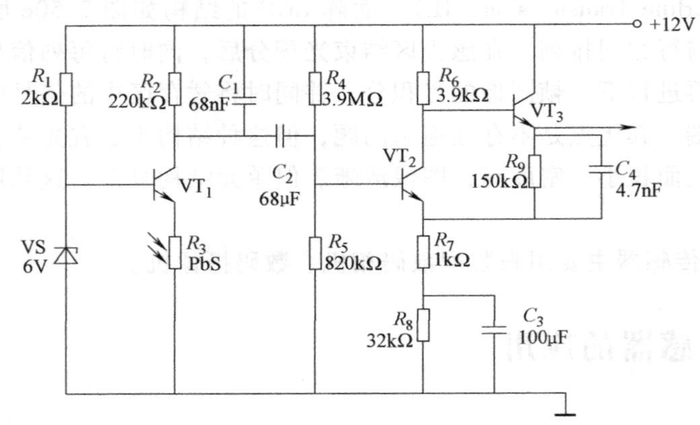

图 7.54　火灾探测报警器电路

由 VT$_1$，电阻 R_1、R_2 和稳压二极管 VS 构成对光敏电阻 R_3 的恒压偏置电路，该电路在更换光敏电阻时只要保证光电导灵敏度不变，输出电路的电压灵敏度就不会改变，可保证前置放大器的输出信号稳定。当被探测物体的温度高于燃点或被探测物体被点燃而发生火灾时，火焰将发出波长接近于 2.2μm 的辐射（或“跳变”的火焰信号），该辐射光将被 PbS 光敏电阻接收，使前置放大器的输出跟随火焰“跳变”信号，并经电容 C_2 耦合，由 VT_2、VT_3 组成的高输入阻抗放大器放大。放大的输出信号再送给消防控制报警中心放大器，由其发出火灾报警信号或自动执行喷淋等灭火动作。

7.8.3 路灯自动控制器和楼道双光控延时开关

1. 路灯自动控制器

图 7.55 为路灯自动控制器电路原理图。VD 为光敏二极管。当夜晚来临时，光线变暗，VD 截止，VT_1 饱和导通，VT_2 截止，继电器 K 线圈失电，其常开触点 K_1 闭合，路灯 HL 点亮。天亮后，当光线亮度达到预定值时，VD 导通，VT_1 截止，VT_2 饱和导通，继电器 K 线圈带电，其触点 K_1 断开，路灯 HL 熄灭。

2. 楼道双光控延时节电开关

如图 7.56 所示，VD_1 与 VT_1 构成光检测电路；VT_3 与自然光构成一路光控电路。时基集成电路 555 与 R_4、C_1 等组成单稳态电路。稳态时输出 3 脚为低电平，当触发端 2 脚有负脉冲或为低时 3 脚输出高电平，单稳态电路进入暂稳态，经一段时间电路自动翻回初始稳定态，3 脚又变为低电平。

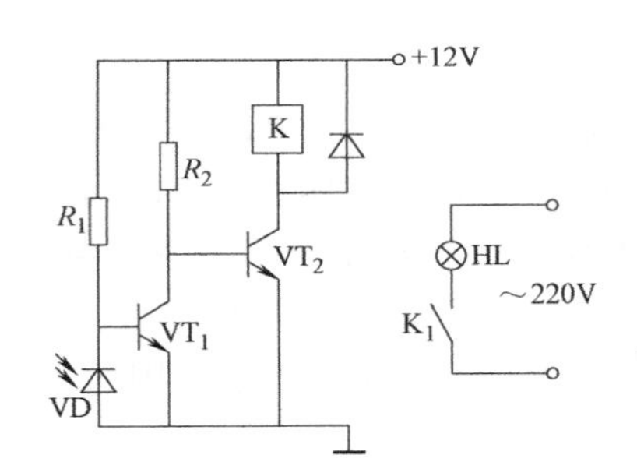

图 7.55 路灯自动控制器电路原理图

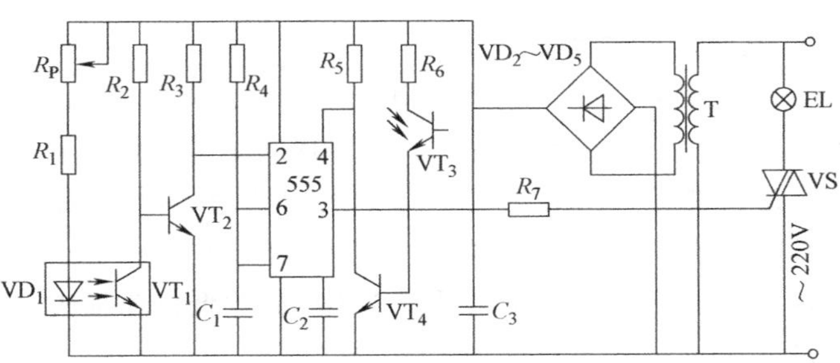

图 7.56 楼道双光控延时节电开关电路

白天，VT_3、VT_4 导通，强迫复位端 4 脚为低电平，3 脚被迫输出低电平，双向晶闸管 VS 的门极无触发电压，关断，灯 EL 不亮。夜晚，VT_3、VT_4 截止使 4 脚为高电平，电路退出复位状态，3 脚为高电平。

无人经过时，VT_1 导通、VT_2 截止，2 脚为高电平，3 脚为低电平，灯 EL 仍不亮。有人经过时，VT_1 截止、VT_2 导通，2 脚为低电平，3 脚为高电平，通过限流电阻 R_7 触发双向晶闸管由关断变为导通，灯 EL 点亮。经 30s 后，电路暂稳态结束，3 脚变为低电平，灯 EL 熄灭。

7.8.4 光电式数字转速计

图 7.57 为光电式数字转速计的工作原理图。在电动机的转轴上安装一个具有均匀分布齿轮的调制盘，当电动机转轴转动时，将带动调制盘转动，发光二极管发出的恒定光被调制成随时间变化的调制光，透光与不透光交替出现，光敏管将间断地接收到透射光信号，输出电脉冲。图 7.58 为放大整形电路，当有光照时，光敏二极管产生光电流，使 RP_2 上电压降

增大，直到晶体管 VT_1 导通，作用到由 VT_2 和 VT_3 组成的射极耦合触发器，使其输出 U_o 为高电位；反之，U_o 为低电位。放大整形电路输出整齐的脉冲信号 U_o，转速可由该脉冲信号的频率来确定，该脉冲信号 U_o 可送到频率计进行计数，从而测出电动机的转速。每分钟的转速 r（r/min）与脉冲频率 f（Hz）之间的关系为

$$r=\frac{60f}{n}=\frac{60N}{tn} \tag{7.26}$$

式中，n 为调制盘的齿数；N 为采样时间 t 内的脉冲数。

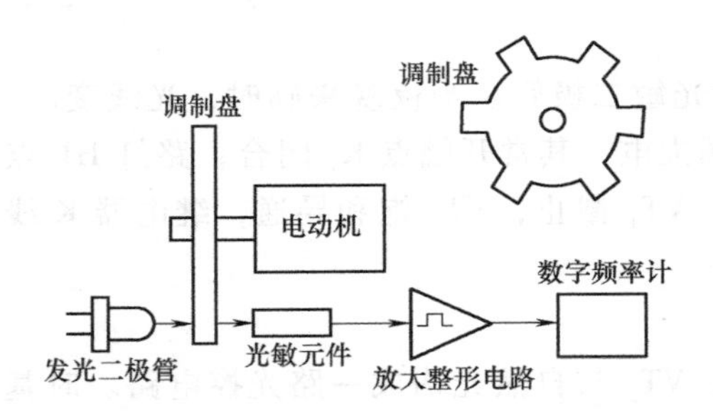

图 7.57　光电式数字转速计的工作原理图

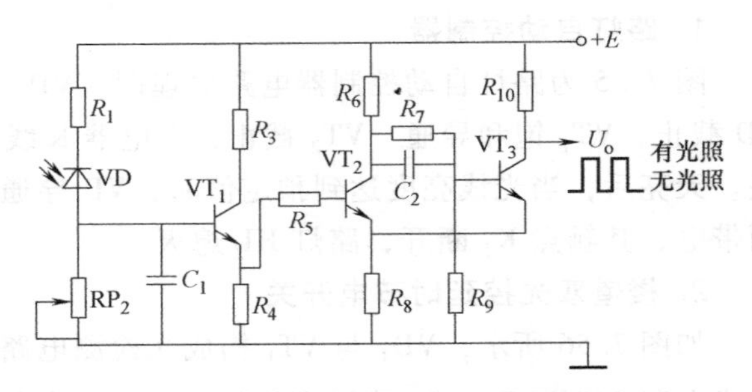

图 7.58　光电式数字转速计测量电路

7.8.5　光纤温度、图像和流量传感器

1. 光纤温度传感器

（1）辐射温度计　它是利用非接触方式检测来自被测物体的热辐射方法，若采用光导纤维将热辐射引导到传感器中，可实现远距离测量；利用多束光纤可对物体上多点的温度及其分布进行测量；可在真空、放射性、爆炸性和有毒气体等特殊环境下进行测量。400～1600℃的黑体辐射的光谱主要由近红外线构成。采用高纯石英玻璃的光导纤维在 1.1～1.7μm 的波长带域内显示出低于 1dB/km 的低传输损失，所以最适合于上述温度范围的远距离测量。

图 7.59 为可测量高温的探针型光纤温度传感器系统。将直径为 0.25～1.25μm、长度为 0.05～0.3m 的蓝宝石纤维接于光纤的前端，蓝宝石纤维的前端用 Ir（铱）的溅射薄膜覆盖。用这种温度计可检测具有 0.1μm 带宽的可见单色光（$\lambda=0.5\sim0.7\mu m$），从而可测量 600～2000℃范围的温度。

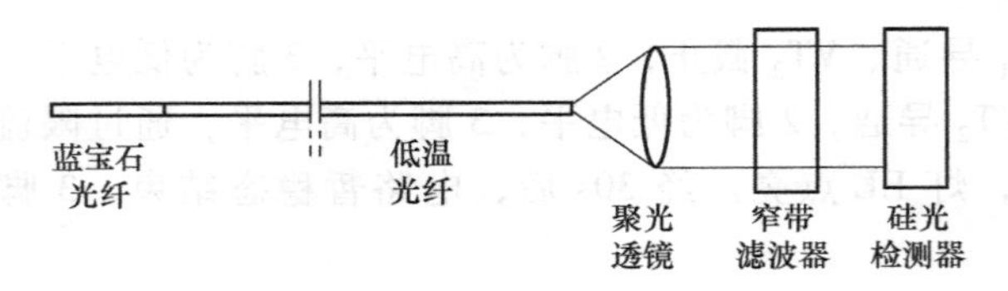

图 7.59　探针型光纤温度传感器

（2）发光强度调制型光纤温度传感器　图 7.60 为一种发光强度调制型光纤温度传感器。它利用了多数半导体材料的能量带隙随温度的升高几乎线性减小的特性，如图 7.61 所示。半导体材料的透光率特性曲线边沿的波长 λ_g 随温度的升高而向长波方向移动。如果适当地选定一种光源，它发出的光的波长在半导体材料工作范围内，当此种

光通过半导体材料时，其透射光的发光强度将随温度 T 的升高而减小，即光的透过率随温度升高而降低。

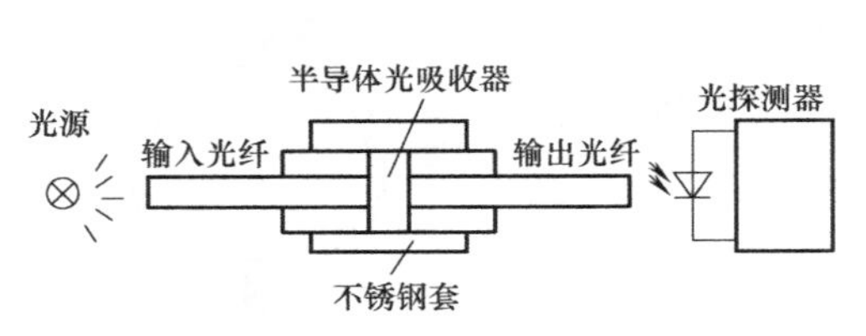

图 7.60 光强调制型光纤温度传感器

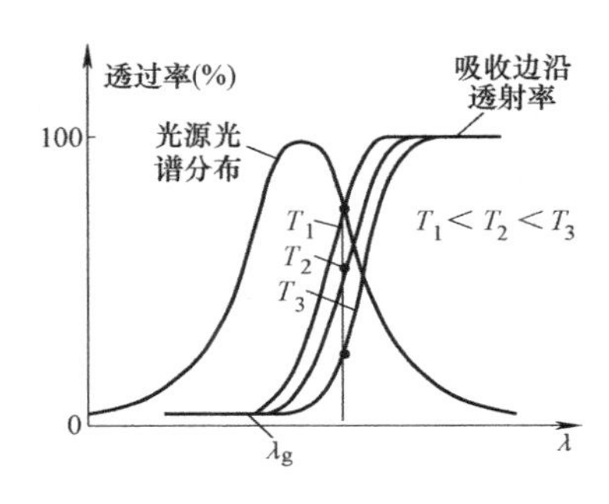

图 7.61 半导体的光透过率特性

敏感元件是一个半导体光吸收器（薄片），光纤用于传输信号。当光源发出的光以恒定的强度经输入光纤到达半导体光吸收器时，透过吸收器的发光强度受薄片温度调制（温度越高，透过的发光强度越小），然后透射光再由输出光纤传到光探测器。它将发光强度的变化转化为电压或电流的变化，达到传感温度的目的。

这种传感器的测量范围随半导体材料和光源而变，通常在-100～300℃，响应时间大约为 2s，测量精度在±3℃。目前，国外光纤温度传感器可探测到 2000℃ 高温，灵敏度达到±1℃，响应时间为 2s。

2. 光纤图像传感器

图像光纤是由数目众多的光纤组成一个图像单元，典型数目为 0.3 万～10 万股，每一股光纤的直径约为 10μm，图像经图像光纤传输的原理如图 7.62 所示。在光纤的两端，所有的光纤都是按同一规律整齐排列的。投影在光纤束一端的图像被分解成许多像素，每一个像素（包含图像的亮度与颜色信息）通过一根光纤单独传送，因此，整个图像是作为一组亮度与颜色不同的光点传送，并在另一端重建原图像。

工业用内窥镜用于检查系统的内部结构，它采用光纤图像传感器，将探头放入系统内部，通过光束的传输在系统外部可以观察监视，如图 7.63 所示。光源发出的光通过传光束照射到被测物体上，通过物镜和传像束把内部图像传送出来，以便观察、照相，或通过传像束送入 CCD 器件，将图像信号转换成电信号，送入微机进行处理，可在屏幕上显示和打印观测结果。

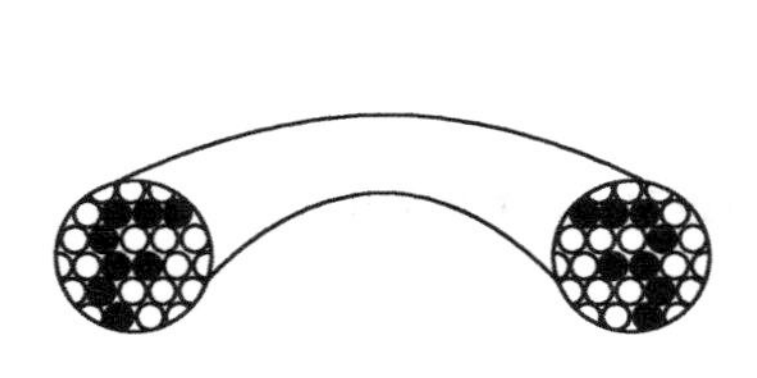

图 7.62 光纤图像传输

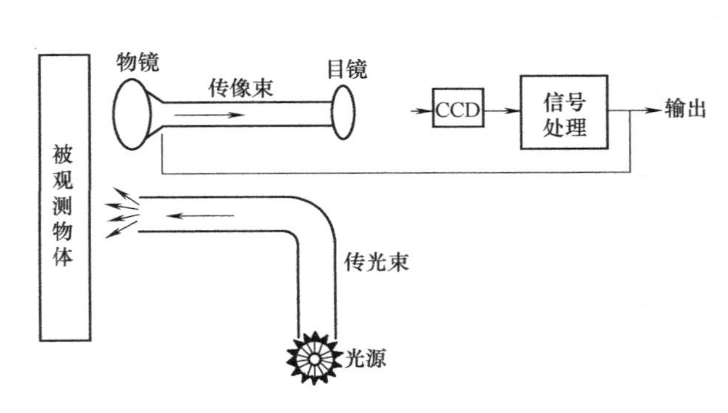

图 7.63 工业用内窥镜系统原理

3. 光纤旋涡式流量传感器

光纤旋涡式流量传感器是将一根多模光纤垂直地装入管道，当液体或气体流经与其垂直的光纤时，光纤受到流体涡流的作用而振动，振动的频率与流速有关。测出光纤振动的频率就可确定液体的流速。光纤旋涡流量传感器结构如图 7.64 所示。

当流体运动受到一个垂直于流动方向的非流线体阻碍时，根据流体力学原理，在某些条件下，在非流线体的下游两侧产生有规则的旋涡，其旋涡的频率 f 与流体的流速 v 之间的关系可表示为

$$f=S_t\frac{v}{d} \tag{7.27}$$

式中，d 为流体中物体的横向尺寸大小（光纤的直径）；S_t 为斯托劳哈尔系数，它是一个无量纲的常数。

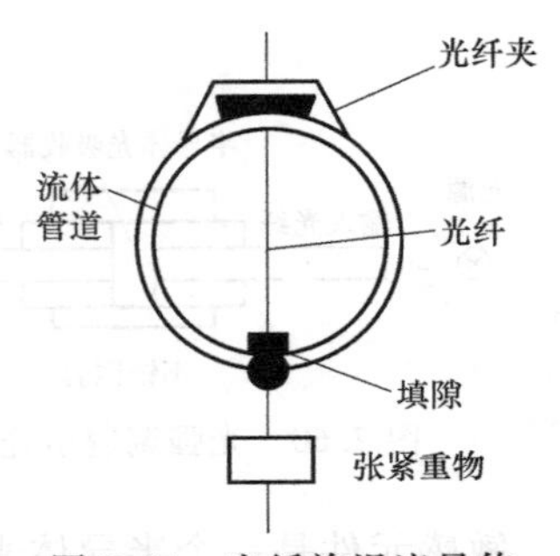

图 7.64　光纤旋涡流量传感器结构

在多模光纤中，光以多种模式进行传输，在光纤的输出端，各模式的光就形成了干涉图样，这就是光斑。一根没有外界扰动的光纤所产生的干涉图样是稳定的，当光纤受到外界扰动时，干涉图样的明暗相间的斑纹或斑点发生移动。如果外界扰动是流体的涡流引起的，那么干涉图样斑纹或斑点就会随着振动的周期变化来回移动，这时测出斑纹或斑点的移动，即可获得对应于振动频率的信号，根据式（7.27）推算流体的流速。

光纤旋涡式流量传感器可测量液体和气体的流量，传感器没有活动部件，测量可靠，而且对流体流动几乎不产生阻碍作用，压力损耗非常小。

思考题与习题

7.1　什么是光电式传感器？

7.2　光电式传感器的基本形式有哪些？

7.3　典型的光电器件有哪些？

7.4　什么是全反射？全反射的条件是什么？

7.5　光纤的数值孔径有何意义？

7.6　试述光敏电阻的工作原理。

7.7　试述光敏二极管的工作原理。

7.8　试述光敏晶体管的工作原理。

7.9　试述光电池的工作原理。

7.10　简述什么是光电导效应。

7.11　简述什么是光生伏特效应。

7.12　简述什么是外光电效应。

7.13　简述光纤传感器的组成和类型。

7.14　利用某循环码盘测得的结果为“0110”，其实际转过的角度是多少？

7.15　透射式光栅传感器的莫尔条纹是怎样产生的？条纹间距、栅距和夹角关系是什么？

7.16　如何提高光电式编码器的分辨率？

7.17　二进制码与循环码各有何特点？并说明它们的互换原理。

7.18　简述光栅莫尔条纹测量位移的三个主要特点。

7.19　计量光栅是如何实现测量位移的？

7.20　计量光栅中为何要引入细分技术？

7.21　简述热电效应。

7.22　一个8位光电码盘的最小分辨率是多少？如果要求每个最小分辨率对应的码盘圆弧长度最大为0.01mm，则码盘半径应有多大？

7.23　若某光栅的栅线密度为50线/mm，主光栅与指标光栅之间的夹角$\theta=0.01\text{rad}$。则：

(1) 其形成的莫尔条纹间距B_H是多少？

(2) 若采用四只光敏二极管接收莫尔条纹信号，并且光敏二极管响应时间为10^{-6}s，问此时光栅允许最快的运动速度v是多少？

7.24　利用一个六位循环码盘测量角位移，其最小分辨率是多少？如果要求每个最小分辨率对应的码盘圆弧长度最大为0.01mm，则码盘半径应有多大？若码盘输出数码为“101101”，初始位置对应数码为“110100”，则码盘实际转过的角度是多少？

7.25　CCD的电荷转移原理是什么？

7.26　举例说明CCD图像传感器的应用。

第8章

气敏与湿敏传感器

在现代社会的生产和生活中，会接触到各种各样的气体，需要进行检测和控制。如化工生产中气体成分的检测与控制，煤矿瓦斯浓度的检测与报警，大气环境污染物成分监测，煤气泄漏检测，火灾探测与报警，汽车尾气检测，鱼类、肉类新鲜度检测，酒精含量检测等。因此，气敏传感器得到了广泛的应用。

在工农业生产、气象、环保、国防、科研、航天等部门，经常需要对环境湿度进行测量及控制。但在常规的环境参数中，湿度是最难准确测量的一个参数。近年来，国内外在湿度传感器研发领域取得了长足的进步。湿敏传感器正从简单的湿敏元件向集成化、智能化、多参数检测的方向迅速发展，为开发新一代湿度/温度测控系统创造了有利条件，也将湿度测量技术提高到新的水平。

本章重点介绍半导体电阻式、接触燃烧式、红外吸收式、热导式、热磁式等类型气敏传感器的工作原理及其应用；重点介绍电阻式、电容式、射频式和集成式等类型湿敏传感器的工作原理及其应用。

8.1 气敏传感器

8.1.1 气敏传感器概述

气敏传感器就是能够感知环境中气体成分及其浓度的一种敏感器件，它将气体种类及其浓度有关的信息转换成电信号，根据这些电信号的强弱便可获得与待测气体在环境中存在情况有关的信息，从而可以进行检测、监控、报警。

1. 气敏传感器的性能要求

1）对被测气体具有较高的灵敏度，对被测气体以外的共存气体或物质不敏感。

2）性能稳定，重复性好。

3）动态特性好，对检测信号响应迅速。

4）制造成本低，使用寿命长，使用与维护方便。

2. 气敏传感器的主要参数

（1）灵敏度　灵敏度（S）是气敏元件的一个重要参数，它标志着气敏元件对气体的敏感程度。一般用其阻值变化量 ΔR（或电压变化量 ΔU）与气体浓度变化量 ΔP 之比来表示。公式为

$$S=\frac{\Delta R}{\Delta P} \quad 或 \quad S=\frac{\Delta U}{\Delta P} \tag{8.1}$$

(2) 响应时间 从气敏元件接触到一定浓度的被测气体开始，至气敏元件的阻值达到该浓度下新的恒定值所需要的时间称为响应时间。它表示气敏元件对被测气体浓度的响应速度。

(3) 选择性 指在多种气体共存的条件下，气敏元件区分气体种类的能力。对某种气体选择性好，表明气敏元件对其灵敏度较高。选择性是气敏元件的重要参数，也是目前较难解决的问题之一。

(4) 稳定性 当被测气体浓度不变时，若其他条件（如温度、压力、磁场等）发生改变，在规定的时间内气敏元件输出特性保持不变的能力，称为稳定性。稳定性反映了气敏元件的抗干扰能力。

(5) 温度特性 气敏元件灵敏度随温度变化而变化的特性称为温度特性。温度有元件自身温度与环境温度之分，这两种温度对灵敏度都有影响。元件自身温度对灵敏度的影响较大，主要通过温度补偿方法来解决。

3. 气敏传感器的分类

由于被测气体的种类繁多，性质各不相同，不可能用一种传感器来检测所有的气体，所以气敏传感器的种类也很多。气敏传感器的类型及其特点见表 8.1。

表 8.1 气敏传感器的类型及其特点

类型	原理	检测对象	特点
半导体式	若气体接触到加热的金属氧化物（SnO_2、Fe_2O_3、ZnO 等），电阻值会增大或减小	还原性气体、城市排放气体、丙烷等	灵敏度高，结构与电路简单，但输出与气体浓度不成比例
接触燃烧式	可燃性气体接触到氧气就会燃烧，使得作为气敏材料的铂丝温度升高，电阻值相应增大	可燃性气体	输出与气体浓度成比例，但灵敏度较低
化学反应式	利用化学溶剂与气体反应产生的电流、颜色、电导率的增加等	CO、H_2、CH_4、C_2H_5OH、SO_2等	气体选择性好，但不能重复使用
光干涉式	利用与空气的折射率不同而产生的干涉现象	与空气折射率不同的气体，如CO_2等	寿命长，但选择性差
热传导式	根据热传导率差而放热的发热元件的温度降低进行检测	与空气热传导率不同的气体，如H_2等	构造简单，但灵敏度低，选择性差
红外线吸收散射式	根据红外线照射气体分子谐振而产生的吸收或散射进行检测	CO、CO_2等	定性测量，但装置大，价格高

8.1.2 半导体电阻式气敏传感器

半导体式气敏传感器是利用半导体气敏元件（主要是金属氧化物）与待测气体接触，造成半导体的电导率等物理性质发生变化的原理来检测特定气体的成分或者浓度的。

半导体式气敏传感器可分为电阻式和非电阻式两类。电阻式气敏传感器是用氧化锡、氧化锌等金属氧化物材料制作成敏感元件，利用敏感材料接触气体时其电阻值的变化来检测气体的成分或浓度；非电阻式气敏传感器也是一种半导体器件，它们与被测气体接触后，如二极管的伏安特性或场效应晶体管的阈值电压等将会发生变化。根据这些特性的变化来测定气体的成分或浓度。本节主要介绍半导体电阻式气敏传感器。

1. 半导体电阻式气敏传感器的工作原理

电阻式气敏传感器的敏感材料一般都是金属氧化物，分为N型半导体（如氧化锡、氧化锌、氧化铁等）和P型半导体（如氧化钼、氧化铬、氧化钴、氧化铅、氧化铜、氧化镍等）。为了提高气敏元件对某些气体成分的选择性和灵敏度，在合成材料时还可添加其他一些金属（钯、铂、银等）元素催化剂；为了改善气敏元件的热稳定性和相应特性，可添加少量氧化物（氧化镁、氧化铅等）。

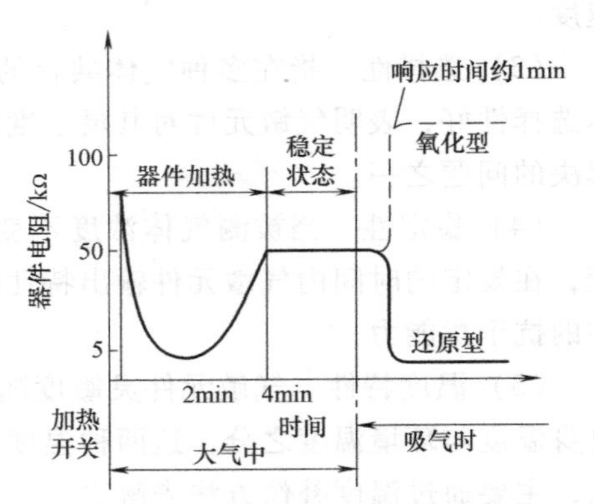

图8.1 N型半导体吸附气体时器件阻值变化

如图8.1所示，半导体气敏器件被加热到稳定状态下，当气体接触器件表面而被吸附时，吸附分子首先在表面上自由地扩散（物理吸附），失去其运动能量，其间一部分分子蒸发，残留分子产生热分解而固定在吸附处（化学吸附）。

如果器件的功函数小于吸附分子的电子亲和力，则吸附分子将从器件夺取电子而变成负离子吸附。具有这种倾向的气体有O_2和NO_2等，称为氧化型（或电子接收型）气体。当氧化型气体吸附到N型半导体上（或还原型气体吸附到P型半导体上）时，将使多数载流子（价带空穴）减少，电阻增大。

如果器件的功函数大于吸附分子的离解能，吸附分子将向器件释放出电子，而成为正离子吸附。具有这种倾向的气体有H_2、CO、碳氢化合物、酒类等，称为还原型（或电子供给型）气体。当还原型气体吸附到N型半导体上（或氧化型气体吸附到P型半导体上）时，将使多数载流子（导带电子）增多，电阻下降。

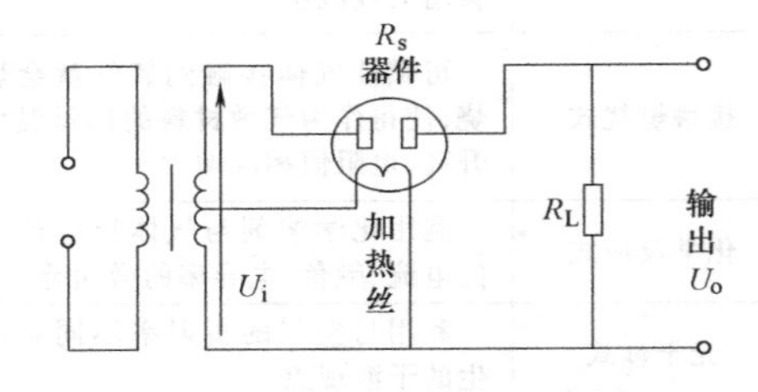

图8.2 SnO_2气敏电阻的基本测量电路

电阻式气敏元件通常都工作在高温状态下，一般工作温度为300℃左右，其目的是为了使附着在元件上的油雾、尘埃等有害物质去掉，并加速气体与金属氧化物的氧化还原反应，提高器件的灵敏度和响应速度。SnO_2气敏元件结构上有电阻丝加热器，测量电路如图8.2所示。当所测气体浓度变化时，气敏器件的阻值发生变化，从而使输出发生变化。

输出电压为

$$U_o = I_o R_L = U_i R_L / (R_s + R_L) \tag{8.2}$$

式中，R_s为气敏元件测试回路电阻；R_L为负载电阻。

2. 半导体电阻式气敏传感器的类型

电阻式气敏传感器是目前使用较为广泛的气敏传感器件之一，按其结构可分为三类：烧结型、厚膜型和薄膜型。

（1）烧结型气敏器件　烧结型气敏器件的制作是将一定比例的敏感材料（SnO_2、ZnO等）和一些掺杂剂（Pt、Pb等）用水或粘合剂调和，经研磨后使其均匀混合，然后将混合好的膏状物倒入模具，埋入加热丝和测量电极，经传统的制陶方法烧结。最后将加热丝和电极焊在管座上，加上特制外壳就构成器件。该类器件分为两种结构：直热式和旁热式，分别如图 8.3、图 8.4 所示。

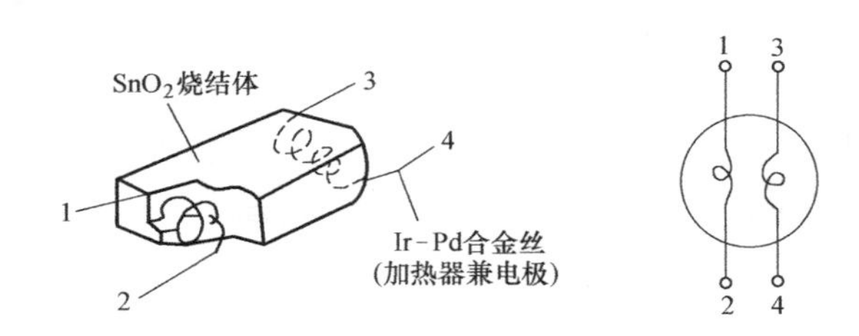

图 8.3　直热式气敏传感器的结构和符号

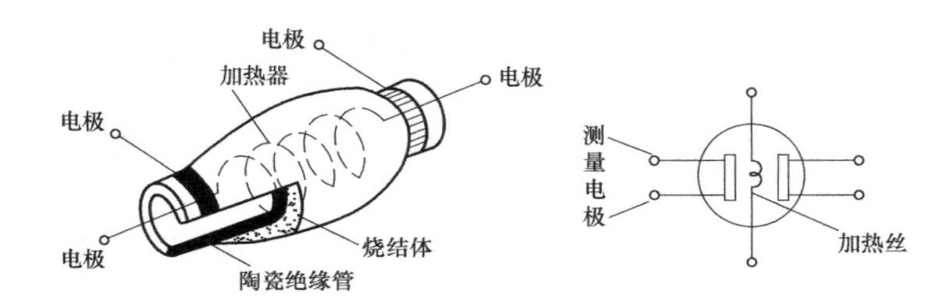

图 8.4　旁热式气敏传感器的结构和符号

直热式器件管芯体积很小，加热丝 3-4 直接埋在金属氧化物半导体材料内，可兼作一个测量电极，1-2 为另一个测量电极。该结构工艺简单，成本低，功耗小；但其缺点为热容量小，易受环境气流的影响；测量电路与加热电路之间相互干扰，影响其测量参数；加热丝在加热与不加热两种情况下产生的膨胀与冷缩，容易造成器件接触不良。

旁热式气敏器件是把高阻加热丝放置在陶瓷绝缘管内，在管外涂上梳状金电极，再在金电极外涂上气敏半导体材料，就构成了器件。它克服了直热式结构的缺点，器件的稳定性、可靠性得到提高。

(2) 厚膜型气敏器件　厚膜型气敏器件是将 SnO_2、ZnO 等材料与 3%~15%重量的硅凝胶混合制成能印刷的厚膜胶，把厚膜胶用丝网印制到装有铂电极的氧化铝基片上，在 400~800℃高温下烧结 1~2h 制成。它由基片、加热器和气体敏感层三部分组成，如图 8.5 所示。其优点为机械强度、一致性都较好；与厚膜混合 IC 工艺相容、与阻容元件制在同一基片上。

(3) 薄膜型气敏器件　敏感薄膜厚度一般为 50~100nm，以绝缘材料为基片，采用蒸发或溅射的方法，在处理好的石英基片上形成一薄层金属氧化物薄膜（如 SnO_2、ZnO 等），再引出电极，如图 8.6 所示。其优点为灵敏度高、响应迅速、机械强度高、互换性好、产量高、成本低等。

8.1.3　接触燃烧式气敏传感器

1. 接触燃烧式气敏传感器的工作原理

可燃气体（H_2、CO、CH_4、LPG）与空气中的氧接触发生氧化反应，产生反应热（无焰接触燃烧热），使铂丝温度升高，具有 PTC 的铂电阻值增加，且在温度不太高时，电阻率

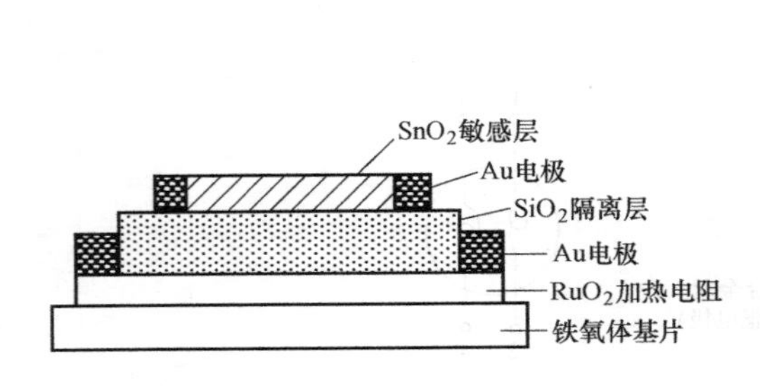

图 8.5 厚膜型气敏器件结构

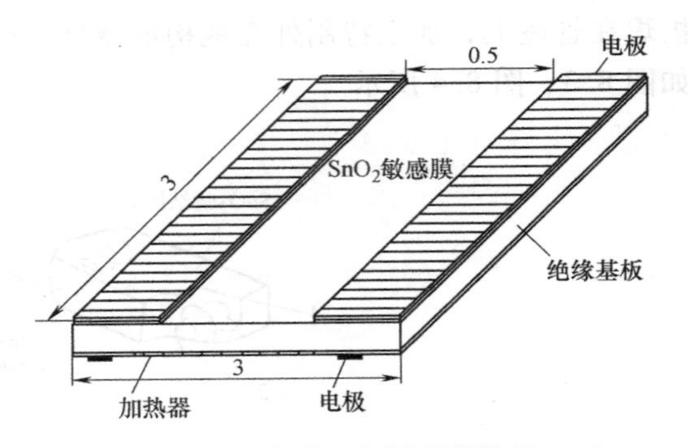

图 8.6 薄膜型气敏器件结构

与温度有良好的线性关系。

一般空气中可燃性气体都可完全燃烧，其发热量与可燃性气体的浓度成正比；铂电阻的增大量 ΔR 就与可燃性气体浓度成正比。

实际应用时，在铂丝圈外涂覆一层氧化物触媒，以延长其寿命，提高响应特性。

2. 气敏元件的结构

接触燃烧式气敏传感器结构如图 8.7 所示，它由敏感芯、陶瓷管、网状保护罩和引线组成。敏感芯由直径 50～60μm 的 99.999%铂丝绕制成直径约为 0.5mm 的线圈；在线圈外面涂以氧化铝或与氧化硅组成的膏状涂覆层，一定温度下烧结成球状多孔载体；浸渍钯盐溶液高温在多孔载体上形成贵金属接触媒层；最后组装成敏感元件。

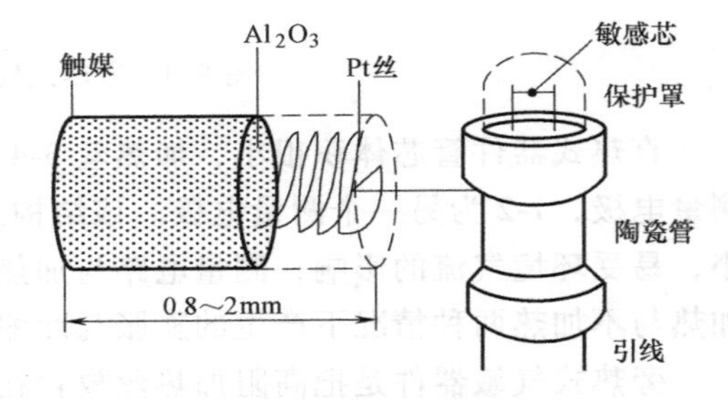

图 8.7 接触燃烧式气敏传感器结构

3. 检测电路及感应特性

图 8.8 为接触燃烧式气敏传感器的测量电路。其中 F_1 为气敏元件，F_2 为补偿元件。F_2 铂线圈的尺寸、阻值、载体层与 F_1 完全相同，只是无贵金属触媒粉体，以补偿环境温度变化、电源电压变化等所引起的偏差。工作时要求在 F_1 和 F_2 上应保持一定电流（100～200mA），以供给可燃性气体在 F_1 上接触燃烧所需的热量。

若电桥平衡时 BD 上电阻为 R_1，BC 上电阻为 R_2，F_1 的电阻为 R_{F1}，F_2 的电阻为 R_{F2}；当 F_1 与可燃性气体接触时，剧烈的氧化反应释放出热量，温度上升电阻值增大，电阻变化为 ΔR_{F1}，电桥所加电源电压为 U_{CD0}，则 A、B 间的电位差 U_{AB} 可表示为

$$U_{AB}=U_{CD0}\left(\frac{R_{F1}+\Delta R_{F1}}{R_{F1}+R_{F2}+\Delta R_{F1}}-\frac{R_2}{R_1+R_2}\right) \tag{8.3}$$

由于 ΔR_{F1} 较小，分母上的 ΔR_{F1} 可以忽略不计，由平衡条件 $R_{F1}R_1=R_{F2}R_2$，则式（8.3）可简化为

$$U_{AB}=U_{CD0}\frac{R_1}{(R_1+R_2)(R_{F1}+R_{F2})}\frac{R_{F2}}{R_{F1}}\Delta R_{F1} \tag{8.4}$$

而 ΔR_{F1} 可以表示为

$$\Delta R_{F1}=\alpha\Delta T=\alpha\frac{\Delta H}{C}=\alpha\beta m\frac{Q}{C} \tag{8.5}$$

式中，α 为元件的电阻温度系数；ΔT 为燃烧引起的温度增加值；ΔH 为气体燃烧的发热量；Q 为气体的燃烧热，由气体的种类决定；m 为燃性气体的浓度；C 为气敏元件的热容量；β 为气敏元件上涂覆的催化剂决定的常数。

令 $k=U_{\mathrm{CD0}}\dfrac{R_1}{(R_1+R_2)(R_{\mathrm{F1}}+R_{\mathrm{F2}})}$，$R_{\mathrm{F1}}/R_{\mathrm{F2}}=1$，则有

$$U_{\mathrm{AB}}=k\alpha\beta m\frac{Q}{C} \tag{8.6}$$

图 8.9 为气敏元件的感应特性曲线，表明测量不同气体时，其输出电压与浓度成正比。

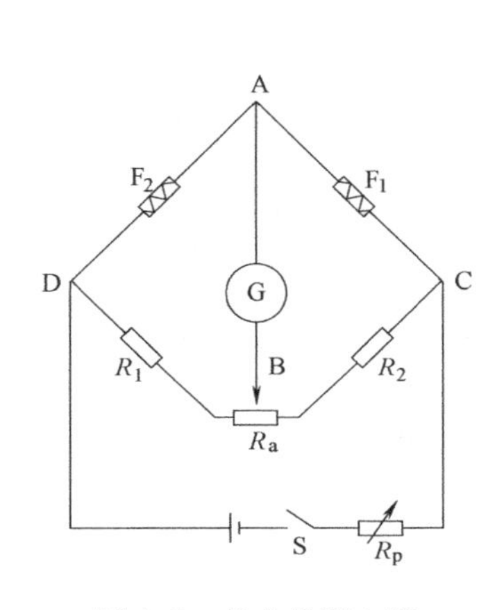

图 8.8 基本检测电路

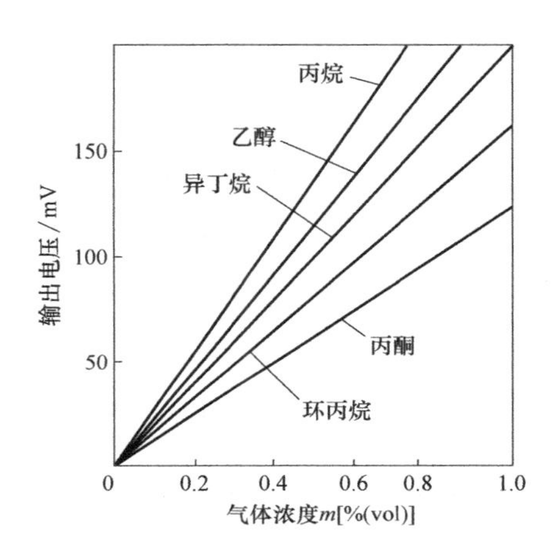

图 8.9 气敏元件的感应特性曲线

8.1.4 红外吸收式气敏传感器

红外吸收式气敏传感器是应用气体对红外线的吸收原理而制成的，具有精度高、选择性好、气敏浓度范围宽等特点。因此，在工农业生产中得到广泛应用，可用于测量炉气或烟气中的 SO_2、CO_2、CO 等的含量。

1. 红外线及其特征

红外线是一种电磁波，它的波长介于可见光和无线电波之间，红外线在可见光红光的外面而得名。它分为近红外、中红外、远红外和极远红外，红外气体分析仪主要利用的是 1~25μm 之间的一段光波。红外线具有以下两个特征：

（1）选择性吸收（频率一致原则） 只有红外光谱的频率与待测气体分子的振动频率一致时，这种气体分子才能吸收红外光谱辐射能量。因此，不同分子的混合物只能吸收某一波长范围或几个波长范围的红外辐射能量，具有选择性吸收的特性。图 8.10 给出几种气体在不同波长时对红外线的吸收情况。

（2）红外线被吸收后转化为热能 当红外线作用于物质时，红外线的辐射能被物质所吸收，并转换成热能。气体吸收红外辐射能量后，气体的温度升高，利用这种转换关系，就可以确定物质吸收红外辐射能量的多少，从而确定物质的含量。

2. 光的吸收定律

光的吸收定律又称朗伯比尔定律，即红外线通过物质前后的能量变化随着待测组分浓度

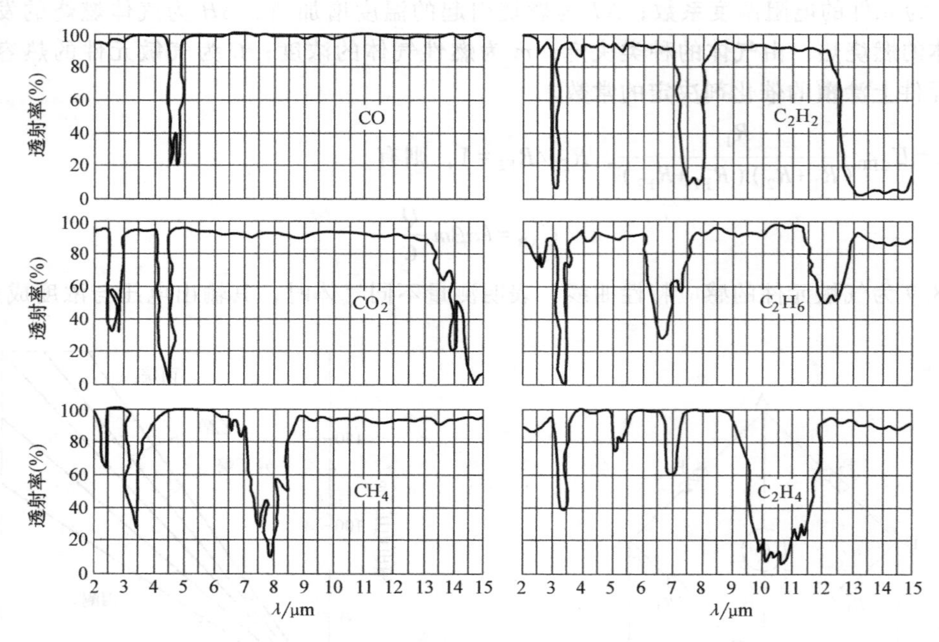

图 8.10 几种气体在不同波长时对红外线的吸收情况

的增加而以指数下降，其表达式为

$$I=I_0e^{-KCL} \tag{8.7}$$

式中，I_0、I 分别为红外线通过待测组分前后的发光强度；K、C 分别为待测组分的吸收系数和浓度；L 为红外线通过待测组分的长度。

总之，气体对不同波长的红外线具有选择性吸收的能力，其吸收的强度取决于待测气体的浓度。

3. 红外吸收式气敏传感器

（1）电容麦克型红外吸收式气敏传感器　电容麦克型红外吸收式气敏传感器结构如图 8.11 所示，它由两个构造形式完全相同的光学系统构成，一束红外光入射到密封某种气体的比较槽内，另一束红外光入射到通有被测气体的测量槽内，两个光源同时（或交替地）以固定周期开闭。

通过测量槽和比较槽的发光强度差值 ΔI 将随被测气体种类而不同，同时 ΔI 因同种气体浓度的不同而不同。因此，通过测量槽的红外光波长和发光强度变化就可知被测气体的种类和浓度。

若两个光学系统以一定的周期开闭，ΔI 则以振幅形式输入到检测器。检测器是密封有一定气体的容器。两种光量振幅的周期性变化被检测器内气体吸收后，可变为温度的周期性变化，又体现为间隔薄膜两侧的压力变化而以电容量的改变量输出。

（2）量子型红外气敏传感器　量子型红外吸收式气敏传感器如图 8.12 所示，包括光源、测量槽、可更换滤光片、量子型红外光敏元件、放大电路等部分。

将图 8.12 与图 8.11 进行比较，图 8.12 的量子型红外光敏元件取代了图 8.11 所示的检测器，因此，可直接把光量变为电信号；同时，由于仅有一个测量槽，简化了传感器的结构。

为了增加量子型红外光敏元件的灵敏度和适合其红外光谱响应特性，可通过改变红外滤光片来增加被测气体种类和扩大测量气体的浓度范围。气体的浓度可表示为

$$C=\frac{1}{KL}\ln\frac{I_0}{I} \tag{8.8}$$

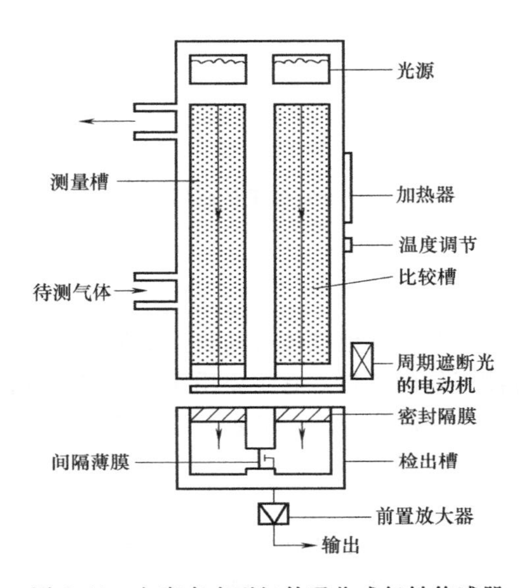

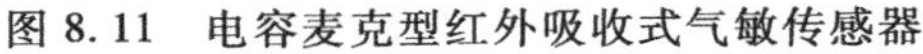
图 8.11　电容麦克型红外吸收式气敏传感器

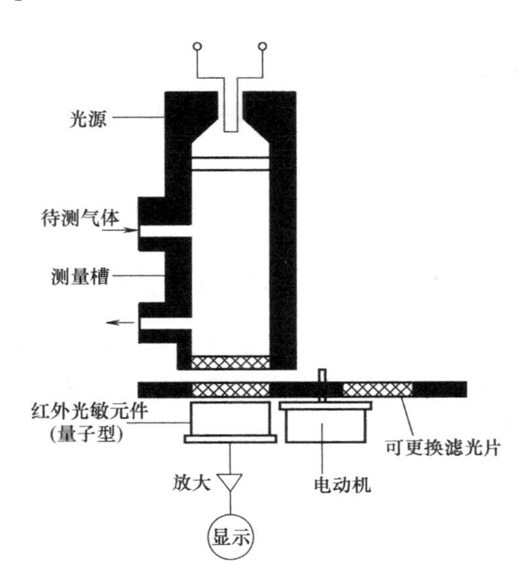

图 8.12　量子型红外吸收式气敏传感器

8.1.5　热导式气敏传感器

热导式气敏传感器是通过检测混合气体导热系数变化得知待测组分含量的，被测气体组分含量变化时，将引起导热系数的变化，从而间接得知待测组分的含量。这类气体传感器除用于测量可燃性气体外，也可用于无机气体及浓度的测量。

设待测组分的浓度为 C_1，导热系数为 λ_1，混合气体中其他组分的导热系数近似相等，即 $\lambda_2=\lambda_3=\cdots=\lambda_n$，混合气体导热系数为 λ，则待测组分的浓度可表示为

$$C_1=\frac{\lambda-\lambda_2}{\lambda_1-\lambda_2} \tag{8.9}$$

式（8.9）表明，待测组分的浓度 C_1 与混合气体的导热系数 λ 成正比。为了确定混合气体中某一气体组分的浓度，必须满足以下两个条件：

1）除待测气体外，其余各组分的导热系数应相同或相近。

2）待测组分与其余组分导热系数有显著差别。

热导式气敏传感器由热导室和测量电桥组成，如图 8.13、图 8.14 所示。图中 F_1、F_2 分别为热导室和参比热室，内部敏感元件可用不带催化剂的白金线圈制作，也可用热敏电阻，对应电阻分别为 R_1、R_2，作为电桥的工作臂和参比臂；F_2 内封入已知的比较气体（空气），当被测气体与 F_1 相接触时，由于导热系数相异而使 F_1 的温度由 t_0 变为 t_n，阻值由 R_1 变化为 R_n，电桥失去平衡，电桥输出信号的大小与被测气体的种类或浓度有确定的关系。

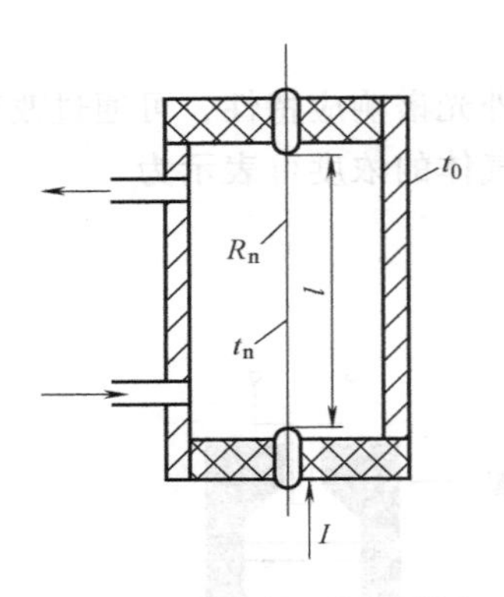

图 8.13 热导室工作原理图

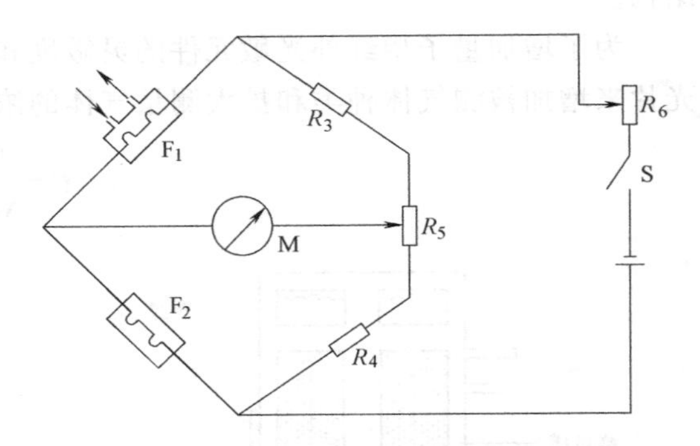

图 8.14 热导式气敏传感器测量电路

8.1.6 热磁式气体分析传感器

热磁式气体分析传感器是利用被测混合物中待测组分比其他气体有高得多的磁化率，以及磁化率随温度的升高而降低等热磁效应来检测待测气体的含量。它主要用于检测混合气体中的含氧量，测量范围为0~100%，具有反应快、稳定性好等特点。工业上常用的含氧量测量方法有：热磁式氧量分析传感器和氧化锆式氧量分析传感器。

1. 热磁式氧量分析传感器

热磁式氧量分析传感器是利用混合气体组分中氧气的磁化率特别高这一物理特性来测定混合气体中的含氧量。氧气为顺磁性气体（气体能被磁场所吸引的称为顺磁性气体），在不均匀磁场中受到吸引而流向磁场较强处。

如图 8.15 所示，在中间通道的外面均匀地绕着铂电阻丝，既作加热元件，又作为温度敏感元件。铂电阻丝的中间有一个抽头，将电阻丝分成两个等值的电阻 R_1、R_2，与固定电阻 R_3、R_4 构成测量电桥。

当测量电桥接上稳压电源时，R_1、R_2 因发热使中间温度升高。若中间通道无气体通过，则 $R_1=R_2$，测量电桥输出电压 $U_o=0$。

在中间通道左侧装一对磁极，当含有氧气的气体流经该强磁场时，将受到磁场吸引而进入中间通道，同时被加热。此处气体温度升高而磁化率下降，受磁场的吸引力减小。在磁场左边尚未被加热的气体继续受较强的磁场吸引而进入中间通道，将加热后的气体推出磁场，由此造成“热磁对流”或“磁风”现象。

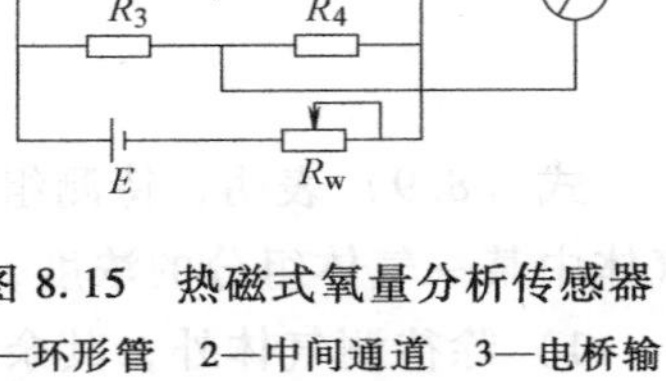

图 8.15 热磁式氧量分析传感器
1—环形管 2—中间通道 3—电桥输出显示仪表 4—被测气体入口 5—被测气体出口

当气样的压力、温度和流量不变时，通过测量磁风大小就可测得气样中的氧气含量。由于 R_1、R_2 在磁风的作用下出现温度梯度，即进气侧桥臂 R_1 的温度低于出气侧桥臂 R_2 的温度。不平衡电桥将随着气样中氧气含量的不同，输出相应的电压值 U_o。

热磁式氧量分析传感器结构简单，便于制造和调整，但当环境温度、压力变化时，电桥输出的电压值会发生变化。另外，气体的流量改变时，也会引起测量误差。因此，在实际应用中，对被测气体常采取恒温、稳压、稳流等措施，以减小测量误差。

2. 氧化锆式氧量分析传感器

氧化锆式氧量分析传感器如图 8.16 所示，由氧化锆电解质管、铂电极和引线构成。在氧化锆电解质管的两面各烧结一个铂电极，当氧化锆两侧的氧分压不同时，氧分压高的一侧的氧以离子形式向氧分压低的一侧迁移，结果使氧分压高的一侧铂电极失去电子带正电，而氧分压低的一侧铂电极得到电子带负电，因而在两铂电极之间产生氧浓差电动势。此电动势在温度一定时只与两侧气体中氧气含量的差（氧浓差）有关。若圆管内部通入氧气含量已知（如空气中氧气含量为常数），圆管外侧通入被测混合气体，则在铂电极间产生的氧浓差电动势为

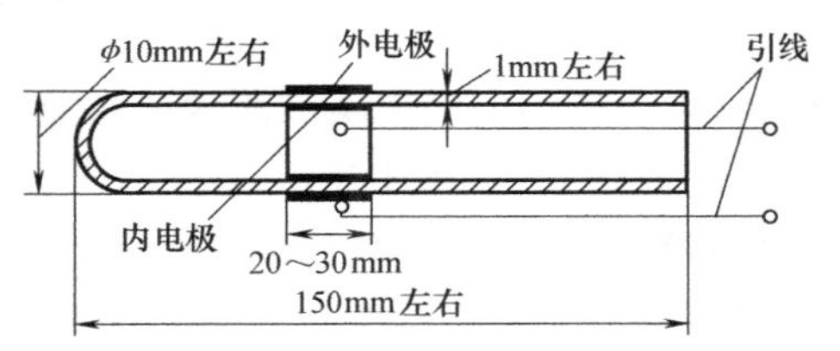

图 8.16　氧化锆式氧量分析传感器

$$E=\frac{RT}{nF}\ln\frac{P_2}{P_1} \tag{8.10}$$

式中，R 为氧的气体常数，为 8.314J/(mol·K)；F 为法拉第常数，为 96.487×10^3C/mol；n 为参加反应的电子数，$n=4$；P_1 为待测气体氧分压，即氧含量（%）；P_2 为参比气体（空气）氧分压，取 20.6%。

只要测出氧浓差电动势 E，就可以确定 P_1，便可测出混合气体中的氧气含量。

8.2　湿敏传感器

8.2.1　湿敏传感器概述

1. 湿度及其表示方法

所谓湿度，是指大气中水蒸气的含量。它通常有如下几种表示方法：绝对湿度、相对湿度和露点等。

（1）绝对湿度（AH）　绝对湿度是指在一定温度和压力条件下，单位体积空气内所含水蒸气的质量，其数学表达式为

$$H_a=\frac{m_V}{V} \tag{8.11}$$

式中，m_V 为待测空气中水蒸气的质量；V 为待测空气的总体积；H_a 为绝对湿度，其单位一般为 g/m^3 或 kg/m^3。

绝对湿度也可以用空气中水蒸气的密度（ρ_V）来表示。设空气中水蒸气的分压为 P_V，根据理想气体状态方程，可得出其数学表达式为

$$\rho_V=\frac{P_V m}{RT} \tag{8.12}$$

式中，m 为水蒸气的摩尔质量；R 为理想气体常数；T 为空气的绝对温度。

绝对湿度给出了水分在空气中的具体含量。

（2）相对湿度（RH）　相对湿度是指被测气体的绝对湿度与同一温度下达到饱和状态

的绝对湿度之比，或待测空气中实际所含的水蒸气分压与相同温度下饱和水蒸气压比值的百分数，其数学表达式为

$$H_T = \left(\frac{P_V}{P_W}\right)_T \times 100\% \tag{8.13}$$

式中，P_V 为待测空气中实际所含的水蒸气分压；P_W 为相同温度下饱和水蒸气分压；H_T 为相对湿度，一般用%RH 表示。

相对湿度给出了大气的潮湿程度，实际中多使用相对湿度。

（3）露点　在一定大气压下，将含有水蒸气的空气冷却，当温度下降到某一特定值时，空气中的水蒸气达到饱和状态，开始从气态变成液态而凝结成露珠，这种现象称为结露，这一特定温度就称为露点温度，简称露点。在一定大气压下，湿度越大，露点越高；湿度越小，露点越低。

2. 湿敏传感器特性

湿敏传感器是能感受外界湿度变化，并通过器件材料的物理或化学性质变化，将湿度转换成可用信号的器件或装置。它主要由湿敏元件和转换电路组成，除此之外还包括一些辅助元件，如辅助电源、温度补偿、输出显示设备等，其主要特性如下：

1）感湿特性：感湿特性为湿敏传感器特征量（电阻值、电容值等）随湿度变化的特性。

2）湿度量程：湿敏传感器的感湿范围。

3）灵敏度：湿敏传感器的感湿特征量（电阻值、电容值等）随环境湿度变化的程度，即湿敏传感器感湿特性曲线的斜率。

4）湿滞特性：同一湿敏传感器吸湿过程（相对湿度增大）和脱湿过程（相对湿度减小）感湿特性曲线不重合的现象就称为湿滞特性。

5）响应时间：指在一定环境温度下，当被测相对湿度发生跃变时，湿敏传感器的感湿特征量达到稳定变化量的规定比例所需的时间。一般以相应的起始湿度到终止湿度这一变化区间的 90%的相对湿度变化所需的时间来进行计算。

6）感湿温度系数：当被测环境湿度恒定不变时，温度每变化 1℃，引起湿敏传感器感湿特征量的变化量，就称为感湿温度系数。

7）老化特性：老化特性是指湿敏传感器在一定温度、湿度环境下存放一定时间后，其感湿特性将会发生改变的特性。

3. 湿敏传感器的分类

湿敏传感器种类繁多，分类方法也很多。按输出的电学量可分为电阻式、电容式等；按探测功能可分为绝对湿度型、相对湿度型和结露型等；按感湿材料可分为陶瓷式、高分子式、半导体式和电解质式等。

8.2.2　电阻式湿敏传感器

电阻式湿敏传感器是利用器件电阻值随湿度变化的基本原理来进行工作的，其感湿特征量为电阻值。根据使用感湿材料的不同，电阻式湿敏传感器可分为电解质式、陶瓷式和高分子式三类。

1. 电解质式电阻湿敏传感器

电解质式电阻湿敏传感器的典型代表是氯化锂湿敏电阻，它是利用吸湿性盐类“潮解”，离子电导率发生变化而制成的测湿元件，其结构如图 8.17 所示。它由引线、基片、感湿层和电极组成。感湿层是在基片上涂敷的按一定比例配制的氯化锂—聚乙烯醇混合溶液。

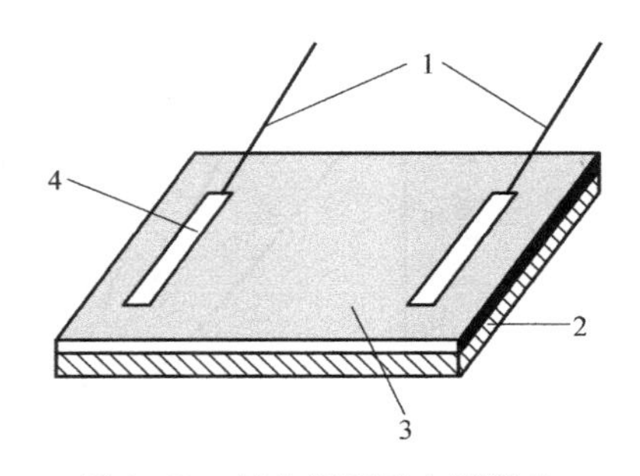

图 8.17　氯化锂湿敏电阻结构
1—引线　2—基片
3—感湿层　4—金电极

氯化锂通常与聚乙烯醇组成混合体，在高浓度的氯化锂（LiCl）溶液中，Li^+和 Cl^-均以正负离子的形式存在，其溶液的离子导电能力与溶液浓度成正比。当溶液置于一定温度的环境中时，若环境相对湿度高，由于Li^+对水分子的吸引力强，离子水合程度高，溶液将吸收水分，浓度降低，因此，溶液导电能力随之下降，电阻率升高；反之，当环境相对湿度变低时，溶液浓度升高，导电能力随之增强，电阻率下降。如图 8.18 所示，氯化锂湿敏电阻的阻值随环境相对湿度的改变而变化，从而实现对湿度的测量。

若只采用一个湿敏电阻元件，则其检测范围狭窄。如图 8.19 所示，将氯化锂含量不同的几种传感器组合使用，其检测范围可达（15~95)%RH。

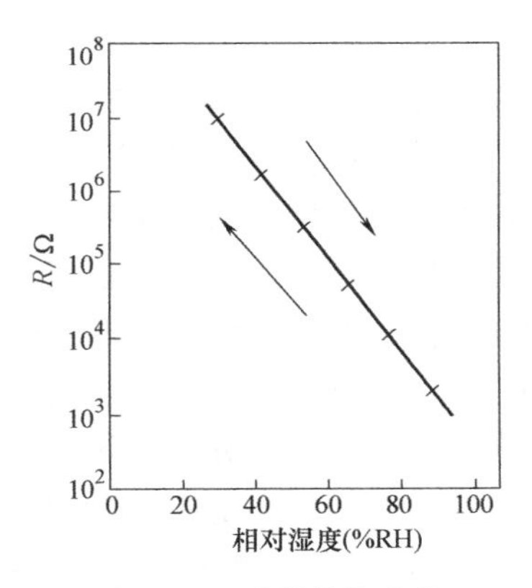

图 8.18　感湿特性曲线

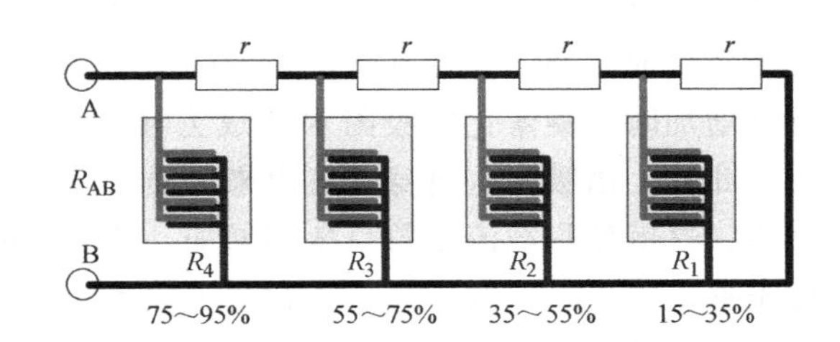

图 8.19　组合式氯化锂湿敏传感器结构图

氯化锂湿敏电阻的优点：滞后小；不受测试环境（如风速）影响；检测精度高达±5%；其缺点是耐热性差；不能用于露点以下测量；器件重复性差，使用寿命短。

2. 陶瓷式电阻湿敏传感器

陶瓷式电阻湿敏传感器通常是由两种以上金属氧化物混合烧结而成的多孔陶瓷，它根据感湿材料吸附水分后其电阻率会发生变化的原理来进行湿度检测。陶瓷的化学稳定性好，耐高温，多孔陶瓷的表面积大，易于吸湿和脱湿，所以响应时间可以短至几秒。这种湿敏器件的感湿体外常罩一层加热丝，以对器件进行加热清洗，排除周围恶劣环境对器件的污染。

制作陶瓷式电阻湿敏传感器的材料有 $ZnO\text{-}LiO_2\text{-}V_2O_5$系、$Si\text{-}Na_2O\text{-}V_2O_5$系、$TiO_2\text{-}MgO\text{-}Cr_2O_3$系和 Fe_3O_4系等。前三种材料的电阻率随湿度的增加而下降，称为负特性湿敏半导体陶瓷，如图 8.20 所示；后一种的电阻率随湿度的增加而增加，称为正特性湿敏半导体陶瓷，如图 8.21 所示。

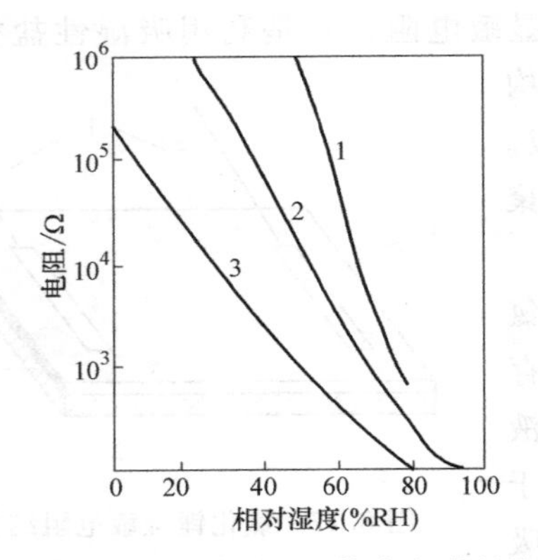

图 8.20 负特性湿敏半导体陶瓷感湿特性

1—ZNO-LiO_2-V_2O_5 系 2—Si-Na_2O-V_2O_5 系 3—TiO_2-MgO-Cr_2O_3 系

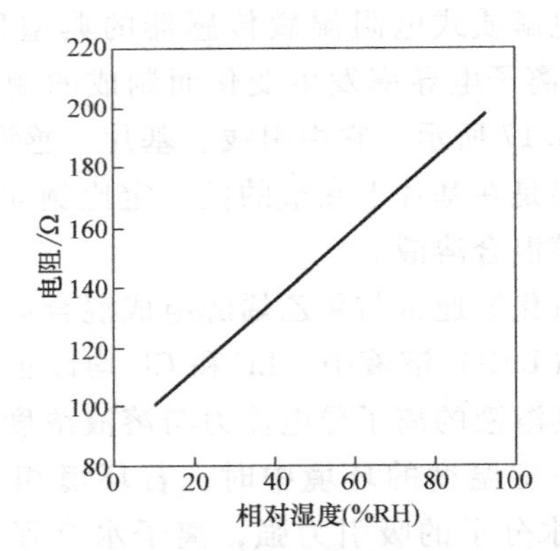

图 8.21 Fe_3O_4 正特性湿敏半导体陶瓷感湿特性

陶瓷式电阻湿敏传感器的优点：传感器表面与水蒸气接触面积大，易于水蒸气的吸收与脱却；陶瓷烧结体能耐高温，物理、化学性质稳定，适合采用加热去污的方法恢复材料的湿敏特性；可以通过调整烧结体表面晶粒、晶粒界和细微气孔的构造，改善传感器的湿敏特性。

3. 高分子式电阻湿敏传感器

这类传感器是利用高分子电解质吸湿而导致电阻率发生变化的基本原理来进行测量的。通常将含有强极性基的高分子电解质及其盐类（如-$NH_4^+Cl^-$、-NH_2、-$SO_3^-H^+$）等高分子材料制成感湿电阻膜。当水吸附在强极性基高分子上时，随着湿度的增加吸附量增大，吸附水分子凝聚成液态。在低湿吸附量少的情况下，由于没有荷电离子产生，电阻值很高；当相对湿度增加时，凝聚化的吸附水就成为导电通道，高分子电解质的成对离子主要起载流子作用。此外，由吸附水自身离解出来的质子（H^+）及水和氢离子（H_3O^+）也能起电荷载流子作用，这就使得载流子数目急剧增加，传感器的电阻急剧下降。利用高分子电解质在不同湿度条件下电离产生的导电离子数量不等使阻值发生变化，就可以测定环境中的湿度。

高分子式电阻湿敏传感器测量湿度范围大，工作温度在 0~50℃，响应时间<30s，测量范围为 0~100%RH，误差在±5%RH 左右。

如图 8.22 示，高分子湿敏传感器由感湿膜（聚乙烯醇、聚苯乙烯磺酸铵）、基片（厚 0.6mm 的氧化铅）、电极（Au 做成叉指形）组成；图 8.23 为感湿膜湿度特性曲线。

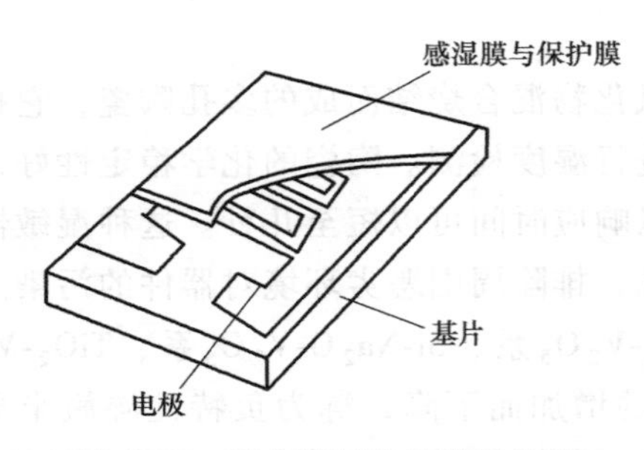

图 8.22 高分子湿敏传感器结构

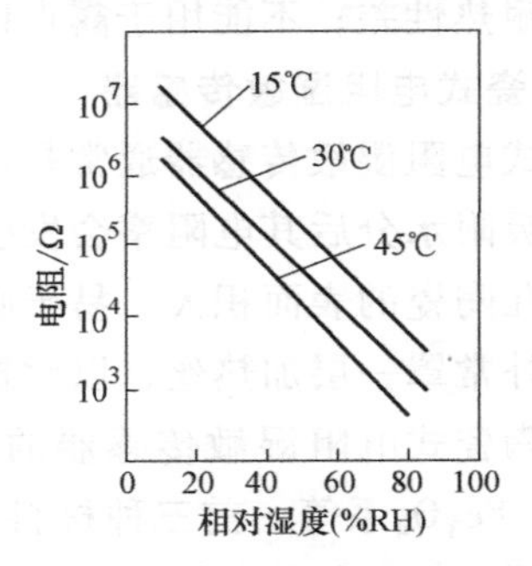

图 8.23 高分子湿敏传感器特性曲线

4. 热敏电阻绝对湿度传感器

相对湿度受温度影响较大，一个有限空间内，因空气的热传导率低、温度分布不均，室内湿度会产生较大的误差；绝对湿度 H_a 随温度变化不大，不受水蒸气分布的影响，测量比较准确。

热敏电阻绝对湿度传感器由两个热敏电阻构成，各自加热到200℃左右，其中一个封入干燥空气成为补偿组件 R_2，另一个开放型作为感湿组件 R_4。测量时与固定电阻 R_1、R_3 构成测量电桥，如图 8.24 所示。

由于水蒸气的热传导率比空气的大，空气的热传导率随湿度变化，使感湿元件阻抗变化，电桥输出电压与绝对湿度基本成正比。图 8.25 为 CNS-1 型热敏电阻绝对湿度输出特性。

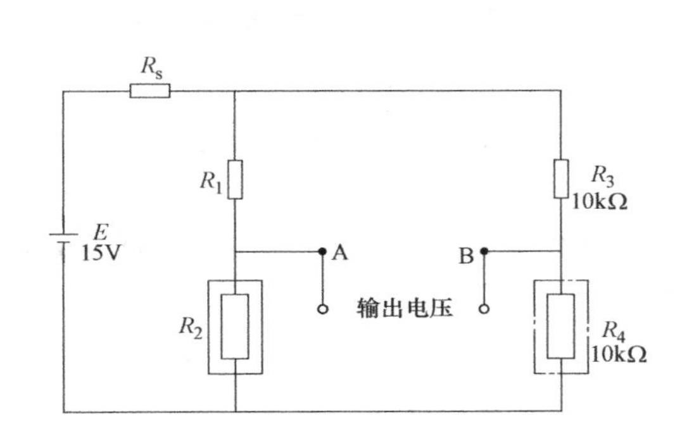

图 8.24　热敏电阻绝对湿度检测电路

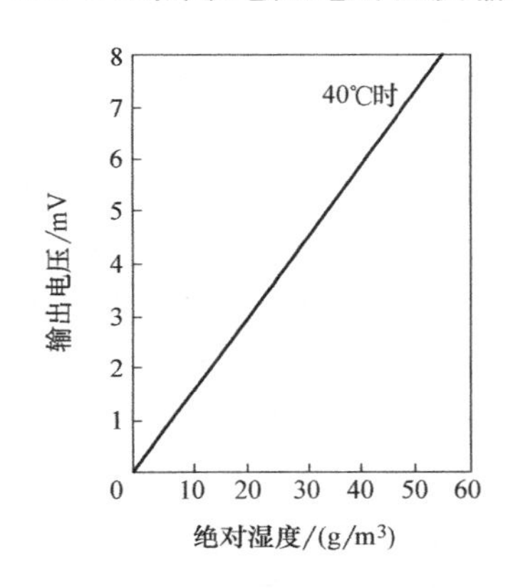

图 8.25　热敏电阻绝对湿度输出特性

5. 电阻式湿敏传感器测量电路

在大多数情况下，湿度传感器难以得到相对于湿度变化而线性变化的输出电压，这给湿度的测量、控制和补偿带来了困难。因此，在需要精确测量湿度的场合，必须加入线性化电路，使传感器测量电路的输出信号转换成正比于湿度变化的电压；湿度传感器在低湿、中湿或高湿状态下的线性关系一般会有所不同，因此，可采用放大倍数随输入值变化的放大电路，使其输出与输入呈折线近似线性关系（分段近似关系），常用运算放大器。

在实际应用中，还要考虑温度补偿。图 8.26 为一种带温度补偿的湿度测量电路，图中 R_t 是热敏电阻（20kΩ，$B=4100$K）；R_H 为 H204C 湿度传感器，运算放大器型号为 LM2904。该电路的湿度电压特性及温度特性表明：在相对湿度为 30%～90%RH、温度为 15～35℃范

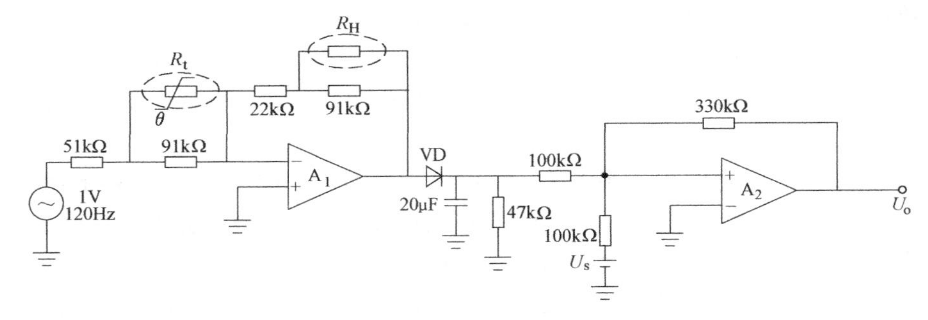

图 8.26　电阻式湿敏传感器测量电路

围内，输出电压表示的湿度误差不超过 3%RH。

8.2.3 电容式湿敏传感器

电容式湿敏传感器是有效利用湿敏元件电容量随湿度变化的特性来进行测量的，属于变介电常数型电容式传感器，通过检测其电容量的变化值，从而间接获得被测湿度的大小，其结构如图 8.27 所示。上、下两极板间夹着由湿敏材料构成的电介质，并将下极板固定在玻璃或陶瓷基片上。当周围环境的湿度发生变化时，由湿敏材料构成的电介质的介电常数将发生改变，相应的电容量也会随之发生变化，因此只要检测到电容的变化量就能检测周围湿度的大小。

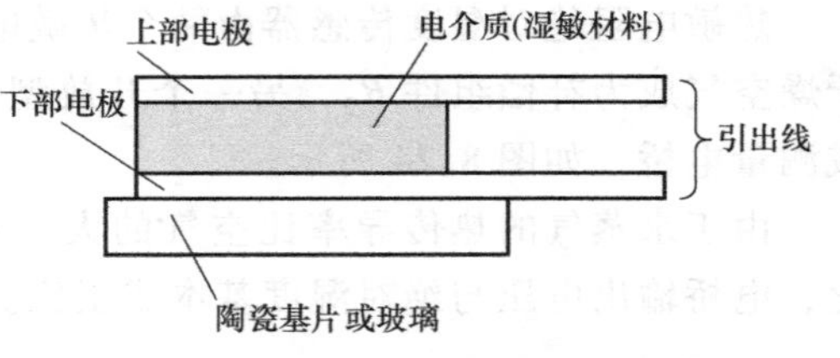

图 8.27　电容式湿敏传感器的结构

电容式湿敏传感器一般可分为多孔陶瓷电容式湿敏电容器、高分子电容式湿敏电容器。

1. 多孔陶瓷电容式湿敏电容器

基于单元气孔的平行板电容器效应，结合理想结构模型、吸附模型，建立不同湿度下的湿敏电容模型，以定性分析一些湿敏现象。下面介绍多孔 Al_2O_3 电容式湿敏传感器的感湿特性。

当 Al_2O_3 气孔中有一定水汽吸附时，其电特性既不是一个纯等效电阻，也不是一个纯等效电容，湿度变化膜电阻和膜电容都将改变。对于电容-相对湿度特性的模型分析与实际测量曲线有着非常好的吻合，湿度增加电容值增加。如图 8.28 所示，低湿度范围有好的线性，高湿度范围线性变差，湿度进一步提高，曲线渐变平缓。

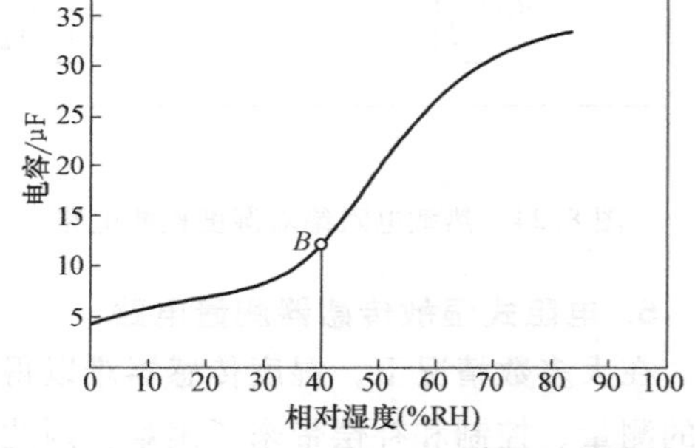

图 8.28　多孔 Al_2O_3 电容式湿敏传感器的感湿特性

2. 高分子电容式湿敏电容器

电极间高分子感湿材料吸附水分子时 ε 变化，电容量为

$$C_{pu}=\varepsilon_0\varepsilon_u\frac{S}{d}=\varepsilon_0(\varepsilon_r+aW_u\varepsilon_{H_2O})\frac{S}{d}=\varepsilon_0(\varepsilon_r+ab\varepsilon_{H_2O}u)\frac{S}{100d} \tag{8.14}$$

式中，ε_0 为真空介电常数；ε_r 为 0%RH 时高分子介电常数；ε_u 为相对湿度 u%RH 时高分子的介电常数；ε_{H_2O}为高分子中吸附水的介电常数；S 为电极的有效电极面积；d 为高分子感湿膜厚；a、b 为常数；W_u 为 u%RH 时高分子单位质量所吸附水分子质量，$W_u=bu/100$。

图 8.29 为 MSR-1 型高分子电容式湿度传感器结构及感湿特性曲线，C 与环境的相对湿度成正比。

图 8.30 为多层聚合物结构，图 8.31 为 MHS1100/MHS1101 湿敏传感器的感湿特性曲线。测量环境湿度时，水汽通过多孔海绵状电极到电介质层被吸收使介电常数改变，导致电容器输出值升高，通过测量即可得到湿度与电容的函数关系。

该传感器适用于浸在水中的自动装配过程，长期处于饱和状态后可瞬间恢复。它具有不需要校准的完全互换性，具有较高的可靠性和长期稳定性，适用于线性电压输出和频率输出电路。

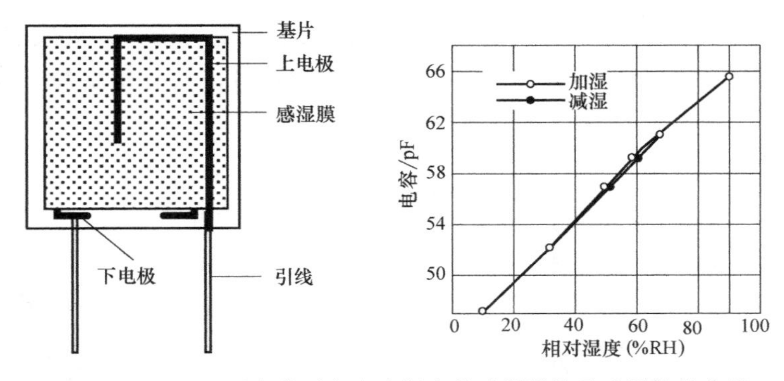

图 8.29 MSR-1 型高分子电容式湿度传感器结构及感湿特性曲线

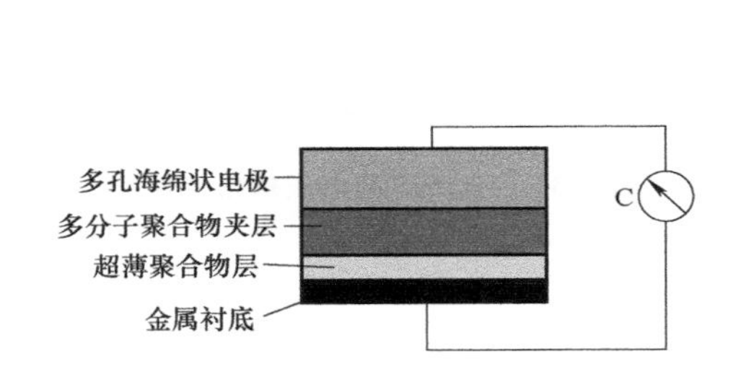

图 8.30 多层聚合物结构

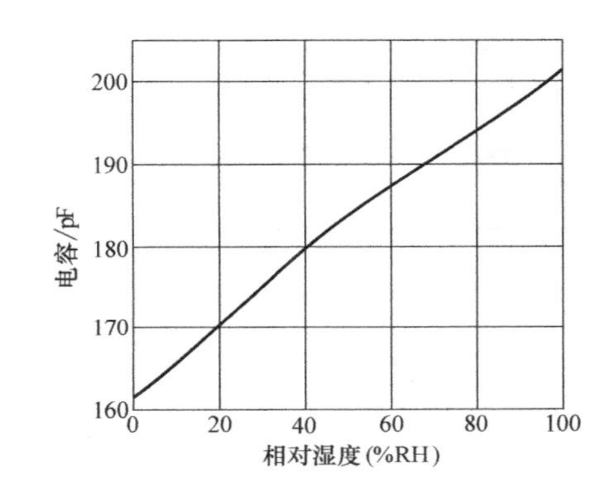

图 8-31 MHS1100 感湿特性曲线

图 8.32 为 MHS1100 相对湿度传感器线性输出应用电路。运放 IC_1、运放 IC_2、VT_1 均为放大器，传感器采用固态多聚物结构，工作电压为 4.75～5.25V，输出电压与相对湿度呈线性关系。

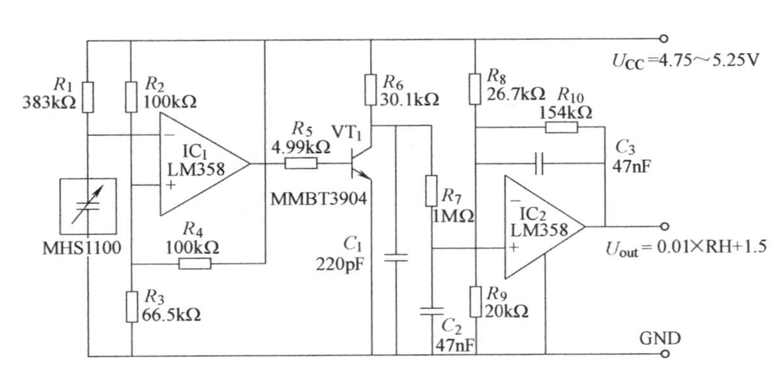

图 8.32 MHS1100 相对湿度传感器线性输出应用电路

8.2.4 集成电容式湿敏传感器 IH3605

1. IH3605 工作原理

图 8.33 为集成电容式湿敏传感器 IH3605 结构示意图，图 8.34 为 IH3605 在不同温度下

的电压输出特性。IH3605由两个梳状电极与聚合体层形成电容器 C，集成芯片内可完成信号的调整、电压输出，输出信号范围为0.8～3.9V（25℃），具有精度高、线性好等特点。由于受温度影响，实际相对湿度值需分两步计算。

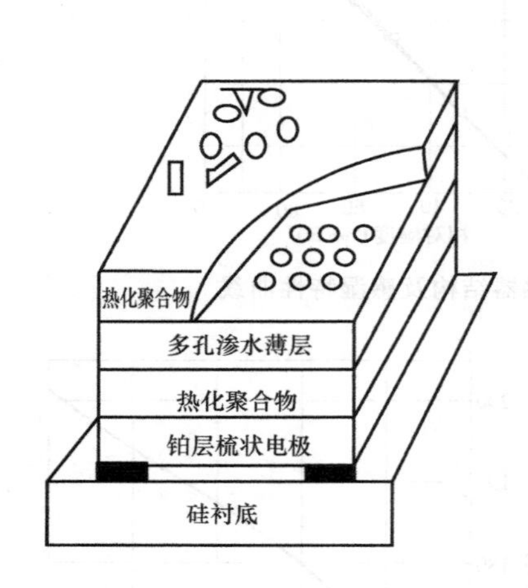

图8.33　IH3605结构示意图

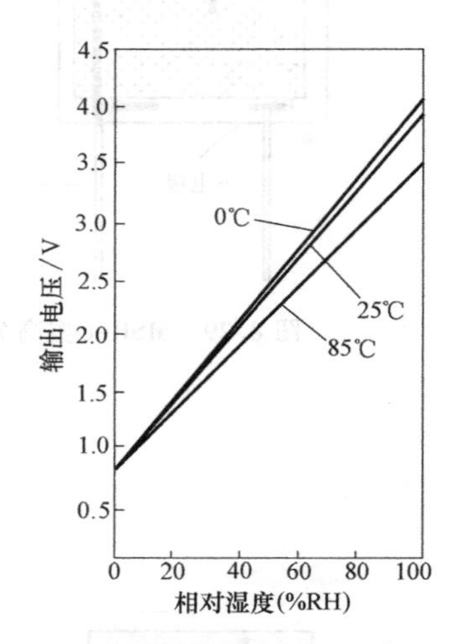

图8.34　IH3605的电压输出特性

1）计算出25℃的相对湿度值 RH_0，即

$$U_{out}=U_{DC}(0.0062RH_0+0.16) \tag{8.15}$$

式中，U_{out}为电压输出值；U_{DC}为供电电压值。

2）计算出当前温度下的实际相对湿度值 RH，即

$$RH=\frac{RH_0}{1.054-0.00216t} \tag{8.16}$$

式中，t为当前的温度值（℃）。

2. 系统测量电路

图8.35为IH3605湿度测量系统电路。本系统包括AT89C2051单片机、TLC1549十位串行A-D转换器，MAX813L看门狗电路、集成数字温度传感器DS18B20和集成湿度传感器IH3605等。由单片机的端口P10读入DS18B20输出的温度值，单片机对湿度值进行温度校

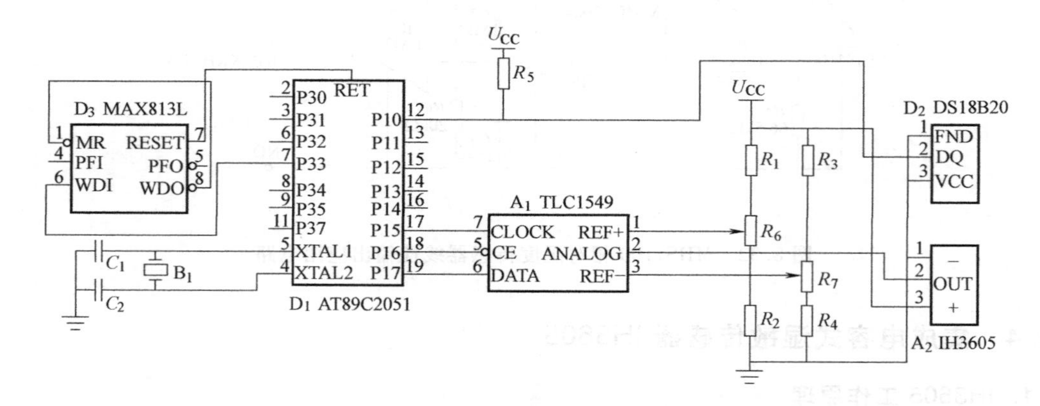

图8.35　IH3605湿度测量系统电路

正；IH3605 输出模拟电压信号，通过 TLC1549 进行 A-D 转换后，由单片机的端口 P17 读入湿度传感器输出信号。结合温度和湿度信号，得到实际的相对湿度值和环境温度值。

8.3 气敏与湿敏传感器的应用

8.3.1 简易家用气体报警电路

如图 8.36 所示，采用直热式气敏传感器 TGS109，当室内可燃性气体浓度增加时，气敏传感器阻值降低，测试回路的电流增加，可直接驱动蜂鸣器 BZ 报警。该电路还可对丙烷、丁烷、甲烷等气体浓度超限报警。

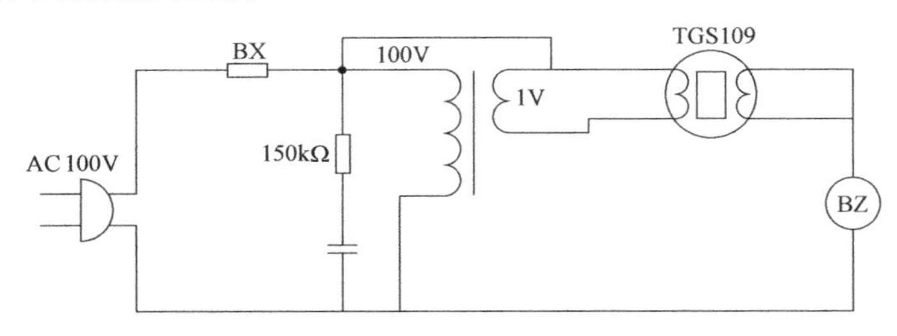

图 8.36 简易家用气体报警电路

8.3.2 便携式矿井瓦斯超限报警器

便携式矿井瓦斯超限报警器体积小、重量轻，电路简单，工作可靠，其电路如图 8.37 所示，气敏传感器 QM-N5（N 型半导体）为对瓦斯敏感元件。闭合开关 S，4V 电源通过 R_1 对气敏元件 QM-N5 预热。当矿井无瓦斯或瓦斯浓度很低时，气敏元件的 A 与 B 间等效电阻很大，经与电位器 RP 分压，其动触点电压 $U_g<0.7V$，不能触发晶闸管 VT。因此，由 LC179 和 R_2 组成的警笛振荡器无供电，扬声器不发声；如果瓦斯浓度超过安全标准，气敏元件的 A 和 B 间的等效电阻迅速减小，致使 $U_g>0.7V$ 而触发 VT 导通，接通警笛电路的电源，警笛电路产生振荡，扬声器发出报警声。电位器 RP 用于设定报警浓度。

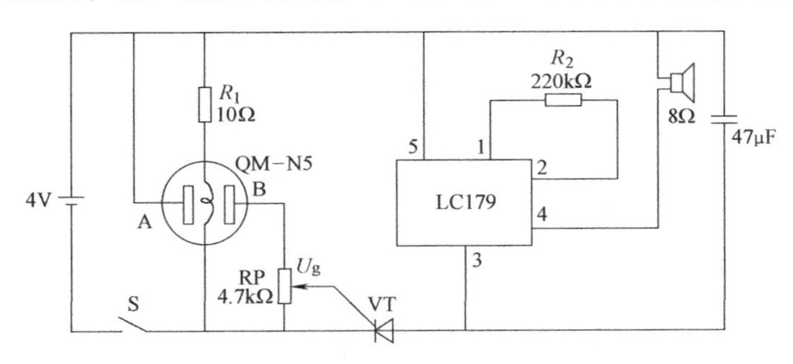

图 8.37 矿井瓦斯超限报警器工作原理图

8.3.3 有害气体鉴别、报警与控制电路

如图 8.38 所示，该电路一方面可鉴别有无有害气体产生，鉴别液体是否有挥发性，另

一方面可自动控制排风扇排气。

MQS2B 是旁热式烟雾、有害气体传感器，无有害气体时阻值较高，有有害气体或烟雾时阻值急剧下降，A、B 电压下降使 B 的电压升高，RP 分压升高，开关集成电路 TWH8778 选通，当引脚 5 电压达预定值时（调 RP），1、2 两脚导通。

+12V 电压加到 K 上，触点 K_{1-1}吸合，排风扇自动排风。同时 2 脚+12V 电压经 R_4 限流和 VS 稳压后微音器 HTD 发出嘀嘀声，且 LED 发出红光，实现声光报警。

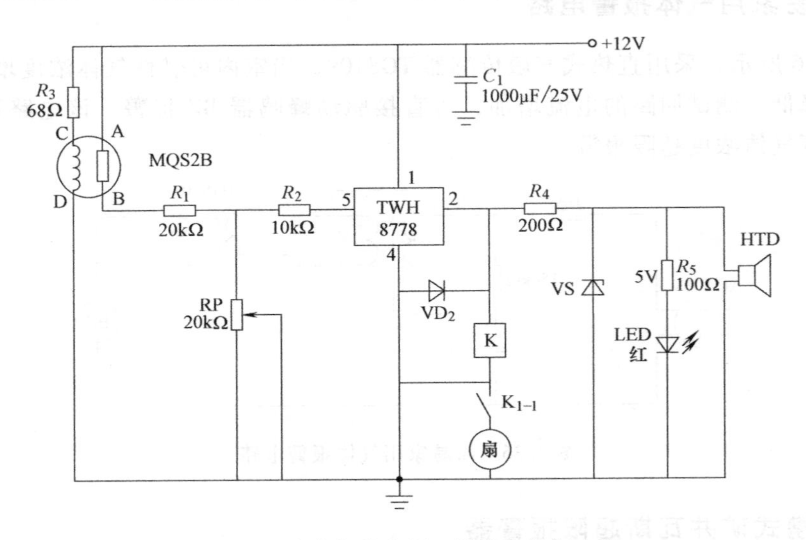

图 8.38　有害气体鉴别、报警与控制电路

8.3.4 酒精检测报警器

如图 8.39 所示，选用只对酒精敏感的 QM-NJ9 型酒精传感器，输出端接 AB。当酒精气敏元件接触到酒精味后，B 点电压升高，当 RP 下电压达到 1.6V 时 IC_2导通，语音报警电路 IC_3得电后即输出“酒后别开车”的报警声，IC_4放大后，由扬声器 Y 发出响亮的报警声，并驱动 LED 闪光报警。同时继电器 K 动作，其常闭触点断开切断点火电路，强制发动机熄火。

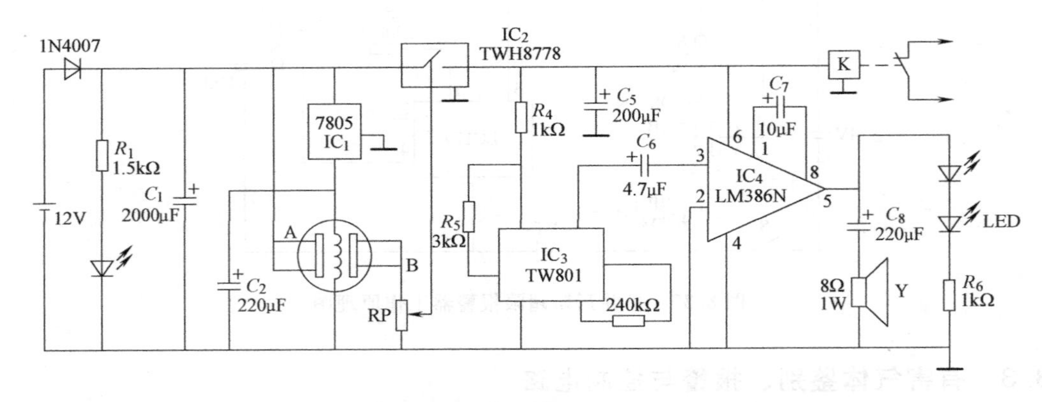

图 8.39　酒精检测报警器电路

8.3.5 汽车后风窗玻璃自动去湿装置

图 8.40 为汽车后风窗玻璃自动去湿装置原理图。图中 R_H 为设置在后窗玻璃上的湿敏传感器电阻，R_L 为嵌入玻璃的加热电阻丝（可在玻璃形成过程中将电阻丝烧结在玻璃内，或将电阻丝加在双层玻璃的夹层内），K 为继电器线圈，K_1 为其常开触点。半导体管 VT_1 和 VT_2 接成施密特触发器电路，在 VT_1 管的基极上接有由电阻 R_1、R_2 及湿敏传感器电阻 R_H 组成的偏置电路。在常温常湿情况下，调节好各电阻值，因 R_H 阻值较大，使 VT_1 管导通，VT_2 管截止，继电器 K 不工作，其常开触点 K_1 断开，加热电阻 R_L 无电流流过。当汽车内外温差较大，且湿度过大时，将导致湿敏电阻 R_H 的阻值减小，当其减小到某值时，R_H 与 R_2 的并联电阻阻值小到不足以维持 VT_1 管导通，此时 VT_1 管截止，VT_2 管导通，使其负载继电器 K 通电，控制常开触点 K_1 闭合，加热电阻丝 R_L 开始加热，驱散后风窗玻璃上的湿气，同时加热指示灯亮。当玻璃上湿度减小到一定程度时，随着 R_H 增大，施密特电路又开始翻转到初始状态，VT_1 管导通，VT_2 管截止，常开触点 K_1 断开，R_L 断电停止加热，从而实现了防湿自动控制。该装置也可广泛应用于汽车、仓库、车间等湿度的控制。

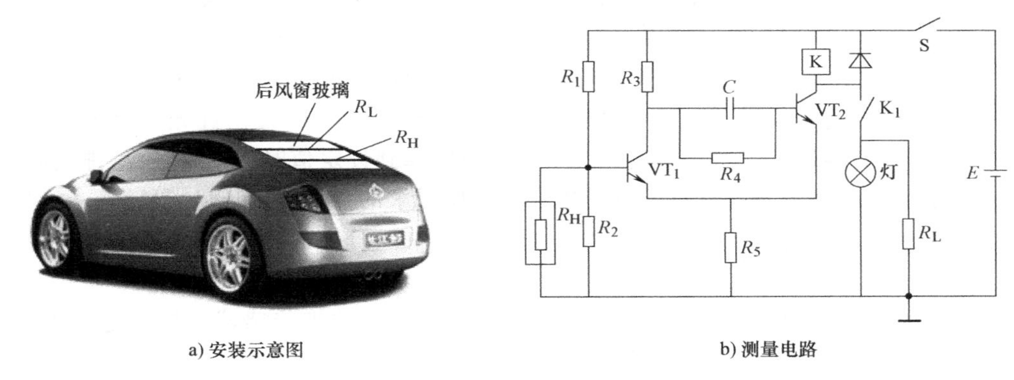

a) 安装示意图　　b) 测量电路

图 8.40 汽车后风窗玻璃自动去湿装置

8.3.6 房间湿度控制器

湿度控制器采用 KSC-6V 集成相对湿敏传感器，将湿敏传感器电容置于 *RC* 振荡电路中，直接将湿敏元件输出的电容信号转换成电压信号。其具体工作原理为：由双稳态触发器及 *RC* 组成双振荡器，其中一条支路由固定电阻和湿敏电容组成，另一条支路由多圈电位器和固定电容组成。设定在 0%RH 时，湿敏支路产生某一脉冲宽度的方波，调整多圈电位器使其所在支路产生的方波与湿敏支路方波的脉宽相同，则两信号差为 0。当湿度发生变化时，湿敏支路产生的方波脉宽将发生变化，两信号差不再为 0，此信号差通过 *RC* 滤波后经标准化处理得到电压输出。输出电压随相对湿度的增加几乎呈线性递增，其相对湿度 0~100%RH RH 对应的输出电压为 0~100mV。

KSC-6V 湿敏传感器的应用电路如图 8.41 所示。将湿敏传感器输出的电压信号分成三路，分别接在电压比较器 A_1 的反相输入端、电压比较器 A_2 的同相输入端和显示器的正输入端，A_1 和 A_2 由可调电阻 RP_1 和 RP_2 根据设定值调到适当的位置。当房间内湿度下降时，传感器的输出电压下降，当降到 A_1 设定数值时，A_1 同相输入端电压高于反相输入端电压，因

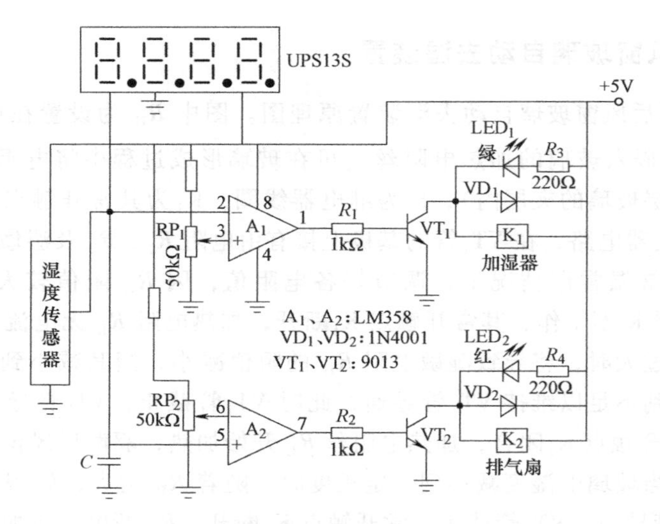

图 8.41　湿敏传感器应用电路

此输出高电平，使 VT_1 导通，LED_1发出绿光，表示空气干燥，继电器 K_1 吸合接通加湿器。当房间内相对湿度上升时，传感器输出电压升高，当升到一定数值即超过设定值时，A_1输出低电平，K_1释放，加湿器停止工作。同理，当房间内湿度升高时，传感器输出电压随之升高，当升到 A_2设定数值时，A_2输出高电平，使 VT_2导通，LED_2发出红光，表示空气太潮湿，继电器 K_2吸合接通排气扇排除潮气，当相对湿度降到设定值时，K_2 释放，排气扇停止工作，这样就可以控制室内空气的湿度范围，达到所需求的空气湿度环境。

8.3.7　镜面水汽清除器

图 8.42 为镜面水汽清除器的结构图，主要由电热丝、结露传感器、控制电路等组成，其中电热丝和结露传感器装在镜子背面，用导线将它们和控制电路连接。图 8.43 为镜面水汽清除器的电路，图中 VT_1、VT_2为施密特电路，根据结露传感器 B 感知水汽后的阻值变化，实现两种稳定的状态。当镜面周围空气湿度变低时 B 阻值很小，约为 2kΩ，VT_1的基极约 0.5V，VT_2导通，VT_3和 VT_4截止，双向晶闸管 VT 的门极无电流通过。如果镜面的湿度增加，B 阻值增大到 50kΩ 时，VT_1 导通，VT_2 截止，VT_3、VT_4 均导通，VT 门极有控制电流通过，加热丝 R_L使镜面加热。温度升高，水汽被蒸发恢复清晰，同时指示灯 VD_2 点亮。

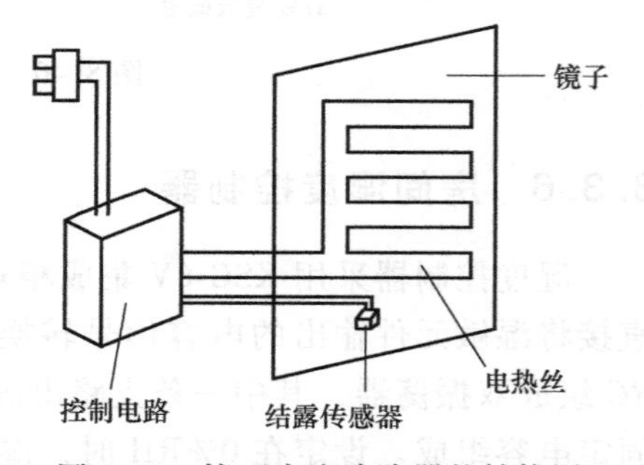

图 8.42　镜面水汽清除器的结构图

8.3.8　土壤缺水告知器

图 8.44 为土壤缺水告知器电路。由 IC_{1a}、R_1 和 C_1组成振荡器，IC_{1b}为缓冲电路。R_2与传感器测得电阻的分压由 VD_1 削去负半部分，经 VT_1缓冲并由 VD_2、R_4 和 C_3 整流，经 R_7 送给 IC_2比较器，与 RP_1设定比较。当土壤潮湿时土壤阻值变小，C_3电压较低，IC_2输出 U_{out} 为低电平；当土壤缺水干燥时 C_3电压高于设定电压，IC_2输出 U_{out} 为高电平。U_{out} 可对土壤

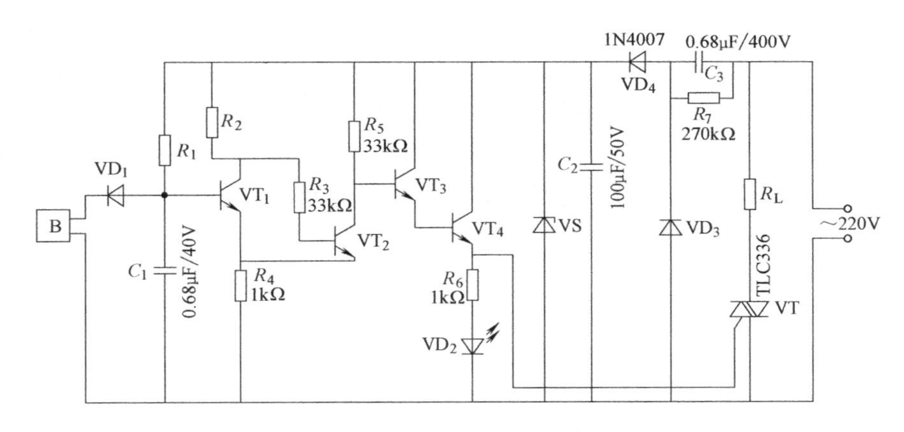

图 8.43　镜面水汽清除器的电路

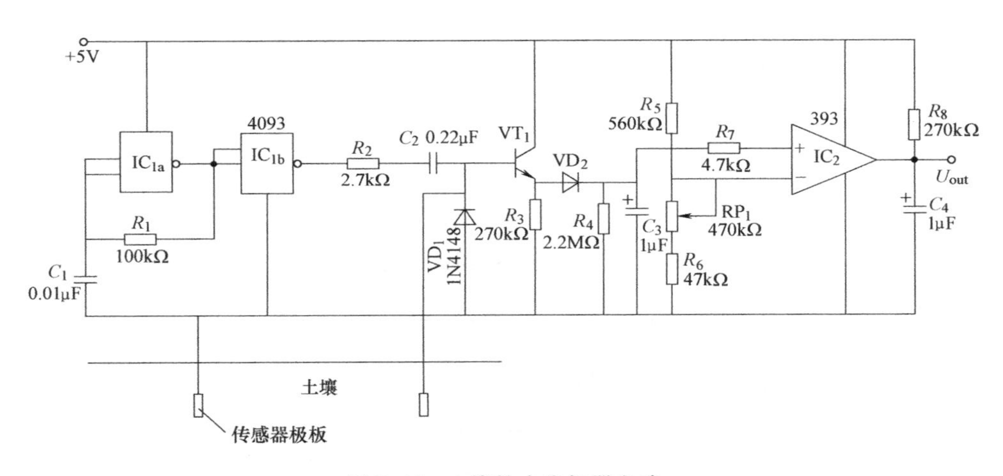

图 8.44　土壤缺水告知器电路

缺水指示报警。

8.3.9　电容式谷物水分测量仪

电容式谷物水分测量仪原理框图如图 8.45 所示。采用筒式电容式水分传感器，谷物装入传感器筒内后介电常数会随谷物水分含量不同而变化。其中脉冲发生器和单稳态电路由时基电路 555 组成。

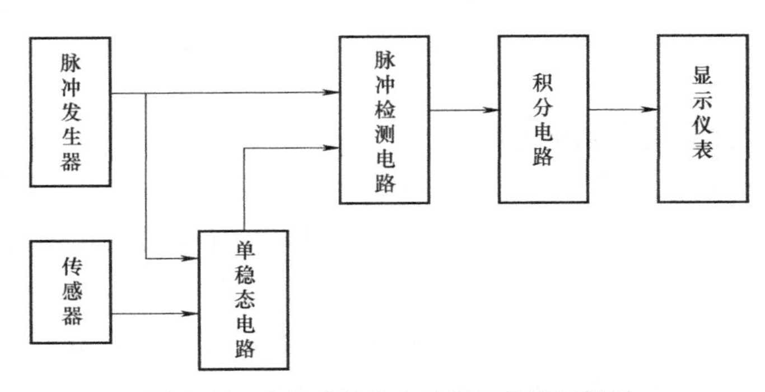

图 8.45　电容式谷物水分测量仪原理框图

电容式谷物水分测量电路如图 8.46 所示，IC_{1a}为占空比为 50%、频率为 8kHz 的方波发生器，输出经 C_3、R_2组成的微分电路输出尖脉冲。尖脉冲经 VD_1去掉正向脉冲，负脉冲触发 IC_{1b}使单稳态电路翻转，单稳恢复的时间由 R_3和 C_4 决定。从 IC_{1b}的 9 脚输出频率不变、脉冲宽度随 C_4 变化的矩形波（波形 C）。9 脚输出调宽方波和 IC_{1a}5 脚输出的方波输入到由 R_4、VD_2、VD_3 组成的与门，将两个波形中脉宽不同的部分检出（波形 D），经 VD_4 隔离加到由 R_5、RP_2、C_5 等组成的积分电路，从 E 点输出与谷物水分对应的平均直流电压。各点输出波形如图 8.47 所示。

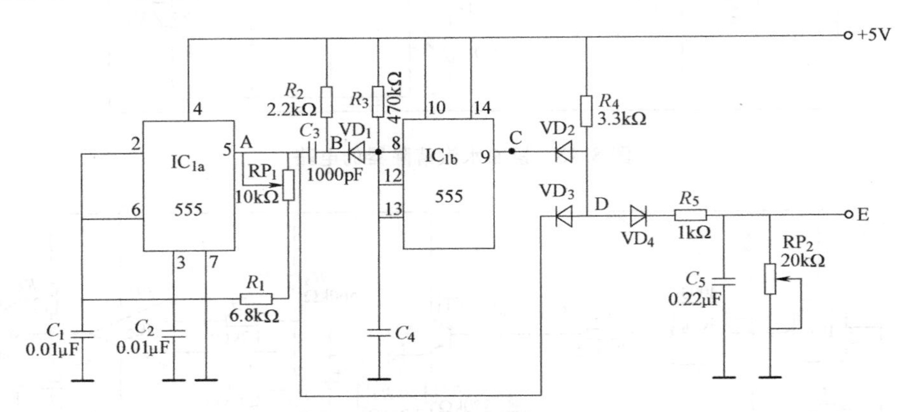

图 8.46　电容式谷物水分测量电路

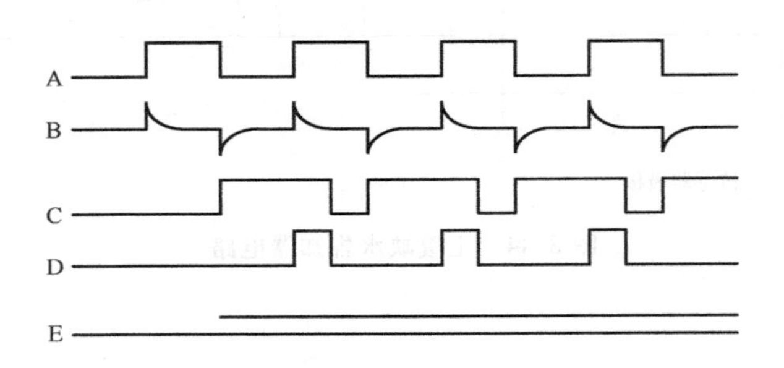

图 8.47　电路图中 A、B、C、D、E 各点信号波形图

8.3.10　重油含水量测量

重油作为替代动力燃料越来越受到人们重视，其中重油的水分对燃烧和冶金有很大影响，因此需要对重油的水分进行精确测量与控制。新型射频湿敏传感器可以用于重油的水分测量。

1. 射频电容式湿敏传感器的测量原理

纯重油是多种碳氢化合物的混合物，属于非极性介质，其 ε_2 约为 2.3；纯水是极性分子，ε_1 约为 80；含水重油为纯油和纯水两种介质的混合，有效介电常数 ε_r 可表示为

$$\sqrt{\varepsilon_r}=D\sqrt{\varepsilon_1}+(1-D)\sqrt{\varepsilon_2} \tag{8.17}$$

式中，D 为介质水的体积百分比。油水混合物的有效介电常数 ε_r 应介于两者之间。因此可设计一个圆柱形电容器，其电容 C 正比于 ε_r。当射频信号传到以油水混合物为介质的电容

式射频传感器时，随着混合介质中不同的油水比而变化，混合介质的射频阻抗 Z 为

$$Z=\frac{1}{\mathrm{j}\omega C}=\frac{1}{\mathrm{j}\omega K\left(D\sqrt{\varepsilon_1}+(1-D)\sqrt{\varepsilon_2}\right)^2} \tag{8.18}$$

式中，ω 为射频信号角频率（f=10MHz）；C 为电容量；K 为常数，与电容器的结构有关。

因此，传感器的射频阻抗 Z 与油中含水量 D 关系密切。

2. 重油含水率测量系统框图

如图 8.48 所示，测量时将传感器探头插入样品中，检测射频水分子传感器输出电压值 U_W 和温度传感器输出电压值 U_T，两路电压信号经滤波电路和高精度仪用放大器放大后，送入数据采集板进行 A-D 转换，再对数据进行处理、温度补偿、显示和打印。

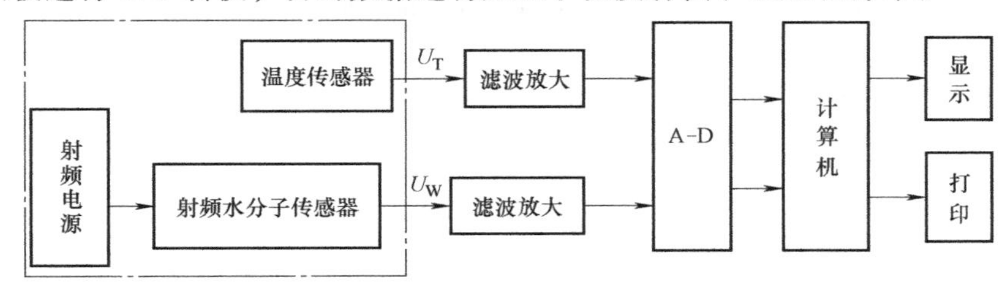

图 8.48　重油含水率测量系统框图

3. 射频电容式湿敏传感器的探头设计

图 8.49 为射频电容式传感器测量电路，图 8.50 为射频信号频率与输出电压关系。由图 8.50 可知，测量纯水和纯油介质的输出电压（U）随射频信号频率（f）变化，油和水的阻抗特性随 f 的改变而变化曲线，在 10MHz 频率点上油和水的射频阻抗特性差别最大。应把信号源频率选定为 10MHz。

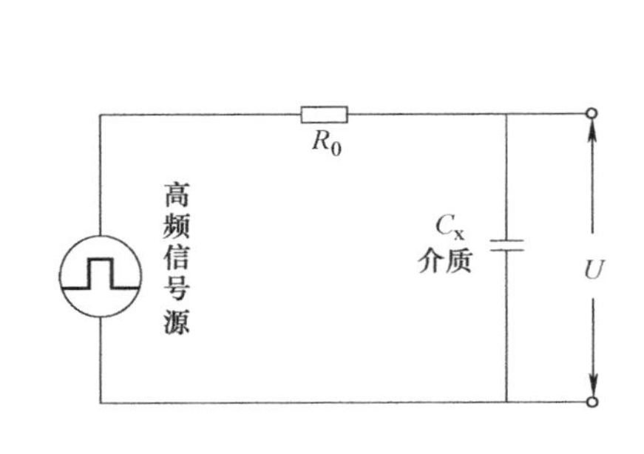

图 8.49　测量电路

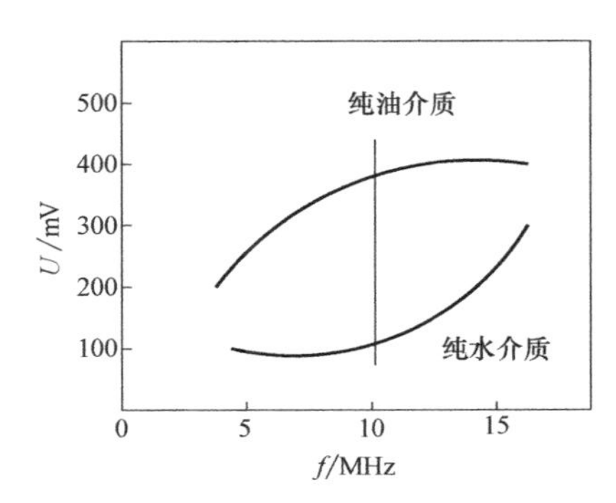

图 8.50　信号频率与输出电压关系

如图 8.51 所示，射频电容式传感器的中间为发射极，探头有四根接收电极；射频电源

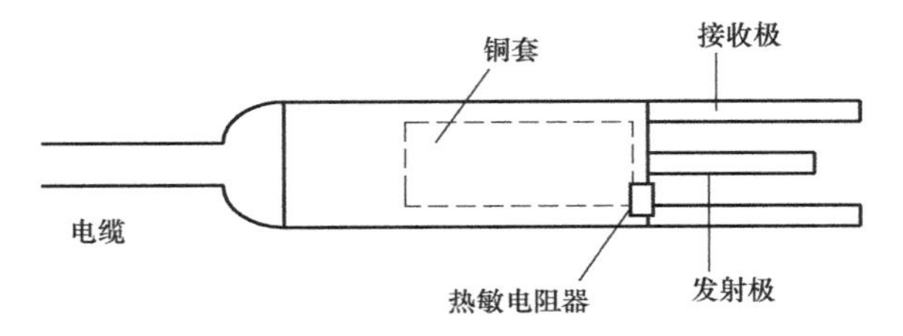

图 8.51　射频电容式传感器探头结构图

和转换电路集成在探头内；屏蔽铜套以减少电磁干扰；电容器敏感探头可将重油的含水率转换为探头的电容量相应的电信号，由此测出重油的含水率。

思考题与习题

8.1 气敏传感器的性能必须满足哪些基本条件？

8.2 简述气敏传感器在汽车领域的应用。

8.3 简述半导体电阻式气敏传感器的类型，画出基本测量电路。

8.4 简述红外线的两个特征。

8.5 简述热导式气敏传感器测量条件，画出测量原理图和测量电路。

8.6 简述湿敏传感器的主要特性。

8.7 简述电阻式湿敏传感器的主要类型。

8.8 举例说明气敏传感器、湿敏传感器的主要应用。

第9章

虚 拟 仪 器

虚拟仪器（Virtual Instrument，VI）的概念最早于20世纪90年代由美国NI公司提出，主要思想是利用高性能的模块化硬件，结合高效灵活的软件来完成各种测试、测量和自动化应用。虚拟仪器技术包括硬件、软件和系统设计等要素。虚拟仪器概念的提出引发了传统仪器领域的一场重大变革，使得计算机和网络技术与仪器技术结合起来，促进了自动化测试测量与控制领域的技术发展。

随着计算机、软件以及电子技术的快速发展，虚拟仪器技术的应用早已突破最初的仪器控制和数据采集的范畴，而向更加纵深的方向发展，不仅可用于构建大型的自动化测试系统，还常用于控制系统、嵌入式设计等，应用包括电子电气、射频与通信、装备自动化、汽车、国防、航空航天、能源电力、生物医电、土木工程、环境工程等多个领域。

9.1 虚拟仪器概述

9.1.1 虚拟仪器的组成

虚拟仪器代表着从传统硬件为主的测量系统到以软件为中心的测量系统的根本性转变。以软件为主的测量系统充分利用了常用台式计算机和工作平台的计算、显示和互联网等诸多用于提高工作效率的强大功能。虽然计算机和集成电路技术在过去的20年里有巨大的发展和提高，但是，软件才是在功能强大的硬件基础上创建虚拟仪器系统的真正关键所在。以软件为中心的虚拟仪器系统为用户提供了创新技术，并大幅降低了生产成本。通过虚拟仪器，用户可以精确地（用户定义）构建满足其需求的测量和自动化系统，而不受传统固定功能仪器（供应商定义）的限制。虚拟仪器由高性能的硬件系统和高效灵活的软件系统构成。

1. 虚拟仪器硬件系统

图9.1为虚拟仪器硬件系统，包括计算机、各种I/O接口模块和被测对象。

2. 虚拟仪器软件系统

图9.2为虚拟仪器软件系统结构，包括应用程序开发环境、仪器驱动层、虚拟仪器应用程序编程接口。

9.1.2 虚拟仪器与传统仪器的比较

独立的传统仪器，如示波器和波形发生器功能强大，价格昂贵，并被设计为用来执行供应商定义的一个或多个特定任务，用户通常不能扩展或定制它们。仪器上的旋钮和按钮、内

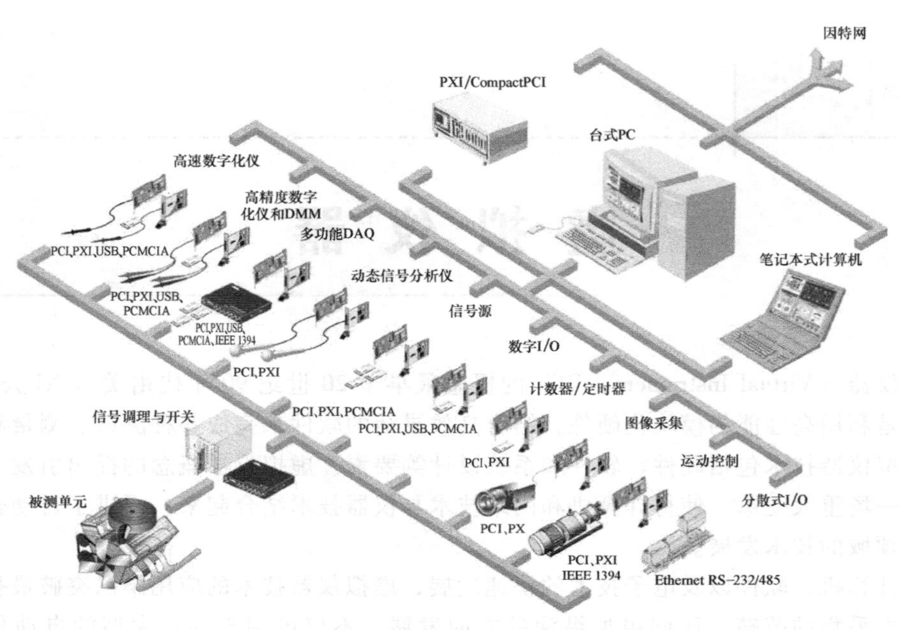

图 9.1　虚拟仪器硬件系统

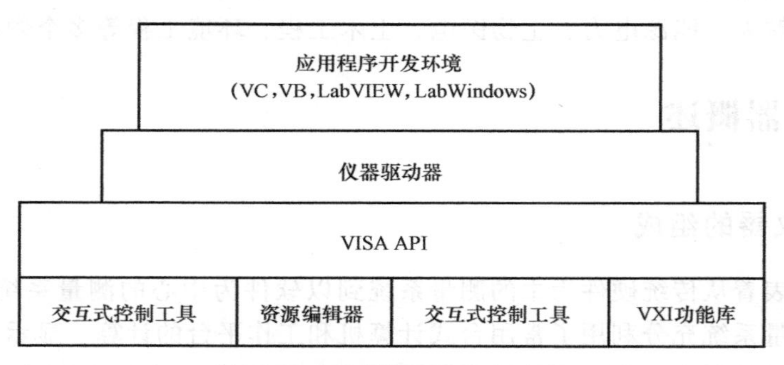

图 9.2　虚拟仪器软件系统结构

置电路以及用户可以使用的功能因仪器而异。此外，构建这些仪器所需的专业技术和昂贵组件导致传统仪器非常昂贵，适应性弱。

虚拟仪器以 PC 为基础，固有地利用了现成 PC 中最新技术的优势。这些技术和性能方面的进步正在迅速弥补独立仪器和 PC 之间的差距，其中包括强大的处理器，如酷睿系列处理器（最新 Core i9）以及操作系统和技术，如 Microsoft Windows 10 和 Windows Server。除了结合强大的功能之外，这些平台还可以轻松访问诸如 Internet 之类的强大工具。传统的仪器往往不具备便携性，而虚拟仪器可在笔记本式计算机上运行，便具有了便携性的优势。

对于需求、应用和要求快速变化的用户而言，他们亟需灵活性来创建自定义解决方案。基于安装在 PC 上的应用软件以及各种可用的插件硬件，用户可以根据特定的需求调整虚拟仪器，而无需更换整个设备。另外，PC 的性能提升推动了虚拟仪器系统性能的全面提升。

9.1.3 虚拟仪器的优点

1. 灵活性高

除了传统仪器中的专用组件和电路外，独立仪器的一般架构与基于 PC 的虚拟仪器非常相似。两者都需要一个或多个微处理器、通信端口（例如串行和 GPIB）、显示功能以及数据采集模块。区别在于灵活性以及可以根据用户的特定需求修改和调整仪器。传统的仪器可能包含用于执行特定数据处理功能的集成电路；在虚拟仪器中，这些功能将由在 PC 处理器上运行的软件执行。用户可以轻松地扩展功能集，仅受所使用软件的功能限制。

2. 成本低

通过采用虚拟仪器解决方案，用户可以降低资本成本、系统开发成本和系统维护成本，同时缩短产品上市时间以及提高产品质量。

3. 硬件可选性广

创建虚拟仪器时，有各种各样的硬件可供选择。从计算机插入式到网络化硬件，应有尽有。这些设备提供一系列的数据采集功能，其价格却比专用仪器设备低廉很多。随着集成电路技术的发展进步，现成即用的元件价格更低廉、功能更强大，由其制成的插入式、便携式板卡当然也包含了这些优势。这些技术上的优势使得虚拟仪器系统有更高的数据采集速率、测量准确度、精度以及更好的信号隔离功能。

根据不同的应用情况，硬件需要具备如下各种功能：模拟输入/输出、数字输入/输出、计数、定时、滤波、同步采样和波形发生等。丰富多样的板卡和硬件提供了这些功能或功能组合。

9.2 LabVIEW 虚拟仪器开发环境

LabVIEW（Laboratory Virtual Instrument Engineering Workbench）是美国 NI 公司推出的一种基于 G 语言（Graphics Language）的虚拟仪器开发平台。

LabVIEW 是虚拟仪器必不可缺的一部分，它为用户提供了一个简单易用的程序开发环境，其强大特性让用户可以非常方便地连接各种各样的硬件产品和其他软件产品，是创建虚拟仪器系统的理想工具。

LabVIEW 提供了一种程序开发环境，使用图形化编程语言编写程序，产生的程序是框图形式，有一个可完成多种编程任务的庞大函数库。LabVIEW 的函数库包括数据采集、GPIB、串口控制、数据分析、数据显示及数据存储等。LabVIEW 也有传统的程序调试工具，如设置断点，以动画方式显示数据及其程序的结果，单步执行等，便于程序调试。

9.2.1 LabVIEW 程序的基本构成

采用 LabVIEW 编程的应用程序，通常被称为虚拟仪器（Virtual Instrument）程序，简称虚拟仪器（VI）。它主要由前面板（Front Panel）、框图程序（Block Diagram）以及图标和连接器窗格（Icon and Connector）三部分组成。其中前面板的外观及操作功能与传统仪器的面板类似，而框图程序则是使用功能函数对通过用户界面输入的数据或其他源数据进行处理，并将信息在显示对象上显示，或将信息保存到文件或其他计算机。

9.2.2 LabVIEW 程序的特点

1. 图形化编程

LabVIEW 为用户提供的最有力的特性就是图形化的编程环境。可以使用 LabVIEW 在计算机屏幕上创建一个图形化的用户界面，即可设计出完全符合自己要求的虚拟仪器。通过这个图形界面，可以操作仪器程序、控制所选硬件、分析采集到的数据、显示测量结果。

如图 9.3 所示，用户可以使用旋钮、开关、转盘、图表等自定义前面板，用以代替传统仪器的控制面板、创建自制测试面板或图形化表示控制和操作过程。

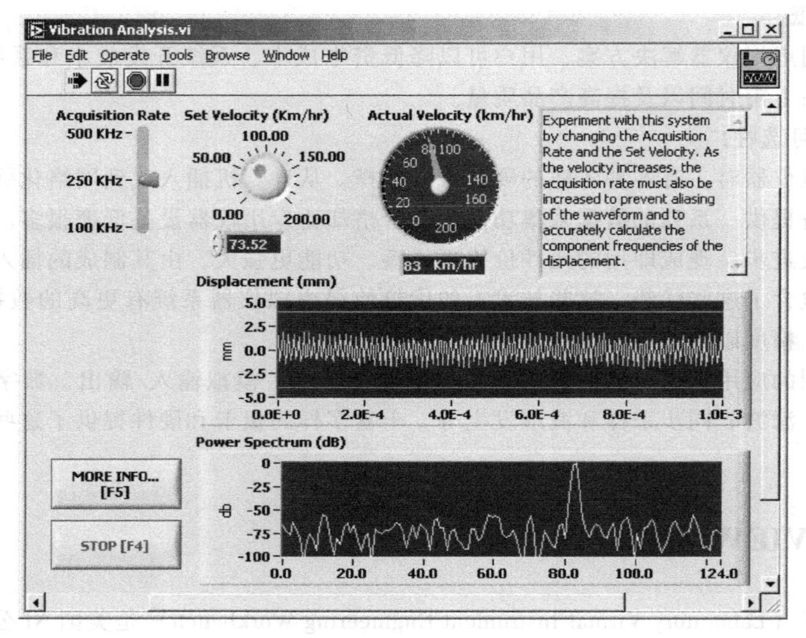

图 9.3 LabVIEW 虚拟仪器前面板

如图 9.4 所示，只需将各个图标连在一起创建各种流程图表，即可完成虚拟仪器程序的

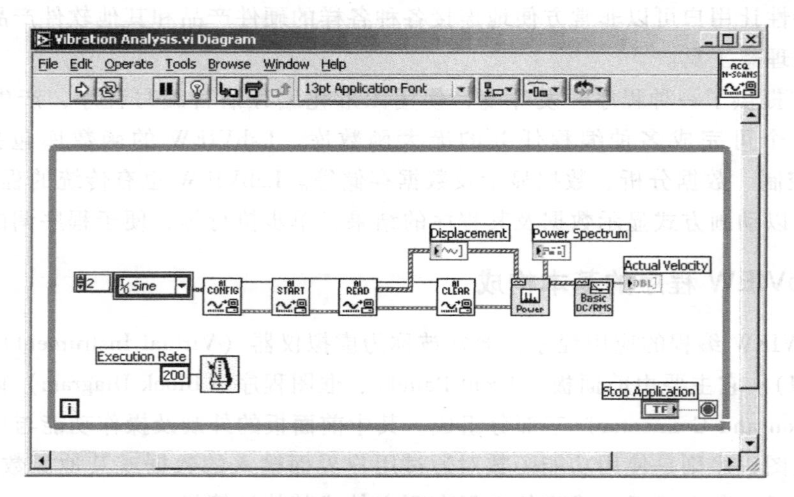

图 9.4 LabVIEW 虚拟仪器框图程序

开发，而这也正好符合用户的原始设计理念。利用图形化编程，在保持系统的功能与灵活性的同时，能大大加快开发速度。

2. 测量与控制功能

虚拟仪器软件专为开发测试、测量和控制系统而设计，还包括各种广泛的I/O功能。

LabVIEW包含现成即用的函数库，可用于集成各种独立台式仪器、数据采集设备、运动控制和机器视觉产品、GPIB/IEEE 488和串口/RS-232设备、PLC等，可帮助用户构建完整的测量和自动化解决方案。LabVIEW还包含了主要的仪器标准如VISA（GPIB、串口和VXI仪器可共用标准）；PXI和基于PXI系统联盟Compact PCI标准的软硬件；IVI可互换虚拟仪器驱动程序；VXI即插即用；VXI仪器标准驱动程序。

3. 开放式环境

虽然LabVIEW已经提供了诸多应用系统所需要的工具，但它还是一个开放式的开发环境。软件的标准化取决于它与其他软件、测量和控制硬件及一些开放式工业标准的兼容性，因为这些都决定了不同厂商之间产品的互操作性。如果选择的软件符合了这些条件，就可以保证应用系统和整个公司能够充分利用来自不同厂家的产品。此外，遵守开放式商业标准有助于降低整个系统成本。

目前，许多第三方软硬件厂商开发并维护了成百上千个LabVIEW函数库及仪器驱动程序，旨在帮助用户能借助LabVIEW轻松使用他们的产品。然而，这还不是与LabVIEW应用系统相衔接的唯一办法。LabVIEW还可以很容易地集成ActiveX软件、动态链接库（DLL）及其他开发工具的共享库。此外，用户还可以以DLL、可执行文件的方式或使用ActiveX控件来共享LabVIEW代码。

LabVIEW同样提供了各种通信和数据标准选项，如TCP/IP、OPC、SQL数据库连接和XML格式。

4. 降低成本，保有投资

只需一台安装了LabVIEW的计算机即可开发无数的应用程序，完成各种任务。它不仅具有多功能性，而且还非常节省成本。基于LabVIEW的虚拟仪器经实践证明是最经济的选择，不仅可降低开发成本，而且还可长期地保有资本投资收益。当测量需求发生变化时，无需购置新的仪器设备即可轻松对其进行修改或扩展。开发完整的仪器库的费用远远低于购买一台传统商用仪器的费用。

5. 支持多平台

大部分计算机使用的都是微软公司的Windows操作系统。然而，其他操作系统对于某些特定应用来说有着显而易见的优势。随着计算元件日益微型化且采用专用封装，实时和嵌入式开发在多数工业领域的应用迅猛增长。这使得减少不断更换开发平台所带来的损失变得格外重要，而选择正确的软件则是解决这个问题的关键所在。

LabVIEW可避免这一问题，它可运行在Windows 2000、NT、XP、Me，Windows 7/8/9/10和嵌入式NT环境下，同时还支持Mac OS、Sun Solaris与Linux。通过LabVIEW实时（LabVIEW Real-Time）模块，LabVIEW还能够编译代码，让程序在VenturCom ETS实时操作系统中运行。考虑到程序兼容性的重要意义，NI公司的LabVIEW继续支持较早版本的Windows、Mac OS和Sun操作系统。LabVIEW是在一种环境下编写的虚拟仪器程序，能够透明地移植到其他LabVIEW平台上，只需在新环境下打开这个VI即可。

由于 LabVIEW 应用程序能跨平台使用，因此当前的工作成果也同样可在未来适用。随着新计算机技术日新月异的发展，用户还可以轻而易举地将应用程序移植到新平台和操作系统中。另外，因为所开发出的虚拟仪器程序能够在不同平台间移植且独立于操作系统，不仅可节省开发时间，还可避免因为平台间转换带来的不便利。

6. 分布式开发环境

可利用 LabVIEW 轻松开发分布式应用程序，即便是进行跨平台开发。利用简单易用的服务器工具，可以将需要密集处理的程序下载到其他机器上进行快速处理，也可以创建远程监控应用系统。强大的服务器技术简化了大型、多主机系统的开发过程。另外，LabVIEW 本身也包含了标准网络技术，如 TCP/IP 以及企业内部的发布与订阅协议等。

7. 分析功能

在虚拟仪器系统中，将信号采集到计算机中并不意味着任务已经完成，通常还需要利用软件完成复杂的分析和信号处理工作。在机械状态监视和控制系统的高速测量应用中，经常需要对振动信号进行精确的阶次分析；闭环嵌入式控制系统一般要利用控制算法进行逐点运算以便保证稳定性。除了在 NI LabVIEW 中已安装的高级分析功能库外，NI 公司还为不同要求的测量提供了相应附加工具包，如 NI LabVIEW 信号处理工具套件、NI LabVIEW 声音与振动工具包和 NI LabVIEW 阶次分析工具包等。

8. 可视化功能

在虚拟仪器用户界面里，LabVIEW 提供了大量内置的可视化工具用于显示数据。从图表到图形、从 2D 到 3D 显示，应有尽有。用户可以随时重新配置颜色、字体大小、图表类型等数据显示，并通过鼠标动态旋转、缩放并平移这些图形。除了图形化编程和方便的定义界面属性外，用户只需利用拖放工具，就可将物体拖放到仪器的前面板上。

9. 灵活性与可升级性

用户要求系统能够不断变化，同时，他们还需要可维护、可扩充的解决方案以便长期使用。通过建立以功能强大的开发软件（LabVIEW）为基础的虚拟仪器系统，可设计出软、硬件无缝集成的开放式架构。可以确保用户的系统不仅能在今天使用，在未来同样可以轻松集成新技术，或根据新要求在原有基础上扩展系统功能。此外，每个应用系统都有自己独特的要求，需要多种解决方案。

9.3 虚拟仪器在工程中的应用

1. 研发和设计

在研发和设计阶段，如果要求灵活性，必须建立一个可升级的开放式平台。它可以各种形式出现，包括个人计算机、嵌入式系统、分布式网络等。

研发设计阶段需要软硬件的无缝集成。不论使用 GPIB 接口与传统仪器连接，还是直接使用数据采集板卡及信号调理硬件采集数据，LabVIEW 使这一切变得如此简单。通过虚拟仪器，可以使测试过程自动化，消除人工操作引起的误差，并能确保测试结果的一贯性。

2. 开发测试和验证

利用虚拟仪器的灵活性和强大功能，用户能轻而易举地建立复杂的测试体系。对于自动设计验证测试，可以在 LabVIEW 中创建测试例程，并集成诸如 National Instruments Test

Stand 之类的软件，提供强大的测试管理功能。这些开发工具在整个过程中提供的另一个优势是代码复用功能。在设计过程中开发代码，然后将它们插入各种功能工具中进行认证、测试或生产工作。

3. 生产测试

减少测试时间和简化测试程序的开发过程是生产测试策略的主要目标。基于 LabVIEW 的虚拟仪器结合强大的测试管理软件，如 TestStand，提供高性能以满足实际需求。这些工具采用高速、多线程引擎并行运行多个测试序列，从而达到了严格的流量要求。TestStand 可以根据 LabVIEW 编写的例程轻松管理测试排序、执行和报告。

TestStand 集成了 LabVIEW 中测试代码的创建。TestStand 还可以重用在 R&D 或设计和验证中创建的代码。如果有生产测试应用程序，可以在产品的生命周期内充分利用。

4. 智能制造

生产应用要求软件具有可靠性、共同操作性和高性能。基于 LabVIEW 的虚拟仪器提供所有这些优势，集成了如报警管理、历史数据趋势分析、安全、网络、工业 I/O、企业内部联网等功能。利用这些功能，用户可以轻松地将多种工业设备如 PLC、工业网络、分布式 I/O、插入式数据采集卡等集成在一起使用。通过在整个企业中共享代码，制造可以使用在研发或验证中开发的相同的 LabVIEW 应用程序，并与制造测试流程无缝集成。

9.4 虚拟仪器数据采集

9.4.1 数据采集（DAQ）系统组成

数据采集是使用计算机测量电压、电流、温度、压力或声音等电量及准电量的过程。如图 9.5 所示，DAQ 系统由传感器、DAQ 测量硬件和带有可编程软件的计算机组成。与传统的测量系统相比，基于 PC 的 DAQ 系统利用行业标准计算机的处理、显示和连通能力，提供功能强大、使用灵活、性价比高的测量解决方案。

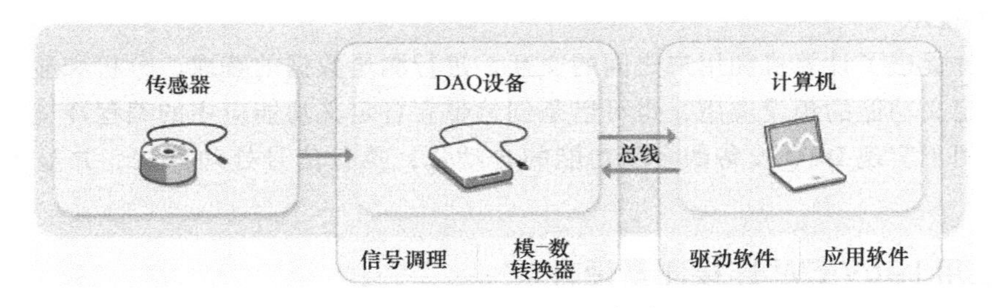

图 9.5 DAQ 系统组成部分

9.4.2 数据采集（DAQ）设备

DAQ 硬件是计算机和外部信号之间的接口。它的主要功能是将输入的模拟信号数字化，使计算机可以进行解析。DAQ 设备用于测量信号的三个主要组成部分为信号调理电路、模-数转换器（ADC）与计算机总线。很多 DAQ 设备还拥有实现测量系统和过程自动化的其他功能。例如，数-模转换器（DAC）输出模拟信号，数字 I/O 线输入和输出数字信号，计数器/定时器计量并生成数字脉冲。

1. 信号调理电路

信号调理电路将信号处理成可以输入至ADC的一种形式。电路包括放大、衰减、滤波和隔离。一些DAQ设备含有内置信号调理，用于测量特定的传感器类型。

2. 模-数转换器（ADC）

在经计算机等数字设备处理之前，传感器的模拟信号必须转换为数字信号。模-数转换器（ADC）是提供瞬时模拟信号的数字显示的一种芯片。实际操作中，模拟信号随着时间不断发生改变，ADC以预定的速率收集信号周期性的“采样”。这些采样通过计算机总线传输到计算机上，在总线上从软件采样重构原始信号。

3. 计算机总线

DAQ设备通过插槽或端口连接至计算机。作为DAQ设备和计算机之间的通信接口，计算机总线用于传输指令和已测量数据。DAQ设备可用于最常用的计算机总线，包括USB、PCI、PCI Express和以太网。最近，DAQ设备已可用于802.11无线网络进行无线通信。总线有多种类型，对于不同类型的应用，各类总线都能发挥各自不同的优势。

9.4.3 DAQ系统中的计算机

安装了可编程软件的计算机控制着DAQ设备的运作，并处理、可视化和存储测量数据。不同类型的应用使用不同类型的计算机。在实验室中可以利用台式机的处理能力，在实地现场可以利用笔记本式计算机的便携性，在制造厂中可以利用工业计算机的耐用性。

9.4.4 DAQ系统中的软件组件

1. 驱动软件

应用软件凭借驱动软件，与DAQ设备进行交互。它通过提炼底层硬件指令和寄存器级编程，简化了与DAQ设备的通信。通常情况下，DAQ驱动软件引出应用程序接口（API），用于在编程环境下创建应用软件。

2. 应用软件

应用软件促进了计算机和用户之间的交互，进行测量数据的获取、分析和显示。它既可以是带有预定义功能的预设应用，也可以是创建带有自定义功能应用的编程环境。自定义应用程序通常用于实现DAQ设备的多项功能的自动化，执行信号处理算法，并显示自定义用户界面。

9.4.5 使用LabVIEW连接测量硬件

使用LabVIEW连接NI DAQ设备和第三方仪器等测量硬件，采集或生成各种类型信号。以下介绍如何使用NI DAQ硬件和NI-DAQmx驱动程序以及提供的代码示例采集模拟信号。

1. 连接测量硬件

如果要使用NI公司提供的示例代码开始测量，请下载并安装NI-DAQmx驱动程序，以便连接和配置NI数据采集设备。

1）将NI DAQ设备连接到计算机。

2）打开Measurement&Automation Explorer（MAX），展开设备和接口下拉列表。可以看

到用户设备出现在系统已连接设备列表中，如图 9.6 所示。

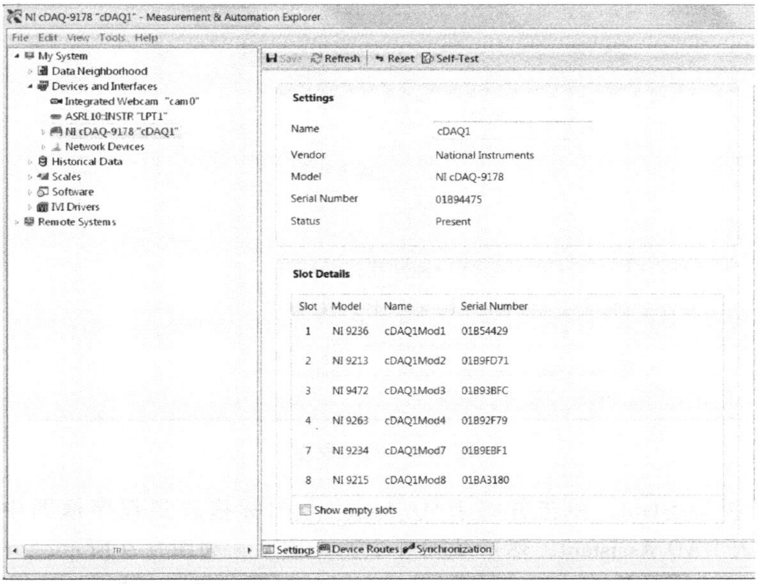

图 9.6 在 MAX 中识别硬件

MAX 是安装了所有 NI 硬件驱动程序的设备管理软件，用于配置 NI 硬件和软件、复制配置数据、执行系统诊断以及更新 NI 软件。

2. 创建仿真设备

如果尚未购买 NI 数据采集硬件，仍可通过创建仿真设备来复制硬件的行为，以运行函数或程序。如图 9.7 所示，如果要创建仿真设备，请打开附带的示例代码中的 Create Simulated Device. vi。单击运行箭头，运行代码。该 VI 将在计算机上创建一个名为 SimuDAQ 的仿真设备。

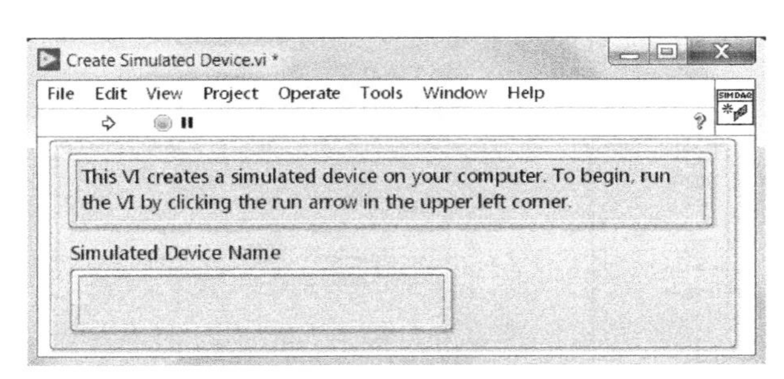

图 9.7 创建仿真设备

3. 使用 DAQ 助手采集信号

1）打开 Connect to NI DAQ Hardware. lvproj 中的 Acquire Analog Inputs using the DAQ Assistant. vi。该 VI 包括一个预创建的 UI 和分析代码，需要添加采集信号所需的代码，如图 9.8 所示。

2）DAQ Assistant 提供了配置、测试和编程测量任务的分步指南。首先将 DAQ Assistant Express VI 添加到程序框图中。为此，右键单击程序框图，然后导航到 Measurement I/O →

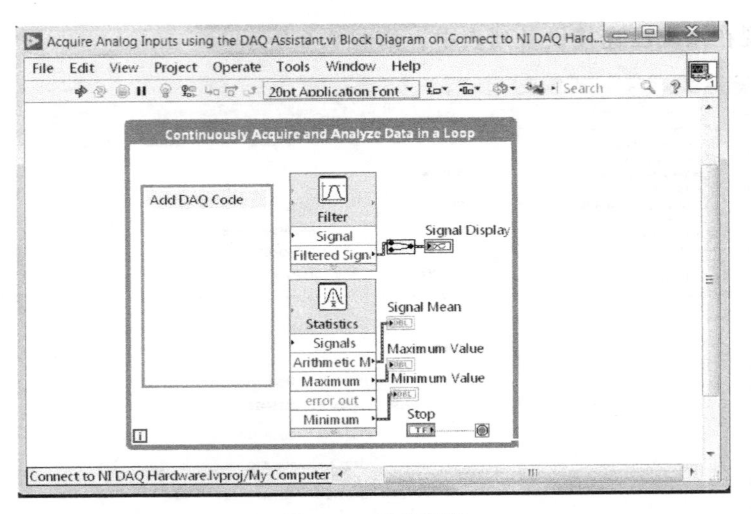

图 9.8　基础程序

NI-DAQmx →DAQ Assistant，单击并将 DAQ Assistant 图标拖放到程序框图中；或者，打开 Quick Drop，键入 DAQ Assistant，然后从列表中选择该项，如图 9.9 所示。

3）将 DAQ Assistant 放到程序框图上时，会打开测量配置对话框，用于设置任务。第一步是选择测量类型和通道。模拟输入采集有几个选项，现介绍一个简单电压测量的步骤，但是如果使用的是自己的设备和传感器，则可为系统选择相应的测量类型和通道。选择 Acquire Signals →Analog Input →Voltage，配置测量，如图 9.10 所示。

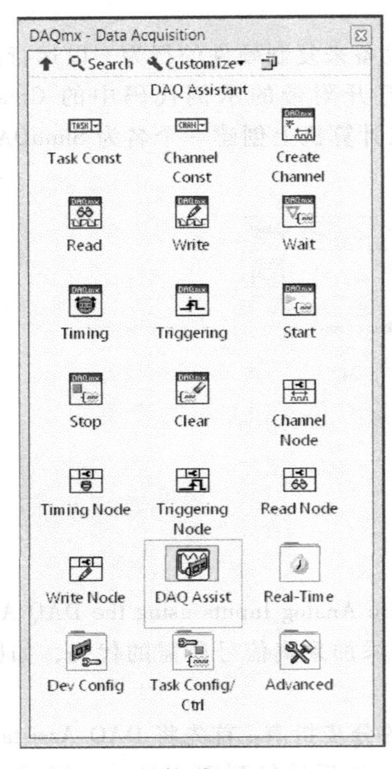

图 9.9　导航到 DAQ Assistant

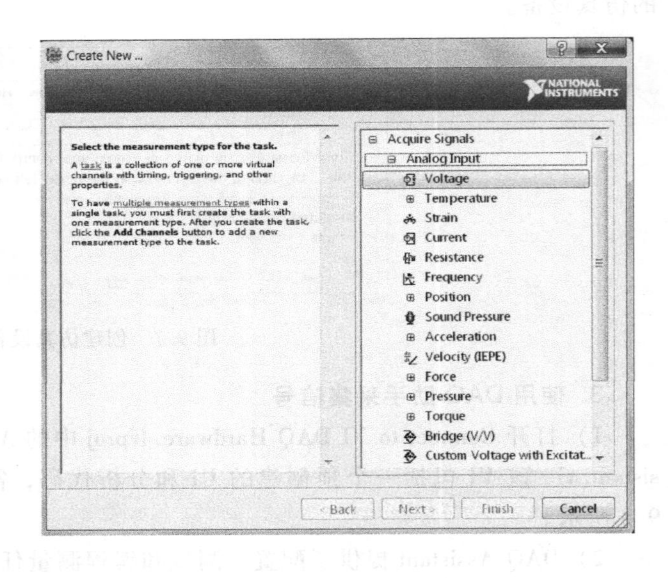

图 9.10　选择信号类型

4）选择通道。如果使用的是 NI 数据采集硬件，则通道会按设备名称列出。当系统仅插入一个 DAQ 设备时，默认通道是 Dev1。如果使用仿真设备，则该设备的名称为 SimuDAQ。如图 9.11 所示，从物理设备中选择合适的模拟输入通道（如果可用），如果使用的是仿真设备，则选择 ai0。

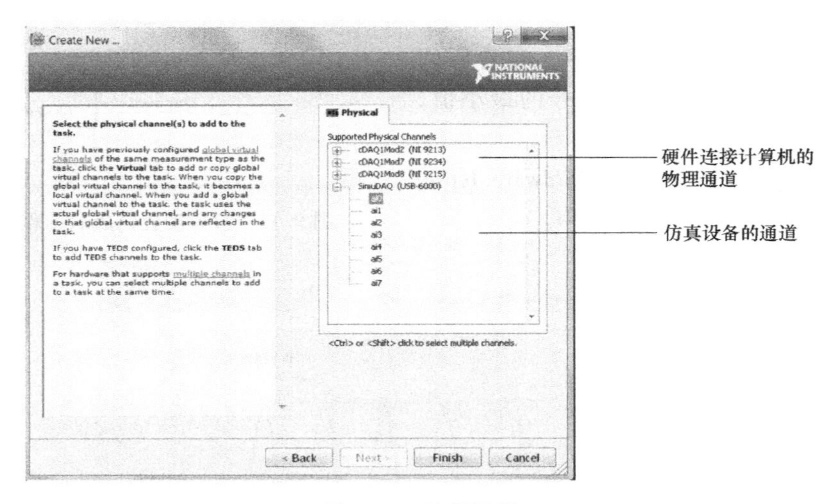

图 9.11 选择通道

5）选择通道后，单击“Finish”（完成）按钮。这时会启动模拟输入任务配置页面。在此可以选择采集类型、采样率、采样次数和电压范围。在定时设置下，使用 N 个样本的默认采集模式，将样本数量改为红色和 1k，并使用默认采样率 1kHz。单击窗口顶部的“Run”（运行）按钮即可预览数据。如图 9.12 所示。

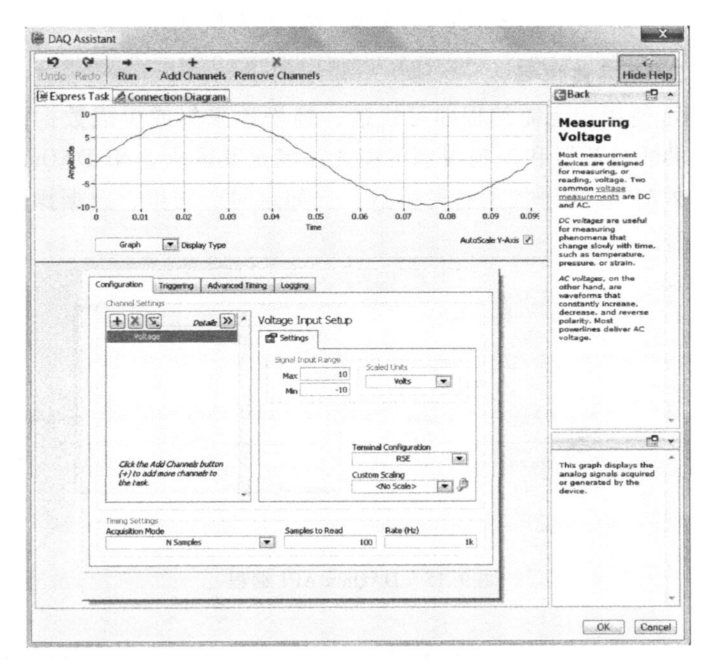

图 9.12 配置和测试采集参数

6）完成配置采集参数后，单击“OK（确定）”。DAQ Assistant 自动生成数据采集所需的代码。将 DAQ Assistant 的数据输出连接到分析 VI 的输入端，即可完成系统设计，如图 9.13 所示。

7）切换到前面板并运行程序，查看原始信号数据和滤波数据以及采集信号的最小值、最大值和平均值，如图 9.14 所示。

可以在 Connect to NI DAQ Hardware. lvproj 中的 Solutions 文件夹找到完整的 VI。

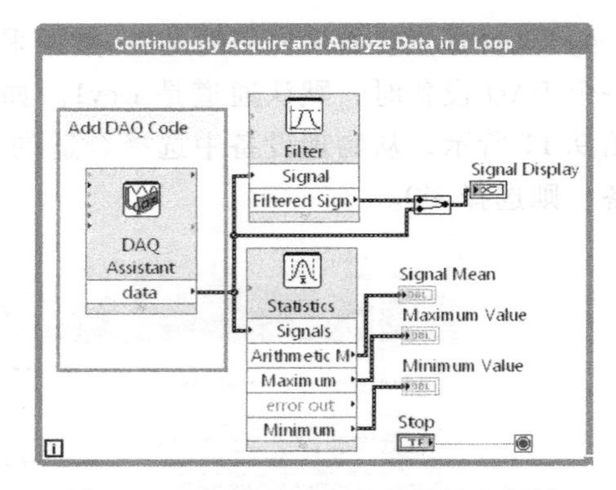

图 9.13 参数配置完成后的程序框图

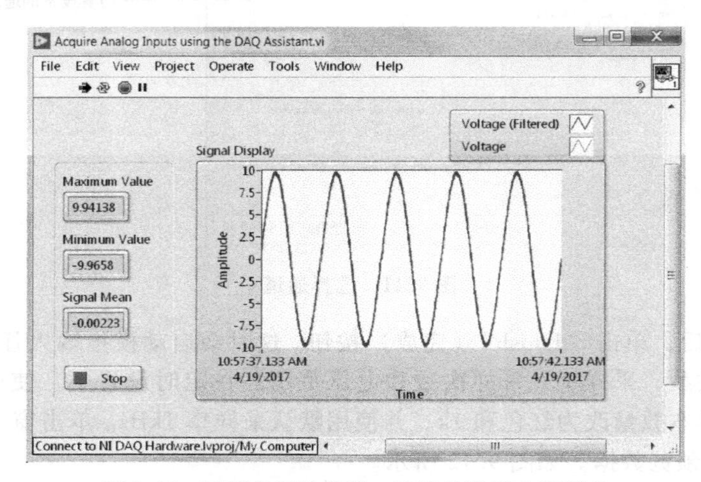

图 9.14 可视化原始数据、滤波的数据和特征点

4. 使用 NI-DAQmx 采集信号

尽管 DAQ 助手可使用户无需编程即可快速、轻松地采集或生成数据，但对于高级用户来说，DAQ 助手提供的灵活性和控制级别可能无法满足其需求。NI-DAQmx 驱动具有完整全面的基础和高级函数 API，用于控制各种参数，比如定时、同步、数据操作和执行控制，如图 9.15 所示。

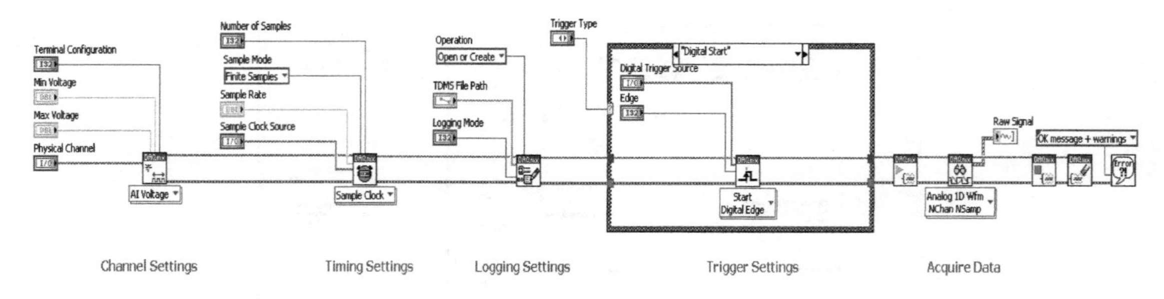

图 9.15 DAQmx API 编程

打开 Acquire Analog Inputs using the DAQmx API. vi 这一高级应用程序示例，可以在此配置通道、记录选项、触发选项和进行高级时间设置。

9.5 超越 PC 的虚拟仪器系统

最近，商业计算机技术开始逐渐与嵌入式系统相互融合，包括 Windows CE，Intel x86 处理器，PCI 和 Compact PCI 总线以及嵌入式开发环境的以太网等。虚拟仪器的低成本和高性能优势在很大程度上建立在众多计算机商业科技基础上，因此功能可以进一步扩展，进而包括了更多嵌入式和实时功能。例如，在某些嵌入式应用中，LabVIEW 能够同时运行在 Linux 和嵌入式 ETS 实时操作系统中。无论是在台式机还是嵌入式系统中，虚拟仪器都为用户提供了一个可升级的架构选项，因此可将虚拟仪器作为一整套嵌入式系统开发工具中的一部分。

网络和 Web 的应用深刻地影响了嵌入式系统的开发。由于商业计算机的普遍使用，以太网已经成为全球企业的标准内部网络设施。此外，商业计算机世界里 Web 界面的普及也已经延伸到移动电话、PDAs（个人电子助理）甚至工业数据采集和控制系统。

从前，嵌入式系统专指独立操作的，或最多是利用实时总线与外围设备进行底层通信的系统。现在随着企业（和消费产品）各个阶层需求的不断增长，嵌入式系统需要网络化以便能够保证可靠和持续的实时操作。

因为虚拟仪器软件能够利用跨平台编译技术，将台式和实时系统结合在同一个开发环境中，因此用户可以利用台式机的内置 Web 服务器和简单易用的网络功能先在台式机上进行开发，然后再转移到实时和嵌入式系统中。例如：用户可以利用 LabVIEW 来简化内置 Web 服务器的配置，将某个应用程序界面输出到一台在 Windows 网络中、经过预先加密的机器上；然后再将程序代码下载到最终用户手内无须人工干预的嵌入式系统中。完成这一任务不需要在嵌入式系统上进行额外的程序开发。然后，用户可以对该嵌入式系统进行部署、启动，再通过以太网将其连接到远程加密主机上，同时还可以用标准 Web 浏览器作为交流界面。如果需要更加复杂的网络应用，用户可以利用熟悉的 LabVIEW 图形化开发环境，对 TCP/IP 或其他协议进行编程，然后再将其在嵌入式系统中运行。

嵌入式系统开发是当前细分工程项目中发展最快的部分之一，而且在不久的将来，随着消费者对智能型汽车、电器、住宅等消费品要求的增加，它仍然会保持迅猛的发展势头。这些商业技术的发展也将促进虚拟仪器的实用性，使其能应用到越来越多不同的领域中。提供虚拟仪器软件和硬件工具的领导厂商需要在专业技术和产品开发上投资，以便更好地为这些应用服务。作为虚拟仪器软件平台旗舰产品 LabVIEW 的供应商，NI 公司为用户提供了如此广泛的应用平台：从台式操作系统到嵌入式实时系统，从便携式 PDAs（个人电子助理）到基于 FPGA（现场可编程门阵列）的硬件，甚至带智能传感器的系统。

下一代虚拟仪器工具需要能够快速方便地与蓝牙（Bluetooth）、无线以太网和其他标准融合的网络技术。除了使用这些技术外，虚拟仪器软件还需要能更好地描述与设计分布式系统之间的定时和同步关系，以便帮助用户更快速地开发和控制这些常见的嵌入式系统。

思考题与习题

9.1 简述虚拟仪器的概念。

9.2　简述虚拟仪器的组成。

9.3　虚拟仪器与传统仪器比较有哪些优点？

9.4　LabVIEW VI 包括哪几个部分？

9.5　简述 LabVIEW 三个操作选板的作用。

9.6　简述使用 DAQ Assistant 进行数据采集的操作步骤。

9.7　简述虚拟仪器与嵌入式系统结合的应用情况。

第10章

无线传感器网络与物联网

物联网是新一代信息技术的重要组成部分，其英文名称是“The Internet of things”。顾名思义，物联网就是“物物相连的互联网”。它有两层含义：其一，物联网的核心和基础仍然是互联网，是在互联网基础上的延伸和扩展的网络；其二，其用户端延伸和扩展到了任何物品与物品之间，进行信息交换和通信。物联网通过智能感知、识别技术与普适计算广泛应用于网络的融合中，被称为继计算机、互联网之后世界信息产业发展的第三次浪潮。物联网是互联网的应用拓展，与其说物联网是网络，不如说物联网是业务和应用。因此，应用创新是物联网发展的核心，以用户体验为核心的创新 2.0 是物联网发展的灵魂。

10.1 无线传感器网络

10.1.1 无线传感器网络概念

随着微机电系统（Micro-Electro-Mechanism System，MEMS）、片上系统（System on Chip，SoC）、无线通信和低功耗嵌入式技术的飞速发展，孕育出无线传感器网络，并以其低功耗、低成本、分布式和自组织的特点带来了信息感知的一场变革。无线传感器网络（Wireless Sensor Networks，WSN）是由部署在监测区域内大量的廉价微型传感器节点组成，通过无线通信方式形成的一个多跳自组织网络。

WSN 广泛应用于军事、航空、反恐、防爆、救灾、环境、医疗、保健、家居、工业和商业等领域。

10.1.2 无线传感器网络工作原理

图 10.1 是一个典型的无线传感器网络应用系统结构，它描述了无线传感器网络系统所包含的三种类型的节点，即无线传感器节点（Sensor Node）、汇聚节点（Sink Node）和任务管理节点（Task Manager Node）。图中监测区域中已经部署了大量的无线传感器节点，每个节点都可以采集其覆盖区域的现场数据，通过一种多跳的方式路由到汇聚节点。汇聚节点是一个类似于网关的特殊节点，它的处理能力、存储能力和通信能力相对较强，能够把无线传感器网络桥接到其他的通信网络，比如 Internet，从而使终端用户能够方便实时地通过任务管理节点来进行各种操作。汇聚节点既可以是一个具有增强功能的传感器节点，也可以是仅带有无线通信接口的网关设备。任务管理节点可以是各种智能终端，如 PC、PDA，甚至是智能手机。

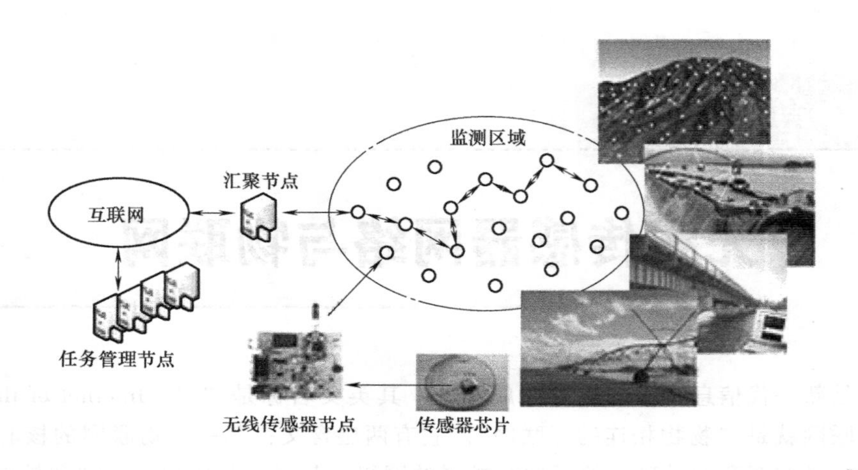

图 10.1 无线传感器网络应用系统结构

10.1.3 无线传感器节点构成

无线传感器网络由各类无线传感器节点组成。如图 10.2 所示，每个微型节点都集成了传感器、微处理器、无线通信和电源模块，可以对原始数据按要求进行一些简单的计算处理后再发送出去。大量的智能节点通过先进的网状联网（Mesh Networking）或其他联网方式，可以灵活紧密地部署在被测对象的内部或周围，把人类感知的触角延伸到物理世界的每个角落。尽管单个节点的能力是微不足道的，但是成百上千节点组成的网络系统能带来强大的规模效应。根据不同的应用场合，有的无线传感器节点可能还会有一些附加模块，比如定位系统、连续供电系统以及移动基座等。

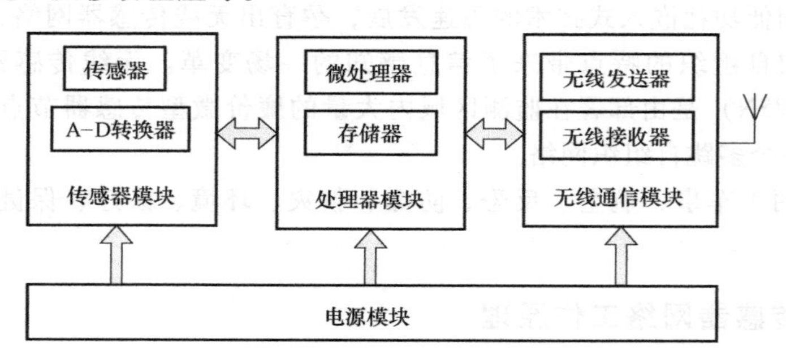

图 10.2 无线传感器节点构成

传感器模块包括各种传感器和 A-D 转换器，用于监控区域内的众多环境数据的采集和转换，并执行控制器发来的各种命令。

处理器模块是节点的核心，用于完成数据处理、数据存储、执行通信协议和节点调度管理等工作。

无线通信模块负责和其他节点进行数据交换，包括数据的无线发送、接收和传输等。

电源模块是所有电子系统的基础，电源模块的设计直接关系到节点的寿命，一般采用微型电池。

10.2 物联网

2005 年，国际电信联盟（ITU）发布了《ITU 互联网报告 2005：物联网》，正式提出物联网的概念，包括所有物品的联网和应用。2008 年底 IBM 向美国政府提出“智慧地球”战略；2009 年 6 月欧盟实行“物联网行动计划”；2009 年 8 月日本的“i-Japan”计划等，都是利用各种信息技术来突破互联网的物理限制，以实现无处不在的物联网络。

2009 年 8 月，温家宝总理在无锡调研时，视察了“中科院无锡传感网工程技术研发中心”，指示建设“感知中国”中心。2012 年 3 月，由中国提交的“物联网概述”标准草案经国际电信联盟审议通过，成为全球第一个物联网总体标准，中国在国际物联网领域的话语权进一步加强。2013 年我国物联网产业规模突破 6000 亿元，在芯片、通信协议、网络管理等领域取得了一系列的创新成果，形成了包括芯片和元器件厂商、设备商、系统集成商等在内的较多门类的产业。2013 年，我国发布《关于推进物联网有效推进的基础意见》，涵盖了物联网的顶层设计、标准、技术、法律法规、安全等 10 方面的内容，为我国物联网的发展奠定了好的环境基础。2014 年 10 月，李克强总理在国务院常务会议上明确部署了扩大和升级消费的六大重点消费领域，第一就是“扩大移动互联网、物联网等信息消费，提升宽带速度”。

10.2.1 物联网的定义

物联网是通过射频识别、红外感应器、全球定位系统、激光扫描器等信息传感设备，按约定的协议，把任何物体与互联网相连接，进行信息交换和通信，以实现对物体的智能化识别、定位、跟踪、监控和管理的一种网络。物联网是新一代信息技术的重要组成部分，是物物相连的互联网。

物联网是一个未来发展的愿景，等同于“未来的互联网”或“泛在网络”，能够实现人在任何时间、地点，使用任何网络与任何人与物的信息交换以及物与物之间的信息交换的网络。物联网可以提供任何物体在任何时间、任何地点的互联，如图 10.3 所示。

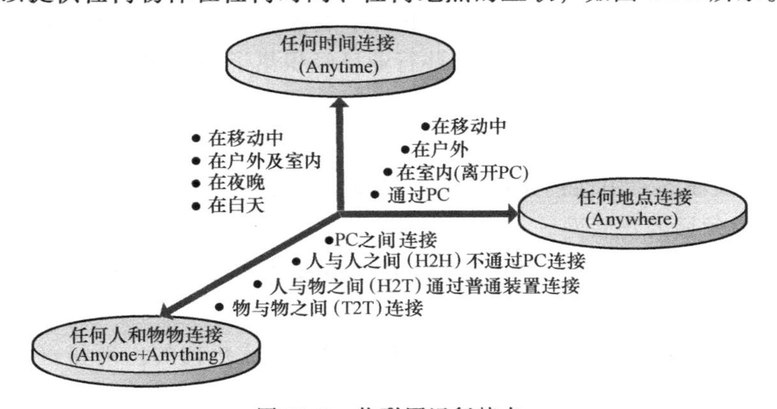

图 10.3 物联网运行特点

10.2.2 物联网的技术架构

从技术架构上来看，物联网可分为三层：感知层、网络层和应用层，如图 10.4 所示。

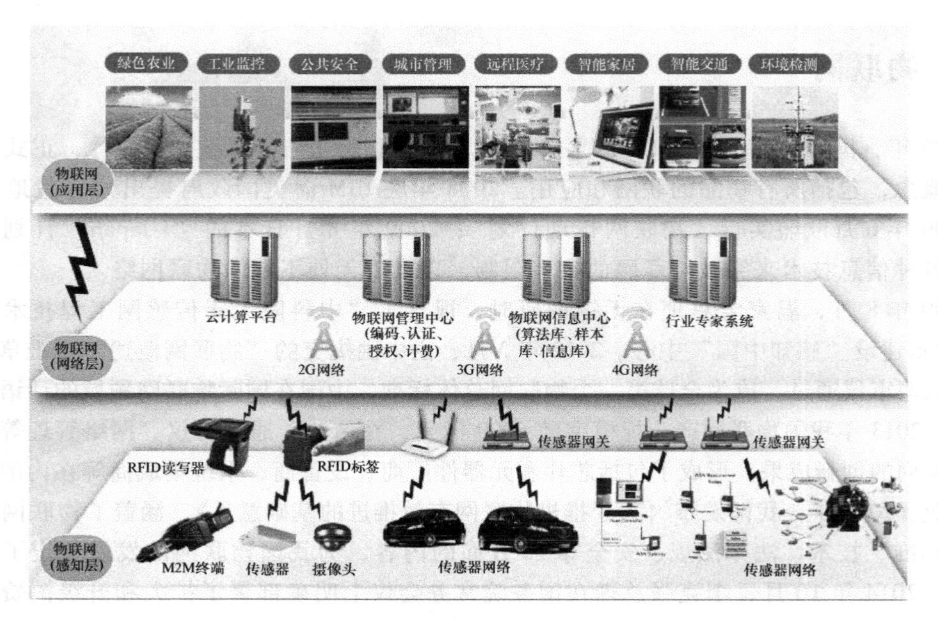

图 10.4　物联网的技术架构

感知层由各种传感器以及传感器网关构成，包括二氧化碳浓度传感器、温度传感器、湿度传感器、RFID 标签、摄像头、GPS、各种智能家电、各类机器人、可穿戴设备等感知终端。感知层的作用相当于人的眼耳鼻喉和皮肤等神经末梢，它是物联网识别物体、采集信息的来源，其主要功能是识别物体、采集信息。

网络层由各种专用 IP 网络、互联网、有线和无线通信网、网络管理系统和云计算平台等组成，相当于人的神经中枢和大脑，负责传递和处理感知层获取的信息。

应用层是物联网和用户（包括人、组织和其他系统）的接口，它与行业需求结合，实现物联网的智能应用。物联网的行业特性主要体现在其应用领域内，目前智能电网、绿色农业、工业监控、公共安全、城市管理、远程医疗、智能家居、智能物流、智能交通和环境监测等各个行业均有物联网应用的尝试，某些行业已经积累了一些成功的案例。

10.2.3　物联网的特点

1）不同应用领域的专用性：如智能交通领域、医疗卫生领域、环境监测领域、仓储物流领域、楼宇监控领域的物联网。

2）高度的稳定性和可靠性：如仓储物流领域要求稳定性，医疗卫生领域要求可靠性等。

3）严密的安全性和可控性：物联网应具有保护个人或机构的内部秘密，防止网络攻击的能力。

4）各种感知技术的广泛应用：物联网上部署了海量的多种类型传感器，每个传感器都是一个信息源，不同类别的传感器所捕获的信息内容和信息格式不同。传感器获得的数据具有实时性，按一定的频率周期性地采集环境信息，不断更新数据。

5）建立在互联网上的泛在网络：物联网技术的重要基础和核心仍旧是互联网，通过各种有线和无线网络与互联网融合，将物体的信息实时准确地传递出去。在物联网上的传感器定时采集的信息需要通过网络传输，由于其数量极其庞大，形成了海量信息，在传输过程中，为了保障数据的正确性和及时性，必须适应各种异构网络和协议。

6）具有智能处理和控制的能力：物联网将传感器和智能处理相结合，利用云计算、模式识别等各种智能技术，扩充其应用领域。从传感器获得的海量信息中分析、加工和处理出有意义的数据，以适应不同用户的不同需求，发现新的应用领域和应用模式。

10.3 物联网的无线通信技术

随着时代的进步和发展，社会逐步进入互联网+时代。各类传感器采集数据越来越丰富，大数据应用随之而来，人们考虑把各类设备直接纳入互联网以方便数据采集、管理以及分析计算。物联网智能化已经不再局限于小型设备、小网络阶段，而是进入到完整的智能工业化领域，智能物联网化在大数据、云计算、虚拟现实上步入成熟，并纳入互联网+整个大生态环境。常用的物联网无线通信方式可分为近距离无线通信和远距离移动无线通信两种方式。

10.3.1 近距离无线通信

近距离无线通信主要有 RF433/315M、WIFI、Bluetooth、ZigBee、RFID、Z-Ware 等方式。

1）RF433/315M：无线收发模组，采用射频技术，工作在 ISM 频段（433/315MHz），一般包含发射器和接收器，频率稳定度高，谐波抑制性好，数据传输率为 1k~128kbit/s，采用 GFSK 的调制方式具有超强的抗干扰能力。应用范围包括：无线抄表系统、无线路灯控制系统、铁路通信、航模无线遥控、无线安防报警、家居电器控制、工业无线数据采集和无线数据传输等。低功耗的 RF433 工作电压为 2.1~3.6V，一节 3.6V/3.6A 的锂亚电池可工作 10 年以上。

2）WIFI：基于 IEEE802.11 标准的无线局域网，可以看作是有线局域网的短距离无线延伸。组建 WIFI 只需要一个无线 AP 或无线路由器就可以，成本较低。WIFI 是一种帮助用户访问电子邮件、Web 和流式媒体的互联网技术，它为用户提供了无线的宽带互联网访问；同时，它也是在家里、办公室或在旅途中上网的快速、便捷的途径。WIFI 工作在 2.4GHz 频段，所支持的速度最高可达 54Mbit/s，覆盖范围可达 100m。最新的 WIFI 交换机能够把目前 WIFI 无线网络从接近 100m 的通信距离扩大到约 6.5km。

无线网络是一种能够将个人计算机、手持设备（如 PDA、手机）等终端以无线方式互相连接的技术。WIFI 是一个无线网络通信技术的品牌，由 WIFI 联盟所持有，目的是改善基于 IEEE802.11 标准的无线网络产品之间的互通性。有人把使用 IEEE802.11 系列协议的局域网就称为无线保真。

3）蓝牙（Bluetooth）：使用 2.4~2.485GHz 的 ISM 波段的 UHF 无线电波、基于数据包、有着主从架构的一种无线技术标准，可实现固定设备、移动设备和楼宇个人域网之间的短距离数据交换。由蓝牙技术联盟（SIG）管理，IEEE 将蓝牙技术列为 IEEE 802.15.1，使用跳频技术，将传输的数据分割成数据包。

依据发射输出电平功率不同，蓝牙传输有三种距离等级：Class1 为 100m 左右，Class2 约为 10m，Class3 为 2~3m。一般情况下，其正常的工作范围是 10m 半径之内。在此范围内，可进行多台设备间的互联。目前蓝牙已发展到蓝牙5.0，为现阶段最高级的蓝牙协议标准，传输速度上限为2Mbit/s，有效传输距离理论可达300m。

4）ZigBee：是基于IEEE802.15.4标准的低速、短距离、低功耗、双向无线通信技术的局域网通信协议，又称紫蜂协议。特点是近距离、低复杂度、自组织（自配置、自修复、自管理）、低功耗、低数据速率。ZigBee协议从下到上分别为物理层（PHY）、媒体访问控制层（MAC）、传输层（TL）、网络层（NWK）、应用层（APL）等，其中物理层和媒体访问控制层遵循IEEE802.15.4标准的规定，主要用于传感控制应用。ZigBee可工作在2.4GHz（全球流行）、868MHz（欧洲流行）和915MHz（美国流行）三个频段上，分别具有最高250kbit/s、20kbit/s和40kbit/s的传输速率，单点传输距离在10~75m的范围内，ZigBee是可由1~65535个无线数传模块组成的一个无线数传网络平台，在整个网络范围内，每一个ZigBee网络数传模块之间可以相互通信，从标准的75m距离进行无限扩展。ZigBee节点非常省电，其电池工作时间可以长达6个月到2年左右，在休眠模式下可达10年。

5）RFID：RFID（Radio Frequency Identification）技术，又称无线射频识别，俗称电子标签。可通过无线电信号识别特定目标并读写相关数据，而无需识别系统与特定目标之间建立机械或光学接触。RFID读写器也分移动式的和固定式的，目前RFID技术应用很广，如图书馆、门禁系统、食品安全溯源等。

RFID的空中接口通信协议规范基本决定了RFID的工作类型，RFID读写器和相应类型RFID标签之间的通信规则，包括频率、调制、位编码及命令集。ISO/IEC制定五种频段的接口协议。

6）Z-Wave：由丹麦公司Zensys所一手主导的基于射频的、低成本、低功耗、高可靠、适于网络的短距离无线通信技术，工作频带为908.42MHz（美国）~868.42MHz（欧洲），采用FSK（BFSK/GFSK）调制方式，数据传输速率为9.6~40kbit/s，信号的有效覆盖范围在室内是30m，室外可超过100m，适合于窄宽带应用场合。Z-Wave采用了动态路由技术，每一个Z-Wave网络都拥有自己独立的网络地址（Home ID）；网络内每个节点的地址（Node ID）由控制节点（Controller）分配。每个网络最多容纳232个节点（Slave），包括控制节点在内。Zensys提供Windows开发用的动态库（Dynamically Linked Library，DLL），开发者利用DLL内的API函数来进行PC软件设计。通过Z-Wave技术构建的无线网络，不仅可以通过本网络设备实现对家电的遥控，甚至可以通过Internet对Z-Wave网络中的设备进行控制。

10.3.2 远距离移动无线通信

目前，常用的移动无线通信主要包括GPRS、3G/4G和NB-IoT等方式。

1）GPRS：GPRS（General Packet Radio Service）是通用分组无线服务技术的简称，它是GSM移动电话用户可用的一种移动数据业务，是介于2G和3G之间的技术，也被称为2.5G，可以说是GSM的延续。GPRS是一个混合体，采用TDMA方式传输语音，采用分组的方式传输数据。

GPRS是欧洲电信协会GSM系统中有关分组数据所规定的标准，它可以提供高达115kbit/s的空中接口传输速率。GPRS使若干移动用户能够同时共享一个无线信道，一个移动用户也可以使用多个无线信道。实际不发送或接收数据包的用户仅占很小一部分网络资源。有了GPRS，用户的呼叫建立时间大为缩短，几乎可以做到“永远在线”（always online)。此外，GPRS 是运营商能够以传输的数据量而不是连接时间为基准来计费，从而令每个用户的服务成本更低。

GPRS 采用信道捆绑和增强数据速率改进实现高速接入，目前 GPRS 的设计可以在一个载频或 8 个信道中实现捆绑，将每个信道的传输速率提高到 14.4kbit/s，因此 GPRS 最大速率是 8×14.4=115.2kbit/s。GPRS 发展的第二步是通过增强数据速率改进（EDGE）将每个信道的速率提高到 48kbit/s，因此第二代的 GPRS 设计速率为 384kbit/s。

2）3G/4G：3G/4G 是第三和第四代移动通信技术，4G 是集 3G 与 WLAN 于一体，能够快速高质量地传输数据、图像、音频、视频等。4G 可以在有线网没有覆盖的地方部署，能够以 100Mbit/s 以上的速度下载，能够满足几乎所有用户对于无线服务的要求，具有不可比拟的优越性。4G 移动系统网络结构可分为三层：物理网络层、中间环境层、应用网络层。

3）NB-IoT：NB-IoT（Narrow Band Internet of Things）是基于蜂窝的窄带物联网，构建于蜂窝网络，只消耗大约 180kHz 的带宽，可直接部署于 GSM 网络、UMTS 网络或 LTE 网络，支持低功耗设备在广域网的蜂窝数据连接，也被叫作低功耗广域网（LPWA）。NB-IoT 支持待机时间长、对网络连接要求较高设备的高效连接。据报道，NB-IoT 设备电池寿命可以提高至少 10 年，同时还能提供非常全面的室内蜂窝数据连接覆盖。典型组网主要包括四部分：终端、接入网、核心网、云平台。其中终端与接入网之间是无线连接，即 NB-IoT，其他几部分之间一般是有线连接。

10.4 物联网的应用

物联网应用涉及国民经济和人类社会生活的方方面面，因此，“物联网”被称为是继计算机和互联网之后的第三次信息技术革命。信息时代，物联网无处不在。2011 年 11 月国家工业与信息化部发布《物联网“十二五”发展规划》，确定了 9 大领域重点示范工程分别是智能工业、智能农业、智能物流、智能交通、智能电网、智慧环保、智能安防、智能医疗和智能家居。以下介绍部分领域的应用案例。

10.4.1 智能交通物联网

物联网技术可以自动检测并报告公路、桥梁的“健康状况”，还可以避免过载的车辆经过桥梁，也能够根据光线强度对路灯进行自动开关控制。在交通控制方面，可以通过检测设备，在道路拥堵或特殊情况时，系统自动调配红绿灯，并可以向车主预告拥堵路段、推荐行驶最佳路线。在公交方面，物联网技术构建的智能公交系统通过综合运用网络通信、GIS 地理信息、GPS 定位及电子控制等手段，集智能运营调度、电子站牌发布、IC 卡收费、ERP（快速公交系统）管理等于一体；通过该系统可以详细掌握每辆公交车每天的运行状况，在公交候车站台上通过定位系统可以准确显示下一趟公交车需要等候的时间，通过公交查询系统查询最佳的公交换乘方案。

停车难的问题在现代城市中已经引发社会各界的热烈关注。通过应用物联网技术可以帮助人们更好地找到车位。智能化的停车场通过采用超声波传感器、摄像感应、地感性传感器、太阳能供电等技术，第一时间感应到车辆停入，然后立即反馈到公共停车智能管理平台，显示当前的停车位数量。同时将周边地段的停车场信息整合在一起，作为市民的停车向导，这样能够大大缩短找车位的时间。

图 10.5~图 10.7 分别为城市智能交通综合管理指挥系统示意图、城市智能交通诱导服务示意图和停车诱导系统示意图。

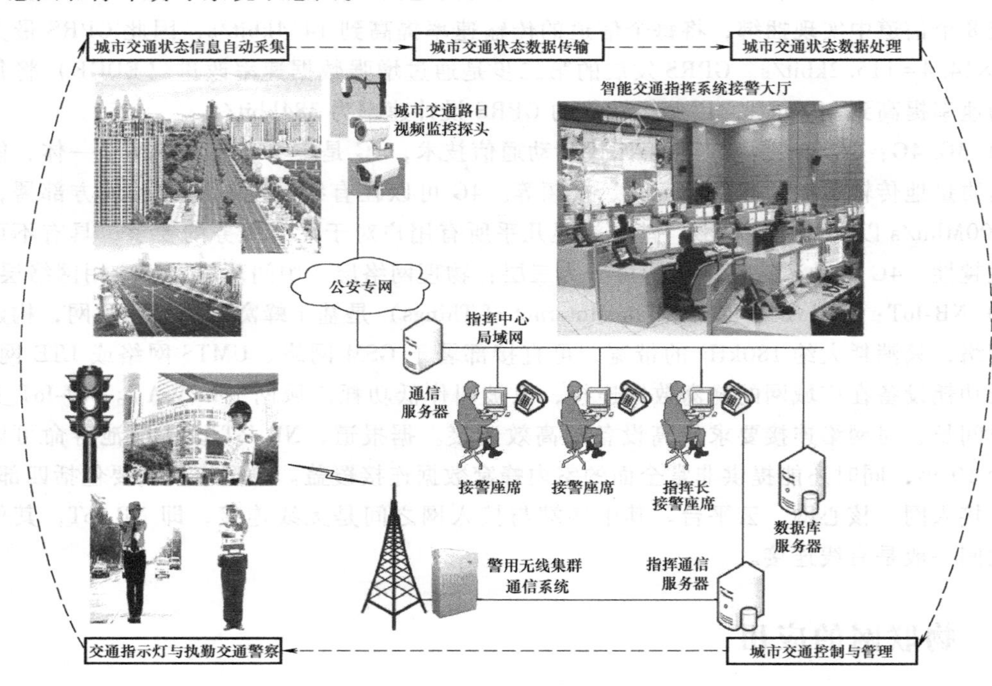

图 10.5　城市智能交通综合管理指挥系统示意图

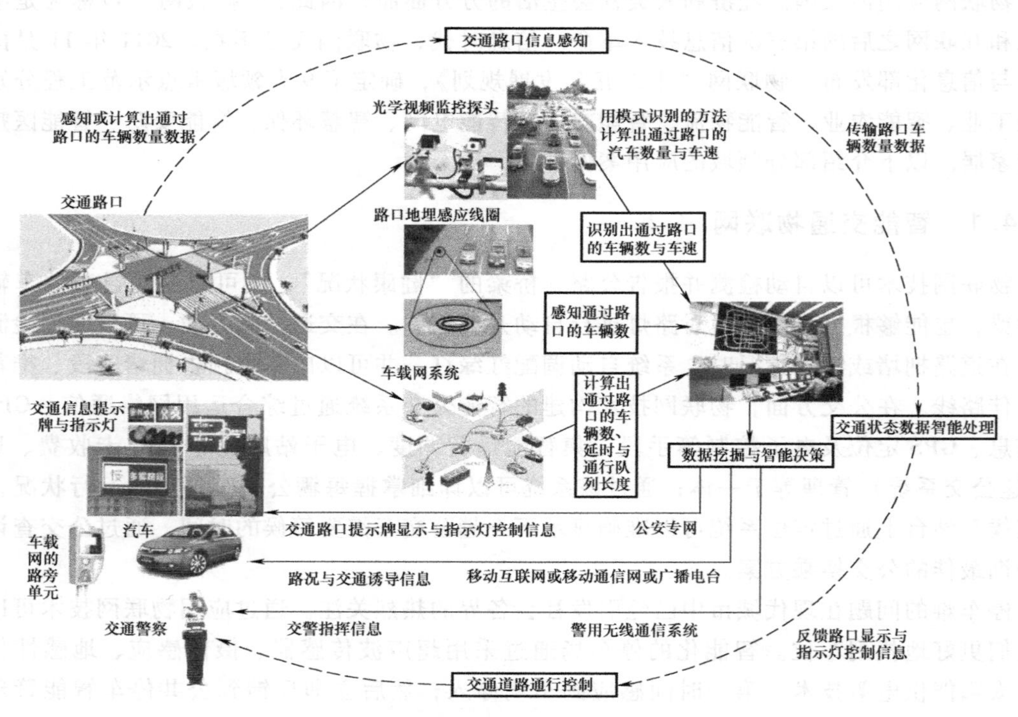

图 10.6　城市智能交通诱导服务示意图

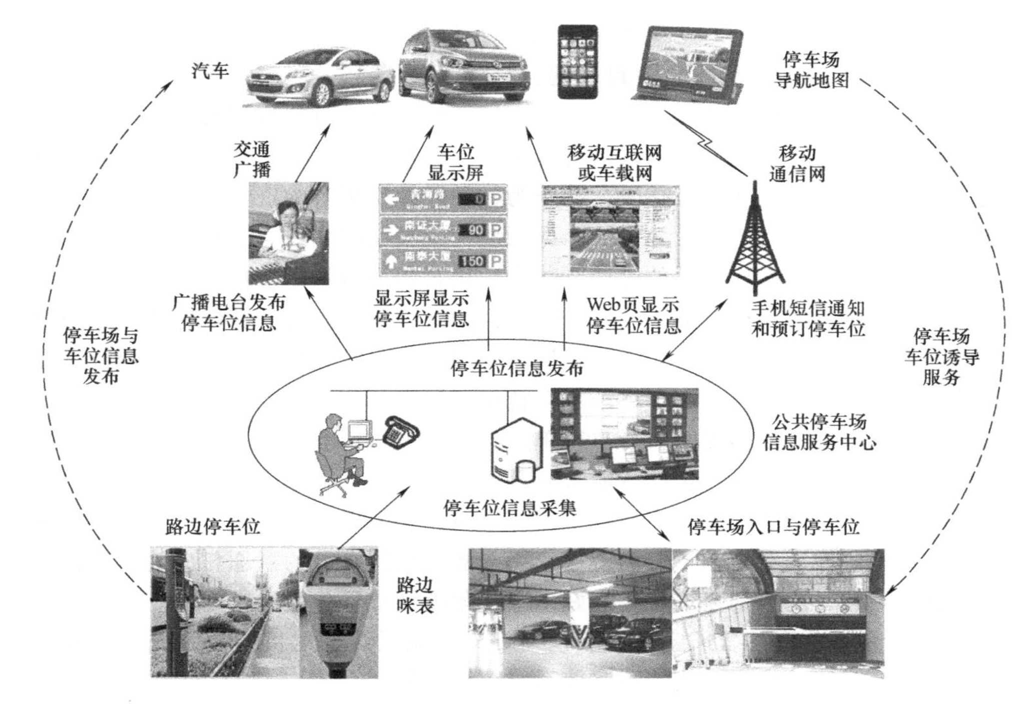

图 10.7 停车诱导系统示意图

图 10.8 为武汉创维特信息技术有限公司开发的智能交通实训沙盘实物图。该系统以城市道路交通为原型，综合运用 RFID、无线传感、移动互联网、智能识别、嵌入式系统、云计算等技术，依托部署在实景交通沙盘中的智能网关、无线传感节点、智能小车、控制节点等设备实现模拟交通的智能控制与管理，包含城市道路交通控制、智能公交、智能停车场、ETC 不停车收费等功能，帮助学生熟悉智能交通系统相关项目的开发，完成从具体基础知识点到综合应用的提高。

图 10.8 智能交通实训沙盘

10.4.2 智能家居物联网

智能家居是在互联网影响之下物联化的体现。智能家居通过物联网技术将家中的各种设备（如音视频设备、照明系统、窗帘控制、空调控制、安防系统、数字影院系统、影音服务器、影柜系统、网络家电等）连接到一起，提供家电控制、照明控制、电话远程控制、室内外遥控、防盗报警、环境监测、暖通控制、红外转发以及可编程定时控制等多种功能和手段。与普通家居相比，智能家居不仅具有传统的居住功能，兼备网络通信、信息家电、设备自动化，提供全方位的信息交互功能，甚至为各种能源费用节约资金。

智能家居作为一个新兴产业，处于一个导入期与成长期的临界点，市场消费观念还未形成，但随着智能家居市场推广普及的进一步落实，培育起消费者的使用习惯，智能家居市场的消费潜力必然是巨大的，产业前景光明。正因为如此，国内优秀的智能家居生产企业越来越重视对行业市场的研究，特别是对企业发展环境和客户需求趋势变化的深入研究，一大批国内优秀的智能家居品牌迅速崛起，逐渐成为智能家居产业中的翘楚。

嵌入家具和家电中的各类传感器与执行单元组成的无线传感网与互联网连接在一起，能够为用户提供舒适、方便和人性化的智能家居环境。用户通过触摸屏、多功能遥控器、智能手机、互联网或者语音识别控制家用设备，便可以执行场景操作，使多个设备形成联动；可以对家电进行远程监控，用户在下班前遥控家用电器，按照自己的意愿相应地工作，到家后家里的饭菜已经煮熟，洗澡的热水已经烧好，个性化电视节目将会准点播放。

如图 10.9 所示，物联网智能家居一般包括灯光控制系统、电机控制系统、智能家电管理系统、无线环境监测系统、智能安防监控系统和场景管理系统。

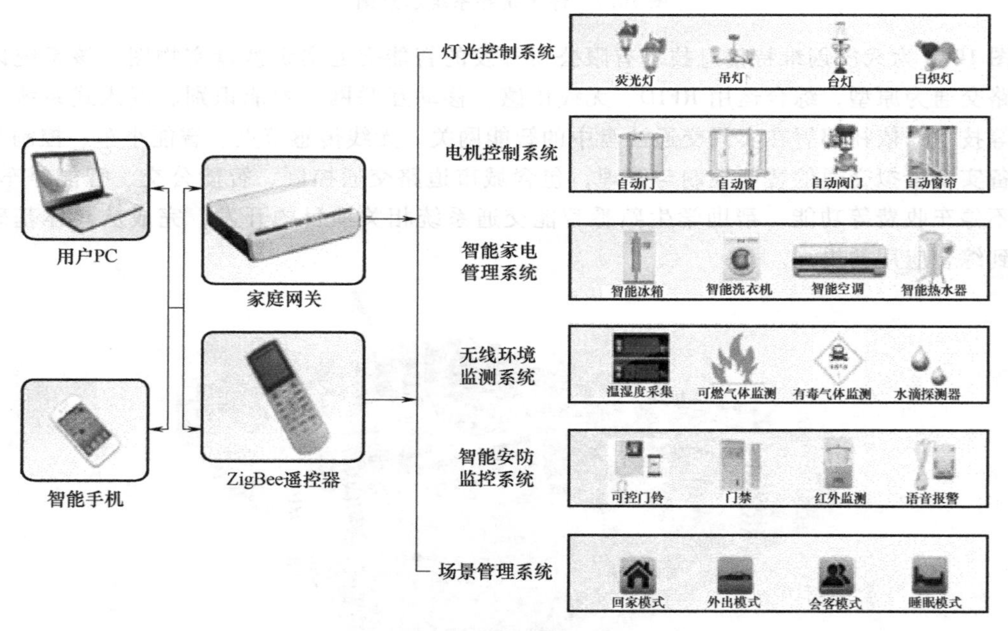

图 10.9　物联网智能家居结构图

图 10.10 为武汉创维特信息技术有限公司开发的智能家居实验教学系统实物模型图。图中 A8 嵌入式网关用来运行智能家居展示系统，该网关可板载 GPS、WIFI、3G 和 ZigBee 模块，它通过 ZigBee 实现传感数据的集中采集和处理及外设的集中控制。A8 网关上安装有基于 android 系统的智能家居网络终端，包含安防系统、环境检测、电器控制、智能门禁和模式选择五部分。

10.4.3　智能农业物联网

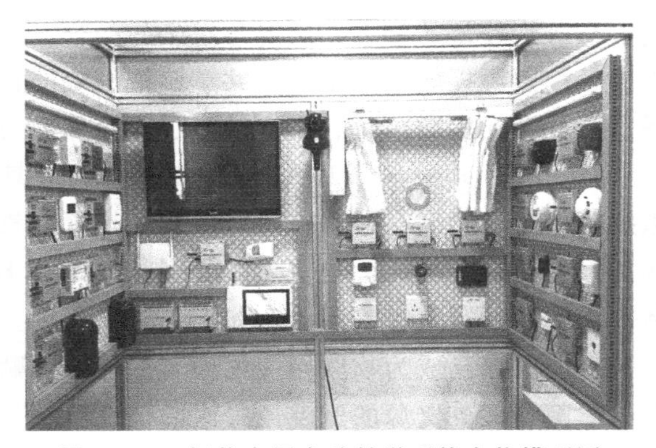

图 10.10　智能家居实验教学系统实物模型图

智能农业物联网是为提高现代集约型农业生产效率，实现精细化、全方位、智能型管理提出的解决方案。现代农业物联网是将采集数据经过分析后进行的全自动监控灌溉、施肥、喷药、降温和补光等一系列操作，它由监控中心与多节点数据采集器构成两级分布式计算机控制网络，具有分散采集、集中操作管理的特点，系统配置可以根据要求灵活增加或减少。

通过无线传感器节点实时采集土壤水分、土壤温度、空气温度、空气湿度、光照强度、植物养分含量、土壤 pH 值、电导率等参数，通过路由器、网关等设备实现和上位机的通信，在计算机软件界面上可显示所采集到的环境参数的值，可进行数据设定、存储、报警。远程控制可使技术人员在办公室就能对多个大棚的环境进行监测与控制。

根据无线传感器网络获取的植物实时的生长环境信息，实现所有基地测试点信息的获取、管理、动态显示和分析处理，以直观的图表和曲线的方式显示给用户，并根据以上各类信息的反馈对农业园区进行自动灌溉、自动降温、自动卷模、自动进行液体肥料施肥、自动喷药等自动控制。还可以引入视频图像与图像处理，直观地反映作物的生长状态和营养水平，从整体上给农户提供更加科学的种植决策理论依据，达到增产、改善品质、调节生长周期、提高经济效益的目的。图 10.11 为温室大棚监控实物图。

图 10.12 为武汉创维特信息技术有限公司开发的智能农业物联网沙盘实物图。系统中嵌入式网关用来运行智能农业展示系统，它通过 ZigBee 实现传感数据的集中采集、处理和外设的集中控制。网关上安装有基于 android 系统的智能农业网络终端，包含环境检测、智能控制、视频监控和智能联动四部分。

图 10.11　温室大棚监控实物图

图 10.12　智能农业沙盘

10.4.4　智能医疗物联网

智能医疗是将物联网应用于医疗领域，实现传感器技术、计算机技术、通信技术、智能技术与医疗技术的融合，患者与医生的融合，大型医院、专科医院与社区医院的融合，将有限的医疗资源提供给更多的人共享，把医院的作用向社区、家庭以及偏远农村延伸和辐射，提升全社会的疾病预防、疾病治疗、医疗保健与健康管理水平。

新一代 ZigBee 和微功耗 WIFI 技术，已经具备了可以对人员实时定位，人员实时呼叫，重症病人身体状况在移动中实时监测和报警，贵重（危险）物品（包括移动物体）实时监测和报警等全新功能。这些功能和现行的医院 HIS、LIS、PACS、EMR 相结合，就可以构成新一代物联网智慧医院系统，如图 10.13 所示。

智能医疗已成为物联网应用中实用性强、贴近民生、市场需求旺盛的重点发展领域。具有优质医疗服务资源的医院通过医院信息系统与其他医院联合开展远程医疗诊断、手术会商和指导服务，以及远程医疗、远程医疗教学与培训等，如图 10.14 所示。

远程健康监测应用可实现人体的监护、生理参数测量等，并将数据实时传到各计算机、手机、PDA 等各种通信终端上；在病人身上安置体温采集、呼吸、血压等测量传感器，通过无线传感器网络，医生可以远程随时了解病人的病情，进行及时处理。

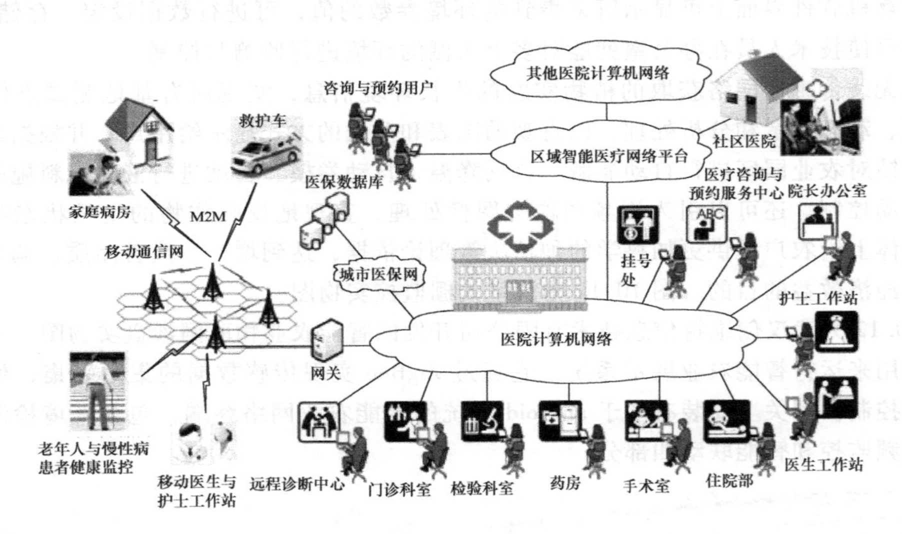

图 10.13　物联网智慧医院系统结构

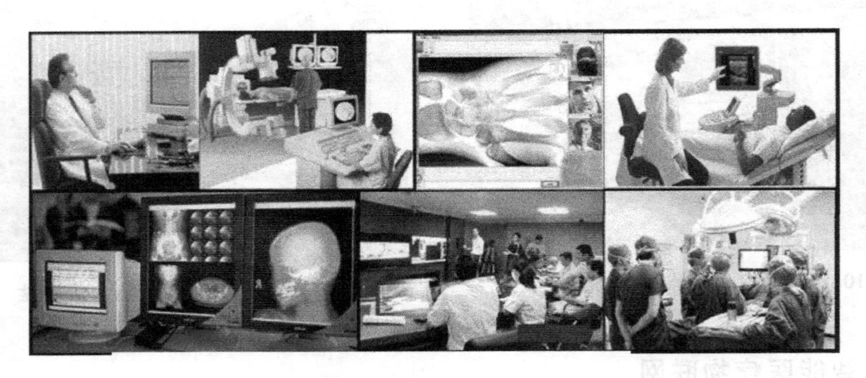

图 10.14　物联网在智慧医院远程医疗的应用

思考题与习题

10.1　简述物联网的定义以及包含的两层含义。

10.2　世界信息产业的发展经历了哪三次浪潮？

10.3　简述无线传感器网络系统的结构组成。

10.4　简述无线传感器节点的构成。

10.5　简述物联网的运行特点。

10.6　常用的近距离无线通信的方式有哪些？各有何特点？

10.7　常用的远近距离移动无线通信的方式有哪些？各有何特点？

10.8　举例说明物联网的应用领域。

10.9　物联网的技术架构包含哪几个层次？

10.10　物联网在远程诊疗中有哪些优势？

第11章

自动检测系统

能够在没有人或只有较少人参与情况下完成整个信息采集处理过程的系统称为自动检测系统。自动检测系统集成了传感器、计算机、总线等技术，具有自动完成信号检测、传输、处理、显示与记录等功能，能够完成复杂的、多变量的检测任务，极大地方便了信号检测的实现，是目前检测技术发展的主要方向。

自动检测系统的各项检测任务是在计算机控制下自动完成的，自动检测系统通常具有测试速度快、测试准确度高、测试功能多、测试结果表现形式丰富，能够实现自检、自校和自诊断，操作简单方便等特点。

本章重点介绍自动检测系统的组成、基本设计方法和设计案例。

11.1 自动检测系统的结构组成

11.1.1 自动检测系统的基本结构

自动检测系统一般可分为三种基本结构：智能仪器、个人仪器和和自动检测系统。

1. 智能仪器

智能仪器是将微处理器、存储器、接口芯片与传感器融合在一起组成的检测系统，有专用的小键盘、开关、按键及显示器等，体积小，专用性强。一般分为聪明仪器（数字式万用表）、初级智能仪器（专用测试仪器）、模型化智能仪器（在线检测仪器）和高级智能仪器（航空航天、遥感遥测系统等）四种类型。

2. 个人仪器

个人仪器又称个人计算机系统，它是以个人计算机配以适当的硬件电路与传感器组合而成的检测系统。

个人仪器与智能仪器的不同之处在于：利用个人计算机本身所具有的完整配置来取代智能仪器中的微处理器、开关、按键、显示器件、接口电路等，充分利用了个人计算机的软硬件资源，并保留了个人计算机原有的许多功能。

研发人员研发个人仪器的主要工作：选用各类功能接口模块（A-D、D-A、PIO、定时/计数等）和编写功能软件。一般硬件生产厂家会提供驱动软件和应用软件，编程时可调用有关功能模块，无需编写底层软件，大大加快研制进程和开发周期。

3. 自动检测系统

自动检测系统是指一般以工控机为核心，以标准接口总线为基础，可以监控多台智能仪器（或无线传感器节点）而构成的一种现代检测系统。

自动检测系统加入互联网、移动互联网、无线传感网，可构成网络化测试系统或物联网，实现远程检测、远程控制、远程实时调试等功能。

11.1.2　自动检测系统的组成

自动检测系统由硬件、软件两大部分组成。硬件主要包括传感器、数据采集系统、微处理器、输入输出接口等。本节主要就数据采集系统和输入输出接口进行介绍。

1. 数据采集系统的组成

典型的模拟信号数据采集系统由前置放大器、采样/保持器、多路开关、A-D 转换器和逻辑控制电路等组成，如图 11.1 所示。

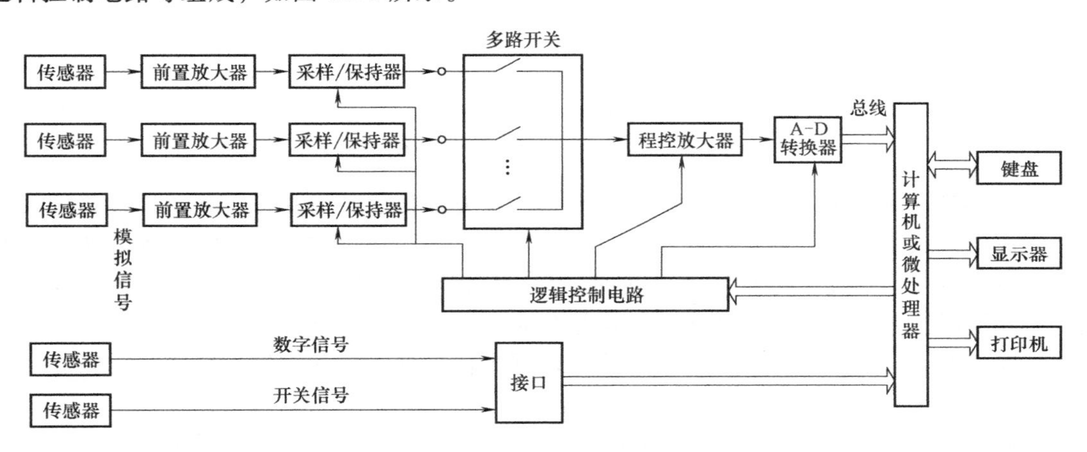

图 11.1　数据采集系统组成

（1）前置放大器　前置放大器的主要作用是将传感器输出的微弱信号放大到系统所要求的电平。

目前，已有许多高性能的专用前置放大器芯片出现，如 AD521、AD522 等，它们比普通运算放大器性能优良、体积小、结构简单、成本低。AD522 集成前置放大器主要用于恶劣环境下的高精度数据采集系统，具有低电压漂移、低非线性、高共模抑制比、低噪声、低失调电压等特点。

（2）采样/保持器　由于 A-D 转换需要一定的转换时间，在此期间输入信号电压如有变化，则会产生较大的误差，因此，在 A-D 转换器之前需接入采样/保持器（Sample/Hold，S/H）。在通道切换前，使其处于采样状态，在切换后的 A-D 转换周期内使其处于保持状态，以保证在 A-D 转换期间输入到 A-D 的信号不变。

采样/保持器可以取出输入信号某一瞬间的值并在一定时间内保持不变，它有采样和保持两种工作状态。在采样状态下，采样/保持器的输出必须跟踪模拟输入电压；在保持状态，采样/保持器的输出将保持采样命令发出时刻的电压输入值，直到保持命令撤销为止。

采样/保持器由模拟开关、保持电容和控制电路等组成，如图 11.2 所示。图中 A_1 和 A_2 为同相跟随器，其输入阻抗和输出阻抗分别趋于无穷大和 0。模拟开关 S 接通时，信号对保持电容迅速充电达到输入电压 U_i 的幅值，充电电压 U_c 同时对 U_i 进行跟踪（采样阶段）。

模拟开关断开时，理想状态下电容器上的电压 U_c保持不变，并通过 A_2送到 A-D 进行模-数转换，保证在转换期间输入电压稳定不变（保持阶段）。

目前常用的集成采样/保持器有 LF398、AD582、AD583、AD389、AD585、HTS-0025、SHA1144 等。采样时间一般为 2～2.5μs，精度可达±0.01%～±0.003%，电压下降速率为 0.1-500μV/ms。

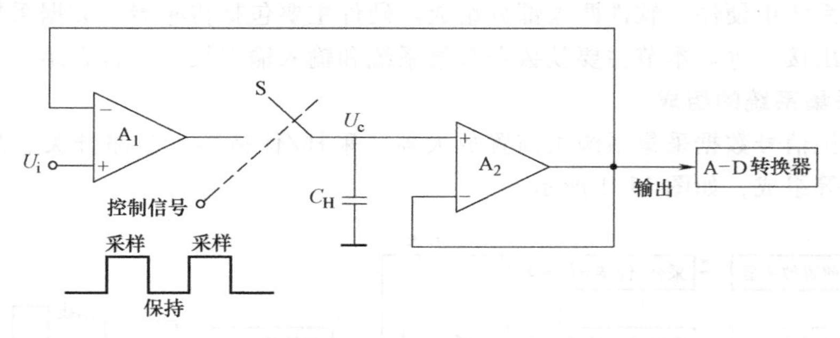

图 11.2 采样/保持器原理图

（3）多路开关 多路开关是数据采集系统的主要部件之一，其作用是切换各路输入信号，完成由多路输入到一路输出的转换。在测控系统中，被测物理量通常有多个，为了降低成本、减小体积，系统中通常使用公共的采样/保持器、放大器和 A-D 转换器等器件，因此，需要使用多路开关轮流把各路被测信号分时地与这些公用器件连通。有时在输出通道中，需要把 D-A 转换器生成的模拟信号按一定顺序输出到不同的控制回路中去，完成一到多的转换，这时可称为多路分配器或反多路开关。

多路开关的技术指标要求导通电阻越小越好（实际<100Ω），断开电阻越大越好（一般在 $10^9\Omega$ 左右）；对其导通或断开的切换时间要求与被传输信号的变化速率相适应，一般在 1μs 左右；各输入通道之间要有良好的隔离，防止互相串扰。

多路开关有机械触点式和半导体集成式。目前采用的多路开关可分为单向（多路开关或反多路开关）、双向（既能作多路开关，也能作反多路开关）两种；按模拟输入的通道数分有 4 路、8 路和 16 路。常用的多路开关有 AD7501（单向 8 路）、AD7506（单向 16 路）、CD4051（双向 8 路）CD4066（双向 4 路）等。

多路开关的选用：在模拟信号电平较低时，应选用低电压型多路开关，并注意在电路中采用严格的抗干扰措施；在数据采集速率高、切换路数多的情况下，宜选用集成多路开关，并尽量选用单片多路开关，以保证各路通道参数一致；在信号变化慢且要求传输精度高的场合，如利用铂电阻测量缓变温度场，可选用机械触点式开关；在进行高精度采样系统设计时，应特别注意多路开关的传输精度，特别是开关漂移特性。

（4）总线、接口及逻辑控制电路 模拟量输入系统中各部分电路都需要逻辑控制电路进行管理和控制，而这些控制信息均来自计算机；A-D 转换器的输出数据也要及时送到计算机中。相应的信息交换任务由接口和总线转换电路完成。

2. 数据采集系统的结构形式

设计数据采集系统时，首先需要确定其结构形式，这取决于被测信号的特点（变化速率和通道数等）、对数据采集系统的性能要求（测量精度、分辨率、速度、性价比等）。常用的数据采集系统结构形式如下：

（1）基本型　基本型结构通过多通道共享采样/保持器和 A-D 转换器实现数据的采集，如图 11.3 所示。它采用分时转换的工作方式，各路被测信号共用一个采样/保持器和一个 A-D 转换器。如果信号变化很慢，也可以不用采样/保持器；如果信号比较弱，混入的干扰信号比较大，则还需要使用放大器和滤波器。

基本型结构形式简单，适用于信号变化速率不高、对采样信号不要求同步的场合。

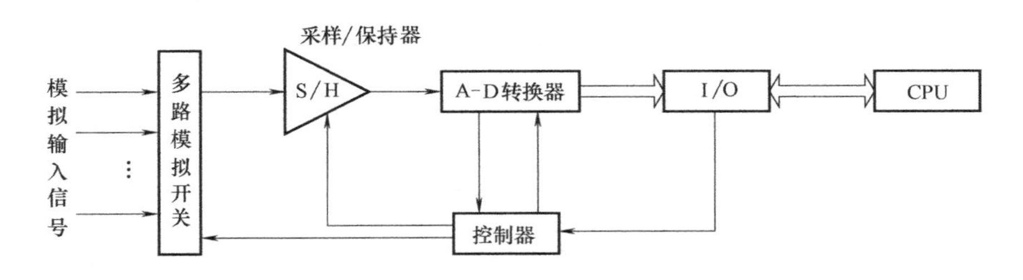

图 11.3　基本型结构

（2）同步型　如图 11.4 所示，与基本型结构不同的是，同步型结构中每一路通道都有一个采样/保持器，可以在同一个指令控制下对各路信号同时进行采样，得到各路信号在同一时刻的瞬时值。多路开关分时地将各路采样/保持器接到 A-D 转换器上进行模-数转换。这些同步采样的数据有助于描述各路信号的相位关系。

同步型结构中各路信号仍然串行地共用 A-D 转换器进行转换，因此其速度依然较慢。

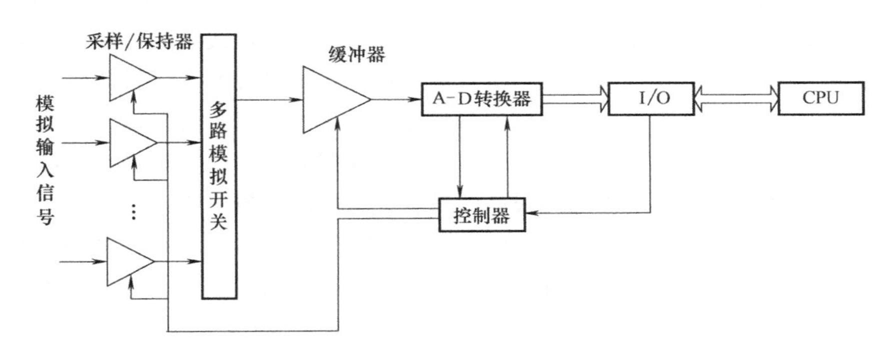

图 11.4　同步型结构

（3）并行型

并行型结构如图 11.5 所示。每个通道都有独自的采样/保持器和 A-D 转换器，各个通道的信号可以独立地进行采样和 A-D 转换。转换的数据经过接口电路直接送到计算机中，数据采集速度很快。如果被测信号分散，可以在每个被测信号源附近安装采样/保持器和 A-D 转换器，避免长距离模拟信号传输受到干扰。这种结构使用的硬件多、成本高；适用于高速、分散系统。

3. 输入输出通道

输入输出通道的基本任务是实现人机对话，包括输入或修改系统参数，改变系统工作状态，输出测试结果，动态显示测控过程，实现以多种形式输出、显示、记录、报警等功能。

（1）输入通道接口　自动检测系统的输入通道是指传感器与微处理器之间的接口通道。检测系统中，各种传感器输出的信号是千差万别的。从仪器仪表间的匹配考虑，必须将传感

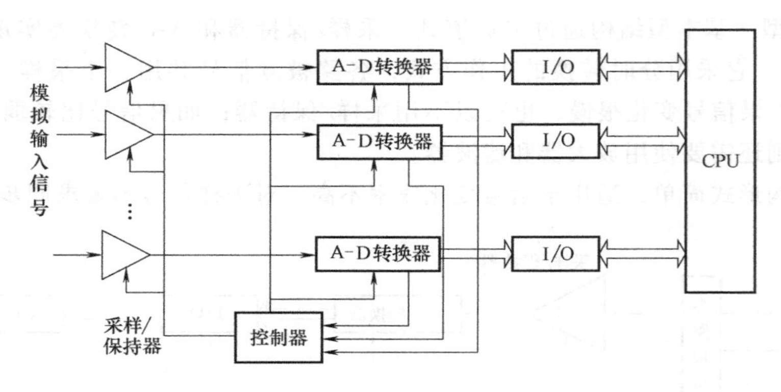

图 11.5 并行型结构

器输出的信号转换成统一的标准电压或电流信号输出，标准信号就是各种仪器仪表输入、输出之间采用的统一规定的信号模式，标准电压信号为 0~±10V、0~±5V、0~5V 等；标准电流信号为 0~10mA、4~20mA 等几种形式。在大多数自动检测系统中，传感器输出的信号是模拟信号（如直流电流、直流电压、交流电流、交流电压），因此，需要进行信号调理，涉及的技术包括信号的预变换、放大、滤波、调制与解调、多路转换、采样/保持、A-D 转换等。如果传感器本身为数字式传感器，即输出的是开关量脉冲信号或已编码的数字信号，则只需要进行脉冲整形、电平匹配、数码变换即可与微处理器接口。

（2）输出通道隔离与驱动　自动检测系统的输出通道有两个任务：一是把检测结果数据转换成显示和记录机构所能接受的信号形式，加以直观地显示或形成可保存的文件；二是对以控制为目的的系统，需要把微处理器所采集的过程参量经过调节运算转换成生产过程执行机构所能接受的驱动控制信号，使被控制对象能按预定的要求得到控制。驱动信号不外乎是模拟量和数字量两种信号类型。模拟量输出驱动受模拟器件漂移等影响，很难达到较高的控制精度，相反，数字量驱动可以达到很高的精度，应用越来越广泛。

数字量（开关量）输出隔离的目的在于隔离微处理器与执行机构间的直接电气联系，以防止外界强电磁干扰或工频电压通过输出通道反串到检测系统。目前，主要使用光耦合隔离和继电器隔离两种技术。

数字量（开关量）的输出驱动电路主要有功率晶体管、晶闸管、功率场效应晶体管、集成功率电子开关、固态继电器以及各种专用集成驱动电路等。

11.1.3 自动检测系统的软件

1. 软件构成

除了硬件基础外，软件是自动检测系统的核心。设计好自动检测系统硬件之后，如何充分发挥其潜力，特别是系统中微处理器的潜力，开发出友好的自动检测系统操作使用平台，使系统具有良好的可管理特性、可控制特性，很大程度上依赖于系统的软件设计。自动检测系统的软件配置取决于检测系统的硬件支持和计算机配置、实时性与可靠性要求以及检测功能的复杂程度。自动检测系统的软件大多采用结构化、模块化设计方法。

从实现方式和功能层次来划分，自动检测系统的软件一般可分为主程序、中断服务程序和应用功能程序。

从所要完成的功能来划分，自动检测系统软件可分为系统管理、数据采集、数据管理、系统控制、网络通信与系统支持软件六部分。

2. 实时多任务处理

自动检测系统的整个应用软件可由各任务组成，设计、调试可分别运行，且只针对目标任务修改其对应的程序。在自动检测系统中可应用实时管理软件（如实时多任务操作系统）进行资源管理、任务调度及任务间通信，满足实时多任务处理的要求。

自动检测系统的实时性是指在规定的时限内，能对外部环境的变化（包括用户的操作）做出必要的响应；多任务处理则是指根据预定任务处理的优先级别进行分时处理（多个任务的并行处理）。

在自动检测系统中，实时多任务处理的基本要求：自动检测系统的软件应有较强的实时能力；综合测试与判断具有多任务管理功能；自动检测系统应具有很强的人机交互能力；系统软件与应用软件的设计应便于修改和扩充。

自动检测系统的实时多任务处理功能包括各任务的工作时间管理、系统的任务调度、各任务间的通信联络、任务间的同步及信息的发送与接收等功能。

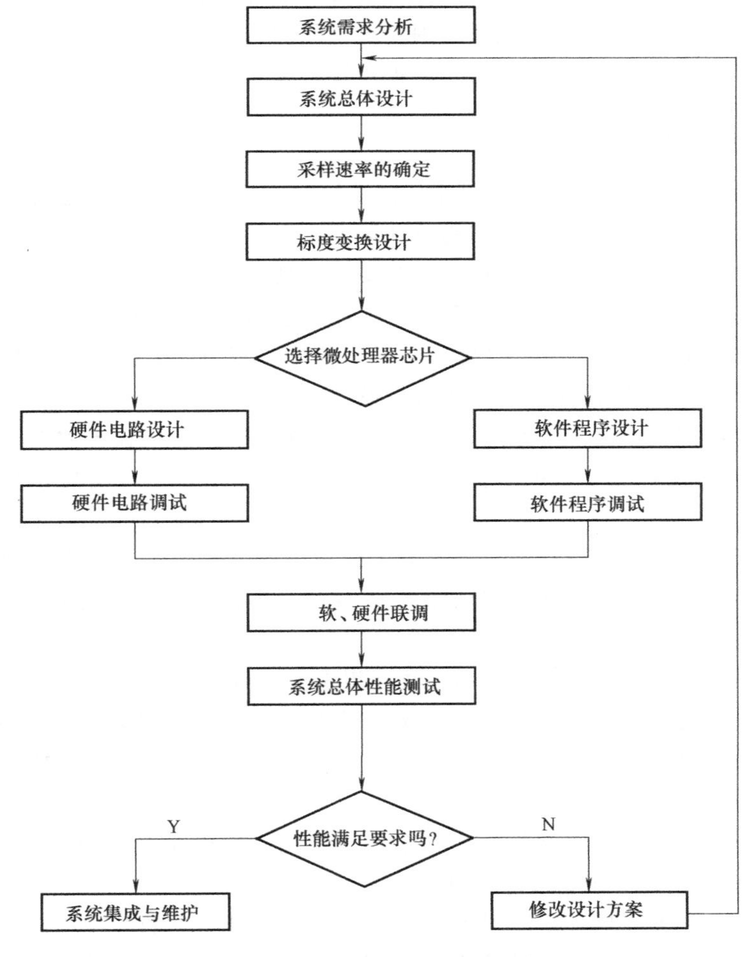

图 11.6　自动检测系统的一般设计过程

11.2 自动检测系统的基本设计方法

自动检测系统区别于传统检测系统的主要特点在于其“自动性”，体现为系统可根据被测参数及外部环境以及应用要求等的变化，灵活自动地选择测试方案并完成测试任务。因此，设计自动检测系统要着重从如何充分提高系统的自动化程度、提高系统对环境及被测量变化的适应性、提高对系统使用方式变化的适应性等方面来考虑。

自动检测系统的一般设计过程如图 11.6 所示，主要步骤为系统需求分析、系统总体设计、采样速率的确定、标度变换设计、硬件电路设计、软件程序设计、系统集成与维护等。

11.2.1 系统需求分析

自动检测系统需求分析就是确定系统的功能、技术指标和设计任务。主要是对被设计系统运用系统论的观点和方法进行全面的分析和研究，以明确对本设计提出哪些要求和限制，了解被测对象的特点、所要求的技术指标和使用条件等。

需求分析的重点：被测信号的形式与特点，被测量的数量、变化范围，输入信号的通道数、性能指标要求，激励信号的形式和范围要求，测试系统所要完成的功能，测量结果的输出方式及输出接口配置，对系统的结构、面板布置、尺寸大小、研制成本、应用环境等。

11.2.2 系统总体设计

总体设计是一个事关全局的概要设计。自动检测系统的总体设计包括系统电气连接形式、控制方式、系统总线选择和系统结构设计等方面。

系统总体设计应考虑性能稳定、精度符合要求、具有足够的动态响应、具有实时与事后数据处理能力、具有开放性和兼容性等要求。一般要遵循以下七个原则：

1）从整体到局部的设计原则：“自顶向下”原则。将整个复杂的任务分解成若干个相对容易处理的子任务，按照模块化的方法进行设计。

2）环节最少原则：由于测量系统误差为各个环节（单元）的误差之和，环节越多，误差越大。因此，在满足检测要求的前提下，应尽量减少各环节（含反馈环节）数量，减少测量误差。

3）经济性原则：为了使设计的自动检测系统有较高的性价比，在满足性能指标的前提下，应尽可能采用简单的方案，使用较少的元器件和设备，保障系统的可靠性，相应地研制费用、管理维护费用、培训费用将会降低。

4）可靠性原则：可靠性是自动检测系统在规定的条件下和规定的时间内完成规定功能的能力，可用平均无故障时间、故障率、平均寿命等参数表示。影响自动检测系统可靠性的因素分为硬件（元器件质量、结构工艺等）和软件（采用模块化设计、对软件进行全面测试）两个方面。

5）精度匹配原则：对自动检测系统各个环节提出不同的精度要求和合适的精度分配，既保证满足系统总的精度要求，又不额外增加不必要的成本。

6）抗干扰能力：干扰是影响检测系统正常工作及测量结果的各种内部和外部因素。在系统总体设计时，应充分考虑采用各种抗干扰措施，如隔离、屏蔽、接地、滤波等，确保系统精度和正常工作。

7）标准化与通用性原则：在设计自动检测系统时，应考虑操作的方便性和系统的可维护性；系统结构要规范化、模块化，使用标准的零部件以提高系统的通用性，设置系统自检和故障诊断程序，一旦发生故障可以尽快恢复正常进行。

11.2.3　采样频率的确定

香农采样定理指出：只有采样频率大于原始信号频谱中最高频率的两倍，采样结果才能恢复原始信号的特征。因此，在选择采样速率时，必须对被测信号进行分析，确定信号中的最高次谐波频率，然后根据香农定理来确定采样频率。确定最高次谐波频率（或截止频率）时，要求被测参量信号中除去高于所确定的最高次谐波频率成分后，仍然保留了其主要特征，不会造成测量精度的畸变或测量信号的失真。实际使用中一般取采样频率为输入信号最高频率的3~5倍。

11.2.4　标度变换

被测信号通过ADC转换成数字量后往往还要转换成人们熟悉的工程值，因为ADC输出的是一系列数字，同样的数字往往代表着不同的被测量，即转换成带有量纲的数值后才具有参考意义和应用价值，这种转换就是标度变换。

标度变换有多种类型，取决于被测参数和传感器的传输特性，实现的方法也很多，常用的有硬件实现法和软件实现法。

1. 硬件实现法

硬件实现法通常利用精密电位器来调整前向通道某一放大器的放大倍数。该方法的优点是简单、直观；缺点是将增加硬件的费用，占用线路板的面积，被标度变换的信号不很准确，使用上受温度、湿度等环境变化引起漂移的限制。该方法只适用于输出信号与被测量值呈线性关系的情况。

2. 软件实现法

软件实现法在智能仪器仪表测量信号的标度变换中得到了广泛使用，具有实现灵活、适用性广、能克服硬件实现标度变换的环境限制等优点。其实现的方法一般是借助于数学表达式编写程序，达到变换定标的目的。常用的软件实现标度变换方法有两种。

（1）线性标度变换　线性标度变换适用于线性仪器，即测量得到的参数值与A-D转换结果之间呈线性关系，其变换公式为

$$y=y_0+(y_m-y_0)\frac{x-N_0}{N_m-N_0} \tag{11.1}$$

式中，y为参数的测量值；y_0、y_m为量程最小值和最大值；N_0为y_0所对应的A-D转换后的数字量；N_m为y_m所对应的A-D转换后的数字量；x为测量值y所对应的A-D转换值。

例： 某烟厂用计算机采集烟叶发酵室的温度变化数据，该室的温度变化范围为20~80℃，采用铂热电阻（线性传感元件）测量温度，所得模拟信号为1~5V。用8位A-D转换器进行数字量转换，转换器输入0~5V时输出是000H~0FFH。某一时刻计算机采集到的数字量为0B7H，试做标度变换。

解： 根据题意，温度20℃时检测得到的模拟电压是1V，因此，其对应的数字量为

$$N_0 = 255 \times \frac{1}{5} = 51$$

温度 80℃时检测得到的模拟电压是 5V，因此，其对应的数字量为

$$N_m = 0FFH = 255$$

因此，对应数字量 0B7H = 183 的标度转换结果为

$$y = y_0 + (y_m - y_0)\frac{x - N_0}{N_m - N_0} = 20 + (80 - 20)\frac{183 - 51}{255 - 51} = 58.82℃$$

（2）非线性尺度变换　非线性标度变换适用于非线性仪器，如流量测量中流量 Q 与压差 ΔP 的二次方根成正比，即

$$Q = k\sqrt{\Delta P} \tag{11.2}$$

式中，k 为刻度系数（与流体的性质和节流装置的尺寸有关）。

此时，流量的尺度变换关系为

$$y = y_0 + (y_m - y_0)\sqrt{\frac{x - N_0}{N_m - N_0}} \tag{11.3}$$

对于复杂的非线性尺度变换，无法用一个公式表示，或难以计算，可以采用多项式插值进行尺度变换，即

$$y = A_0 + A_1 x + A_2 x^2 + \cdots + A_N x^N \tag{11.4}$$

此时，需要首先确定多项式的次数 N，然后选取 $N+1$ 个测量点的数据，测出实际参数值 y_i 与传感器输出经 A-D 转换后的数据 $x_i (i = 0 \sim N)$，然后代入式（11.4），求出 A_0，A_1，…，A_N。

11.2.5　硬件设计

硬件设计的步骤与自动检测系统的功能要求和系统复杂程度有关，一般包括以下几个步骤：自顶向下的设计、技术评审、设计准备工作、硬件的选型、电路的设计与计算、试验板的制作、组装连线电路板、编写调试程序、利用仿真器进行调试、制作印制电路板、硬件调试等。

硬件设计的内容主要包括传感器的选型、微处理器或计算机的选型、输入输出通道设计以及需要自行完成的硬件设计。硬件设计是在系统总体设计的基础上，根据确定的电气连接形式、控制方式、系统总线等以及检测参数的数量、特点、要实现的检测功能等来进行硬件选型或电路设计，使整个系统构成完整、协调。

1. 传感器的选型

选用传感器一般要遵循三大原则：整体设计需要原则、高可靠性原则和高性价比原则。在进行传感器选型时，通常应考虑以下四个方面。

1）测试条件：包括测量目的、被测量的选择、被测量的特性、测量范围、输入信号的幅值和频带宽度、测量精度要求、测量所需要的时间、测量成本要求等。

2）传感器性能指标：包括传感器的静态特性指标和动态特性指标，如精度、灵敏度、稳定性、响应速度、频率响应特性、线性范围、输出量形式、输出幅值等。

3）测量环境：包括测量场地环境（如温度、湿度、振动等），安装现场条件及情况，

信号传输距离，所需提供的电源及要求，与其他设备的连接要求等。

4）购买与维修因素：包括价格、零配件的储备、服务与维修制度、保修时间、交货日期等。

除了以上四个大的方面外，还应尽可能兼顾结构简单、体积小、重量轻等条件。

2. 微处理器的选择

微处理器是自动检测系统的硬件核心，对系统的功能、性能价格以及研发周期等起着决定性的作用。单片机、ARM、DSP 作为一个微小的计算机系统，以其性价比高、开发方便、应用成熟等优点在自动检测系统中得到了广泛选用。

目前，市场上单片机类型很多，如美国 Intel 公司的 8 位 MCS—51 系列、16 位 MCS—96 系列、PIC 单片机，我国台湾凌阳公司提供的 8 位、16 位带数字信号处理、语音处理功能的单片机等。

ARM 处理器是英国 Acorn 有限公司设计的低功耗成本的第一款 RISC 微处理器，全称为 Acorn RISC Machine。ARM 处理器本身是 32 位设计，但也配备 16 位指令集，一般来讲比等价 32 位代码节省达 35%，却能保留 32 位系统的所有优势。现有 ARM7 系列、ARM9 系列、ARM9E 系列、ARM10E 系列等。

DSP 是一种快速强大的微处理器，内部采用程序和数据分开的哈佛结构，具有专门的硬件乘法器，广泛采用流水线操作，提供特殊的 DSP 指令，可以用来快速地实现各种数字信号处理算法。通用 DSP 芯片的代表性产品包括 TI 公司的 TMS320 系列、AD 公司的 ADSP21xx 系列、MOTOROLA 公司的 DSP56xx 系列和 DSP96xx 系列、AT&T 公司的 DSP16/16A 和 DSP32/32C 等单片器件。

单片机、ARM、DSP 的选用主要考虑 CPU 位数、运行主频、存储器容量、定时器/计数器和通用输入输出接口等。一般要求微处理器的位数和机器周期要与传感器所能达到的精度和速度一致，输入输出控制特性要合适，包括有无丰富的中断、I/O 接口、合适的定时器等，微处理器的运算功能要满足传感器对数据处理运算能力的要求等。

通常，如果自动检测系统要求图形、表格、动画显示，用硬盘存储数据，要求汉字库支持，组建较大的测控系统，应选用 PC，构建个人仪器。如果检测系统没有这些要求，只是组建智能仪器，则可选用单片机、ARM、DSP 组成专用系统，其体积小、功耗低、价格便宜。

3. A-D 转换器的选择

A-D 转换器是将模拟输入电压或电流转换为数字量输出的器件，它是模拟系统与数字系统之间的接口。按转换原理可以将 A-D 转换器分为逐次逼近型、积分型、并行型和计数型四类。逐次逼近型 A-D 转换器兼顾了转换速度和转换精度两个指标，在检测系统中得到了最广泛的使用；双积分型 A-D 转换器具有转换精度高、抗干扰能力强、性价比高等优点，常用于数字式测量仪表或非高速数据采集过程中；并行型 A-D 转换器的转换速度最快，但结构复杂、成本高，适合转换速度要求极高的场合；计数型 A-D 转换器结构简单，但转换速度较慢，目前较少采用。

A-D 转换器的位数不仅决定采集电路所能转换的模拟电压动态范围，也很大程度上影响采集电路的转换精度。因此，应根据对采集信号转换范围与转换精度两方面要求选择 A-D 转换器的位数，典型的 A-D 转换器的位数从 6、8、10 位到最高 24 位，奇数位 A-D 转换器较少见；在满足系统性能要求的前提下，应尽量选用位数较低的 A-D 转换器以节约成本。总体上说，在进行 A-D 转换器选择时，要根据信号转换任务的精度要求、转换速度要求、与前置环节的阻抗匹配、抑制噪声干扰的能力、成本等综合考虑。

例： 设计一个数字化 Pt100 铂热电阻温度传感器的测温系统如图 11.7 所示。已知铂热电阻温度系数即灵敏度 $A=3.85\times10^{-3}/℃$；恒流源电流 $I_0=3.0\text{mA}$；差分放大器的放大倍数为 40；如果要求测温系统的测温范围为 0～160℃，分辨率不小于 0.01℃，试选择 A-D 转换器。

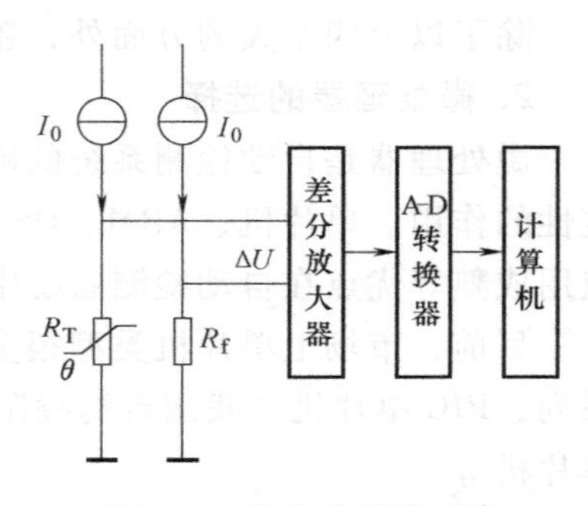

图 11.7 数字化测温系统

解： 采用两个完全相同的恒流源 I_0 分别给测温热电阻 R_T 与标准参考电阻 R_f（100Ω）供电。调节差分放大器使得测量温度为 0℃时放大器的输出为 0V。当测量温度为 160℃时，送入差分放大器的电压差值为

$$\Delta U=I_0R_T-I_0R_f=I_0R_0(1+At)-I_0R_f$$
$$=I_0R_fAt$$

经差分放大器放大后的输出电压（满量程输出）为

$$U_m=k\Delta U=kI_0R_fAt$$
$$=40\times3.0\times10^{-3}\times100\times3.85\times10^{-3}\times160\text{V}$$
$$=7.392\text{V}$$

由上面的分析可知：要测量 0～160℃的温度，放大器输出电压范围为 0～7.392V。通常 A-D 转换器的量程范围为 0～10V 的 A-D 转换器。为了达到 0.01℃的温度测量分辨率，要求 A-D 转换器能够分辨的最小电压值为

$$\Delta U_{min}=kI_0R_fAt$$
$$=40\times3.0\times10^{-3}\times100\times3.85\times10^{-3}\times0.01\text{V}$$
$$=0.00046\text{V}$$

则有
$$\frac{U_m}{2^n}=\frac{10}{2^n}\leqslant0.00046\text{V}$$

经计算 A-D 转换器应采用 16 位。

11.2.6 软件设计

软件设计是自动检测系统设计的一项重要工作，软件设计的质量关系到系统的正确使用和工作效率。一个好的软件系统应具有正确性、可靠性、可测试性、易使用性、易维护性等多方面的性能。

自动检测系统“自动”功能的实现必须依赖于软件的设计，包括软件结构、软件平台和功能程序设计等。软件结构确定系统的功能模块，为软件平台的选取和功能程序的设计提供依据；不同的软件开发平台有不同的功能特点和适用场合，应根据需要进行选择；功能程序的开发就是根据硬件组成和确定的软件结构，利用选择的开发平台，进行程序代码的编写，以实现自动检测系统的具体功能。

软件设计一般要遵循结构合理、操作性好、具有一定的保护措施和尽量提高程序的执行

速度的原则。软件设计步骤：自顶向下的设计、技术评审、软件设计准备工作、软件源代码编写、编译与连接、软件功能测试、综合调试以及软件的运用、维护和改进等。

11.2.7　系统集成与维护

任何自动检测系统的设计都离不开各个模块的集成，同时还要进行硬件和软件的联合调试和系统集成测试，以排除软硬件不相匹配的地方、设计错误和各类故障，进行修改完善。

只有通过全面测试，排除了所有错误并达到设计要求的自动检测系统才能交付使用，并根据使用情况进入后续的系统维护阶段。

11.3　自动检测系统的设计案例

11.3.1　智能人体电子秤

1. 系统组成

本系统主要由称重传感器模块、滤波放大电路模块、模-数转换电路模块、LCD 显示模块、键盘电路模块等部分组成。人体的体重信息由称重传感器转换成电信号，并通过测量电路进行滤波放大，由单片机控制 A-D 转换器完成数据采集，并由单片机完成运算、显示，系统结构框图如图 11.8 所示。

2. 系统硬件设计

（1）TJH-2C 型称重传感器　称重传感器是影响电子秤测量精度的关键部件。选用适当传感器，用来感知被测量，当物体放在秤盘上时，压力传给传感器，该传感器发生形变，从而使阻抗发生变化，电桥失去平衡，传感器输出一个变化的模拟信号。

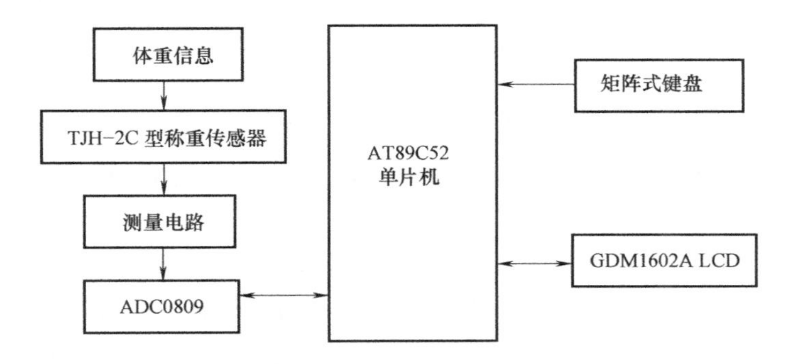

图 11.8　系统结构框图

系统采用 TJH-2C 型称重传感器，额定载荷为 200kg。传感器电路所采用的是惠斯顿电桥电路，即只有一个电阻应变片。理想情况下，传感器输出信号、放大器输出信号、ADC 转换输出信号、人体体重之间的关系基本呈线性。

（2）放大与滤波电路模块　通常传感器输出的电信号是微弱的，不能够满足后续的转换要求，就必须要求对信号进行放大，同时不可避免地会出现各种噪声，因此放大电路要有稳定的放大倍数、低噪声、低漂移、足够的带宽、线性度和抗干扰能力强等要求。因此本系统的放大电路采用由三个运放构成的对称式差动放大器，放大器的闭环增益为

$$K=\frac{U_o}{U_2-U_1}=-\frac{R_5}{R_4}\left(1+\frac{R_1+R_3}{R_2}\right) \tag{11.5}$$

显然只要改变 R_2 的阻值就可改变放大器增益，且不影响共模抑制比。运放采用低失调低漂移运放 OP07，低失调运放的输入失调电压漂移和输入失调电流漂移都很小。

滤波器是具有频率选择作用的电路或运算处理的系统，当信号与噪声分布在不同的频带中时，可以从频域中实现信号的分离。在实际测量中，噪声与信号往往有一定的重叠，如果不严重的话，可以利用滤波器有效地抑制噪声功率，提高测量精度。本设计选用的是低通滤波器，通带从零延伸到某一规定的上限频率。在放大器的输入端选用的 *RC* 低通滤波器的电阻值为 15kΩ，电容值为 0.1μF。在放大器的输出端选用的 *RC* 滤波器的电阻为 100kΩ，电容为 0.1μF。滤波与放大电路如图 11.9 所示。

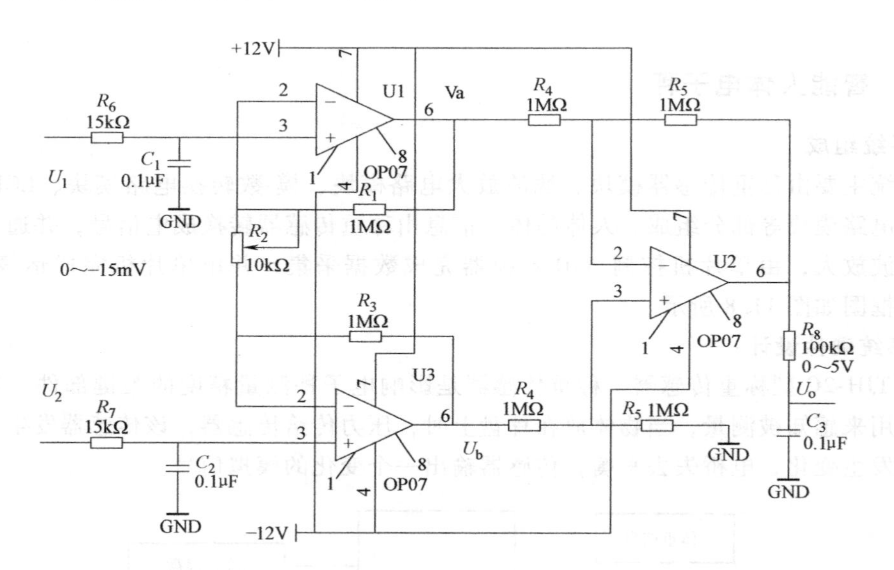

图 11.9　滤波与放大电路

（3）A-D 转换电路模块　本系统模-数转换电路采用 ADC0809 芯片来实现 A-D 转换功能。

ADC0809 在电路中的连接如图 11.10 所示。ADC0809 具有 8 路模拟输入端口，地址线可决定对哪一路模拟输入做 A-D 转换，本电路只有一路模拟输入，选取 IN0 口，将 ADDA、ADDB、ADDC 接地。地址锁存口 ALE 接 RXD，ENABLE（OE）接 $\overline{\text{RD}}$，START 接 TXD，数字量输出口接单片机的 P0 口。单片机通过以下方法获得数据，首先置 ALE 端为高电平，再置 START 端为高电平，延时一段时间后，A-D 转换结束，置 OE 端为高电平，通过读 P0 口，就可获得 A-D 转换的结果。

（4）液晶显示模块　本系统选用的是 GDM1602A 型液晶显示器，由三个部分组成，包括控制部分、驱动部分和接口部分。其内置的控制器为 HD47780，该模块有十六引脚，三个控制脚 RS、R/W、E 分别接 P3.4、P3.5、P3.6，VSS、VDD、VO 为电源引脚，数据口与 P1 口相连。1602A 型液晶显示器字符分两行显示，每行能够显示 16 个字符。

LCD 与单片机连接时，+5V 电源接 10kΩ 电位器，经分压后接 U_o，可以通过电位器调

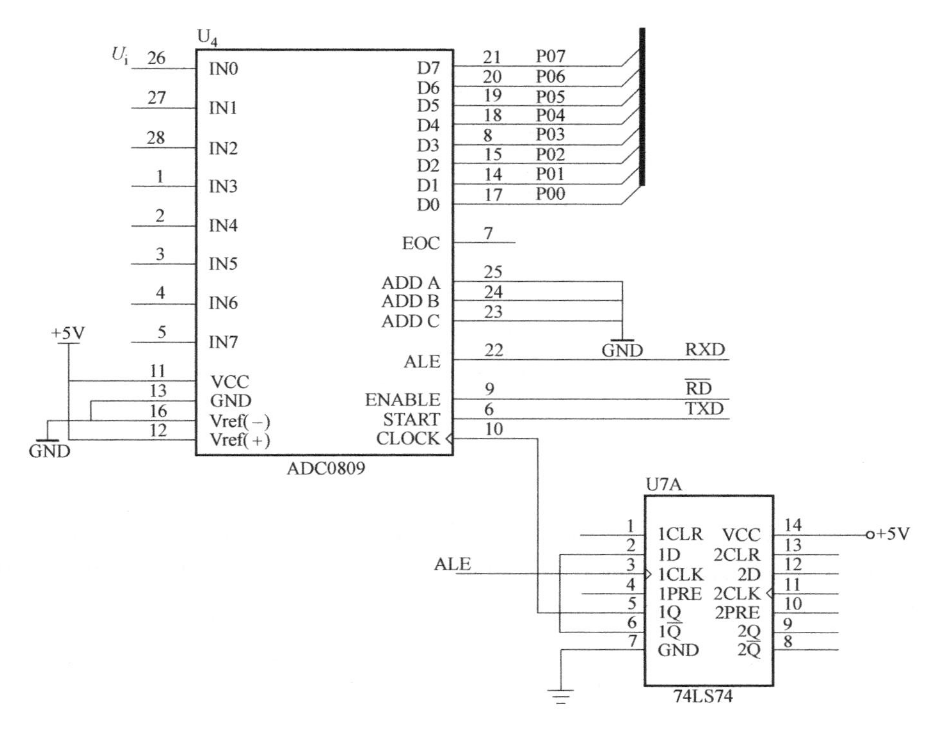

图 11.10 A-D 转换电路

节电压大小，从而调节液晶显示器对比度。液晶显示器 DB0~DB7 接单片机 P1.0~P1.7。要使液晶显示器工作，必须先写入命令控制字，再写入要显示的数据。写入命令控制字之前，必须通过指令查看液晶是否忙。若忙，必须等待，直到液晶发出不忙的信号时，才可写入控制字和数据。查看液晶是否忙，可通过读指令读出 DB7，DB7 为 1，表示显示器忙，DB7 为 0 表示空闲。

11.3.2 基于虚拟仪器直流电动机性能的综合测试系统

针对直流电动机性能参数测试的需要，结合当前电动机测试技术的发展趋势，应用 LabVIEW 图形化软件平台，采用电压、电流、转速、转矩等传感器和 USB 数据采集卡设计一套电动机性能综合测试系统，实现了电动机速度控制、参数测量、曲线显示、数据保存、历史数据查询及报表打印等功能。该测试平台的推广应用，可以提高电动机测量的效率、精确度和可靠性，科学、公正地评价电动机性能，推进电动机质量的改善。

1. 系统方案设计

（1）电动机性能综合测试平台　电动机性能综合测试平台主要由电流、电压、转速和转矩传感器，PWM/SPWM 控制器，加载机及其驱动电路，U18 数据采集卡，上位机及 LabVIEW 软件等部分组成。传感器测量信号经过信号调理电路输出至数据采集卡输入端口，并将信号传送到上位机 LabVIEW 软件进行处理与显示。上位机通过数据采集卡 D-A 端口输出两路控制信号，其中一路信号通过 PWM/SPWM 控制器调节电动机转速，另一路信号输出至加载机及驱动电路，给电动机施加负载，通过转矩传感器测量电动机的转矩。系统总体结构框图如图 11.11 所示。

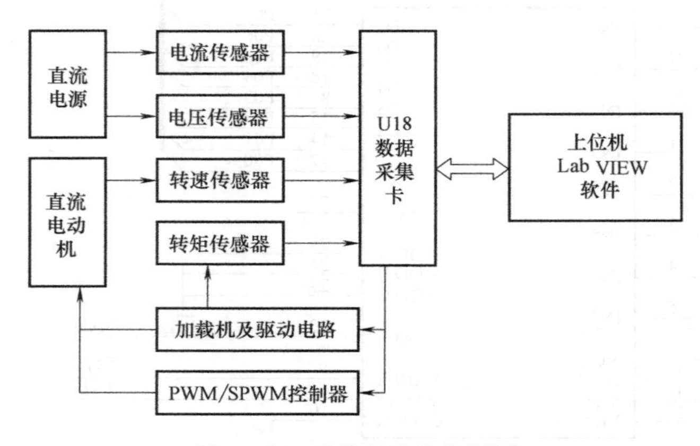

图 11.11 系统总体结构框图

（2）电动机速度控制与测量 调节上位机 LabVIEW 软件测试平台界面上的转速控件，将设定的转速值通过数据采集卡的 D-A 端口输出 1～4V 电压信号，加至 PWM/SPWM 驱动电路控制电动机转速。电动机转速通过霍尔转速传感器测量，通过测量电路将测量的脉冲信号整形后，输入至数据采集卡的定时器/计数器端口，上位机通过计算实时显示电动机转速值。电动机速度控制与测量框图如图 11.12 所示。

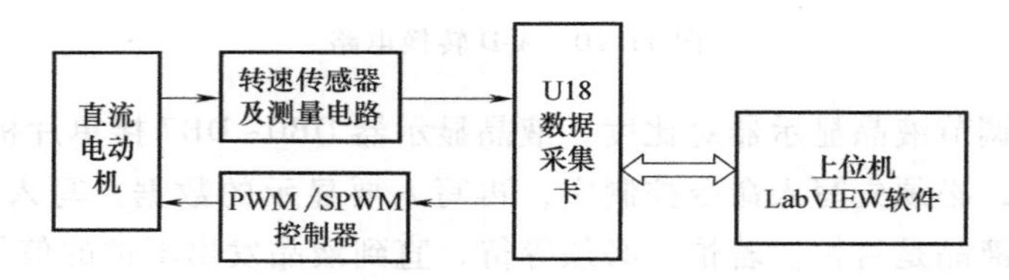

图 11.12 电动机速度控制与测量框图

（3）数据采集 系统选用的 U18 数据采集卡具有 16 路 A-D 通道、4 路 D-A 通道，分辨率均为 12bit；16 路开关量输入/输出、3 个 16 位定时器/计数器。

电压传感器可将被测 0～200V 直流电压按照一定的比例关系输出为 0～5V 直流电压，主要由一次绕组、二次绕组、磁心和霍尔传感器构成。

选用 HBC-LSP 闭环系列霍尔电流传感器测量直流电动机输入电流，额定电流为 50A，灵敏度为 40mV/A。被测电流 I_P通过导线穿过一圆形铁心时，将在导线的周围产生磁场 B，磁场的大小与通过导线的电流 I_P成正比。根据霍尔效应，霍尔电动势 U_H与 I_P成正比。根据传感器输出电压的大小可测量电动机输入电流。

采用霍尔转速传感器测量转速。将 m 个磁铁粘贴在旋转体上。当被测物体转动时，磁铁也随之转动，霍尔传感器固定在磁铁附近，当磁铁转动经过霍尔传感器时，传感器便产生一个脉冲信号。测量时间 T 内的脉冲数 N，便可求出被测物体的转速 $n=N/(mT)$。被测物体上磁铁数目 m 决定了转速测量的分辨率大小。

转矩测量需要选用合适的转矩测量装置，将扭力测量应变片粘贴在被测弹性轴上，组成测量应变电桥，电桥供电电压为 24V 直流电源，电桥输出电压与转矩成正比。由此可测量电动车电动机在一定负载作用下的转矩。

2. 系统软件设计

系统软件包括电动车仿真测量、电机速度控制、加载机控制、电机转速测量、电机转矩测量、电压测量和电流测量七个模块。测试人员登录系统主界面，然后按照测试任务进行相应的操作。系统软件设计主流程图如图 11.13 所示。

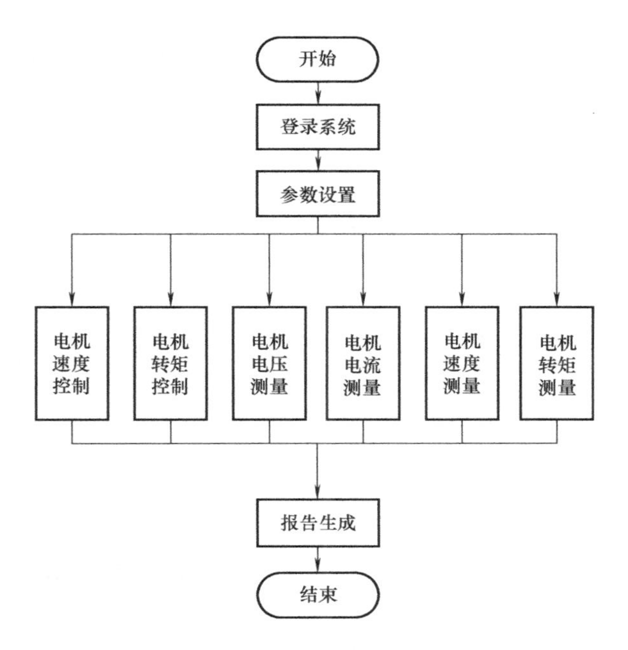

图 11.13 系统软件设计主流程图

为了便于编程，U18 数据采集卡提供了 LabVIEW 驱动和 Windows 驱动。安装驱动之后，驱动函数存放在 LabVIEW 前面板编程菜单 user. lib 文件夹中。

（1）转速与转矩控制 系统参数控制包括转速控制和转矩控制两个控制模块。转速和转矩都是采用模拟量控制方式，虚拟仪器两个控件旋钮分别产生转速和转矩的控制信号，从数据采集卡的 DA0、DA1 口输出 0~5V 电压，通过硬件电路电机转速控制器（SPWM）和转矩控制器（V/I 转换器），实现对转速与转矩的实时控制。转速和转矩控制程序设计如图 11.14 所示。

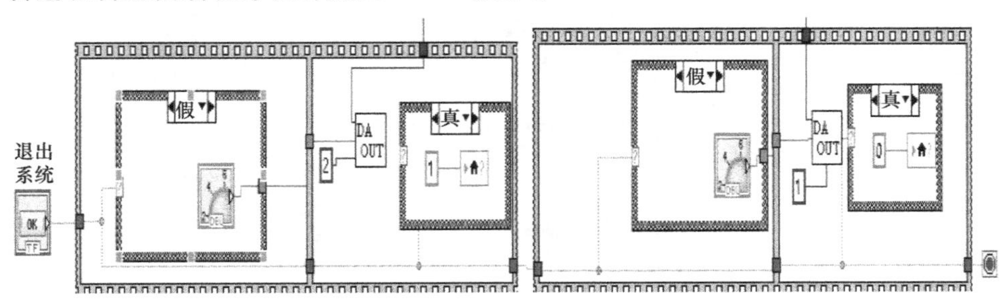

图 11.14 转速和转矩控制程序设计

（2）参数测量 系统参数测量包括电压测量、电流测量、转矩测量和转速测量四个测量模块。通过这四个参数的测量与显示，可以对电动机的性能进行直观的评估。参数测量程序如图 11.15 所示。

（3）参数显示 测试系统在前面板用一个表格控件创建一个数据显示表格，设置行和列的属性值，使其产生一定单元格，使之能实时显示序号、电压（V）、电流（A）、输入功率（W）、转矩（N·m）、转速（r/min）、输出功率（W）、效率（%）、时间（s）等数据，数据实时显示程序如图 11.16 所示。创建好表格以后，设置其行属性为 20，列属性为 9，将自动生成 20 行 9 列的单元表格。用局部变量将测量或者计算得到的数据通过数组转换等操作依次写入表格中。

（4）功率与效率计算

1）输入功率 $P_{in}=UI$，单位为 W。

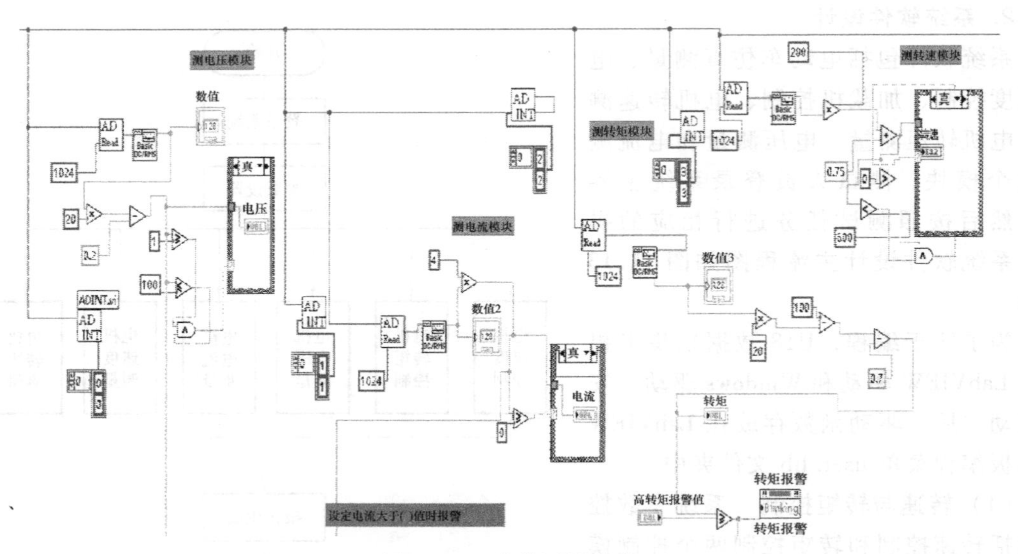

图 11.15 参数测量程序

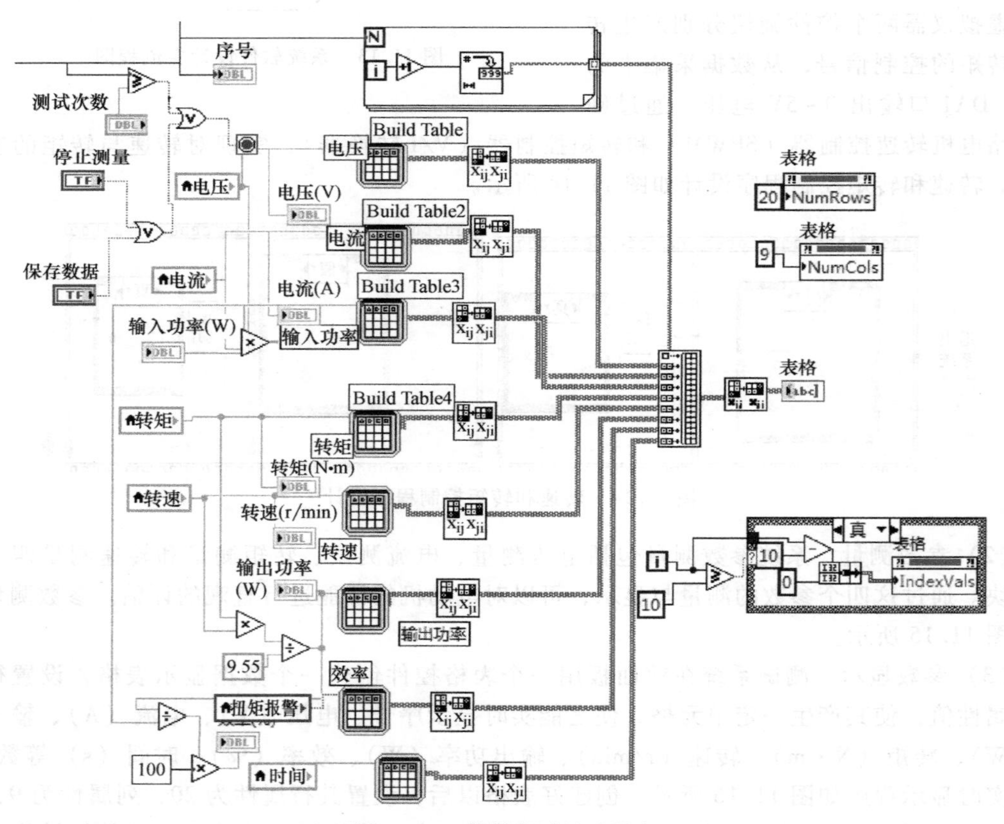

图 11.16 数据实时显示程序

2）输出功率 $P_{out}=Mn/9.55$，单位为 W（M 为转矩，9.55 为转换系数）。

3）效率 $\eta=P_{out}/P_{in}$，为%表示。

（5）数据报表输出　为方便对电机性能进行系统与深入的分析，通过软件设计，增加了数据报表输出功能。报表以 word 格式存储与输出打印。在 LabVIEW 中实现报表功能，需要安装 NI 公司提供的 Report Generation 工具包，安装后相关Ⅵ将会出现在函数选板编程→报表生成中。数据报表输出程序如图 11.17 所示。

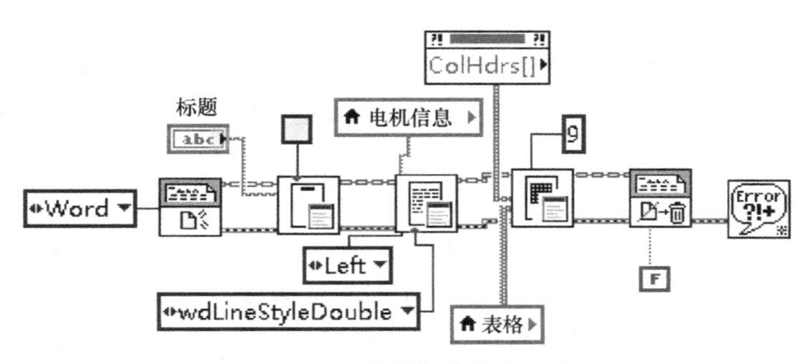

图 11.17　数据报表输出程序

（6）转矩零位信号分段补偿　对于转矩的测量，其零位会随电机转速的变化而变化。实验表明，随电机转速增大，其干扰越大。为了减小其误差干扰，系统程序中采用了转矩信号在转速不同分段进行补偿，从而实现零位精确校正。零位校正程序如图 11.18 所示。

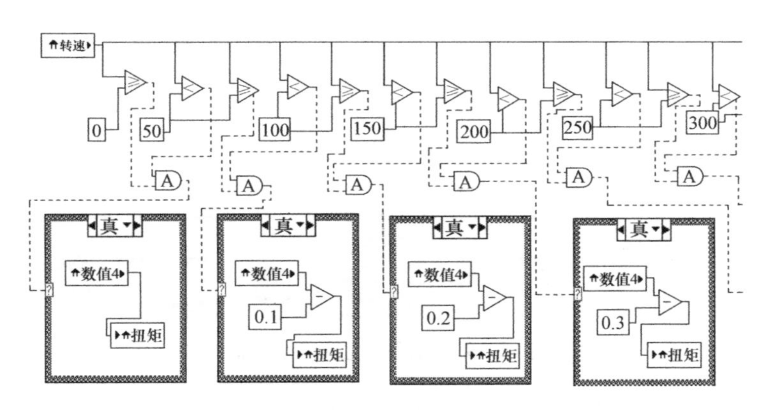

图 11.18　零位校正程序

利用转速的局部变量设计一个输出控件，将其分成每隔 50 单位为一个区间，每一个区间内转矩零位随转速增加而增大 0.1。利用条件结构，使转速在对应区间内的条件输出为真，再显示结构内的转矩校正数值。转矩校正测量公式为

$$M_{校正}=M_{实际}-\mathrm{INT}\left(\frac{n}{50}\right)\times 0.1 \tag{11.6}$$

式中，$M_{实际}$为模拟通道测量计算值（N・m）；n 为电机测得实际转速（r/min）。

3. 数据处理算法的研究

（1）基本平均直流滤波算法　基本平均直流滤波算法是 LabVIEW 自带的一个滤波算法。系统采用基本平均直流算法分别对电压、电流、转速和转矩的测量数值进行优化。基本平均直流算法是根据 N 个采样参数 X_1、X_2、…、X_N，寻找 y，使得 y 与各个采样值之间的偏差

的二次方和最小，即 $E=\sum_{i=1}^{N}(y-X_i)^2$ 最小。由一元函数求极值的原理求得 $y=\frac{1}{N}\sum_{i=1}^{N}X_i$。该算法对周期性波动的信号具有良好的平滑效果，可以有效地对噪声干扰和随机干扰信号进行滤波。

（2）MATLAB“smooth”平滑曲线算法　“smooth”平滑曲线算法可将散点折线图绘制成光滑的曲线图，使图像更加美观。尤其是在处理同一图像上的多条散点折线时，更有利于反映数值变化的趋势。在制作转速-效率、转矩-效率关系曲线时，采用该算法，取得了较好的平滑效果。

4. 系统运行测试

打开电机测试系统登录界面，进入系统主程序界面。单击界面上的“转速控制”旋钮即可起动电机，再单击“自动测试”按钮，进入测试阶段，转动“转矩控制”旋钮[⊖]，可实现在控制转矩与转速的情况下对电机性能进行测试。测试完成时，单击“输出报表”，即可将此次测试数据及相关信息输出至 word 形成报表。测试系统运行主界面如图 11.19 所示。

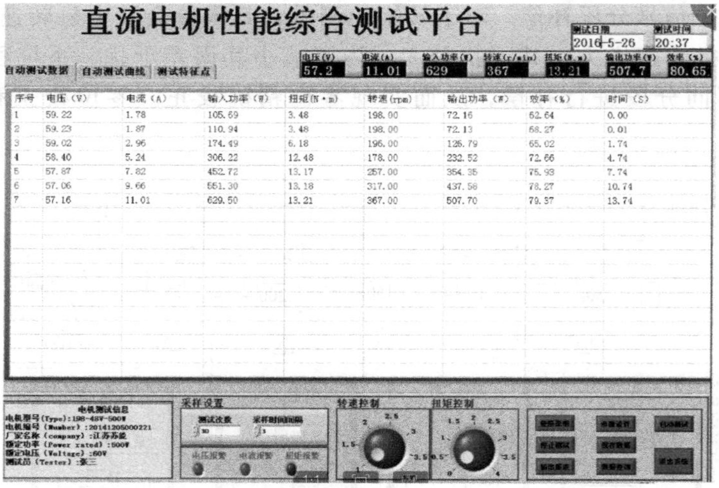

直流电机性能综合测试平台

序号	电压（V）	电流（A）	输入功率（W）	扭矩(N·m)	转速(rpm)	输出功率（W）	效率（%）	时间（S）
1	59.22	1.78	105.69	3.48	198.00	72.16	62.64	0.00
2	59.23	1.87	110.94	3.48	198.00	72.13	68.27	0.01
3	59.02	2.96	174.49	6.18	196.00	126.79	65.02	1.74
4	58.40	5.24	306.22	12.48	178.00	232.52	72.66	4.74
5	57.87	7.82	452.72	13.17	257.00	354.35	75.93	7.74
6	57.06	9.66	551.30	13.18	317.00	437.58	78.27	10.74
7	57.16	11.01	629.50	13.21	367.00	507.70	79.37	13.74

图 11.19　测试系统运行主界面

单击“数据查询”按钮控件，则打开数据历史查询 .vi。进入历史查询界面，选择查询日期后单击获取数据，历史数据则在表格显示控件中显示出来。

11.3.3　基于 ZigBee 建筑塔吊安全监测预警系统

针对建设工程塔吊安全监测的现状，将 ZigBee 技术应用于塔吊安全监测预警系统，设计专用 WSN 节点，实现位移、压力和距离监测功能。将现场监测数据通过 WSN 节点及时上传到监控中心 PC 进行实时显示和处理，如果监测数据超出报警值，立即发出报警信号，从而有效地预防塔吊事故发生，确保塔吊运行安全。经组网调试，系统性能可靠、测量数据准确，具有较高的性价比和推广应用价值。

⊖ 本节中，截屏图中部分术语和单位不规范，没有遵守目标规定。比如图 11.19 中，“扭矩”对应于文中的“转矩”；“rpm”对应于文中的“r/min”；“时间（S）”对应于文中为“时间（s）”；此处局部不对应，读者在阅读时，需注意对照。——编辑注

1. 总体设计

（1）系统总体结构 系统网络结构如图 11.20 所示，主要由无线传感器网络节点（采集压力、位移、间距等数据）、无线网关（连接无线传感器网络与管理控制中心）和监控中心（对上传的数据进行处理、显示、判断和决策）等几部分组成。无线传感器节点采用立体式安装方式、位移、压力传感器节点安装在塔吊底座上，超声波测距传感器节点安装在吊臂前段，具有数据监测和超限报警功能。

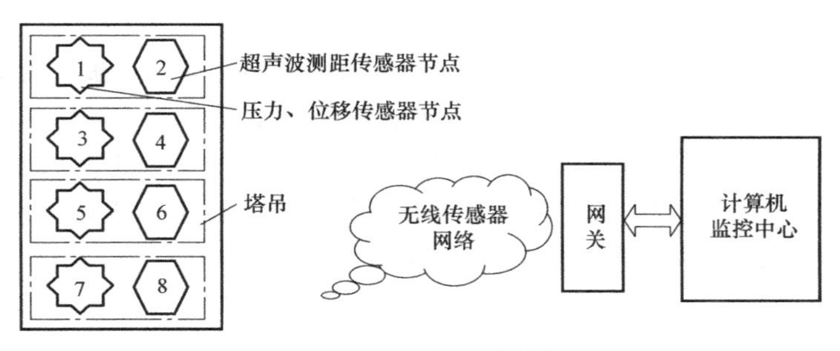

图 11.20 系统网络结构

（2）无线传感器网络（WSN）节点 塔吊安全监测预警系统 WSN 节点包括塔吊底座压力、位移传感器节点和塔臂超声波测距传感器节点。WSN 节点主要由数据采集模块、数据处理模块、通信模块、报警模块和电源模块这五部分组成。数据采集模块包括各种测量传感器、信号调理电路、A-D 转换器；数据处理模块主要由 8051 微处理器、存储器构成，用于数据的处理和存储，是节点的核心；通信模块由 ZigBee 无线收发器组成，用于与其他传感器节点、网关节点进行通信，交换控制信息和收发采集数据，是整个节点最耗能的部分；报警模块由双音频电路构成，当测量值超过警戒值时，报警器发生报警信号；电源模块采用太阳电池板给高能蓄电池供电，通过充电电路、电压转换电路，为 CC2530、传感器及相关电路提供电源。WSN 节点原理框图如图 11.21 所示。

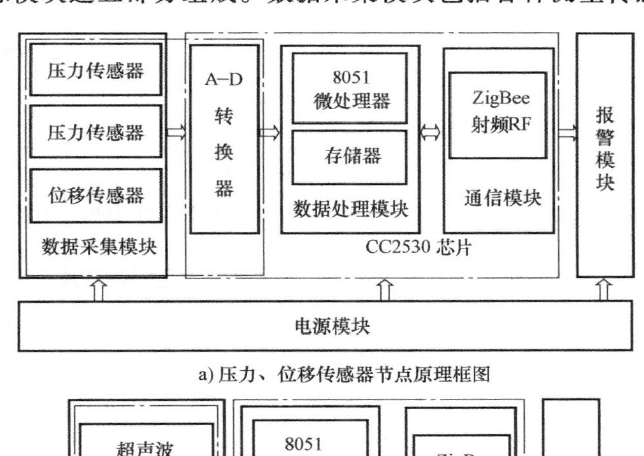

图 11.21 WSN 节点原理框图

（3）CC2530 模块 CC2530 是用于 IEEE 802.15.4、ZigBee 和 RF4CE 应用的一个真正的片上系统（SoC）解决方案。它能够以非常低的总的材料成本建立强大的网络节点。CC2530 结合了领先的 RF 收发器的优良性能，业界标准的增强型 8051 CPU，系统内可编程闪存，

8KB RAM 和许多其他强大的功能。内置 7~12 位分辨率 A-D 转换器，具有 8 个输入通道（P0.0~P0.7）。

（4）网关　网关处理器采用 CC2530 模块作为微处理器，主要负责数据采集、分发以及程序测试，该网关采用高性能的 CP2012 USB 转 RS232 芯片，方便与具有不同操作系统的计算机进行 RS232 通信。

2. 硬件电路设计

（1）传感器及其测量电路

1）压力传感器。采用 YZC-1 型电阻应变式压力传感器，输出灵敏度为 2.0mV/V，激励电压为 DC 5~15V，工作温度范围为-30~70℃，极限超载范围为 200%。试验时选择 15kg 量程，在工程塔吊监控应用中可选用 500kg 以上量程。将 2 个（或 4 个）电阻应变式压力传感器安装在塔吊底座监测受力状况，应变片电桥电路输出电压量幅值在+5V 电源电压时为 0~10mV，该信号通过 LM324 放大处理后分别接入 CC2530 的 P0.1 和 P0.2 端口。信号调理电路如图 11.22 所示。

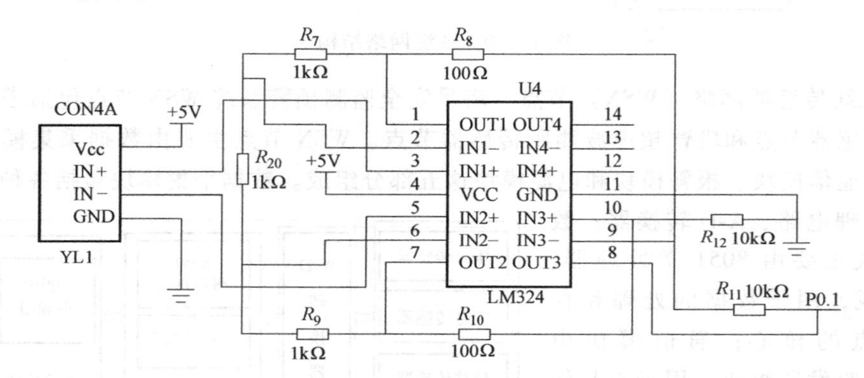

图 11.22　压力传感器测量电路

2）位移传感器。采用电涡流位移传感器，其工作原理是基于涡流效应，输出电压为0~10V，电源电压为 DC 5~30V。试验时选用量程为 0~10mm，工程应用时可扩大其量程范围，将 2 个（或 4 个）传感器通过基准梁安装在塔吊底座上方，在底座测量点设置金属反射面。位移传感器输出信号电压信号无需外接其他信号处理电路，可直接将其接到 CC2530 模块的 ADC P0.3 和 P0.4 端口。

3）超声波传感器。选择 HC-SR04 超声波测距模块，具有 20~1500mm 的非接触式距离感测功能。该模块工作电压为 DC 5V，工作频率为 40kHz。当输入 10μs TTL 脉冲触发信号时，该模块将发出 8 个 40kHz 的方波信号，经反射后检测回波信号。一旦检测到有回波信号则输出回响信号。输出回响信号为与射程成比例的 TTL 电平，其宽度为 ΔT（μs）。设常温时超声波在空气中的波速 $v=344\text{m/s}$，则测量距离 $L=0.5v\Delta T$。该模块有四根引线，VCC 接 5V 电源，GND 接地线，TRIG 为触发控制信号端口，连接 CC2530 输出端口的 P0.4，ECHO 为回响信号输出口，连接 CC2530 输入端口 P0.3。初始化时将 TRIG 和 ECHO 端口均置低电平。

（2）报警电路　超声波测距传感器节点的报警端口是 CC2530 的 P0.1 口，压力、位移节点报警端口是 CC2530 的 P1.2 口。当监测系统中任何一个压力、位移传感器节点或超声波传感器节点采集到的数据超过设定的报警值时，则 CC2530 模块的报警端输出低电平，使蜂鸣器发出响声报警。报警电路如图 11.23 所示。

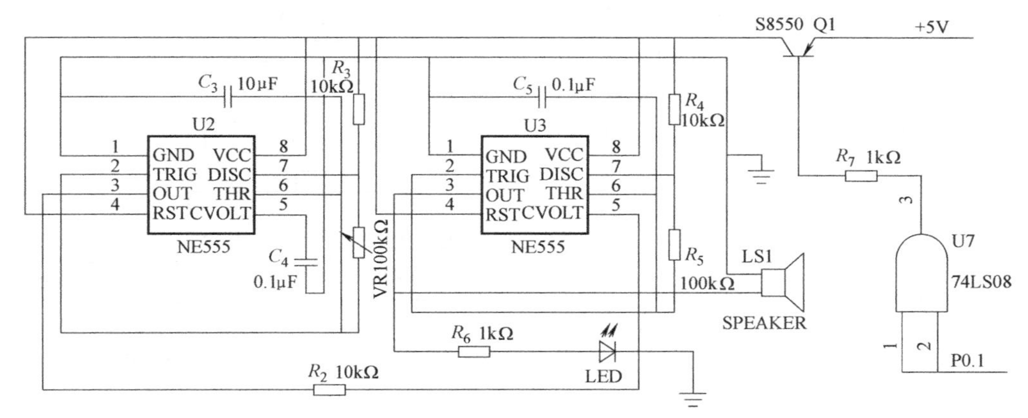

图 11.23　报警电路

（3）电源电路的设计　采用 9V 太阳电池板为 WSN 节点提供稳定可靠的电源。采用 XB5351 和 1N5819 构成太阳电池充电电路，具有防止电池过充和蓄电池倒流功能。L7805 输出 DC 5V，为传感器及测量电路提供电源，ASM1117 输出 DC 3.3V，为 CC2530 芯片提供工作电源。

3. 系统软件设计

（1）开发环境

1）IAR 开发环境。WSN 节点软件设计在 IAR 开发环境下进行。IAR 提供了 C 程序的一整套开发环境及附属软件包，可以很便捷地编译、下载、调试程序。通过 IAR 工具，用户可以大大节省工作时间，实现“不同架构，同一解决方案”的设计理念。

2）VS2005 开发环境。监控界面软件设计使用 ZigbemPC 平台，该平台是在 Visual Studio 2005（VS2005）开发环境下设计的。VS2005 可以用来创建 Windows 平台下的 Windows 应用程序和网络应用程序，也可以用来创建网络服务、智能设备应用程序和 Office 插件。

（2）软件设计

1）系统软件总体设计。系统软件由数据采集端和数据接收端程序组成，均包括初始化程序、发射程序和接收程序等设计。初始化程序主要是对单片机、射频芯片、SPI 等进行处理；发射程序将建立的数据包通过单片机 SPI 接口送至射频发生模块输出；接收程序实现接收和处理数据的功能。系统依次进行初始化、节点查询、采样数据、数据收发、数据处理等过程。

2）无线传感器节点软件设计。

① 压力、位移传感器节点软件设计。压力、位移传感器节点在处于休眠状态时关闭通信模块，休眠状态唤醒后开始采集并发送数据。WSN 节点接收上位机发送的信号后，做出相应的处理。通过 CC2530 P0.1～P0.4 分别采集 2 路压力、2 路位移信号，经 A-D 转换后变成数字量，进而进行数据处理和通信。当测量值大于设定的报警值时，则起动报警器报警。压力、位移 WSN 节点软件流程图如图 11.24 所示。

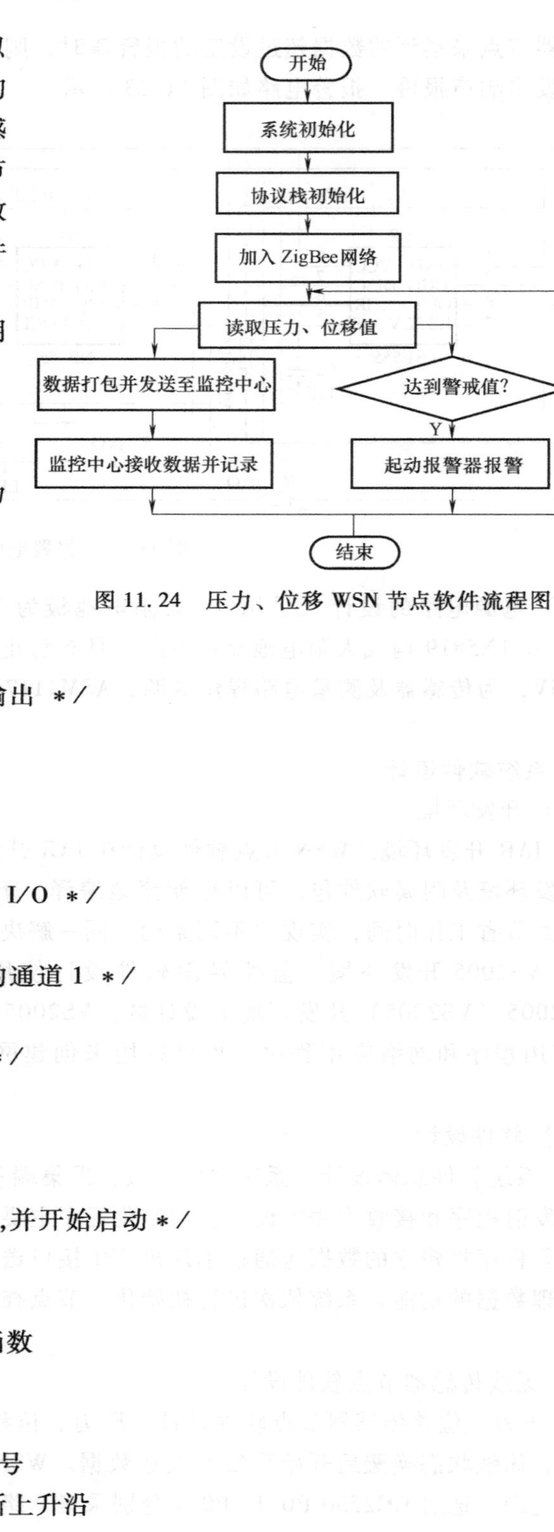

图 11.24 压力、位移 WSN 节点软件流程图

② 超声波传感器节点软件设计。以 PC 为上位机，设定检测周期，程序初始化，发射开始采样信号。超声波传感器节点将测量信号处理后发送到网关节点，上位机接收、记录、处理和显示数据。超声波传感器节点测距部分软件如下。

```
/＊使能回波接收端口 P0.3 为通用 I/O,且为输入 ＊/
  P0SEL = P0SEL & 0YL1f3;
  P0DIR = P0DIR & 0YL1f3;
  /＊使能触发口 P0.4 为通用 I/O,且为输出 ＊/
  P0SEL = P0SEL & 0YL1ef;
  P0DIR = P0DIR | 0YL110;
  P0_4 = 0;
  /＊使能报警 P0.1 为通用 I/O,且为输出 ＊/
  P0SEL = P0SEL & 0YL1fd;
  P0DIR = P0DIR | 0YL102;
  P0_1 = 1;//不报警
  HalLcd_HW_WaitUs(65535);
  /＊配置 P0.3 为定时器 1 的片内外设 I/O ＊/
  P0SEL |= 0YL108;
/＊ 配置 P0.3 第一优先作为定时器 1 的通道 1 ＊/
  P2DIR |= (0YL102 << 6);
  /＊捕获定时器 1 通道 1 上的上升沿＊/
  T1CCTL1 |= 0YL103;
  /＊设置 Timer Tick 为 1MHz ＊/
  CLKCONCMD |= (0YL105 << 3);
  /＊配置 1 分频,自由计数器工作模式,并开始启动＊/
  T1CTL = 0YL101;
}
voidmeasureDistance (void)//距离计算函数
{
  uint16 timeLong;
  triggerPulse10μs ();//10μs 的触发信号
  if (lookForLowToHigh() = = 1)//判断上升沿
  return;//
  timeLong = echoBackWidth ();//
```

```
if (timeLong <= 38000)
   distanceValue = (uint16)(timeLong / 58);//计算距离(cm)
   if(distanceValue<70)//距离小于 70cm 报警
   {
        P1_0=0;//报警开
   Else
        P1_0=1;//报警关
   }
   …
```

3）上位机软件设计。上位机调试是在 VS2005 环境下进行的。依次进行初始化（包括窗体初始化、数据库初始化等），打开串口准备接收数据，数据处理（包括数据记录、数据图表制作等），判断报警条件等。如果满足报警条件，则界面上的“红灯”开始闪烁并发出报警声，同时在窗体上显示报警的节点型号、报警量。上位机报警软件部分如下。

```
if (item. Value >curSensorFieldList[item. Key]. ValueMaYL1)
                                    //当接收到的数据大于设定的上限数值
                                      时,报警
      valueFlag = 1; sbMessage. AppendFormat(";{0}超过最大值", valueDescrip);
              for (int j = 1; j < 10; j++)
{System. Media. SoundPlayersimpleSound=newSystem. Media. SoundPlayer(Properties. Resources. msg);
                                    //加载音频资源
          for (int i = 1; i < 6000000; i++) //指示灯报警
          {
            toolStripLabel2. Enabled = false; //指示灯亮
          }
            …
```

4. 系统调试与数据分析

3 个 WSN 节点编号分别为塔臂超声波测距节点 21317 和 12999，塔吊底座位移、压力测量节点 54838。图 11.25a 显示了网络中的所有节点、活动节点和不活动节点。在右边的检测界面里，显示具体节点名称，以及实时检测的数据（包括采集到的时间、节点号、传感器数据以及原始数据等）。单击报警记录，当发生报警时，不仅可以进行声光报警，而且可以记录报警详情，包括报警的时间、节点号、测量数值等。单击“数据分析”，可以通过此界面进行数据的分析，包括读取某一个传感器的数值及其折线图等。试验时，当压力 1 大于 7*10N、压力 2 大于 11.62*10N、位移大于 3mm、超声波测距小于 70cm 时，上位机及无线传感器节点同时发出报警信号。图 11.25b、c、d 分别为压力、位移和超声波传感器报警数值图。

11.3.4　基于 WSN 和 COMWAY 协议温室大棚参数远程监控系统

玻璃温室大棚克服了传统农业生产对自然环境因素的依赖性，改变了传统农业生产方式。本系统利用 WSN 和 GPRS 技术，实时监测玻璃温室大棚农作物生长参数，监测数据通过 ZigBee-GPRS 网关、Internet，传输到远程计算机。系统具有测量精度高、安装便捷、可控性强等优点，可以有效克服传统农业环境监控系统的各种缺陷，实现温室环境参数远程实时监控，满足现代农业生产需求，具有一定的实用性和推广应用价值。

1. 总体方案设计

本系统通过 ZigBee 无线传感器节点对温室大棚内农作物生长的参数进行实时监测，通过 ZigBee 网关，将各个节点数据信息发送到近程上位机。在 ZigBee 网关上增加 GPRS DTU 设备构成 ZigBee-GPRS 网关，再通过中国手机移动基站、Internet 网络传输到远程上位机。

a) 3个WSN节点数据监测图

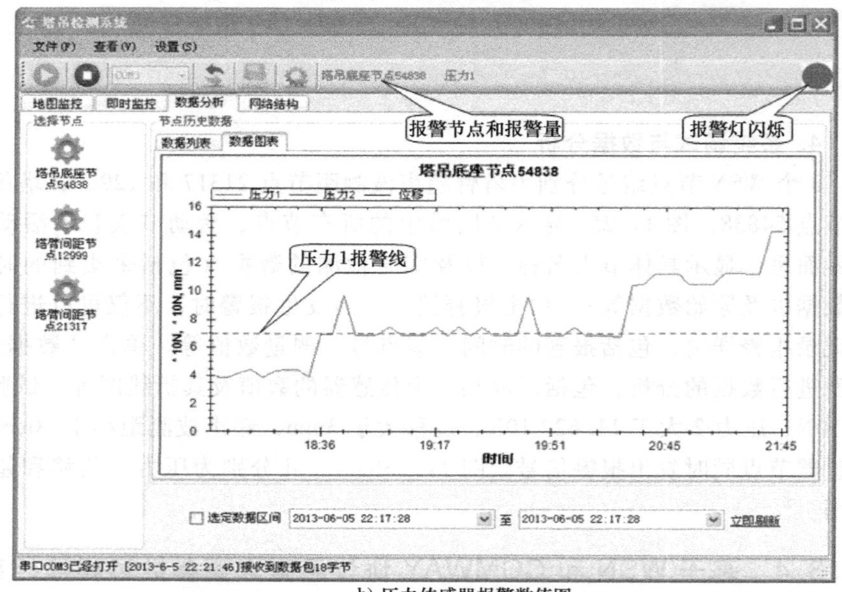

b) 压力传感器报警数值图

图 11.25 系统调试

上位机监测界面显示各节点实时数据，如果数据超出阈值范围，就会发出报警声并显示相应报警的传感器节点，提醒监测人员。现场传感器节点根据所接收到的数据变化和设定的不同参数的上下限，开启或者关闭相应的控制装置，从而实现玻璃温室大棚植物生长参数远程监测与现场有效控制。

（1）系统网络结构图　本系统主要由无线传感器网络节点（负责采集温室内节点附近的温度、湿度和光照强度等数据，当数据超出阈值时可启动相应的调节设备）、ZigBee 网关（实现近程数据传输）、ZigBee-GPRS 网关（实现远距离数据传输）和远、近程计算机（对上

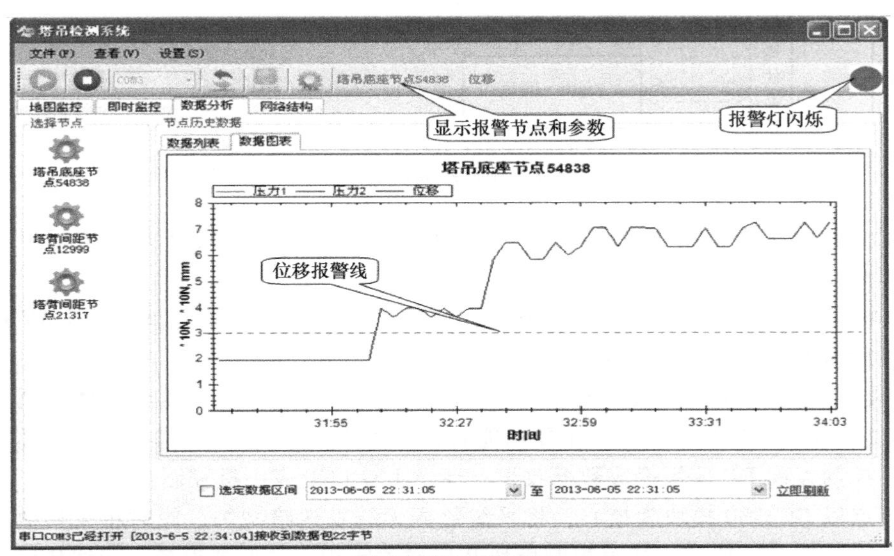

c) 位移传感器报警数值图

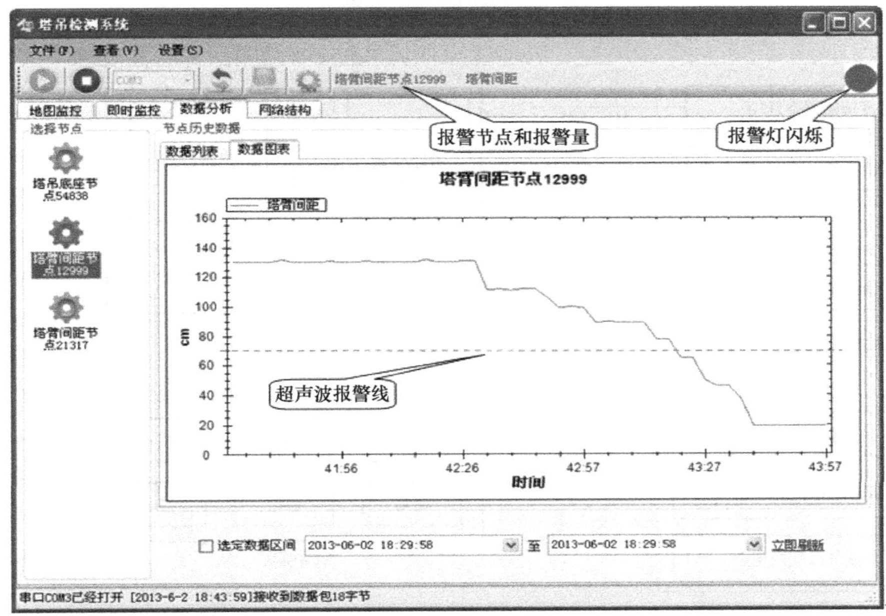

d) 超声波传感器报警数值图

与数据分析结果

传的数据进行数据融合并直观显示数据）等几部分组成。系统网络结构图如图 11.26 所示。

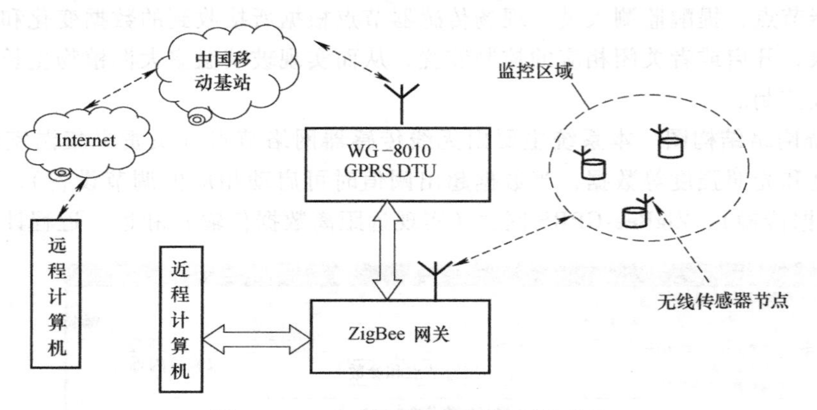

图 11.26 玻璃温室大棚系统网络结构

（2）无线传感器网络节点 无线传感器节点包括电源模块、数据采集模块、CC2530 模块和控制模块四部分。

采用 9V 太阳电池供电，使用锂电池储存电能，通过电源转换电路输出 5V 和 3.3V 电压，为各模块提供所需电源，维持整个监控系统正常运行。

CC2530 模块具有极高的接收灵敏度和抗干扰性能，集定时、数据采集于一体，适应 2.4 GHz IEEE 802.15.4 的 RF 收发器。其主要功能有：通过 8 路 12 位 A-D 口控制传感器模块进行数据采集；控制无线 RF 模块完成数据收发；通过 I/O 口响应主机控制。

无线传感器节点以 CC2530 模块为核心，将采集数据无线发送给网关，同时将采集数据与设定植物生长参数阈值进行比较，通过控制模块开启或关闭相应的调节设备。无线传感器网络节点如图 11.27 所示。

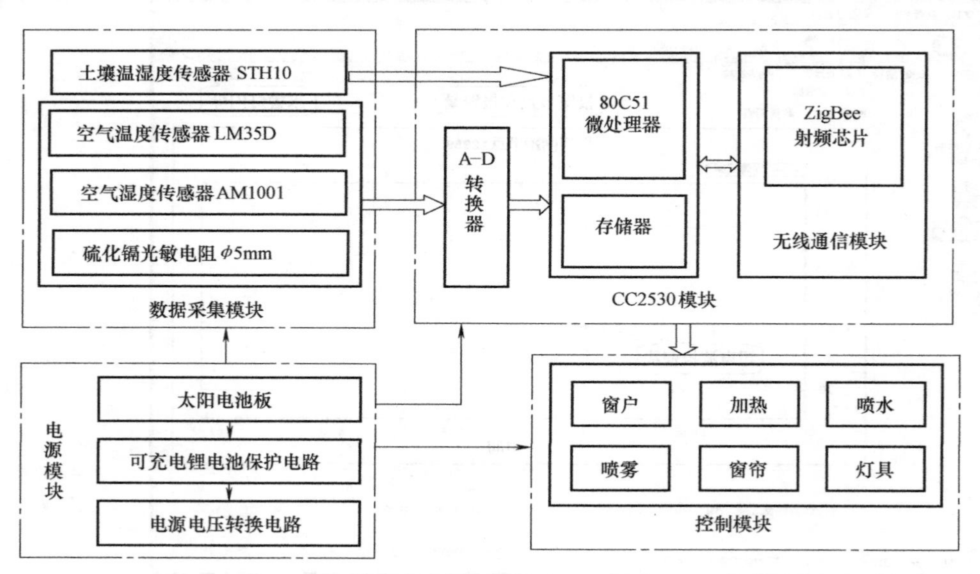

图 11.27 无线传感器网络节点

（3）网关 网关（Gateway）又称网间连接器、协议转换器。它是用于提供协议转换、路由选择、数据交换等网络兼容功能的设备。网关在传输层上实现网络互连，是最复杂的网络互连设备，仅用于两个高层协议不同的网络互连。

1）ZigBee 网关。Zigbee 网关由 RS232/UART 底板、3.3V 供电的按键电路和 CC2530 模块构成。ZigBee 网关处理器 CC2530 主要负责烧写程序、数据信息汇聚、数据收发以及程序测试。RS232/UART 底板上有 RS232/USB 接口，方便与具有不同操作系统的计算机进行 RS232 通信，USB 接口可直接与计算机相连，进行近程数据通信，状态灯用来指示是否组网成功和接收数据。

2）ZigBee-GPRS 网关。在 ZigBee 网关基础上，加一个 RS232/TTL 模块和一个 GPRS DTU 模块，构成 ZigBee-GPRS 网关。RS232/TTL 模块的通信芯片采用 MAX3232，四个外接引脚中 RXD 和 TXD 分别与 RS232/UART 底板的 P0.2 和 P0.3 引脚相连，VCC 供电电压为 3.3V，GND 接地。通过公对公交叉串口线与 WG-8010 GPRS DTU 相连，数据经 ZigBee-GPRS 网关，实现了数据远程通信，结构框图如图 11.28 所示。

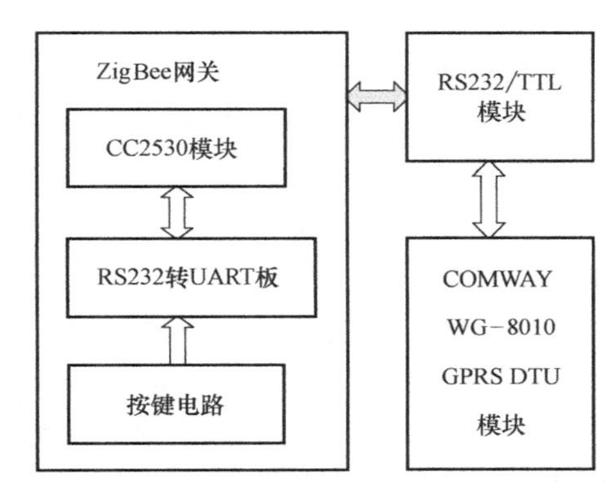

图 11.28 ZigBee-GPRS 网关结构框图

（4）WG-8010 GPRS DTU　WG-8010 GPRS DTU 内部自带的 GPRS 模块，只需完成一次初始化配置后，它可以通过 GPRS 和 Internet 实现用户设备和服务器的连接功能，从而实现数据传输。

1）主要功能特性。支持 GPRS 和 GSM；传输模式有 COMWAY 协议、透传协议等；支持 TCP、UDP；100K 超大缓存；可以随时在线，支持多种远程唤醒方式；通过短信可实现参数远程配置和查询功能。

2）GPRS DTU 配置。

① 安装配置程序。安装、运行 GPRS DTU 配置软件，出现图 11.29 所示界面。配置

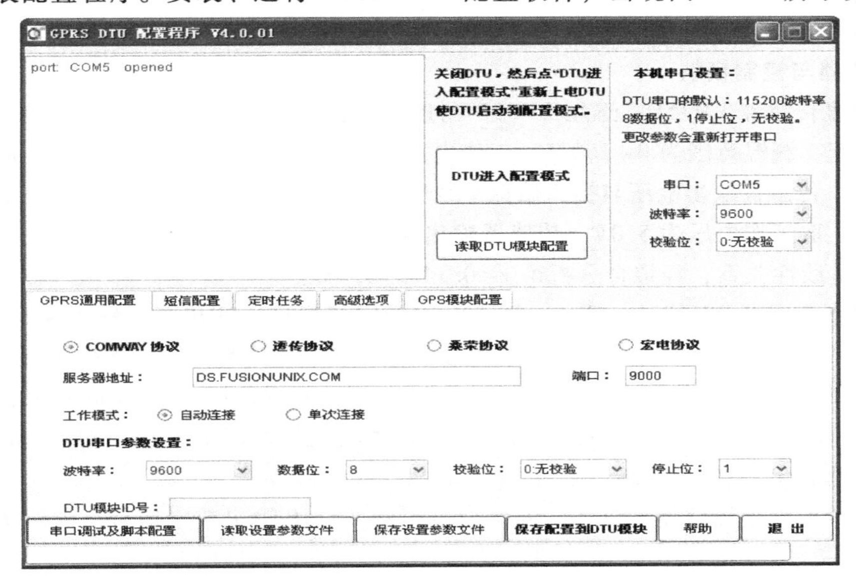

图 11.29 COMWAY GPRS DTU 配置界面

DTU 时，无需插入 SIM 卡，以防 GPRS DTU 进入自动连接模式。

② 配置本机串口通信参数。计算机串口号为 COM5，波特率为 9600，校验位为 0。串口 COM5 被正确打开，即显示“port：COM5 opened”。

③ GPRS 通信参数的配置。系统选择 COMWAY 通信协议，服务器地址为 DS. FUSIONUNIX. COM，端口号为 9000。本系统 DTU 模块 ID 号为 306521200057，选择自动连接工作模式；DTU 串口通信参数：波特率为 9600，数据位为 8，停止位为 1，校验位为 0。这些参数必须和连接的 ZigBee 网关的串口通信参数完全相同，才能保证 ZigBee 网关、GPRS DTU 和上位机的正常通信。

④ 设置 DTU 进入配置模式并读取配置信息。将 DTU 连接计算机串口，在 DTU 上电之前，单击“DTU 进入配置模式”；然后上电，DTU 启动后自动进入配置模式；再单击“读取 DTU 模块配置”，读取 DTU 设定的参数。

⑤ 通过短信发送 AT 指令配置。GPRS DTU 也可以通过手机短信配置，一条手机短信可依次编辑多条 AT 指令。设置时发送以下指令：+AT^BAUD = 9600；UTCF = 810；SAVE。BAUD 表示 DTU 串口通信速率为 9600bit/s；UTCF 表示 DTU 串口通信格式，此处数据位设为 8，停止位为 1，校验位为 0。

2. COMWAY 无线虚拟串口

（1）COMWAY 简介　COMWAY 无线串口软件与 GPRS DTU 配合使用，只需安装好 COMWAY 无线串口软件，然后建立网关串口数据和上位机之间的无线通信信道，就可以接收到所有传感节点的数据。无需公网固定 IP 地址，也不必设置网络端口映射和动态域名。通过设置虚拟串口，可实现现场设备和远程计算机之间的无线对接。

（2）COMWAY 无线串口设置

1）启动 COMWAY 无线串口软件登录到自己设定的账户，添加本设计的 DTU 设备。设备序列号为“306521200057”，名称设为“玻璃温室大棚监控系统”。

2）添加虚拟串口 com10，并添加虚拟串口映射到 DTU。

3）查看计算机设备管理器所添加的串口为“com10”，即完成虚拟串口设置。

3. 传感器与控制模块

（1）温度传感器 LM35D　选用 LM35D 测量空气温度，该传感器将测温传感器与放大电路集成在一起，测温范围为 0~100℃，工作电压为 4~30V，测量误差为±1℃，最大线性误差为±0.5℃。传感器输出电压与摄氏温标呈线性关系，每升高 1℃，则输出电压增加 10mV。实际使用时，取工作电压为 5.0V，传感器输出接 CC2530 P0.2 端口。上位机测量数据 x 与实际温度 y 呈线性关系，经拟合分析得 $y=0.140x+5.685$。

（2）湿度传感器 AM1001　选用 AM1001 测量空气湿度，该传感器输出模拟电压信号，具有精度高、可靠性高、一致性好、带有温度补偿、长期稳定性好、成本低等特点。工作电压为 4.75~5.25V，实际使用时，取工作电压为 5.0V。测湿范围为 0~100%RH，电压输出为 0~3.0V。传感器输出接 CC2530 P0.3 端口。上位机测量数据 x 与实际湿度 y 呈线性关系，经拟合分析得 $y=0.054x-3.879$。

（3）土壤温湿度传感器 SHT10　温湿度传感器 SHT10 输出数字信号，内部集成测湿元件、测温元件、14 位的 A-D 转换模块以及串行接口电路。SHT10 有 4 根连接线，DATA 引脚与 CC2530 P0.1 端口相连，确认 SCK 引脚与 CC2530 P1.7 端口相连。

土壤温湿度传感器SHT10为已校准数字量输出的复合温湿度传感器，温度测量精度为14bit，湿度测量精度为12bit。温度传感器输出 x 与温度 y 呈线性关系：$y=0.01x-39.66$；湿度传感器输出 x 与相对湿度 y 呈非线性关系：$y=-2.8\times10^{-6}x^2+0.0405x-0.4$。

（4）发光强度传感器　采用硫化镉光敏电阻 ϕ5mm 测量温室发光强度。入射光增强，电阻减小；反之，电阻增大。将光敏电阻与1kΩ电阻串联，外加5.0V工作电压，经分压后输出接CC2530 P0.7端口。上位机测量数据 x 与实际发光强度 y 呈非线性关系。经拟合分析，其二次函数为 $y=0.004x^2-0.739x+84.21$。

（5）控制模块　本系统采用下位机传感器节点控制相应调节设备。通过编写程序，设置测量参数上下限，根据实测数据大小，改变CC2530的I/O口输出电平高低，驱动继电器控制模块（驱动电路低电平有效）。

由于不同植物在不同时期适宜生长的环境不同，在此假设某植物适宜生长的参数范围：土壤温度为10~30℃，土壤湿度为17%RH~44%RH，空气温度为15~37℃，空气湿度为40%RH~70%RH，光照强度为500~5000lx。表11.1给出植物生长参数超出阈值时的原始值（上位机监测数据）和对应CC2530 I/O口引脚状态变化，状态为“0”表示开启调节设备，状态为“1”表示关闭调节设备。

表11.1　控制阈值设定表

测量参数	分析结果	调节装置	对应引脚	报警上限			报警下限		
				测量值	原始值	状态	测量值	原始值	状态
土壤温度	高（通风）	窗户	P0.0	30℃	6960	0	10℃	4960	1
土壤湿度	高（通风）	窗户	P0.0	44%RH	1302	0	17%RH	539	1
	低（喷水）	喷水	P0.5	44%RH	1302	1	17%RH	1302	0
空气温度	高（通风）	窗户	P0.0	37℃	223	0	15℃	66	1
	低（加热）	加热	P0.4	37℃	223	1	15℃	66	0
空气湿度	高（通风）	窗户	P0.0	70%RH	1335	0	40%RH	814	1
	低（喷雾）	喷雾	P0.6	70%RH	1335	1	40%RH	814	0
光照强度	高（遮光）	窗帘	P1.1	5000lx	1150	0	500lx	388	1
	低（光照）	灯具	P1.4	5000lx	1150	1	500lx	388	0

4. 系统调试

上位机监控软件使用ZigbemPC平台，在Visual Studio 2008（VS2008）开发环境下进行软件设计。在完成传感器节点软件、网关软件和上位机监控软件调试后，并确认已经成功设置GPRS DTU和COMWAY虚拟串口，方可实施系统调试。依次将ZigBee网关、各个传感器节点和GPRS DTU（SIM卡已插入）上电，组网成功后，远程上位机监控界面如图11.30所示。图11.31为上位机报警界面，图中红色部分为传感器节点报警数据，显示传感器节点编号和超出阈值的参数值（土壤温度、土壤湿度、空气温度、空气湿度和光照强度），显示时窗口不断地刷新内容。右上角的红点为报警指示灯，一旦有传感器采集的数据超出报警上、下限，就会闪烁，同时发出滴滴滴的报警声。

11.3.5 基于GPRS和OneNet水质远程监测预警系统

在我国工业化不断推进的进程中，废水排放的种类和数量也在迅速增加，水体受污染的

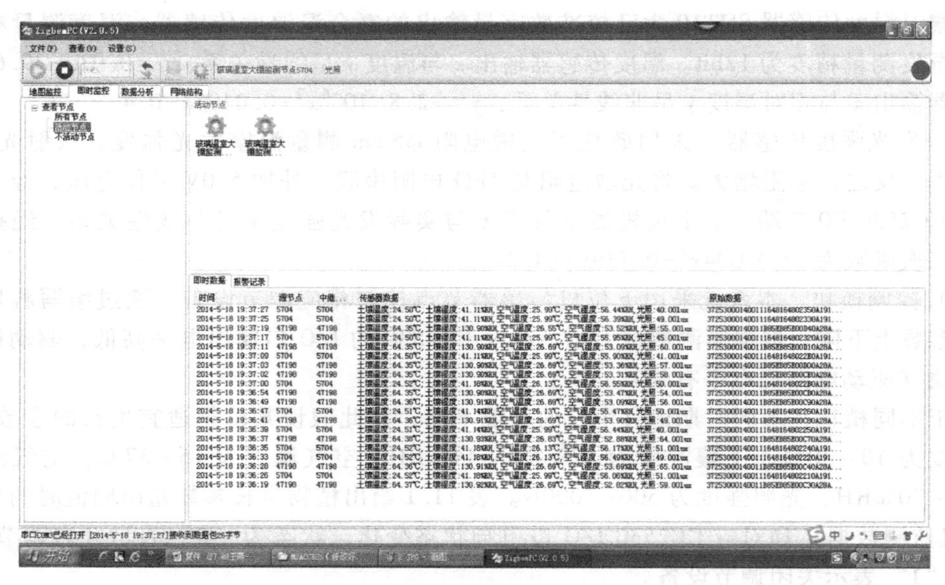

图 11.30　活动节点监控界面

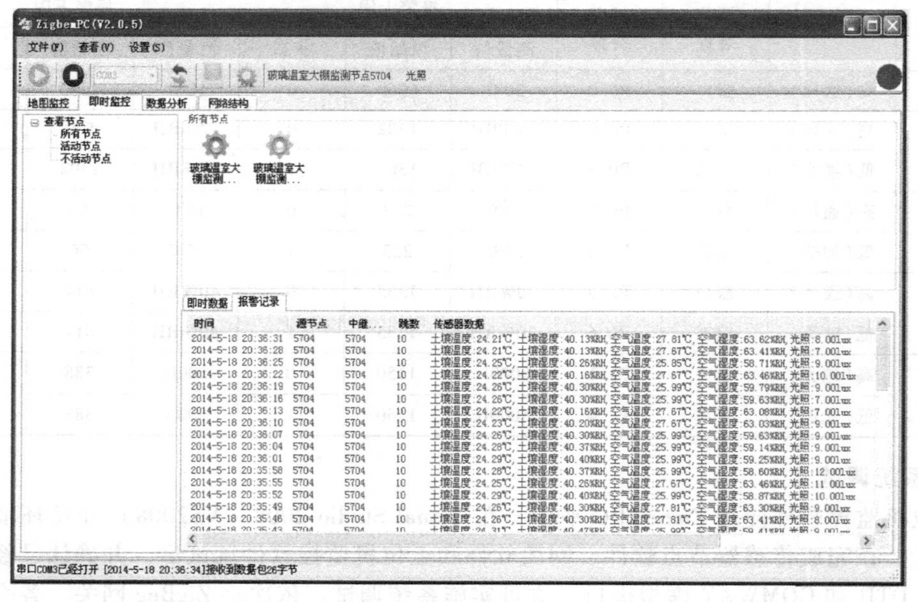

图 11.31　报警界面

程度也越来越严重。其中有些废水成分复杂，有毒有害物质居多，会严重降低废水排放口周边的水体使用功能，对该区域的可持续发展带来严重的影响。为了建设生态文明社会，促进社会的可持续发展，我国政府在环境治理方面投入了大量的人力物力，但是在水体环境受到污染的情况下再进行治理，往往会付出巨大的代价。因此，建立一个水质实时远程监测系统，从源头上遏制污染的产生变得尤为重要。

1. 系统总体设计方案

水质监测预警系统的总体设计结构如图 11.32 所示。系统主要由采集、处理和传输数据的无线传感器节点、用于存储和传输数据的云服务器和进行实时显示和报警的虚拟机及手机APP三大部分组成。无线传感器节点上配备有pH传感器、溶解氧传感器、氨氮传感器等多种水质检测传感器。将多个无线传感器节点分别安放在化工企业的废水排放口或者其他废水排放区域，启动无线传感器节点后，其配备的传感器会将监测到的废水成分及含量转换成对应的电信号。电信号通过放大、A-D转换之后，传送到微处理器中进行分析处理，随后通过GPRS模块将处理好的数据发送到云服务器端。云服务器端会对接收到的数据进行保存与转发。虚拟机以及手机APP等监测终端能够通过互联网实时获取云服务器存储的数据，并及时对获取到的数据进行进一步的分析处理，之后将数据以人性化界面显示在监管人员的面前。监管人员可以根据显示数据进行分析，做出相应的决策，并采取对应的措施，改善废水排放情况，维持良好的水环境，从而构建一个能够对化工企业废水质量进行无线远程实时监测的系统。

系统的总体流程图如图11.33所示。系统启动后，首先对无线传感器节点进行初始化，进行定时采样并将采集到的数据进行处理。与此同时，无线传感器节点上的GPRS模块会与云服务器进行连接。当无线传感器节点与云服务器端连接成功后，无线传感器节点便会将处理完成后的数据通过节点上的GPRS模块发送到云服务器端，之后无线传感器节点将会进入休眠状态，直到一个计时周期结束，无线传感器节点重新开始监测和发送数据到云服务器端。云服务器在接收到无线传感器节点上传的数据后，会将数据进行存储。然后远程监测中心以及手机移动终端会实时获取云服务器的数据，将接收到的数据进行实时处理分析和显示，当系统监测到某些参数超标时，监控界面发出报警警示，如此循环。

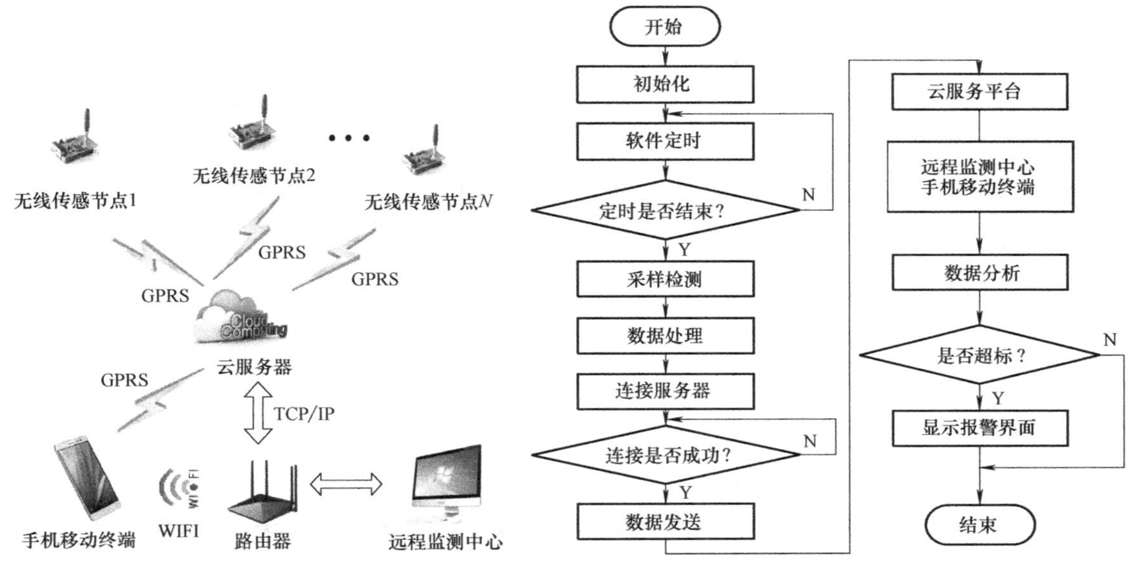

图11.32 无线监测系统总体结构　　图11.33 水质远程监测系统流程图

2. 数据处理算法研究

在传感器网络监测应用中，准确有效的监测数据以及报警信息有助于监管部门及时做出正确而具体的分析与决策，能够有效地降低监测人员的操作失误甚至污染事件的发生。因此，在本系统中应用了多种算法来提高系统的可靠性。

（1）监测数据处理算法　对于监测数据来说，使用任何的检测仪器、理论模型以及在任何的检测条件下，系统的监测数据都或多或少存在着误差。为了减小误差，系统通过在一定的时间段监测多个数据，取数据的平均值作为系统的监测数据，其公式为

$$\bar{x} = \frac{1}{n}\sum_{i=1}^{n} x_i \tag{11.7}$$

然而在系统监测过程中，往往会有很多外界以及内部的干扰，磁场的干扰、化工废水含量分布不均、传感器本身性能不佳等，都会导致监测到的数据发生跳变，使得监测的数据组中出现一个或多个错误的数据，从而监测数据 $\bar{x}$ 也会变得不再准确。为了消除这些错误数据的干扰，系统采用拉依达准则（3σ 准则），其标准误差 σ 公式为

$$\sigma = \sqrt{\frac{1}{n-1}\sum_{i=1}^{n}(x_i - \bar{x})^2} \tag{11.8}$$

$$y_i = \begin{cases} x_i & |x_i - \bar{x}| < 3\sigma \\ \text{null} & \text{其他} \end{cases} \tag{11.9}$$

如果 $|x_i - \bar{x}|$ 的值小于 3σ，则 x_i 为有用值，其余的视为是含有粗大误差值的坏值，将其忽略不计。最后将数据组中剩下的有用值进行平均取值，取其值作为最后的监测数据 X。如式（11.10）所示，其中 m 为剩下的有用值的个数，X 为最终取值。

$$X = \frac{1}{m}\sum_{i=1}^{m} y_i \tag{11.10}$$

通过三种方式在一段时间内对水体温度进行检测，得到不同方式下采集到的温度数值，其对应的曲线如图 11.34 所示。从图中可以看到，使用直接获取测量值的方法时，得到的数据波动性较大，有很大的干扰。采用取一段时间内测量值的平均值作为测量值时，曲线的波动性变好，但是很明显，在 18 与 45 两个时间点测量的数据是错误的，使用均值的方法并不能很好地去除这两点的干扰。采用拉依达准则算法后的测量曲线波动性更小，同时又将 18 和 45 两个时间点的坏值剔除，使得检测到的温度数据更加准确。

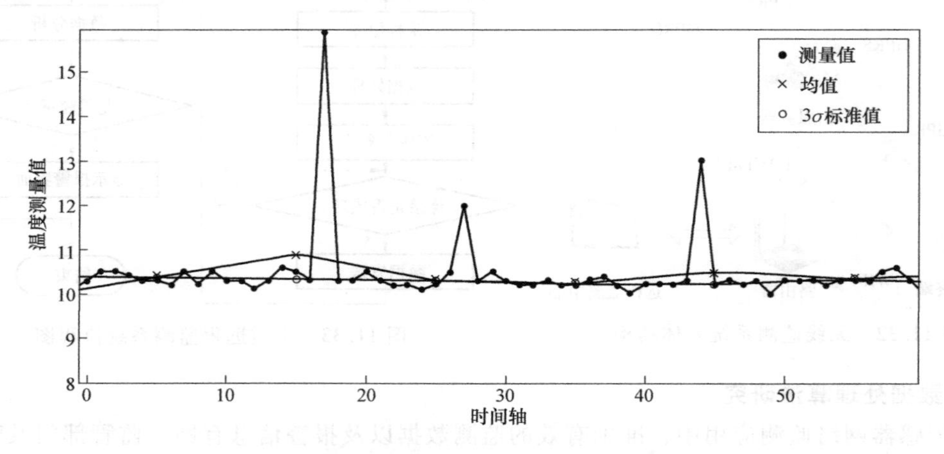

图 11.34　温度测量值、均值与 3σ 准则曲线

（2）系统预警算法　为了在满足系统计算开销的同时，提高报警的可信度，从而更加

有效地监控企业的废水排放情况，采用了带有概率保证的轻量级分布式（α, τ）双阈值监测算法。其主体思想是对于给定的监测阈值 α 和概率阈值 τ，如果在 t 时刻监测到的数据大于监测阈值 α，同时其概率大于概率阈值 τ，系统将会发出报警。因此，在（α, τ）监测算法中，关键部分就是计算出监测数据大于阈值的概率的紧上界。

引理1 如果 x 取 [0, 1] 的任意值并且其期望值 $E[x]=\mu$，那么对于 $\forall h\neq 0$，以下公式成立：

$$E[e^{xh}]\leqslant e^{h}\mu+1-\mu \tag{11.11}$$

定理1 令 $E[s(t)]=\mu(t)$，如果 $\mu(t)<\alpha$，则有

$$\Pr[s(t)\geqslant\alpha]\leqslant\exp(-\ell(\hat{\mu}(t)+\lambda,\hat{\mu}(t))) \tag{11.12}$$

其中

$$\ell(x_1,x_2)=x_1\ln\left(\frac{x_i}{x_2}\right)+(1-x_1)\ln\left(\frac{1-x_1}{1-x_2}\right)\hat{\mu}(t)=\frac{\mu(t)}{\sup},\lambda=\frac{\alpha-\mu(t)}{\sup} \tag{11.13}$$

根据定理1得到推论1。

推论1 当 $\mu(t)<\alpha$，同时 $\exp(-\ell(\hat{\mu}(t)+\lambda,\hat{\mu}(t)))\leqslant\tau$ 时，即 $\Pr[s(t)\geqslant\alpha]\leqslant\tau$，那么系统就不发送报警。

定理2 令 $E[s(t)]=\mu(t)$，如果 $\mu(t)>\alpha$，则有

$$\Pr[s(t)\leqslant\alpha]\leqslant\exp(-\ell(\hat{\mu}(t)-\lambda,\hat{\mu}(t))) \tag{11.14}$$

其中

$$\ell(x_1,x_2)=x_1\ln\left(\frac{x_i}{x_2}\right)+(1-x_1)\ln\left(\frac{1-x_1}{1-x_2}\right)\hat{\mu}(t)=\frac{\mu(t)}{\sup},\lambda=\frac{\mu(t)-\alpha}{\sup} \tag{11.15}$$

根据定理2得到推论2。

推论2 当 $\mu(t)>\alpha$，同时 $\exp(-\ell(\hat{\mu}(t)-\lambda,\hat{\mu}(t)))<1-\tau$ 时，即 $\Pr[s(t)>\alpha]>\tau$，那么系统就会发送报警。

除了推论1和推论2两种情况，还有其他三种主要情况。

第一种：$\mu(t)<\alpha$，$\exp\{-\ell(\hat{\mu}(t)-\lambda,\hat{\mu}(t))\}>\tau$，即 $\Pr[s(t)\geqslant\alpha]>\tau$

第二种：$\mu(t)>\alpha$，$\exp\{-\ell(\hat{\mu}(t)-\lambda,\hat{\mu}(t))\}>1-\tau$，即 $\Pr[s(t)>\alpha]<\tau$

上述两种情况都无法判别 $\Pr[s(t)\geqslant\alpha]$ 给定的概率阈值 τ 的关系，为了避免误报情况的发生，采用消极策略，即系统监测到的情况不满足定理2情况下一律不予报警。如果有些用户希望不漏报的情况发生，可以自行针对不同情况设计是否报警。

第三种：$\mu(t)=\alpha$，该情况下会导致尾部概率界的估计方法失效，无法具体判别，因而本系统在此情况下依旧采用消极策略，不予报警。

3. 系统硬件设计

（1）监测节点 监测系统硬件结构框图如图11.35所示，数据采集模块主要由pH传感器、氨氮传感器、溶解氧传感器和浊度传感器等多种传感器组成，用来进行数据的采集。数据处理模块主要由微控制器及其周边电路所组成，用于数据的处理和存储，是节点的核心部分。GPRS模块是信号通信部分，用来发送和接收数据，是整个节点最耗能的部分。

（2）数据处理模块 传感器节点的数据处理模块借鉴目前全球最流行的开源硬件Arduino开发平台进行设计。Arduino是一款便捷灵活、方便上手的开源电子原型平台，其能通过各种各样的传感器来感知环境，通过控制灯光、电动机和其他的装置来反馈、影响环

境。板子上的微控制器可以通过Arduino的编程语言来编写程序，编译成二进制文件，烧录进微控制器。对Arduino的编程是利用Arduino编程语言（基于Wiring）和Arduino开发环境来实现的。基于Arduino的项目，可以只包含Arduino，也可以包含Arduino和其他一些在PC上运行的软件，它们之间可进行通信（比如Flash，Processing，MaxMSP）。

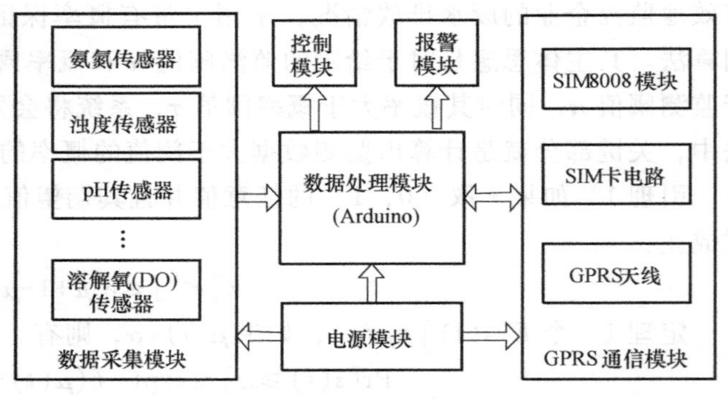

图 11.35 无线传感器节点的组成框图

如图11.36所示，无线传感器节点的数据处理模块采用了贴片封装的Atmega328p芯片，该芯片由ATMEL公司挪威设计中心利用ATMEL公司的Flash新技术，共同研发出RISC精简指令集的高速8位单片机。Atmega328p芯片的工作温度范围为-40～85℃，电源电压为1.8～5.5V，时钟频率为20MHz，RAM容量为2KB，程序存储容量为32KB，有14个（6路PWM）数字输入输出引脚和6个模拟输入引脚，能够满足系统的整体需求。

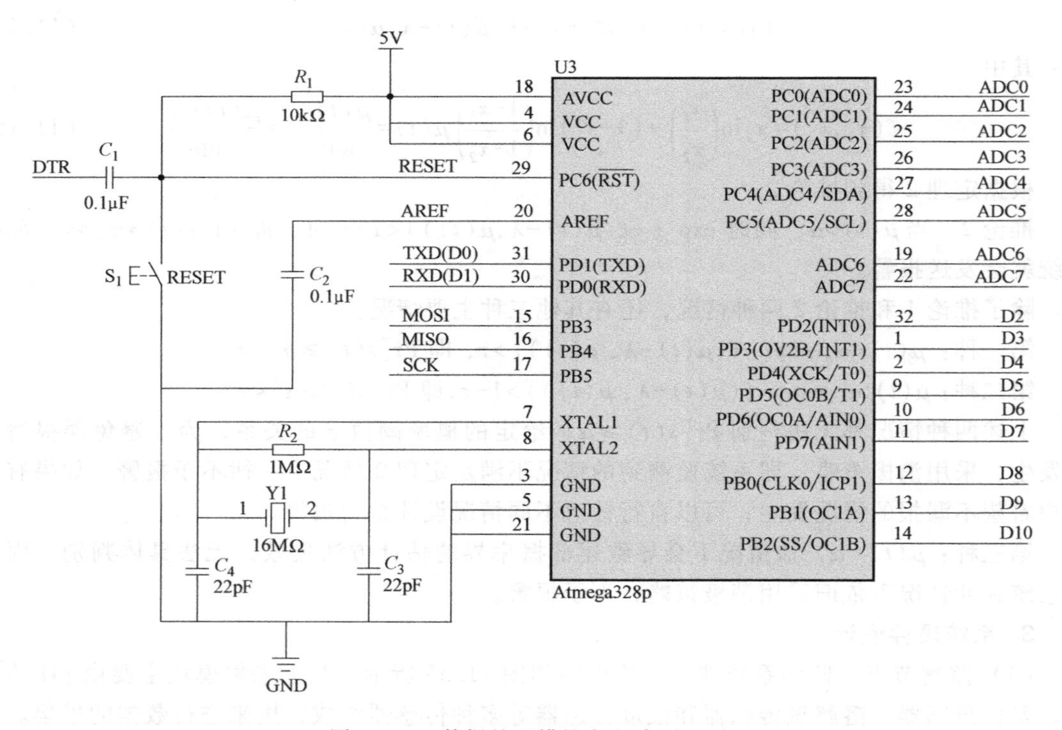

图 11.36 数据处理模块主电路原理图

（3）无线传输模块 无线传输模块主要是用来将传感器节点的数据上传到云服务器端，以及接收云服务器端指令并将指令反馈到数据处理模块。无线传输模块的核心采用的是SIM808模块。该模块由SIMCOM公司生产，采用SMT封装形式，其性能稳定，外观精巧，性价比高。它采用标准的工业接口，内嵌TCP/IP，可以低功耗地实现数据的传输，工作频率为 GSM850、EGSM900、DCS1800 以及 PCS1900MHz，适用于全球各个地区。与此同时，SIM808 模块还具有 GPS 全球定位的功能，能够实现对化工企业监测点的定位，从而能够在上位机清楚地知道各个地点废水排放的情况。

无线传输模块主电路图如图 11.37 所示。模块中 PWR_ GSM 为供电电源，并与三个电容并联进行滤波，使得 SIM808 模块能够获得一个比较稳定的电压。GSM_ ANT 和 GPS_ ANT 分别为 GSM/GPRS 和 GPS 的天线接口，用于连接外部的天线。当 PWRKEY 引脚与 GND 引脚连接时，能够实现 SIM808 模块上电自启动。TXD 和 RXD 引脚与数据处理模块的 RXD 和 TXD 引脚连接，从而实现 SIM808 模块与数据处理模块之间的数据通信。

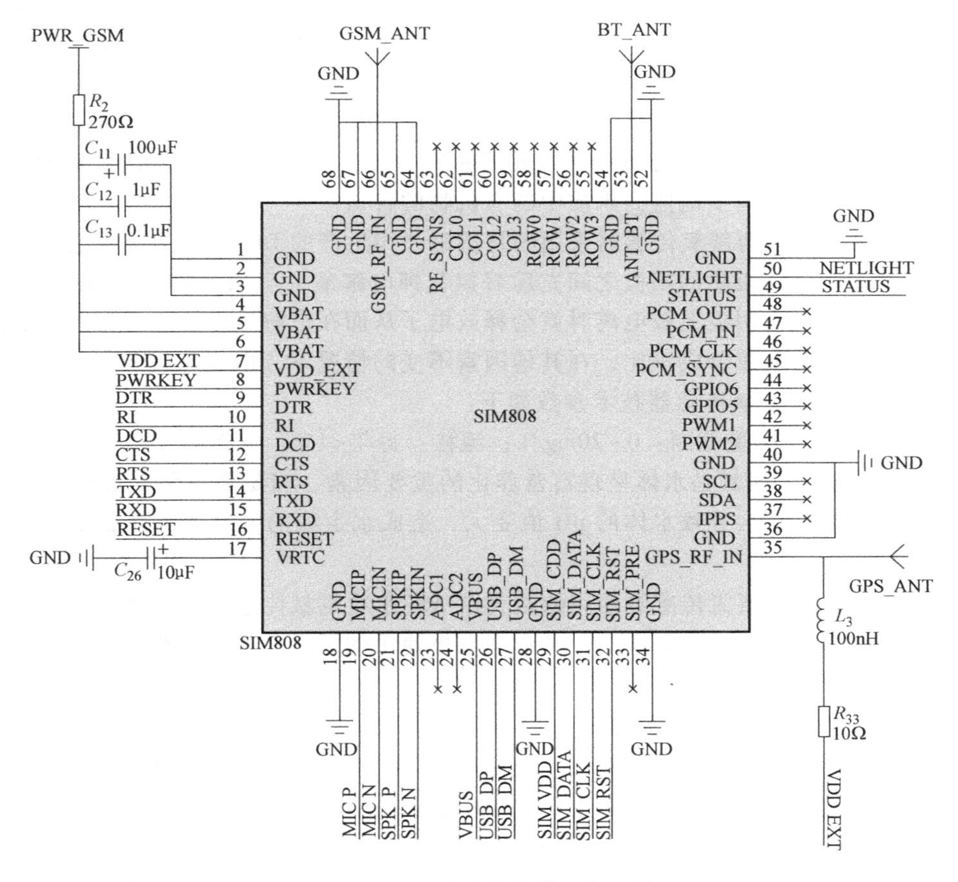

图 11.37 无线传输模块主电路图

（4）数据采集模块 数据采集模块由多种传感器、放大器以及其他相关电路组成。其目的就是将废水的成分通过传感器转换成电流或者电压信号，然后经过放大器或者其他相关电路转换成数据处理模块能够识别的电压信号。本课题选定了 pH 值、溶解氧、氨氮、浊度和温度等多种传感器。

1）pH 值传感 pH 值对水质的影响比较大，当 pH 值过高时，会使水体呈强碱性，会腐蚀鱼虾的呼吸组织，导致鱼虾窒息。同时还会影响微生物的活性以及对有机物的降解，影响水质的循环和吸收利用。当 pH 值过低时，水中的 S^{2-}、CN^-、HCO_3^- 等转换为毒性很强的

H^2S、HCN、CO_2，造成水生物的酸中毒。

如图 11.38 所示，pH 传感器采用的是雷磁公司生产的 E-201-C 可充式 pH 复合电极。该电极是由 pH 玻璃电极和参比电极组合在一起的复合电极，其原理是用氢离子玻璃电极与参比电极组成原电池，在玻璃膜与被测溶液中氢离子进行离子交换过程中，通过测量电极之间的电位差，来检测溶液中的氢离子浓度，从而测得被测液体的 pH 值。

E-201-C 型 pH 传感器技术参数如下：

工作电压：DC 5V；检测 pH 值范围：0~14 ；工作温度：5~60℃；监测精度：0.01；输出方式：模拟输出（-300~300mV）。

2）溶解氧传感器。根据《化学工业主要水污染排放标准 DB32/939—2006》对化工企业排放废水中的五日生化需氧量（BOD5）和化学需氧量（COD）都有明确的排放标准。主要是监测水质中的有机物的含量，BOD5 和 COD 越大，表明水质中的有机物越多，污染越严重。但这些指标的检测需要在实验室通过相关化学试剂才能检测出来。又因为如果水中的有机物的含量越多，则有机物需要消耗的氧就越多，就会导致水质中的氧含量变少。本系统便采用溶解氧传感器来间接地监测水质中的有机物的含量。

如图 11.39 所示，溶解氧传感器采用的是雷磁公司生产的 DO-957 型溶氧电极。其工作原理是在金质的阴极和银质的阳极之间充斥着氯化钾电解液，当测量时电极间施加 0.8V 的电压，电极间的氧气在阴极上被电离时就会释放电子从而在电解液中形成电流，根据法拉第定律，流过的电流与氧成分成正比，在其他因素不变的情况下，电流与氧浓度成正比。

501 针型 ORP 溶解氧传感器技术参数如下：

精度：±0.5% ；测量范围：0~20mg/L；漂移：每年<1%；工作温度：5~40℃。

3）氨氮传感器。氨氮是水体呈现富营养化的重要因素，当氨氮含量变高时会使水呈黑色且伴有恶臭，而且还会导致水体的 pH 值变大，造成水生物的窒息。因此氨氮也是衡量水质的重要指标之一。

如图 11.40 所示，氨氮传感器使用的是美国 ASI 水质氨氮传感器，该传感器是使用离子选择电极技术来测量废水中的氨离子，其参考电极使用的是差分 pH 技术，因此非常稳定且没有漂移。

ASI 水质氨氮传感器技术参数如下：

工作电压：DC 5V/DC 12V；输出电压：0~5V；检测浓度范围：$0.1\times10^{-6}\sim18000\times10^{-6}$；检测温度范围：0~50℃；精度：$0.1\times10^{-6}$；pH 范围：4~10。

4）浊度传感器。水的清澈或者浑浊程度也是衡量水质的重要指标之一。水质过于浑浊时，营养物质会吸附在颗粒的表面上，从而促进细菌的生长繁殖，使得水质恶化。

浊度传感器采用 GE_ TS 浊度传感器，如图 11.41 所示。其工作原理是浊度传感器利用光学原理，通过液体溶液中的透光率和散射率来综合判断浊度情况，由于浊度值是渐变量，通常在动态环境下检测，传感器采集的浊度值，需要外接控制进行 A-D 转换，换算得到对应环境下的浊度情况，所以该传感器还需要制作外围电路才能在系统中检测，带防水探头，主要适用于水质浊度检测。

GE_ TS 浊度传感器技术参数如下：

工作电压：DC 5V；工作电流：30mA（MAX）；工作温度：-30~80℃；输出方式：模拟输出 0~4.5V。

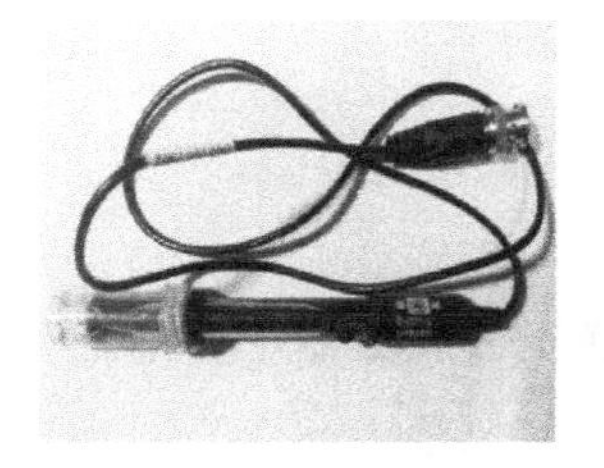

图 11.38　pH 传感器

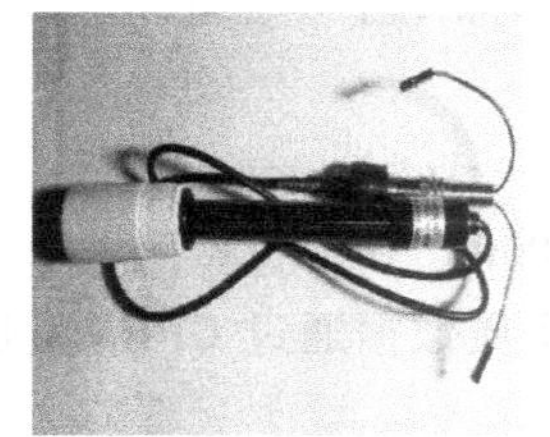

图 11.39　溶解氧传感器

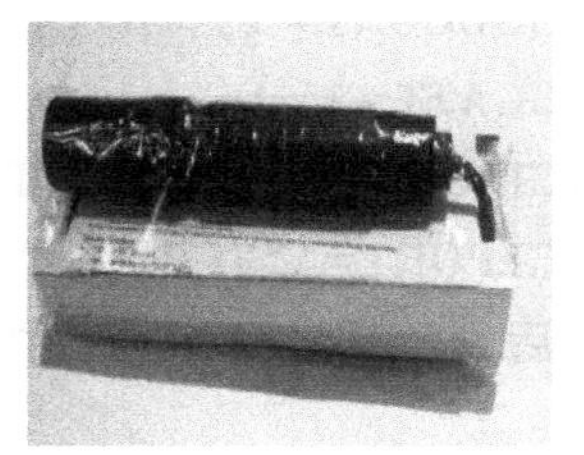

图 11.40　氨氮传感器

图 11.41　浊度传感器

在以上几种传感器中溶解氧传感器和 pH 传感器的输出电压只能达到毫伏级，而数据处理模块无法辨别毫伏级的电压，因此需要对这些电压进行放大。以 pH 传感器的放大电路为例，其放大电路如图 11.42 所示。

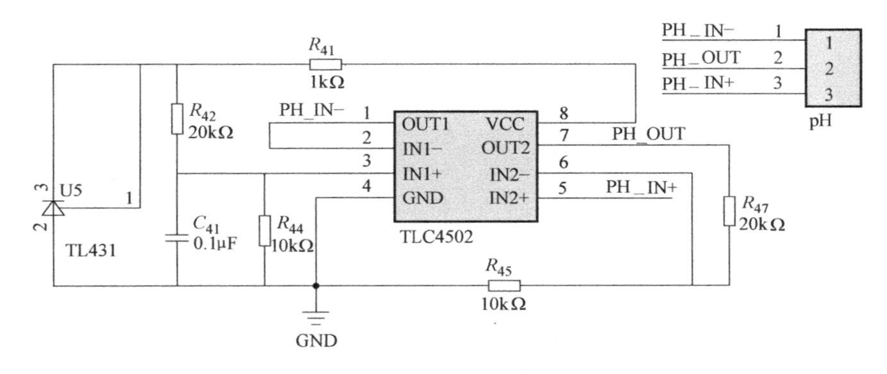

图 11.42　pH 传感器放大电路

电路中使用 TLC4502 芯片作为放大器，PH_ IN-为 pH 传感器的负极引脚，该引脚经过电压跟随电路，提供了一个 2.5V 的稳定电压作为参考电压。一方面考虑到 pH 传感器的监测值低于 7 的时候输出电压为负电压信号，数据处理模块无法识别，使用 2.5V 的参考电压能拉高电压，使得负电压信号变为正电压信号，从而很好地解决这个问题。另一方面，稳定的参考电压可得到稳定的监测数据。

(5) 无线传感器节点工作流程　无线传感器节点数据采集、传输工作流程图如图 11.43 所示。为了降低节点的耗能，其在完成数据采集传输任务后会关闭通信模块，并处于休眠状态。当休眠时间结束后，节点就会自动重启，先是对节点进行初始化，并开启传感器检测装置，检测节点放置区域的废水排放情况，并对检测到的数据进行处理后，将数据放入到发送包中，通过 GPRS 将数据发送到云服务器上，当数据发送成功后无线传感器节点重新进入休眠，如此不断循环。

4. 系统软件设计

系统软件的设计主要由无线传感器节点软件的设计和监测中心软件设计组成。

(1) 无线传感器节点的软件设计　无线传感器节点的软件设计流程图如图 11.44 所示。

无线传感器节点开机后，先对模块进行初始化，设定数据采集的 I/O 接口、模块的休眠时间等。之后对设备进行 GPS 定位，并将定位后的数据放入寄存器中等待 GPRS 发送。接着 Atmega328p 微处理器对 SIM808 模块进行 GPRS 初始化，其发送指令如下：

```
Serial.print("AT+CGCLASS=\"B\"\r\n");
```

```
Serial.print("AT+CGDCONT=1,\"IP\",\"CMNET\"\r\n");
Serial.print("AT+CGATT=1\r\n");
Serial.print("AT+CIPCSGP=1,\"CMNET\"\r\n");
Serial.print("AT+CLPORT=\"TCP\",\"2000\"\r\n");
```

GPRS 初始化结束后，便是将寄存器中的水质数据通过 GPRS 发送至云服务器平台中。

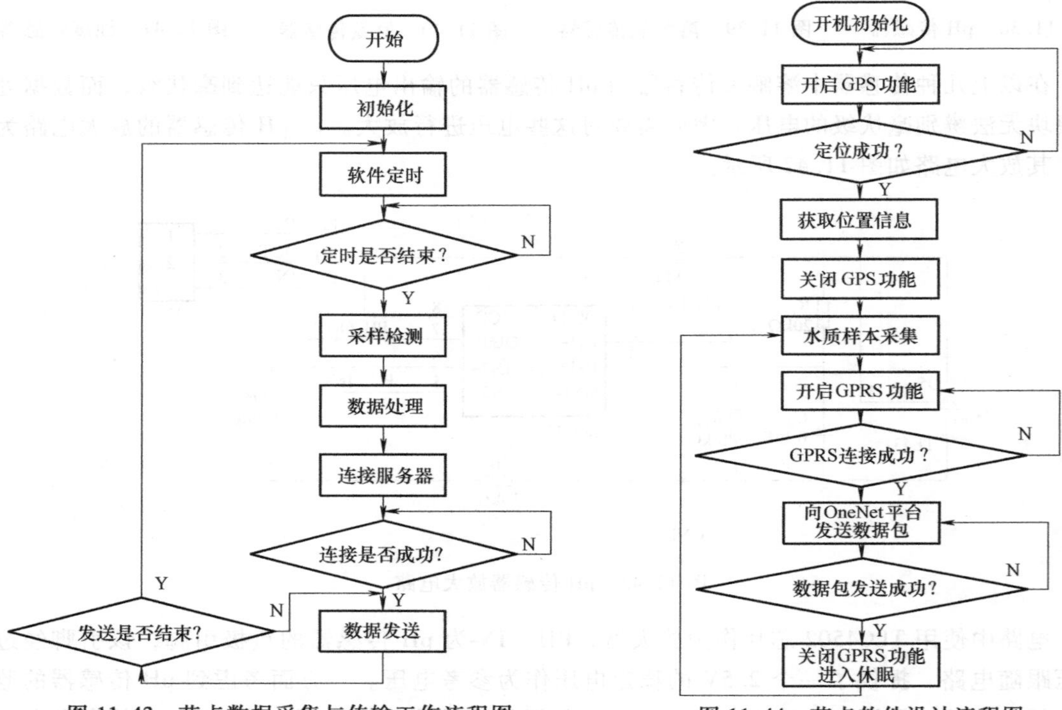

图 11.43　节点数据采集与传输工作流程图　　　图 11.44　节点软件设计流程图

云服务器在系统中主要承担着数据的接收、存储和发送等任务，是整个监测系统的中转站，在数据远程传输方面担当着至关重要的角色。经过具体的研究，本系统采用中国移动物联网公司建立的物联网开放平台（OneNet）作为系统的云服务器。一方面由于 OneNet 平台将数据传输协议及储存格式进行了标准化、简约化、集成化的设定，形成一个统一规范的设备云平台，为减少企业负担的以及未来的大数据整合与分析提供良好的基础条件。另一方面，OneNet 平台在提供开源、安全、海量云服务存储的同时不收取任何费用，大大降低了系统的使用成本。

GPRS 与云服务器平台之间的通信分为 RestFul API 和 EDP 两种方式，其中 RestFul API 基于 HTTP 和 JSON 数据格式，适合平台资源管理、平台与平台之间数据对接、使用短连接上报终端数据、时间序列化数据存储等场景。EDP 方式基于 TCP 的，该协议只保证将传输数据包发送到指定设备，而不保证传输中存在的顺序问题，事务机制需要在上层实现；若客户端同时发起两次请求，服务器返回时，不保障返回报文的顺序。EDP 一般适合于数据的长连接上报、透传、转发、存储、数据主动下发等场景。该系统采用短连接的方式进行终端数据上报，因此采用 RESTful API 传输的方式。以 GPS 的 RESTful API 传输方法为例，其数据包格式如下：

POST /devices/ * 设备 ID * /datapoints HTTP/1.1

api-key: * APIey *

Host:api. heclouds. com

Content-Length: * JSON 数据包长度 *

//此处必须空一行

{"datastreams":[{"id":"location","datapoints":[{"value":{"lon": * 经度 * ,"lat": * 维度 * }}]}]}

SIM808 模块按照 HTTP 与云服务器平台之间建立连接，之后 Atmega328p 微处理器将要发送的数据封装成 JSON 数据包上传至 SIM808 模块，SIM808 模块以 GPRS 的方式将数据包发送到云服务器平台，从而完成对水质的采集、处理与传输等一系列过程。

（2）远程监测中心软件设计　虚拟机主要用来显示监测的数据、监测的地理位置、报警和历史数据等，它是整个系统实现人机交互的重要组成部分之一。目前，虚拟机软件有很多种，其中有 LabVIEW、VB、组态王等，该系统采用 LabVIEW 软件作为虚拟机。在主界面中主要由 GPS 定位模块、实时数据显示及折线图模块、报警模块、远程控制模块和历史数据查询模块五大模块所组成。从这几大模块中可以很方便地看到相关被监测的企业所排放的废水含量的实时数据及废水排放趋势，方便监管人员及时准确地做出相应的措施。

1）访问获取云服务器数据。LabVIEW 使用 TCP/IP 与云服务器之间进行数据通信，其程序如图 11.45 所示。先与 OneNET 建立 TCP 连接，然后向 OneNET 发送 http get 指令，从而获取云服务上存储的数据。

2）GPS 定位模块。GPS 定位模块的程序如图 11.46、图 11.47 所示。图 11.46 为自定义的 map 子 VI 的引脚定义。通过该子 VI 可以实现百度静态地图的在线显示、定义显示界面的高度和宽度、实现报警位置标志的颜色变化和地图的显示精度等多种功能。

图 11.47 为 map. vi 主程序，在 LabVIEW 界面显示百度地图时，需要在 LabVIEW 前面板插入 Activex 容器，在 Activex 容器中插入名字为 SHDocVw. IWebBrowser2 的对象。

程序中的数据包使用的是百度地图开放平台的静态图 API 的格式。其格式如下：

http://api. map. baidu. com/staticimage/v2? ak = * 密钥 * ¢er = * 经度,纬度 * &width = [0,1024]&height = [0,1024]&zoom = 地图级别 &markers = 标志经度,标志维度,&markerStyles =

GPS 定位程序图如图 11.48 所示。图中对 map. vi 进行了参数设置，其中对地图缩放、

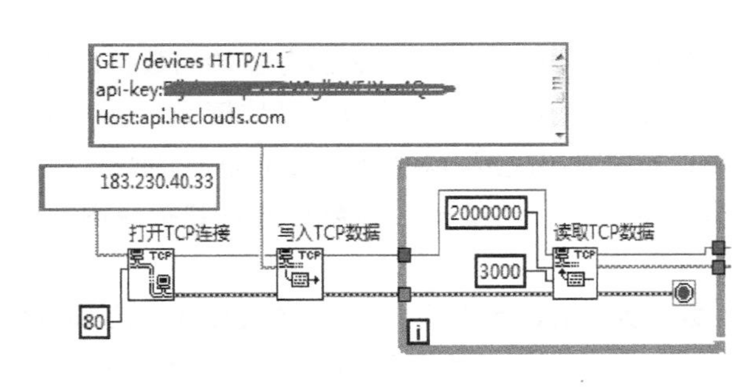

图 11.45　获取数据

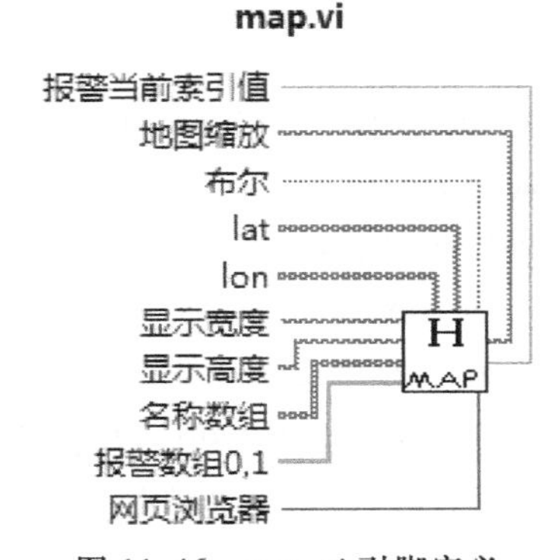

图 11.46　map. vi 引脚定义

位置显示都使用变量，从而可在主界面上能够人为地对地图显示进行个性化设置。图中还有报警显示程序，其目的是根据监测到的废水情况对位置标志进行颜色的变换，使得监管人员能够对废水排放情况有一个整体的了解。主程序还设置了监测站点选择框，监测人员可以通过鼠标单击选择需要查看的监测站点，系统自动跳到该监测站点，将该站点放置在地图的正中间，监测人员所选择的监测点数据可以全部自动显示，操作相当方便快捷。

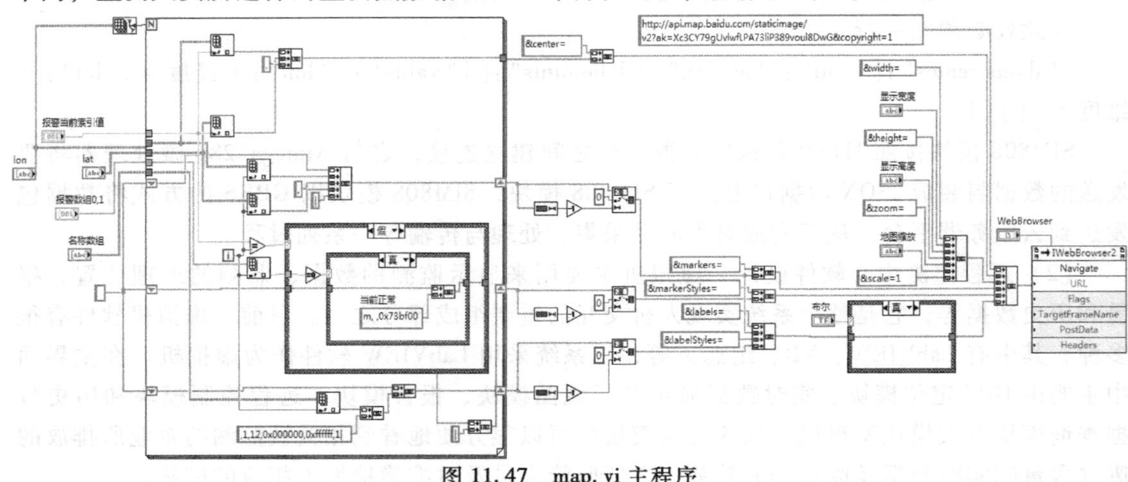

图 11.47 map. vi 主程序

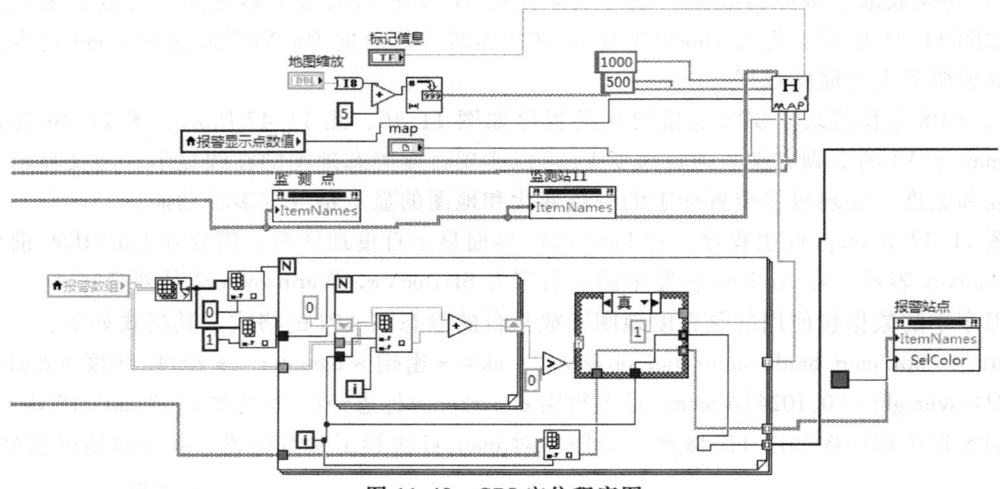

图 11.48 GPS 定位程序图

3）实时数据显示及折线图模块。LabVIEW 通过获取和解析来自云服务器端的数据，将数据用折线图表示出来，通过折线图，监测人员可以知道当前企业废水排放的具体情况，也可以根据历史折线预测出未来废水排放的情况，从而可以及时做出决策，对废水的处理进行调整。

画折线图的一个重要部分就是对监测数据的缓存，将解析后的数据放置到折线图数组中才能够在折线图表现出来。

程序图中，簇用来初始定义折线图数组，数值为实时的数据输入，XY 图表数据连接 LabVIEW 的 XY 图工具，这样就能够在 XY 图中显示出折线。自定义的折线图子 vi 程序如图 11.49 所示。

折线图子 vi 程序中先初始化簇数组，然后判定是否清零，如果否，则直接将接收到的

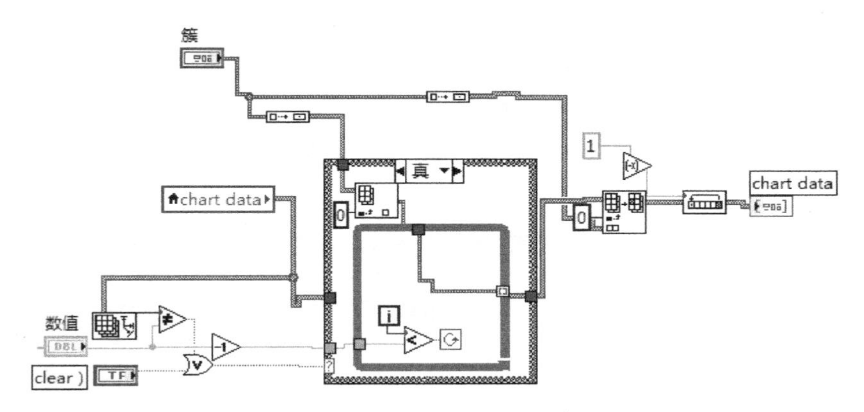

图 11.49　折线图子 vi 程序

数值放入簇数组中，由于折线图设置是将最新的数据放在左边，故需要将簇数组进行循环移位，这样才能实现其功能。如果判定为是，则将会对簇数组进行清零，然后再接收数据。

折线图主程序如图 11.50 所示。主程序中先对监测地点进行判断，若当前的监测站点与监管人员选择的监测站点不同，主程序会自动跳转到监管人员所选择的监测站点。然后执行对数据的采集，将实时数据与当前的时间组成一个簇，最终发送到 XY 图中显示。当有多个簇发送到 XY 图时，XY 图就会在同一个图中显示多条折线。在主程序中还涉及时间函数的转换，由于 XY 图只能识别字符串，而无法识别时间函数，故需要 LabVIEW 自带的转换工具，将时间函数转换成双精度的浮点函数。

4）报警模块。报警模块如图 11.50 所示，系统在进行数据转折线图的同时，会将实时的数据与设定的警界值进行比较，当实时数据超出警界值时，程序会点亮报警灯。在主界面可以看到，每一个监测成分上都有一个报警灯，当废水中该成分的含量超标时，其对应的报警灯会变红，这样监测人员就能一目了然地掌握废水中到底是何种成分超标，从而做出相对应的措施，使该成分的指标恢复到警戒值范围内。由于不同的企业不同的地区对于废水排放的标准是不相同的，故系统的报警值是可设置的，可以人为地根据实际情况进行规定，其报警值可通过设置一个全局变量来实现。

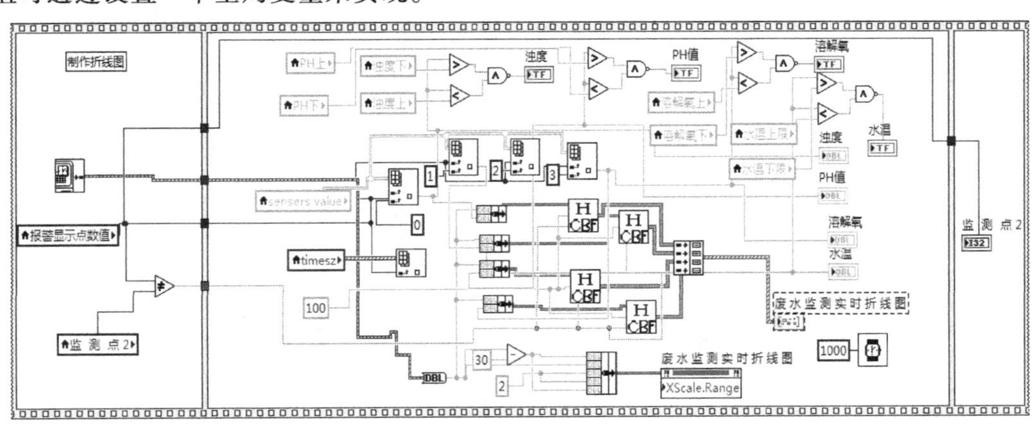

图 11.50　折线图主程序

5）远程控制模块。远程控制程序如图 11.51 所示。远程控制模块一开始需判定控制的相关数值是否发生变化，如果有变化则将变化的值发送到 OneNET 平台，然后经 OneNET 平台实现对传感器节点的远程控制。如果没有发生变化，则继续保持当前值，不向 OneNET 平台发送数据，一直等待直到控制值发生变化。

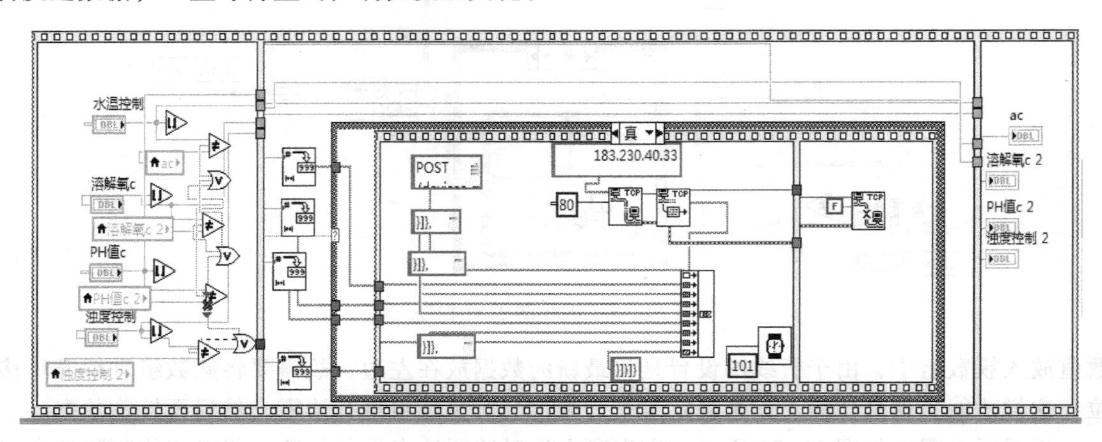

图 11.51　远程控制程序

6）历史数据模块。历史数据查询界面中可以对查询的要求进行精确查询，可以设定起始时间，可以查询对应的监测站点所监测到的废水特定成分的历史数据，并能够以文本的形式保持到计算机中。

向 OneNET 平台获取历史数据的方法依然采用 http get 形式，其格式如下：

GET /devices/ * 设备 id * /datapoints? datastream_id = * 数据流 id * &start = * 开始时间 * &end = 结束时间 HTTP/1.1

api-key: * 密钥 *

Host: api. heclouds. com

其对应的 LabVIEW 程序如图 11.52 所示。当要查询的相关设置定义完成后，单击确定

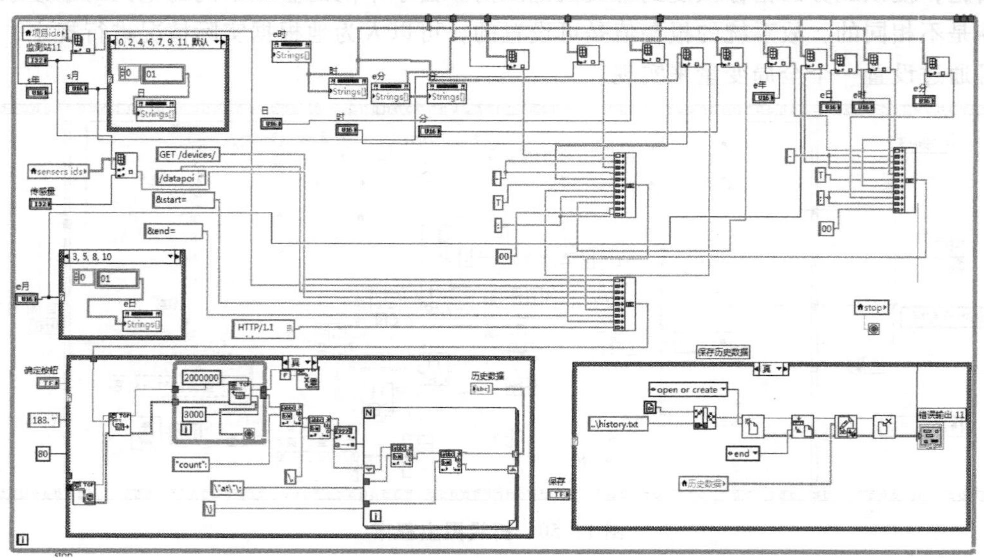

图 11.52　历史数据查询程序

按钮，程序就会向 OneNET 平台发送查询请求，然后系统就会接收到 OneNET 发送过来的历史数据。程序会将接收到的数据进行解析并将数据显示在历史查询界面上，单击保存按钮，数据就会以文本的形式保存在 LabVIEW 的子文件夹中。

在发送的数据格式中需要注意的一点是时间的格式要求，其格式是年-月-日 T 时：分：秒。例如 2016-09-11T17：12：30。如果时间格式不是以上格式，则无法获取到所要查询的历史数据。

思考题与习题

11.1　自动检测系统一般分为哪几种结构形式？

11.2　简述自动检测系统硬件的组成。

11.3　数据采集系统有哪几种结构形式？各有何特点？

11.4　自动检测系统设计应遵循哪些原则？

11.5　如何确定数据采集系统的采样频率？

11.6　传感器选型应考虑哪些方面？

11.7　采用次声波传感器和单片机设计一个简易的“生命探测仪”。

11.8　利用所学的传感器、虚拟仪器和物联网等知识，设计一个“桥梁健康状态远程监测系统”。

参考文献

[1] 宋文绪，杨帆. 传感器与检测技术 [M]. 2版. 北京：高等教育出版社，2009.

[2] 余成波. 传感器与自动检测 [M]. 北京：高等教育出版社，2012.

[3] 张志勇，王雪文，翟春雪，等. 现代传感器原理及应用 [M]. 北京：电子工业出版社，2014.

[4] 胡向东，李锐，等. 传感器与检测技术 [M]. 2版. 北京：机械工业出版社，2013.

[5] 蔡萍，赵辉，等. 现代检测技术 [M]. 北京：机械工业出版社，2016.

[6] 吴功宜，吴英，等. 物联网工程导论 [M]. 北京：机械工业出版社，2012.

[7] 吴功宜，吴英，等. 物联网技术与应用 [M]. 北京：机械工业出版社，2013.

[8] 张青春，汪赟，陈思源，等. 基于LabVIEW电动机性能综合测试平台的实现 [J]. 机械与电子，2016，34 (6)：41-44.

[9] 侯杰林，张青春，符骏. 基于OneNet平台的水质远程监测系统设计 [J]. 淮阴工学院学报，2016 (3)：10-13.

[10] 张青春，邹士航，王燕. 基于WSN和COMWAY协议温室大棚参数远程监控系统设计 [J]. 中国测试，2015，41 (6)：72-75.

[11] 张青春，王伟庚，孙志勇. ZigBee技术在塔吊安全监测预警系统中的应用 [J]. 计算机测量与控制，2014，22 (8)：2615-2621.

[12] 张青春. 基于LabVIEW和USB接口数据采集器的设计 [J]. 仪表技术与传感器，2012 (12)：32-34.

[13] 张青春. 相关分析法在地下蒸汽管道泄漏检测中的应用 [J]. 自动化仪表，2010，31 (7)：54-56.

[14] 张青春，郁岚. 智能人体电子秤的系统设计 [J]. 仪表技术，2008 (7)：11-14.

[15] 张青春，郁岚. 基于虚拟仪器地下蒸汽管道泄漏检测技术的研究 [J]. 计算机应用与软件，2008，25 (8)：196-198.